TURING 图灵原创

RocketMQ实战

丁威 梁勇◎著

人民邮电出版社
北京

图书在版编目（CIP）数据

RocketMQ实战 / 丁威，梁勇著. -- 北京 : 人民邮电出版社，2022.8
（图灵原创）
ISBN 978-7-115-59685-7

Ⅰ. ①R… Ⅱ. ①丁… ②梁… Ⅲ. ①计算机网络－软件工具 Ⅳ. ①TP393.07

中国版本图书馆CIP数据核字(2022)第119643号

内容提要

RocketMQ 是一款高性能、高吞吐量、低延迟的消息中间件。数年来，RocketMQ 承载了阿里巴巴“双十一”的大部分业务，并凭借其优秀性能受到了互联网架构师的青睐，成为互联网行业首选的消息中间件之一。本书从使用场景入手，介绍如何使用 RocketMQ，使用过程中会遇到什么问题，如何解决这些问题，以及为什么可以这样解决。本书强调实战与理论结合，将原理穿插在实战中讲解，旨在让每一位 RocketMQ 初学者通过对本书的学习，快速“打怪升级”，成为 RocketMQ 领域的佼佼者。

◆ 著　　　丁　威　梁　勇
责任编辑　杨　琳
责任印制　彭志环
◆ 人民邮电出版社出版发行　　北京市丰台区成寿寺路11号
邮编　100164　　电子邮件　315@ptpress.com.cn
网址　https://www.ptpress.com.cn
北京天宇星印刷厂印刷
◆ 开本：800×1000　1/16
印张：19.25　　　2022年8月第1版
字数：429千字　　　2022年8月北京第1次印刷

定价：99.80元

读者服务热线：(010)84084456-6009　印装质量热线：(010)81055316
反盗版热线：(010)81055315
广告经营许可证：京东市监广登字 20170147 号

推荐序一

近几年来，“中台”一词频繁出现在大众视野中，技术中台、业务中台、数据中台、甚至 AI 中台等各种中台层出不穷。这体现了整个行业对构建可复用体系的高度期待，希望依托于中台战略来解决企业内部大量构建烟囱式系统所带来的一系列问题：重复建设、数据孤岛、资源利用率低等。

中通也走在这条探索之路上，致力于通过持续加大投入，建设适合自己业务形态的技术中台。

从提供的服务能力层面来看，中通技术中台构建了统一的研发框架体系，无侵入地打通了前后台交互的接入层网关、用户权限、监控告警、线上诊断能力，微服务的配置与治理能力，以及消息搜索、缓存、数据库等中间件平台的运营管理能力。同时，整合业务应用运行期间所需的各类能力和中间件资源，借助统一的运营管理平台授权，把业务应用完整地托管于整个平台之中。从研发交付层面来看，中通将需求、评审、开发、测试、发布等一系列流程集成到一套研发平台中，并借助研发平台落地整套产品研发流程及研发规范。从整体的解决方案层面来看，“低代码 + 微服务编排”与“低代码 + FaaS + BaaS”这两套研发模式并行推进，进一步强化了中台的能力。

丁威老师在中通负责的是中间件平台，他不断地深度探索技术，在对应领域提供最佳的解决方案。尤其是在消息领域，中通从小集群发展到如今数百台机器的规模，中间经历了无数次调优。在此过程中，他总结了如何在不同规格的设备上、不同场景的需求中充分利用物理资源的宝贵经验。在数据故障处置过程中，他通过对 RocketMQ 源代码的深度剖析，也能够快速定位根因、迅速止血、解决问题。这些都充分体现了这本书的作者对 RocketMQ 理解的深度。因此，这本书值得大家深入阅读。

肖文科
中通科技技术中台负责人

推荐序二

很高兴受邀为这本书写序。

我关注丁威的公众号“中间件兴趣圈”很久了，经常在工作之余去翻一翻，也经常分享其中一些不错的文章给团队里的同事。而初识梁勇，则是因为团队需要请教一位“大牛”，以改善在业务高速发展后基础架构方向的技术积累亟待增强的现状。恰逢梁勇有这方面的想法，面谈了几次之后，我就被他深厚的技术积淀所打动。到现在为止，我们已经合作半年了，他可靠的做事方式也让我印象深刻。这次，威哥和勇哥关于 RocketMQ 的力作终于即将面市，我有幸提前拿到书稿学习。看完之后，想到要为这么一本书作序，心中颇有些惶恐：遇到好的技术书很不容易，大家很多时候甚至宁愿阅读源代码及官方文档，而这一本书，相信不论是初入互联网行业的年轻人，还是经验丰富的资深工程师、架构师，甚至是负责中间件运维的工程师，都可以从中获取自己需要的知识。

书名虽为《RocketMQ 实战》，但这本书的实际内容并不局限于实战。从最开始的环境搭建、主要概念释义、架构设计介绍，到后续的使用方式、最佳实践、参数调优，再到核心概念的剖析、运维侧的实战、生产环境的应用乃至常见故障的排查与解决，都能带给大家很实在的收获。让我颇为惊喜的，是这本书触类旁通，通过讲解 RocketMQ 在高并发编程领域的实践，展示了如何在工作中使用锁、信号量等 JUC（java.util.concurrent 包）核心组件，甚至针对网络编程中很难绕开的 Netty 做了一定深度的介绍。此外，在大家常用的性能优化思路——同步转异步方面，两位作者也通过对 RocketMQ 的拆解给出了自己的见解。“授人以鱼不如授人以渔”，学习一个优秀的中间件不能仅仅止步于了解、会用，还要充分吸收并且举一反三，更好地应用于自己的工作中，这才是更高层次的“get 到了”。

如果说以上内容已经让这本书物有所值，那么第 10 章则是最让我惊喜的内容。当业务发展到一定程度时，不管是业务系统还是中间件组件，都要面临巨大的稳定性挑战和复杂场景的考验。因此，关于消息流量隔离、RocketMQ 官方并未开源的支持任意时间的延迟队列、容灾迁移、跨集群复制等方面的知识（虽然限于篇幅在本书中以介绍思路为主），都可以给急需解决相关问题的人参考。比如，目前得物在做的异地多活及染色环境建设，与这部分内容结合起来看，确实能够相互印证。当然，我也跟两位作者沟通过，希望能在第 10 章补充一些内容及实操经验。他们后续应该会逐步在公众号上进行补充和完善，相信会给大家带来更多惊喜。

最近几年，我的阅读习惯一再被“教育”，Kindle、手机、平板上的各种碎片时间阅读成为常态；然而我最喜欢的，依然是手捧纸质书随意翻阅的感觉，能根据书中的标记来唤醒自己之前的思路。同样，对于这本《RocketMQ 实战》，我推荐你结合工作环境，边阅读、边实践、边验证，多翻看、多标记、多思考，相信你肯定会有所收获！

金思宇

得物 App 交易平台&中间件平台 leader

推荐序三

当我拿到这本书，看到两位作者对 ClientId 等很多细节问题进行了由浅入深、循序渐进的总结时，不禁感叹，如果当年能有这本书，我在做消息中间件平台的时候会少走多少弯路啊。如此，在线上环境出现系统繁忙的时候，就能更加游刃有余地处理问题，而不是手忙脚乱、毫无头绪地到处查找资料。

消息中间件是互联网系统架构的基石之一，在大数据、应用解耦与异步化、日志处理与事件总线等场景中，都可以看到它的身影。而 RocketMQ 就是主流的消息中间件选择之一。2016 年，在经过多次“双十一”的锤炼之后，阿里巴巴把 RocketMQ 贡献给了 Apache 基金会。之后，RocketMQ 迅速被大家所熟知，也被广大业界同行作为主要选型参考纳入了架构体系之中。同时，越来越多的人开始学习怎样更好地使用它。

无论你是初学者，还是立志成为消息领域技术专家的从业者，我都真诚地向你推荐这本书，原因有二。第一，就我自身而言，它作为一本实践工具书，能很好地满足我的需求。全书用严谨而不失睿智的语言，为复杂的问题提供了清晰而完备的解决思路。相信对于使用 RocketMQ 的朋友们来说，本书也将是不可多得的参考资料。第二，作者以独到的洞察力和逻辑思维能力，围绕 RocketMQ 在使用过程中可能发生的一系列实际问题展开讨论，循循善诱地引导读者理解这些问题并学会解决方法，具有很高的实际参考价值。这本书就是从这两个落脚点出发的。两位作者凭借对 RocketMQ 源代码、架构和实现的深入理解，结合多年开发、运维和治理的实践经验，总结了他们碰到过的真实案例，将其归纳成了最佳实践并分享出来，以飨使用 RocketMQ 的广大朋友们。

“行百里者半九十”，在 RocketMQ 的探索之路上没有终点，丁威和梁勇在这方面做出了很好的表率。所以，我再次向你推荐这本书，不是用过来人的身份说教，而是想把自己从此书中获得的收益讲给你听，并真诚地希望你在阅读这本书后，能够少走弯路、事半功倍。愿你能有一个愉快的阅读体验，通过该书轻松打开 RocketMQ 的大门。

刘建刚

资深消息中间件专家

前　言

为什么要写这本书

随着互联网技术的蓬勃发展和微服务架构的普遍应用，加上大数据分析及高并发流量场景的复杂度越来越高，系统架构开始追求小型化、轻量化。因此，我们需要一款高性能、高可用、低延迟、支持顺序、支持容错、支持事务的消息中间件来支撑互联网的高速发展。目前，RPC（remote procedure call，远程过程调用）、服务治理、分布式、消息中间件已经成为互联网架构的标配。

引入消息中间件后，就可以通过服务间可靠的异步调用来降低系统之间的耦合度，提高系统的可用性。消息中间件具有高效的消息处理能力，可以让系统承接大数据量的并发及流量脉冲而不被击垮，在保证性能的同时改善用户体验。此外，消息中间件还可以解决系统之间数据的（最终）一致性问题。

RocketMQ 作为阿里巴巴开源的一款高性能、高吞吐量、低延迟的消息中间件，承载了阿里巴巴“双十一”的大部分业务，可以说是一名久经沙场的“精英”、值得信任的“伙伴”。它采用 Java 作为开发语言，自然而然受到了广大互联网架构师的青睐，并成为互联网行业首选的消息中间件之一。

消息中间件通常承载着最核心的业务，一旦使用不当，就很容易造成严重故障。因此，理解 RocketMQ 核心原理与掌握其最佳实践成了开发人员与运维人员的必备技能。我经常听很多人抱怨：在学习时缺少参考资料，遇到问题时没有专家指点，看源代码时陷入细节……

我们在使用 RocketMQ 时，常会碰到 `system busy`、`broker busy` 等错误，导致消息发送超时。发生这种情况的原因是什么？我们有什么解决方案？

一个消费组订阅多个 `tag` 时用“||”分隔，在同一个消费组中，一个消费者订阅 TagA，另外一个消费者订阅 TagB，这有什么问题？背后的原理是什么？

RocketMQ 的平稳运行离不开正确的调优、运维、监控、告警，那么治理 RocketMQ 应该从哪里入手？平滑扩缩容的正确方式是什么？监控项的设计应该从哪些方面着手？

对于所有这些实战中可能碰到的“坑”，基本都可以在本书中找到解决方案。

怎样阅读这本书

本书共包含 11 章，其中第 1 章 ~ 第 2 章、第 6 章 ~ 第 7 章、第 10 章 ~ 第 11 章由梁勇写作，第 3 章 ~ 第 5 章、第 9 章由丁威写作，第 8 章为两人合著。本书涉及应用、运维、原理、案例、线上故障等 5 个方面。

第 1 章为基础知识，主要介绍如何安装 RocketMQ，RocketMQ 的基本术语与架构设计，并梳理了 RocketMQ 的典型使用场景，为初学者扫除学习障碍。

第 2 章主要从 4 个方面详细介绍消息发送：消息发送 API，重要参数与实战建议，消息发送的典型使用方式，以及消息发送的常见错误与解决方案。

第 3 章主要从消息消费概述，消息消费 API 与版本，PUSH 模式核心参数与工作原理，结合常见场景讲解 PUSH 使用方法，PULL 模式核心参数与实战，结合常见场景讲解 PULL 使用方法，结合场景介绍顺序消费与消息过滤的使用，消息消费常见问题排查等 8 个方面详细介绍消息消费。

第 4 章主要介绍 RocketMQ 与 Spring Boot 的整合，重点介绍热门的 rocketmq-spring 框架的使用。

第 5 章从核心概念、Name Server、消息发送、消息存储、消息消费、集群等 6 个方面系统剖析 RocketMQ 的核心运作机制，提升对 RocketMQ 的驾驭能力、风险识别能力。

第 6 章主要介绍在生产环境中如何部署 RocketMQ，内容包括集群资源的规划、Name Server 集群的搭建、Master-Slave 主从架构集群搭建、多副本集群的搭建、RocketMQ-Console 的安装，以及参数优化。

第 7 章重点介绍 RocketMQ 运维实战，主要从运维命令、集群性能压力测试、集群平滑升级与扩缩容、查询死信队列消息内容等 4 个方面展开。

第 8 章主要介绍 RocketMQ 可观测监控实战，主要从监控设计理念、集群核心监控项、主题消费组核心监控项、告警等 4 个方面展开。

第 9 章介绍 RocketMQ 在高并发编程领域的一些优秀实践，包括读写锁、同步转异步、高效率同步双写、网络编程等相关技巧。

第 10 章是案例分析，挑选消息流量隔离、任意时间消息延迟、容灾、同城“双活”这几个极具代表性的生产实践案例进行阐述。

第 11 章整理了生产环境中常见的一些典型故障，包括集群节点异常、CPU 突刺、集群频繁抖动与发送超时、客户端消费性能低下、消费队列阻塞等几个生产级故障。

怎样向我们提问

由于作者水平有限，书中难免存在一些错误或者不准确的地方，恳请大家批评指正。如果大家在阅读过程中遇到问题，可以通过以下方式联系我们。

- 电子邮件：codingw@126.com（丁威）和 woshiliangyong@126.com（梁勇）。
- 个人微信：dingwpmz（丁威）和 gaoliang1719（梁勇）。
- 公众号：“中间件兴趣圈”与“瓜农老梁”。可以分别扫码：

致谢

首先要感谢 MyCat 开源社区负责人周继锋对我的提携与指导，感谢你为我的职业发展指明了方向。

感谢我所处的平台中通快递，让我能将理论应用到实际工作中。非常感谢我的直接领导肖文科，谢谢你对我的信任与帮助，让我全权负责运维日均万亿级消息流转的消息集群，使我在消息领域获得越来越深刻的见解。

在撰写本书的过程中，我得到了很多朋友的帮助，尤其是图灵公司的编辑武芮欣老师，让我的写作能力得到了很大的提升。

感谢 RocketMQ 官方团队贡献了如此优秀的开源消息中间件产品以及对我本人的肯定与支持。

最后要感谢我的妻子彭满贞女士，如果没有她的理解与支持，我无法完成本书的创作。感谢我的女儿与儿子，他们是我持续努力奋斗的最大动力。

谨以此书献给我最亲爱的家人，以及众多热爱 RocketMQ 的朋友！

丁威
Apache RocketMQ 社区首席布道师
公众号“中间件兴趣圈”主理人
《RocketMQ 技术内幕》合著者

首先要感谢与丁威的缘分。我们住得近、聊得来，常常彼此分享工作、生活中的心得与困惑，多少次聊到忘了时间。是你不知疲倦的坚持鼓舞着我。

感谢直接领导金思宇在工作中给予我的信任、支持与指导。感谢刘建刚、张勇华、宋焱炜、王国强、吴强、张登、周正荣、时洪伟等朋友多年来的陪伴和鼓励。

感谢老爸老妈在我人生每个阶段的鼎力相助。特别感谢我的爱人高洁，她一手操持两个孩子的生活与学习，让我有充足的时间投入本书的创作。

梁勇
公众号“瓜农老梁”维护者

目　录

第 1 章

认识 Apache RocketMQ

RocketMQ 诞生于阿里巴巴业务场景，支撑阿里巴巴“双十一”千万级并发、万亿级数据洪峰，是一个低延迟、高并发、高可用、高可靠的分布式消息和流数据平台。2017 年 2 月，RocketMQ 成为 Apache 基金会的顶级项目。熟悉 RocketMQ 的原理，避开实战中的“坑”，提高对 RocketMQ 的掌控能力，保障 RocketMQ 的平稳运行，都是从业者面临的挑战。

本章将带领大家认识 Apache RocketMQ，从架构设计、基本概念、使用场景等方面逐步展开介绍，让大家对 RocketMQ 的全貌有宏观认识。学习本章，你将了解以下内容：

- 从发送消费示例到源代码环境搭建；
- RocketMQ 的基本术语和整体架构设计；
- RocketMQ 的典型使用场景。

1.1 RocketMQ 快速入门

本节首先介绍 RocketMQ 的下载和启动，然后介绍通过命令行创建主题和消费组，接着介绍发送消息、消息示例以及搭建 RocketMQ 的源代码调试环境。大家可快速阅读，有疑惑的地方先略过。

1.1.1 下载安装包

首先我们需要从官方网站下载安装包，选择 release 版本即可。目前，Client、Broker、Name Server 等各个组件的运行至少需要 Java 8 版本。

然后点击下载二进制包，以 4.9.1 版本为例，如图 1-1 所示。

USER GUIDE

Why RocketMQ
Quick Start
Simple Example
Order Example
Broadcasting Example
Schedule Example
Batch Example
Filter Example
Logappender Example
OpenMessaging Example
Transaction Example
FAQ

RELEASE NOTES

Download

DEPLOYMENT & OPERATIONS

Architecture

4.9.1 release

- Released Aug 22, 2021
- Release Notes
- Source: rocketmq-all-4.9.1-source-release.zip [PGP] [SHA512]
- Binary: rocketmq-all-4.9.1-bin-release.zip [PGP] [SHA512]

4.9.0 release

- Released June 15, 2021
- Release Notes
- Source: rocketmq-all-4.9.0-source-release.zip [PGP] [SHA512]
- Binary: rocketmq-all-4.9.0-bin-release.zip [PGP] [SHA512]

图 1-1　选择安装包界面

接下来我们使用以下命令解压缩下载好的安装包：

```
unzip rocketmq-all-4.9.1-bin-release.zip
cd rocketmq-all-4.9.1-bin-release
```

1.1.2　启动服务

在启动服务之前，需要先启动 Name Server。Name Server 是 RocketMQ 自带的组件，提供服务的注册与发现以及协调服务，可通过如下命令启动：

```
nohup sh bin/mqnamesrv &
```

启动服务后，输出的日志信息如下：

```
tail -f ~/logs/rocketmqlogs/namesrv.log
2021-10-01 14:46:01 INFO NettyEventExecutor - NettyEventExecutor service started
2021-10-01 14:46:01 INFO FileWatchService - FileWatchService service started
2021-10-01 14:46:01 INFO main - The Name Server boot success. serializeType=JSON
```

日志输出“The Name Server boot success”字样，就表示 Name Server 启动成功。

接下来，通过如下命令启动 RocketMQ Broker：

```
nohup sh bin/mqbroker -n localhost:9876 &

tail -f ~/logs/rocketmqlogs/broker.log

2021-10-01 14:59:44 INFO brokerOutApi_thread_1 - register broker[0]to name server localhost:9876 OK
2021-10-01 14:59:44 INFO main - The broker[hb10076, 172.17.198.27:10911] boot success.
serializeType=JSON and name server is localhost:9876
```

日志输出“The broker[%s, x.x.x.x:10911] boot success”字样，就表示 RocketMQ Broker 启动成功。这里默认 Broker 端口号为 10911，Name Server 端口号为 9876 。

1.1.3 创建主题

创建一个主题用于消息的发送，下面以 test-topic 为例创建。通过 -c 指定集群名称，默认集群名称为 DefaultCluster；通过 -n 指定 Name Server 地址；通过 -t 指定主题名称。后面章节会详解命令。完整命令如下：

```
sh bin/mqadmin updateTopic -c DefaultCluster -n localhost:9876 -t test-topic

create topic to 172.17.198.27:10911 success.
```

“create topic to x.x.x.x:10911 success”字样表示主题创建成功，接下来通过如下命令查看该主题的状态信息：

```
bin/mqadmin topicStatus -n localhost:9876 -t test-topic

#Broker Name    #QID    #Min Offset    #Max Offset    #Last Updated
hb10076         0       0              0
hb10076         1       0              0
hb10076         2       0              0
hb10076         3       0              0
hb10076         4       0              0
hb10076         5       0              0
hb10076         6       0              0
hb10076         7       0              0
```

通过输出可以看到该主题有哪些分区以及各分区所在的 Broker 节点、最小偏移量、最大偏移量以及最新更新时间。

1.1.4 创建消费组

创建一个消费组用于消费消息，下面以 test-consumer 为例创建，执行如下命令：

```
bin/mqadmin updateSubGroup -n localhost:9876 -c DefaultCluster -g test-consumer
```

执行命令后，输出的日志信息如下：

```
create subscription group to 172.17.198.27:10911 success.
SubscriptionGroupConfig [groupName=test-consumer, consumeEnable=true, consumeFromMinEnable=false,
consumeBroadcastEnable=false, retryQueueNums=1, retryMaxTimes=16, brokerId=0,
whichBrokerWhenConsumeSlowly=1, notifyConsumerIdsChangedEnable=true]
```

“create subscription group to x.x.x.x:10911 success”字样表示消费组创建成功。

1.1.5 发送消息

RocketMQ 提供 sendMessage 命令向主题发送消息，下面的命令是向上文刚创建的主题发送一条消息：

```
bin/mqadmin sendMessage -n localhost:9876 -t test-topic -p 'Hello world'
```

执行命令后，输出的日志信息如下：

```
#Broker Name    #QID    #Send Result    #MsgId
hb10076         0       SEND_OK         7F00000120B20D716361042DF2A20000
```

“SEND_OK”字样表示消息发送成功，同时可看到消息发送的 Broker Name 和 MsgId。

1.1.6 消费消息

RocketMQ 提供了 consumeMessage 命令用于消费某主题的消息。以下命令使用上文创建的消费组和主题：

```
bin/mqadmin consumeMessage -n localhost:9876 -t test-topic -g test-consumer
```

执行命令后，输出的日志信息如下：

```
MessageQueue [topic=test-topic, brokerName=hb10076, queueId=1] print msg finished. status=NO_NEW_MSG,
offset=0
Consume ok
MSGID: 7F00000120B20D716361042DF2A20000 MessageExt [brokerName=hb10076, queueId=0, storeSize=176,
queueOffset=0, sysFlag=0, bornTimestamp=1633087720099, bornHost=/192.168.2.18:61143,
storeTimestamp=1633087720108, storeHost=/192.168.2.18:10911,
msgId=C0A8021200002A9F0000000000008816, commitLogOffset=34838, bodyCRC=198614610, reconsumeTimes=0,
preparedTransactionOffset=0, toString()=Message{topic='test-topic', flag=0,
properties={MIN_OFFSET=0, MAX_OFFSET=2, UNIQ_KEY=7F00000120B20D716361042DF2A20000,
CLUSTER=DefaultCluster}, body=[72, 101, 108, 108, 111, 32, 119, 111, 114, 108, 100],
transactionId='null'}] BODY: Hello world
```

从输出信息可看到 MsgId、消息详情以及 Body 内容。

1.1.7 调试 RocketMQ

想了解 RocketMQ 某功能的代码是如何实现的，或者在代码的什么地方抛出错误，均可通过阅读源代码的方式找到答案。下面通过 IDEA 启动 RocketMQ 服务。

从 GitHub 上复制 RocketMQ 的源代码，并切换到 release-4.9.1 分支：

```
git clone git@github.com:apache/rocketmq.git

cd rocketmq

git checkout release-4.9.1
```

然后将代码导入 IDEA，如图 1-2 所示。

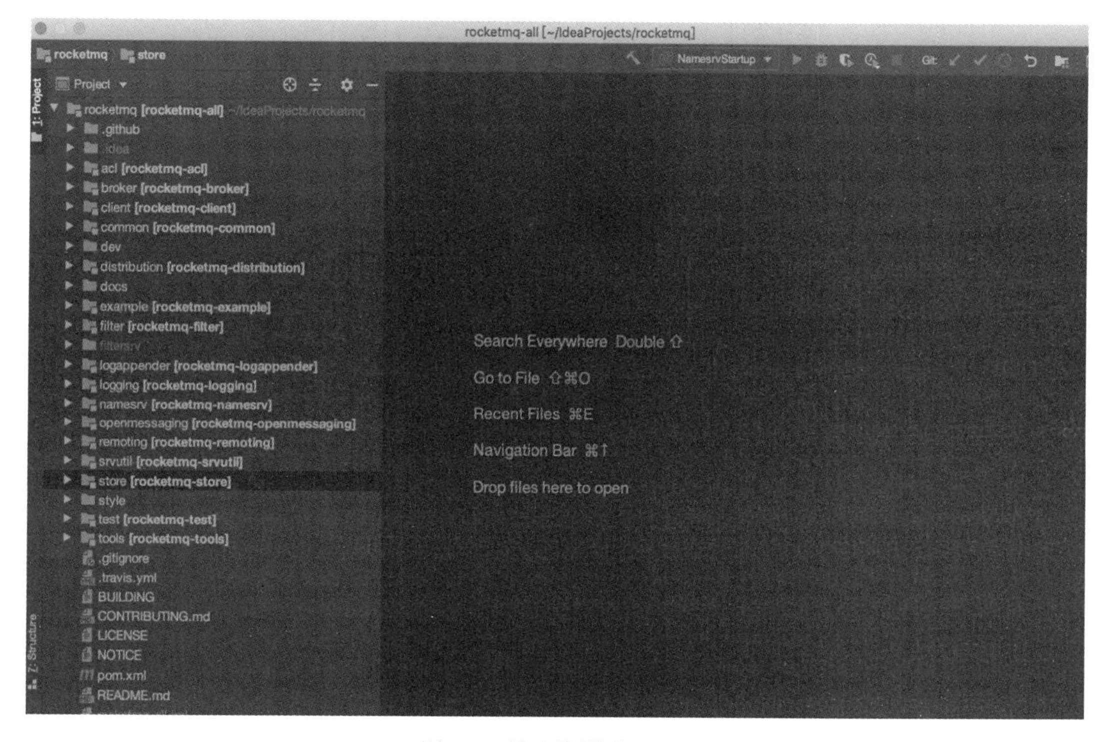

图 1-2 导入代码到 IDEA

图 1-2 中的部分源代码核心目录说明如下。

- acl：权限控制模块。
- broker：服务端模块。
- client：客户端模块，包括发送客户端和消费客户端。
- distribution：分发包目录，包含 shell 脚本和配置文件。
- example：示例代码模块。
- namesrv：注册发现模块。
- openmessaging：消息开放标准。
- remoting：基于 Netty 的远程通信模块。
- store：消息存储模块。
- tools：工具类，包含 admin、命令行以及监控的工具类。

还是先启动 Name Server，启动类是位于 namesrv 目录的 `NamesrvStartup` 类，在此之前需要先配置 `ROCKETMQ_HOME`。

从图 1-2 所示的源代码结构中可以看到有一个 distribution 目录，其中包含了分发的配置文件，方便在 IDEA 中修改配置文件。下面我们将 ROCKETMQ_HOME 指向该目录，如图 1-3 所示。

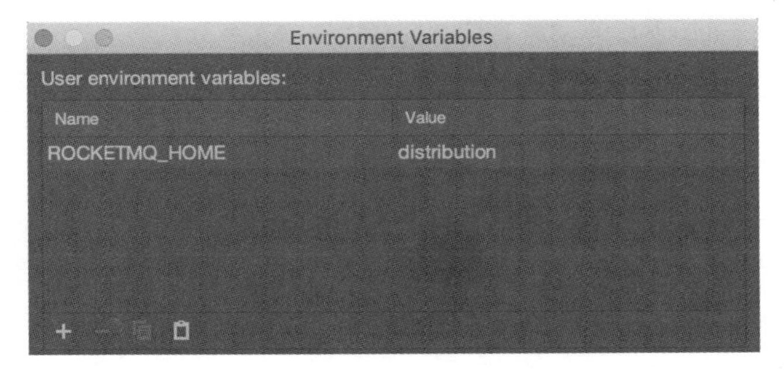

图 1-3　ROCKETMQ_HOME 指向 distribution 目录

运行 NamesrvStartup，会看到控制台输出"The Name Server boot success. serializeType=JSON"，如图 1-4 所示，表示 Name Server 运行成功。

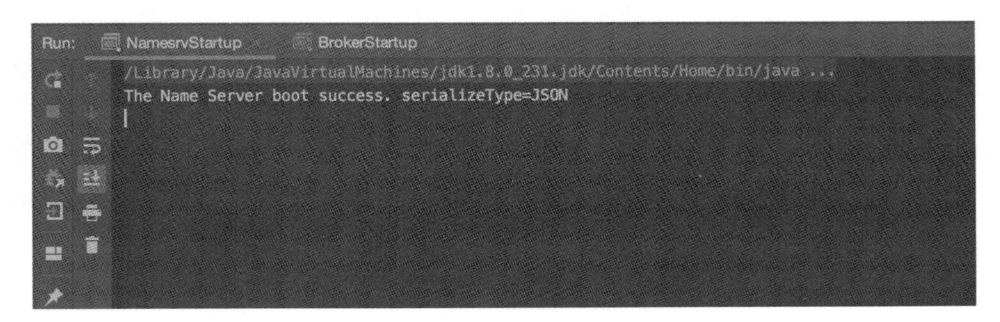

图 1-4　运行 NamesrvStartup

接下来启动 Broker，启动类是位于 broker 目录的 BrokerStartup 类。运行前同样需配置 ROCKETMQ_HOME 变量，方式与上面相同，这里不再赘述。运行后会看到控制台输出"The broker [hb10076, x.x.x.x:10911] boot success. serializeType=JSON"字样，如图 1-5 所示。

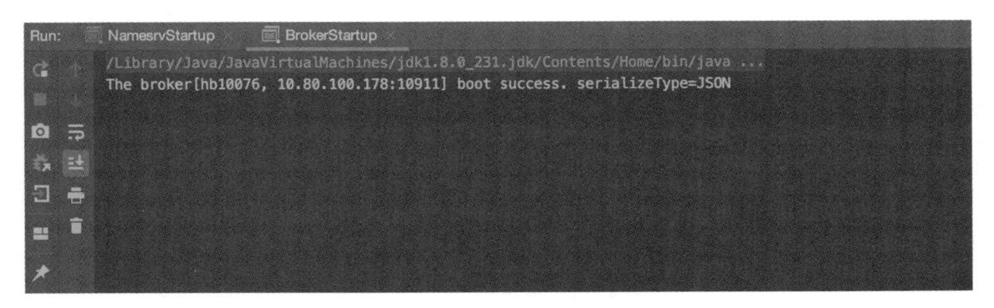

图 1-5　运行 BrokerStartup

至此，RocketMQ 源代码的调试环境搭建完毕。相信大家通过上面的步骤已经对 RocketMQ 有了感性的认识，接下来学习 RocketMQ 的基本术语。

1.2 基本术语

术语是语义表达的基本组成部分，熟悉 RocketMQ 的基本术语能够方便大家理解后面的章节。

1.2.1 消息相关术语

下面介绍一些与消息相关的术语。

- 消息（message）：通信交互的载体，是按照编码格式封装的传输数据。

  表 1-1 是落盘时的消息格式，其中第 1 项到第 14 项是每条消息都有的，所占空间为 84 字节。

表 1-1 落盘时的消息格式

序号	属性（properties）	内容（body）	所占空间
1	msgLen	消息长度	4 字节
2	MAGIC_CODE	魔数	4 字节
3	BodyCRC	校验码	4 字节
4	QueueId	消息所在的分区	4 字节
5	Flag	消息标记	4 字节
6	queueOffset	分区偏移量	8 字节
7	fileFromOffset + byteBuffer.position()	物理偏移量	8 字节
8	SysFlag	系统标记压缩等	4 字节
9	BornTimestamp	发送时间	8 字节
10	BornHost	发送的机器 IP	8 字节
11	StoreTimestamp	存储时间	8 字节
12	StoreHost	存储的 Broker 地址	8 字节
13	ReconsumeTimes	消费重试次数	4 字节
14	PreparedTransactionOffset	事物消息偏移量	8 字节
15	bodyLength	消息体长度	
16	body	消息体内容	
17	topicLength	主题长度	
18	topicData	主题内容	
19	propertiesLength	属性长度	
20	propertiesData	属性内容	

相比消息落盘时的格式，我们更关心消息的属性和内容。属性 properties 是消息的 Header，我们可以通过 properties 传递一些标记，消费时再从 properties 中获取，类似于 HTTP 的 Header。body 即消息内容，是二进制格式的。

下面是消息 Message 类包含的成员变量：

```
public class Message implements Serializable {
    private static final long serialVersionUID = 8445773977080406428L;

    private String topic;
    private int flag;
    private Map<String, String> properties;
    private byte[] body;
    private String transactionId;
}
```

RocketMQ 的事务消息中还有事务消息、半事务消息、消息回查等相关概念。

- **事务消息**：遵循分布式事务处理规范（类 XA）通过两阶段提交来保证分布式事务的一致性。
- **半事务消息**：消息已到达 RocketMQ 服务端，完成了第一阶段提交，正处于“暂不可消费”状态，对消费者不可见。
- **消息回查**：消息未经过第二阶段确认，需要 RocketMQ 服务端通过回查消息发送者，询问消息最终状态的过程。
- **延迟消息**：消息发送到 RocketMQ 服务端，但不希望立即被消费，延迟一定时间才会被消费者消费。

  RocketMQ 4.9.1 支持特定等级的延迟消息，默认有 18 个等级。RocketMQ 还支持等级自定义扩展，比如：增加两个等级。

  RocketMQ 中消息默认的 18 个等级如下所示：

  ```
  1s 5s 10s 30s 1m 2m 3m 4m 5m 6m 7m 8m 9m 10m 20m 30m 1h 2h
  ```

- **消息过滤**：RocketMQ 中，在消费组消费时支持按照特定的条件过滤消息，只消费满足条件的消息，支持按照 TAG 模式和 SQL92 标准来过滤消息。

1.2.2 主题相关术语

下面介绍一些与主题相关的术语。

- **主题**（topic）：表示一类消息的集合，是一个逻辑概念，可用于区分不同的业务场景。
- **队列**（queue）：主题由一个或者多个队列组成，当消息发往某一个主题时需选择一个队列。

队列的引入方便扩展“发送和消费”的性能。例如：增加队列数量和发送者数量能提升发送性能，增加队列和集群消费的消费者数量能提升消费性能。但是，消费者的数量不能大于队列数量，否则会有消费者无队列可订阅。

- **偏移量（offset）**：消息追加到主题的队列后会分配一个数值，即该队列的第几条消息，该数值即偏移量，如图 1-6 所示。

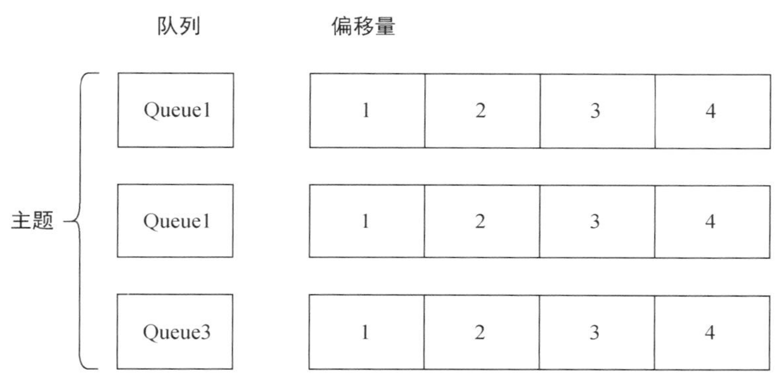

图 1-6　偏移量

- **发送组（producer group）**：多个发送者用同一个组名标识，可通过命令行查询一个发送组下有多少个发送者以及常用于事务消息的回调。

1.2.3　消费相关术语

下面介绍一些与消费相关的术语。

- **消费组（consume group）**：消费组用于订阅主题消费消息，可以订阅多个主题。一个消费组可以包含多个消费者。消费者可以是同一个进程中的多个消费组线程、多个消费组进程、部署的多个节点等。

RocketMQ 中支持广播消费与集群消费两种消费模式。

- **广播模式**：同一个消费组内的所有消费者都会消费订阅主题的所有消息，即一条消息会被该消费组的所有消费者收到。
- **集群模式**：同一个消费组内的所有消费者只消费订阅主题的一部分消息，即一条消息只会被该消费组的一个消费者消费。
- **消费位移**：当消费组消费消息时会记录消费的位置，以消费组为单位记录。

集群模式中的消费位移默认在 broker 目录，默认为${ROCKETMQ_HOME}/store/config/consumerOffset.json 文件。

广播模式中消费位移存储在本地，默认为${USER_HOME}/.rocketmq_offsets 文件。

RocketMQ 中支持并发消费与顺序消费两种模型。

- **并发消费**：同一队列的消息由多线程消费且不保证消息的顺序。
- **顺序消费**：保证同一队列的消息按顺序消费。
- **消息回溯**：RocketMQ 支持按时间回溯，已经消费过的数据可以重新消费，向前回溯，也可以跳过一些积压消息，向后回溯。

1.3　RocketMQ 架构设计

在设计中间件的架构时，通常要考虑其物理部署结构、吞吐量与延迟、并发、可用性与伸缩性、存储等方面的特性。RocketMQ 当然也不例外，下面就这些特性进行概述。

1.3.1　物理部署结构

RocketMQ 是一种基于发布/订阅的消息模型，发送者将消息发送到指定的主题，Broker 负责持久化存储，订阅了该主题的消费者从服务器拉取该消息（RocketMQ 的 PUSH 模式也是基于 PULL 模式实现的），从而实现异步解耦和削峰填谷。

图 1-7 所示的 Broker 集群是由两个 Master 节点和两个 Slave 节点组成的“2 主 2 从”结构，包含 Name Server 集群、Broker 集群和客户端。开发者在 RocketMQ 4.5.0 版本后引入了多副本机制，使用 Raft 协议保证 Broker 节点数据的强一致性。

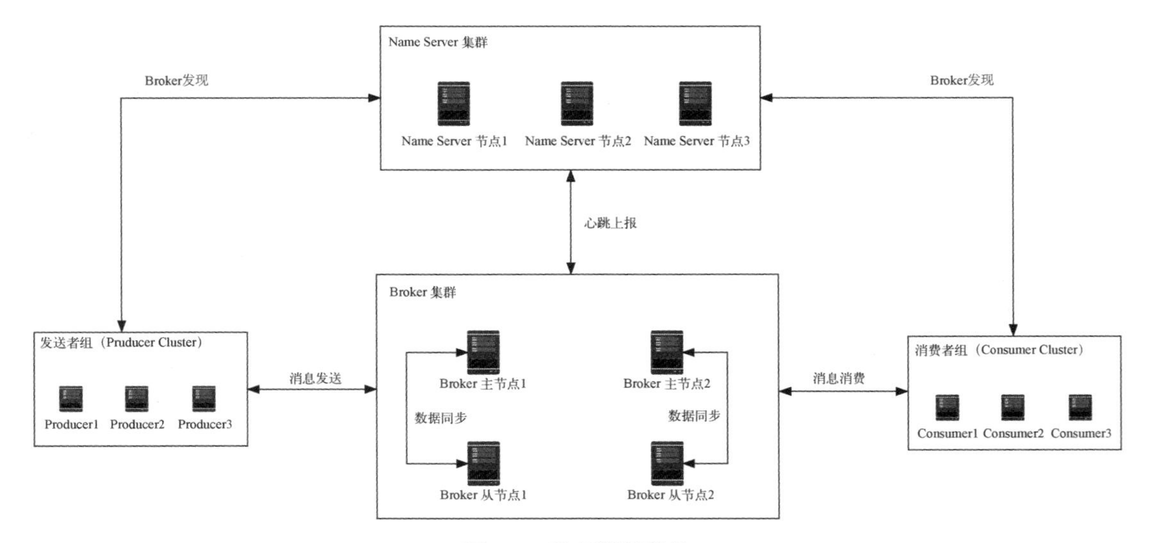

图 1-7　物理部署结构

下面介绍各部分承担的职能。

- **Name Server 提供路由注册与发现功能。**无状态，可集群部署，节点之间互相不通信，每个节点采用“最终一致性”记录完整的路由信息。
- **Broker 提供消息存储服务。**有 Master 和 Slave 两种角色，Master 的 `BrokerId` 为 `0`，负责消息读写，当负载过高时，默认从 `BrokerId` 为 `1` 的 Slave 读取消息。所有 Broker 节点与 Name Server 建立长连接，每 30 秒向 Name Server 发送一次心跳，该心跳内容包含该 Broker 的所有主题信息。
- **Client 包括 Producer（消息发送者）和 Consumer（消息消费者）。**无状态，多个实例组成 Pruducer Cluster 或者 Consumer Cluster。与 Name Server 集群中的一个节点建立长连接，每 30 秒从 Name Server 更新一次主题路由信息。与主题所在的 Master Broker 节点建立长连接，每 30 秒向该 Broker 节点发送一次心跳信息。

1.3.2 高吞吐量与低延迟的权衡

追求高吞吐量的同时往往伴随着高延迟，下面来看一下 RocketMQ 在实现高吞吐量与低延迟方面做的努力。

先将消息写入 Page Cache，通过异步刷盘的方式顺序写入 commitlog 日志文件。当然，RocketMQ 也支持同步刷盘，但是异步刷盘的性能更高。Page Cache 与顺序落盘保障了消息发送的高性能。

消费消息在 Page Cache 预读和 Consume Queue 顺序读的机制下，尽可能命中缓存中的消息。同时采用更适合小块数据传输的 mmap+write 零字节复制机制，减少数据在用户空间与内核之间复制所消耗的时间。

另外，RocketMQ 也通过文件预热、内存预先分配、mlock 内存锁定等方式降低使用 Page Cache 时的延迟。

1.3.3 高并发读写

消息发送的 Producer 实例是线程安全的，支持高并发发送，默认使用轮询负载均衡算法，均匀地将消息发送到不同的 Broker 节点上。另外也支持自定义路由发送，例如可以根据消息 key 选择队列。

集群消费模式中，同一个消费组的不同消费者按照负载均衡算法订阅消费队列，支持多种分配算法，默认为平均分配算法。消费者可以通过水平扩容提高消费能力，注意消费者的数量不应超过队列数量。另外，广播消费模式中，每个消费者均会订阅所有队列。

1.3.4　高可用性与伸缩性

在主从架构模式下，当单 Master 节点不可用时，消息发送者会通过服务发现机制和重试策略将消息发送到集群的其他 Master 节点，同时消费“Slave 节点读取但未被消费”的消息。

在多副本机制架构模式下，当单 Raft 复制组的 Leader 节点掉线时，会动态选举新的 Leader。由于数据的强一致性，能够保证发送和消费的高可用性。

伸缩性体现在当集群需要扩容时，RocketMQ 可以通过增加节点组合的方式（主从节点或者多副本的 Raft 复制组）实现水平扩容，从而使得发送者和消费者能够通过路由发现机制实现动态感知。

1.3.5　高可靠存储

发送者发送的消息会写入磁盘，RocketMQ 提供了同步刷盘和异步刷盘两种策略，可根据不同的场景灵活配置不同的策略。存储在磁盘上的消息可以配置保留时间，在保留时间内可以将消费组回溯至任意时间，实现消息的重新消费，即消息回溯。

数据的高可靠性在不同的架构中均有体现。在主从架构下，RocketMQ 可以通过主从同步复制，即一条消息只有主节点和从节点都写入成功才算成功，保证主从数据的一致性。在多副本机制中，RocketMQ 能通过 Raft 协议保证复制组的数据一致性。

另外，同步刷盘中只有当消息完全落盘时，才返回成功，这样做能够避免由于写入 Page Cache 未来得及刷盘而造成的数据丢失。

1.4　RocketMQ 的典型使用场景

RocketMQ 诞生于阿里巴巴电商类业务场景，在实际应用中往往承载着公司的核心业务，广泛用于订单、交易、支付、收发货、库存扣减以及各类通知等，下面列举几个典型的使用场景。

1.4.1　消息通道

RocketMQ 常作为消息通道使用，在不同的服务之间进行消息通信。通过 RocketMQ，通道服务之间的调用不再直接耦合，而是通过主题和消费组实现异步解耦。

异步：上游系统不必等待下游服务的返回，能提高服务的响应能力。解耦：上游系统不必担心下游服务的不稳定会造成拖累。随着对下游服务的依赖越来越多，异步解耦带来的好处就会越来越明显。

1.4.2　削峰填谷

在实际工作中，公司的业务有高峰期和低谷期，高峰期促销活动带来的大量突发请求很可能对系统造成压力。这类请求可以先写入 RocketMQ，由 RocketMQ 承担压力。消费服务可以根据自身消费能力去处理请求，也可异步通知处理结果。

1.4.3 顺序消费场景

通常所说的顺序消费指的是队列内有序，而全局有序则需要主题只有一个队列。全局有序在性能、扩容方面均受限制。实际中很多场景要求按顺序消费消息，比如对一些订单信息的修改、MySQL binlog 日志的同步等。如果是无序消费，则会造成数据的不一致。RocketMQ 支持的顺序消费很好地支持了这类场景。

1.4.4 广播消费场景

1.2.3 节中提到，广播模式中每个消费者都会收到所有的消息，下面列举两个使用广播模式的场景。为降低业务高峰对分布式缓存服务器和数据库的访问压力，可将商品的价格、库存等信息通过广播模式在服务的各个节点同步进行本地缓存。在客户聊天系统的场景中，可以通过广播模式实现对群成员的消息触达。

1.4.5 事务消息场景

在发送消息后，用户想对数据库记录进行修改，而发送消息和修改数据分别隶属于 RocketMQ 和数据库这两个不同的介质，这时可能会出于网络异常等原因，造成数据的不一致。在没有事务消息时往往需要查找这种不一致，并及时修正。而使用事务消息时，第一次发送的是“暂不可消费”的半事务消息；数据修改成功后，再发起第二次提交；提交成功后，该消息才会变成“可消费”，从而保证数据的一致性。

1.5 本章小结

本章首先介绍了 RocketMQ 集群的快速搭建、创建主题/消费组、发送/消费消息等内容，让大家快速上手，搭建了源代码调试环境，方便对源代码有兴趣的读者进一步调试，消除对 RocketMQ 的陌生感。

然后对 RocketMQ 中的基本概念与术语做了比较详细的解读，可令大家在阅读后面章节时无概念障碍。接着简述了 RocketMQ 架构设计，包括物理部署结构、低延迟、高并发、高可用、高可靠，让大家对 RocketMQ 架构特性有整体的感知。

最后介绍了 RocketMQ 的典型使用场景，即什么时候用 RocketMQ，相信读者已经有了自己的认识。

第 2 章

RocketMQ 消息发送

本章我们将从发送一条消息开始，正式踏上 RocketMQ 的学习之旅。读完本章，你将了解以下内容：

- 与消息发送有关的 API 用法；
- 重要参数与实战建议；
- 典型的消息发送方式与常见错误。

2.1 详解消息发送 API

学习与发送消息有关的 API，既需要把握全貌也需要关注细节，基于此，本节采用从整体到部分的思路来讲解。图 2-1 是消息发送的类图结构，`DefaultMQProducer` 实现了 `MQProducer` 接口，而 `MQProducer` 又继承自 `MQAdmin`。`MQProducer` 是发送接口，`MQAdmin` 是集群管理接口，`ClientConfig` 为客户端配置的相关类。

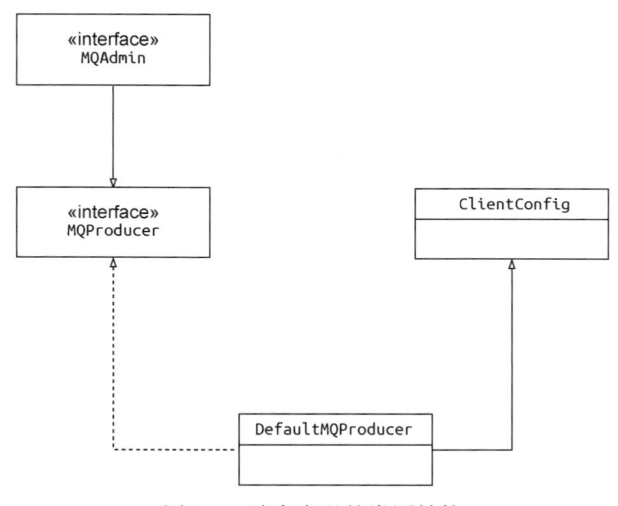

图 2-1　消息发送的类图结构

2.1.1 发送接口分类

发送接口主要可以按照发送方式、一次发送消息数量、是否指定队列进行分类，从而使使用者对发送接口有总体的掌握。

按照发送方式分类。

- 同步发送：等待返回结果。
- 异步发送：异步回调发送结果。
- 一次发送：无结果返回。

按一次发送消息数量分类。

- 单条消息发送。
- 批量消息发送。

按照是否指定队列分类。

- 随机选择发送。
- 指定特定消息队列。
- 自定义消息队列选择器。

下面是接口及其详细描述信息。

- `send(final Message msg)`：同步单条消息发送。
- `send(final Message msg, final long timeout)`：同步单条消息发送，含超时设置。
- `send(final Message msg, final SendCallback sendCallback)`：异步单条消息发送。
- `send(final Message msg, final SendCallback sendCallback, final long timeout)`：异步单条消息发送，含超时设置并指定回调方法。
- `sendOneway(final Message msg)`：一次单条消息发送。
- `send(final Message msg, final MessageQueue mq)`：同步单条消息发送，并指定消息队列。
- `send(final Message msg, final MessageQueue mq, final long timeout)`：同步单条消息发送，并指定消息队列，含超时设置。
- `send(final Message msg, final MessageQueue mq, final SendCallback sendCallback)`：异步单条消息发送，并指定消息队列和回调方法。
- `send(final Message msg, final MessageQueue mq, final SendCallback sendCallback, long timeout)`：异步单条消息发送，并指定消息队列和回调方法，含超时设置。
- `sendOneway(final Message msg, final MessageQueue mq)`：一次单条消息发送到指定的消息队列。

- send(final Message msg, final MessageQueueSelector selector, final Object arg):
- 同步单条消息发送到自定义实现的消息队列选择器。
- send(final Message msg, final MessageQueueSelector selector, final Object arg,final long timeout)：同步单条消息发送到自定义实现的消息队列选择器，含超时设置。
- send(final Message msg, final MessageQueueSelector selector, final Object arg, final SendCallback sendCallback)：异步单条消息发送到自定义实现的消息队列选择器。
- send(final Message msg, final MessageQueueSelector selector, final Object arg,final SendCallback sendCallback, final long timeout)：异步单条消息发送到自定义实现的消息队列选择器，含超时设置。
- sendOneway(final Message msg, final MessageQueueSelector selector, final Object arg)：一次单条消息发送到自定义实现的消息队列选择器。
- send(final Collection msgs)：批量同步发送消息。
- send(final Collection msgs, final long timeout)：批量同步发送消息，含超时设置。
- send(final Collection msgs, final MessageQueue mq)：批量同步发送消息到指定的消息队列。
- send(final Collection msgs, final MessageQueue mq, final long timeout)：批量同步发送消息到指定的消息队列，含超时设置。

2.1.2　集群管理接口说明

MQAdmin 向使用者提供了对集群的基础管理能力，也提供了主题创建和消息查询等功能，下面详细介绍其 API。

- void createTopic(String key, String newTopic, int queueNum, int topicSysFlag)：在集群中创建主题。
    - Key：创建消息的键。
    - newTopic：主题名称。
    - queueNum：队列数量。
    - topicSysFlag：主题系统参数。
- long searchOffset(MessageQueue mq, long timestamp)：根据队列和时间戳查找物理偏移量（即 commitlog 文件中的偏移量）。
    - mq：消息队列。
    - timestamp：时间戳。

- long maxOffset(final MessageQueue mq)：查找消息队列中最大的逻辑偏移量（即 ConsumeQueue 文件中的偏移量）。
- long minOffset(final MessageQueue mq)：查找消息队列中最小的逻辑偏移量。
- long earliestMsgStoreTime(MessageQueue mq)：返回消息队列中的最早时间戳。
- MessageExt viewMessage(String offsetMsgId)：根据 offsetMsgId 查找消息。
- MessageExt viewMessage(String topic, String msgId)：根据主题和 msgId 查找消息。
- QueryResult queryMessage(String topic, String key, int maxNum, long begin,long end)：查找多条消息。
  - topic：主题名称。
  - key：消息 key。
  - maxNum：本次查询的最大数量。
  - begin：开始时间戳。
  - end：结束时间戳。

2.1.3 客户端配置说明

ClientConfig 提供了客户端配置的一些参数，当发送或消费初始化时会用到这些配置，下面就其重要参数进行说明。

- namesrvAddr：Name Server 地址，可通过 System.setProperty("rocketmq.namesrv.addr") 设置。
- clientIP：客户端 IP，可通过 RemotingUtil.getLocalAddress 方法获取，是 ClientId 的组成部分。
- instanceName：实例名称，默认为 DEFAULT，可通过 System.setProperty("rocketmq.client.name")设置，是 ClientId 的组成部分。
- unitName：指定单元名称（比如有上海和杭州两个单元机房，可通过此属性指定不同的单元），是 ClientId 的组成部分。
- clientCallbackExecutorThreads：客户端回调线程池大小，默认为 CPU 核数。
- namespace：客户端命名空间。
- pollNameServerInterval：客户端从 Name Server 更新主题路由信息的时间间隔，默认为 30 秒。
- heartbeatBrokerInterval：客户端向 Broker 发送心跳包的时间间隔，默认为 30 秒。
- persistConsumerOffsetInterval：客户端广播消费模式下，本地保存消费位点的时间间隔，或者集群消费模式下，上报 Broker 消费位点的时间间隔，默认为 5 秒。
- buildMQClientId：用于标识发送和消费客户端，组成格式为"clientIP@instanceName-@unitName"。

2.1.4 DefaultMQProducer 参数说明

DefaultMQProducer 作为默认的发送类，使用最为广泛。下面就其重要参数进行说明。

- InternalLogger log = ClientLogger.getLog()：客户端日志工具类，日志路径为${user.home}/logs/rocketmqlogs/rocketmq_client.log。
- producerGroup：发送者组，可包含多个发送者，用于事务消息场景 Broker 回查事务状态。
- defaultTopicQueueNums = 4：创建主题时默认的队列数量。
- sendMsgTimeout = 3000：消息发送超时时间，默认为 3 秒。
- compressMsgBodyOverHowmuch = 1024 * 4：消息体压缩阈值，超过 4KB 会压缩为 zip 格式。
- retryTimesWhenSendFailed = 2：同步发送重试次数，默认为两次。
- retryTimesWhenSendAsyncFailed = 2：异步发送重试次数，默认为两次。
- retryAnotherBrokerWhenNotStoreOK = false：若客户端发送的返回结果不是 SEND_OK，则向另一台 Broker 重试。
- maxMessageSize = 1024 * 1024 * 4：最大消息体，默认为 4MB。
- sendLatencyFaultEnable = false：是否开启失败延迟规避，默认不开启。开启后会在特定的时间内规避上次发送失败的 Broker。
- notAvailableDuration = {0L, 0L, 30000L, 60000L, 120000L, 180000L, 600000L}：不可用延迟阶梯数组，根据每次发送的延迟时间选择未来多久不向该 Broker 发送消息，同 latencyMax 联合使用。
- latencyMax = {50L, 100L, 550L, 1000L, 2000L, 3000L, 15000L}：延迟级别数组，与 notAvailableDuration 数组个数相同，同 notAvailableDuration 联合使用。

2.2 重要参数与实战建议

2.1 节中就发送端涉及的核心参数做了说明，相信大家有一些疑惑：哪些是核心参数？应该注意什么？核心参数的工作机制是怎么样的？下面就让我们带着这些问题进入本节的学习吧。

2.2.1 发送重试机制

在实际环境中网络抖动、集群抖动的情况比较常见，引起抖动的原因也很多，不同机房之间专线抖动、集群瞬时流量过大等，均可能导致消息发送失败。为了应对这种情况，RocketMQ 提供了发送重试机制。

RocketMQ 在当前的 4.9.1 版本中提供的重试机制与两个参数有关系——超时时间和重试次数。超时时间默认为 3 秒，同步/异步重试次数默认为两次。默认代码如下：

```
sendMsgTimeout = 3000

retryTimesWhenSendFailed = 2

retryTimesWhenSendAsyncFailed = 2
```

重试机制：当同步/异步发送异常后会进行重试，该重试是在超时时间范围内的重试。默认 3 秒内重试两次，如果超过 3 秒，即使重试没有达到两次也不再重试。

实战建议：在实际中建议将超时时间和重试次数的值设置得大一些，以便有足够的重试次数来应对发送失败的场景。如果发送与 RPC 在一个业务场景中，建议使用异步发送，避免上游调用超时。自定义方式如下：

```
producer.setSendMsgTimeout(10000);

producer.setRetryTimesWhenSendFailed(16);

producer.setRetryTimesWhenSendAsyncFailed(16);
```

2.2.2 延迟故障规避

RocketMQ 引入了一种延迟故障规避机制，当消息发送失败后，不再选择失败的 Broker，而是换一个 Broker 重新发送。该机制默认不开启。

- sendLatencyFaultEnable 设置为 false：默认值，不开启。延迟规避策略只在重试时生效。例如，在一次消息发送过程中，如果遇到消息发送失败，会规避 broker-a，但是在下一次消息发送时，即再次调用 DefaultMQProducer 的 send 方法发送消息时，还是会选择 broker-a 的消息进行发送，只有再次继续发送失败后，重试时才会规避 broker-a。
- sendLatencyFaultEnable 设置为 true：开启延迟规避机制。一旦消息发送失败，broker-a 就会被“悲观”地认为在接下来的一段时间内不可用，在未来某一段时间内，所有的客户端都不会向该 Broker 发送消息。

当设置 producer.setSendLatencyFaultEnable(true)开启延迟时，通过如下步骤计算延迟耗时。

首先，计算本次发送失败所需要的时间 currentLatency：

```
long currentLatency = System.currentTimeMillis() - responseFuture.getBeginTimestamp()
```

然后，通过参数 notAvailableDuration 和 latencyMax 共同配合完成规避策略的选择。注意数组 notAvailableDuration 和 latencyMax 长度相同，其中的值一一对应：

```
notAvailableDuration = {0L, 0L, 30000L, 60000L, 120000L, 180000L, 600000L}

latencyMax = {50L, 100L, 550L, 1000L, 2000L, 3000L, 15000L}
```

计算逻辑是，先计算出 currentLatency 属于 latencyMax 的哪个区间，即 latencyMax 数组的下标，再根据该下标选出数组 notAvailableDuration 中对应的值，它就是延迟时间。代码如下：

```
private long computeNotAvailableDuration(final long currentLatency) {
    for (int i = latencyMax.length - 1; i >= 0; i--) {
        if (currentLatency >= latencyMax[i])
            return this.notAvailableDuration[i];
    }

    return 0;
}
```

实战建议：是否开启故障延迟机制取决于集群负载，如果集群负载已经很高，那么某个节点发送失败后因故障延迟 5 分钟，就可能会造成集群其他节点负载过高的情况。在业务起步时，集群压力通常较小，随着业务量的增长，集群负载会越来越高。我们在实际应用中未使用过该功能。当节点抖动导致消息发送超时的时候，通过 2.2.1 节的发送重试机制即可解决。

2.2.3 ClientId 的使用陷阱

了解客户端 ID 的主要目的是在面临如下问题时，能正确使用消息发送与消费。

- 同一套代码能否在同一台机器上部署多个实例？
- 同一套代码能否向不同的 Name Server 集群发送消息和消费消息？

下面就带着这两个问题开始我们的探索。本节的试验环境部署结构如图 2-2 所示。

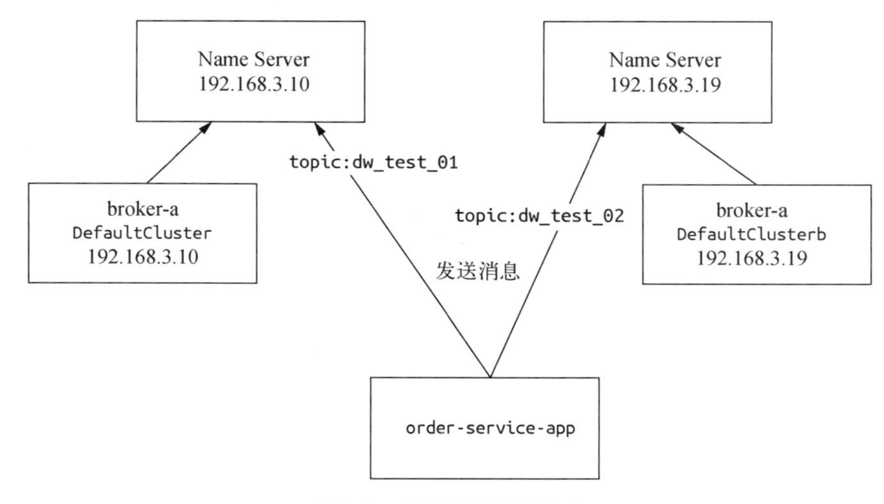

图 2-2　试验环境部署结构

这里部署了两个 RocketMQ 集群，在 `DefaultCluster` 集群上创建 `topic:dw_test_01`，并在 `DefaultClusterb` 集群上创建 `topic:dw_test_02`。现在的需求是 `order-service-app` 要向 `dw_test_01`、`dw_test_02` 发送消息，示例代码如下：

```java
public static void main(String[] args) throws Exception{
    // 创建第一个生产者
    DefaultMQProducer producer = new DefaultMQProducer("dw_test_producer_group1");
    producer.setNamesrvAddr("192.168.3.10:9876");
    producer.start();
    // 创建第二个生产者
    DefaultMQProducer producer2 = new DefaultMQProducer("dw_test_producer_group2");
    producer2.setNamesrvAddr("192.168.3.19:9876");
    producer2.start();
    try {
        // 向第一个 RocketMQ 集群发送消息
        SendResult result1 = producer.send( new Message("dw_test_01" , "hello 192.168.3.10
            nameserver".getBytes()));
        System.out.printf("%s%n", result1);
    } catch (Throwable e) {
        System.out.println("-----first-----------");
        e.printStackTrace();
        System.out.println("-----first-----------");
    }

    try {
        // 向第一个 RocketMQ 集群发送消息
        SendResult result2 = producer2.send( new Message("dw_test_02" , "hello 192.168.3.19
            nameserver".getBytes()));
        System.out.printf("%s%n", result2);
    } catch (Throwable e) {
        System.out.println("-----secornd-----------");
        e.printStackTrace();
        System.out.println("-----secornd-----------");
    }
    // 睡眠 10 秒，延迟该任务的结束时间
    Thread.sleep(10000);
}
```

运行结果如图 2-3 所示。

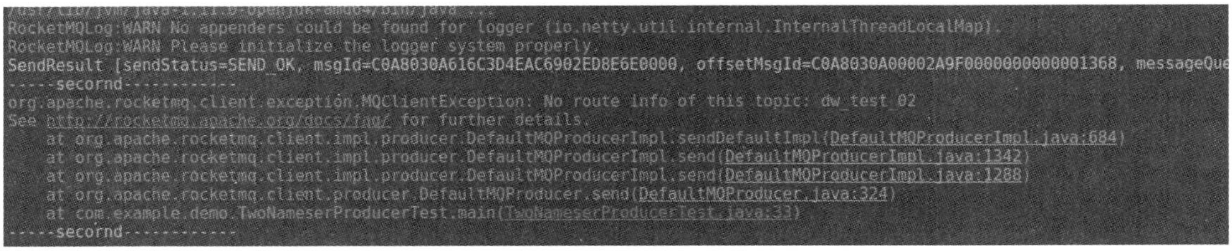

```
RocketMQLog:WARN No appenders could be found for logger (io.netty.util.internal.InternalThreadLocalMap).
RocketMQLog:WARN Please initialize the logger system properly.
SendResult [sendStatus=SEND_OK, msgId=C0A8030A616C3D4EAC6902ED8E6E0000, offsetMsgId=C0A8030A00002A9F0000000000001368, messageQue
-----secornd-----------
org.apache.rocketmq.client.exception.MQClientException: No route info of this topic: dw_test_02
See http://rocketmq.apache.org/docs/faq/ for further details.
    at org.apache.rocketmq.client.impl.producer.DefaultMQProducerImpl.sendDefaultImpl(DefaultMQProducerImpl.java:684)
    at org.apache.rocketmq.client.impl.producer.DefaultMQProducerImpl.send(DefaultMQProducerImpl.java:1342)
    at org.apache.rocketmq.client.impl.producer.DefaultMQProducerImpl.send(DefaultMQProducerImpl.java:1288)
    at org.apache.rocketmq.client.producer.DefaultMQProducer.send(DefaultMQProducer.java:324)
    at com.example.demo.TwoNameserProducerTest.main(TwoNameserProducerTest.java:33)
-----secornd-----------
```

图 2-3　运行结果

在向第二个集群发送消息时，出现了主题不存在的状况，但是我们明明创建了 dw_test_02，而且单独向第二个集群的 dw_test_02 发送消息确实能成功。**初步排查显示，这是创建了两个不同集群的 producer 引起的。这是为什么呢？又该如何解决呢？**

问题分析

要解决该问题，首先得理解 RocketMQ Client 的核心组成部分，如图 2-4 所示。

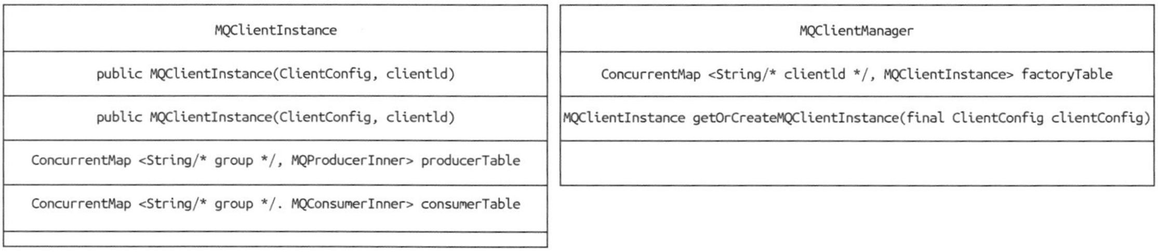

MQClientInstance
public MQClientInstance(ClientConfig, clientld)
public MQClientInstance(ClientConfig, clientld)
ConcurrentMap <String/* group */, MQProducerInner> producerTable
ConcurrentMap <String/* group */. MQConsumerInner> consumerTable

MQClientManager
ConcurrentMap <String/* clientld */, MQClientInstance> factoryTable
MQClientInstance getOrCreateMQClientInstance(final ClientConfig clientConfig)

图 2-4　RocketMQ Client 的核心组成部分

两个关键点如下。

- MQClientInstance 是一个非常重要的对象，代表一个 RocketMQ 客户端，并且有唯一标识 ClientId。该对象持有众多的消息发送者客户端，存储在 producerTable 中，其键为消息发送者组；同样可以创建多个消费者，以存储在 consumerTable 中，其键为消息消费者组。
- 一个 JVM 进程（即一个应用程序）中是否能创建多个 MQClientInstance 呢？可以让 MQClientManager 对象持有一个 MQClientInstance 容器，键为 ClientId。

既然在一个 JVM 中支持创建多个生产者，那么为什么上面的示例中创建了两个生产者，并且生产者组不一样，却不能正常工作呢？

这是因为上述两个 producer 对应的 ClientId 相同，会对应到同一个 MQClientInstance 对象，这样一来，两个生产者会注册到同一个 MQClientInstance 上。也就是说，这两个生产者使用的都是第一个生产者的配置，配置的 Name Server 地址为 192.168.3.10:9876，而在第一个集群上并没有创建 topic:dw_test_02，故无法找到对应的主题，从而抛出上述错误。

我们可以通过调用 DefaultMQProducer 的 buildMQClientId 方法，查看其生成的 ClientId，运行后的结果如图 2-5 所示。

```
producer对应的clientId:192.168.3.10@3088
producer2对应的clientId:192.168.3.10@3088
```

图 2-5　buildMQClientId 方法的运行结果

这样，解决思路就非常清晰了，我们只需要改变两者的 ClientId 即可。接下来看一下 RocketMQ 中 ClientId 的生成规则，源代码如下：

```
public String buildMQClientId() {
    StringBuilder sb = new StringBuilder();
    sb.append(this.getClientIP());

    sb.append("@");
    sb.append(this.getInstanceName());
    if (!UtilAll.isBlank(this.unitName)) {
        sb.append("@");
        sb.append(this.unitName);
    }

    return sb.toString();
}
```

ClientId 的生成策略如下。

- clientIP：客户端的 IP 地址。
- instanceName：实例名称，默认值为 DEFAULT。实际上，在 clientConfig 的 getInstanceName 方法中，如果实例名称为 DEFAULT，会被自动替换为进程的 PID。
- unitName：单元名称，如果不为空，会被追加到 ClientId 中。

了解了 ClientId 的生成规则后，提出解决方案就是水到渠成的事情了。

实战建议

结合 ClientId 的三个组成部分，不建议修改 instanceName。保持其默认值 DEFAULT，在真正的运行过程中它就会自动变更为进程的 PID，这样就能解决同一套代码在同一台机器上部署多个进程的问题，并且 ClientId 不会重复。因此，建议修改 unitName，可以考虑将其修改为集群的名称。修改后的代码如下所示：

```
public static void main(String[] args) throws Exception{
    // 省略代码
    DefaultMQProducer producer2 = new DefaultMQProducer("dw_test_producer_group2");
    producer2.setNamesrvAddr("x.x.x.x:9876");
    producer2.setUnitName("DefaultClusterb");
    producer2.start();
    // 省略代码
}
```

运行结果如图 2-6 所示。

```
producer对应的clientId:192.168.3.10@7026
producer2对应的clientId:192.168.3.10@7026@DefaultClusterb
SendResult [sendStatus=SEND_OK, msgId=C0A8030A1B723D4EAC69032EBF940000, offsetMsgId=C0A8030A00002A9F000000
SendResult [sendStatus=SEND_OK, msgId=C0A8030A1B723D4EAC69032EBFB30001, offsetMsgId=C0A8031300002A9F000000
```

图 2-6 运行结果

2.2.4　客户端日志注意事项

RocketMQ 客户端日志默认存在${user.home}/logs/rocketmqlogs 中。可以通过下面的方式修改日志路径，即在启动时通过参数-Drocketmq.client.logRoot 设置或者通过代码设置：

```
System.setProperty(ClientLogger.CLIENT_LOG_ROOT,"xx/xxx")
```

日志文件名默认为 rocketmq_client.log。可以通过下面的方式修改日志文件，即在启动时通过参数-Drocketmq.client.logFileName 设置或者通过代码设置：

```
System.setProperty(ClientLogger.CLIENT_LOG_FILENAME,"my_rocketmq_client.log")
```

默认情况下，RocketMQ 客户端有大量的 info 日志输出，使用者通常不必关心。我们可以调整日志输出级别。

下面是 RocketMQ 客户端日志 ClientLogger 的初始化源代码。通过设置参数-Drocketmq.client.logUseSlf4j，可以用两种方式进行初始化，该参数默认为 false：

```
static {
    CLIENT_USE_SLF4J = Boolean.parseBoolean(System.getProperty(CLIENT_LOG_USESLF4J, "false"));
    if (!CLIENT_USE_SLF4J) {
        InternalLoggerFactory.setCurrentLoggerType(InnerLoggerFactory.LOGGER_INNER);
        CLIENT_LOGGER = createLogger(LoggerName.CLIENT_LOGGER_NAME);
        createLogger(LoggerName.COMMON_LOGGER_NAME);
        createLogger(RemotingHelper.ROCKETMQ_REMOTING);
    } else {
        CLIENT_LOGGER = InternalLoggerFactory.getLogger(LoggerName.CLIENT_LOGGER_NAME);
    }
}
```

实战建议

方式一：设置参数-Drocketmq.client.logUseSlf4j=false，通过参数-Drocketmq.client.logLevel=WARN 或者 System.setProperty(ClientLogger.CLIENT_LOG_LEVEL,"WARN")调整日志输出级别。

方式二：设置参数-Drocketmq.client.logUseSlf4j=true，在日志配置文件中添加如下方式调整日志等级：

```
<appender name="RocketmqClientAppender" class="ch.qos.logback.core.rolling.RollingFileAppender">
    <file>xxx/mq_client.log</file>
    <rollingPolicy class="ch.qos.logback.core.rolling.SizeAndTimeBasedRollingPolicy">
        <fileNamePattern>xxx/history/mq_client.%d{yyyy-MM-dd}.%i.log</fileNamePattern>
        <maxFileSize>1024M</maxFileSize>
    </rollingPolicy>
</appender>

<logger name="RocketmqClient" additivity="false">
```

```
        <level value="WARN" />
        <appender-ref ref="RocketmqClientAppender"/>
    </logger>
```

2.3 消息发送的典型使用方式

学习了重要参数和实战注意事项，是不是跃跃欲试，想动手写一段代码呢？本节通过使用场景、示例代码，展示消息发送的典型使用方式。

2.3.1 发送示例详解

下面是一段异步发送消息的示例代码：

```java
public static void main(String[] args) throws Exception{
    DefaultMQProducer producer = new DefaultMQProducer("testProducerGroup");
    producer.setNamesrvAddr("x.x.x.x:9876");
    try {
        producer.start();
        // 发送单条消息
        Message msg = new Message("TOPIC_TEST", "hello rocketmq".getBytes());
        producer.send(msg, new SendCallback() {
            // 消息发送成功回调函数
            public void onSuccess(SendResult sendResult) {
                System.out.printf("%s%n", sendResult);
            }
            // 消息发送失败回调函数
            public void onException(Throwable e) {
                e.printStackTrace();
                // 消息发送失败，可以在这里做补偿，例如将消息存储到数据库，定时重试
            }
        });
    } catch (Throwable e) {
        e.printStackTrace();
        // 消息发送失败，可以在这里做补偿，例如将消息存储到数据库，定时重试
    }
    Thread.sleep(3000);
    // 使用完毕后，关闭消息发送者
    // 基于 Spring Boot 的应用，在消息发送的时候并不会调用 shutdown 方法，而是等到 spring 容器停止
    producer.shutdown();
}
```

在发送的三种方式中，One-way 的方式通常用于发送一些不太重要的消息。例如发送操作日志，偶然出现消息丢失其实对业务并无影响。**在实际生产中，同步发送与异步发送该如何选择呢？**

在回答选择同步发送还是异步发送之前，简单介绍一下异步发送的实现原理。

- 每一个消息发送者实例（`DefaultMQProducer`）内部都会创建一个异步消息发送线程池，默认线程数量为 CPU 核数。线程池内部有一个有界队列，默认长度为 50 000，并且会控

制异步调用的最大并发度，默认为 65 536，后者可以通过参数 `clientAsyncSemaphoreValue` 来配置。

- 客户端使线程池将消息发送到服务端。服务端处理完成后会返回结果，并根据是否发生异常，调用 `SendCallback` 回调函数。

RocketMQ 与应用服务器在同一个内部网络中，网络通信的流量通常可以忽略，而且 RocketMQ 的设计目的是低延迟、高并发，所以通常没有必要使用异步发送。使用异步发送通常是为了提高 RocketMQ Broker 端的相关参数，特别是刷盘策略和复制策略。如果在一个数据库操作事务中需要发送多条消息，使用异步发送也会带来一定的性能提升。

如果使用异步发送，编程模型上会稍显复杂，其补偿机制、容错机制也会较为复杂。

如上所述，补偿代码应该在两个地方调用。

- `Producer.send` 方法需要捕捉异常时，常见的异常信息有 `MQClientException("executor rejected ", e)`。
- 在 `SendCallback` 的 `onException` 中进行补偿时，常见异常有调用超时、`RemotingTooMuch-RequestException`。

2.3.2 发送队列选择

试想这样一个场景：订单系统允许用户更新订单的信息，并且订单有其流转的生命周期，如待付款、已支付、卖家已发货、买家已收货等。目前的系统架构设计如图 2-7 所示。

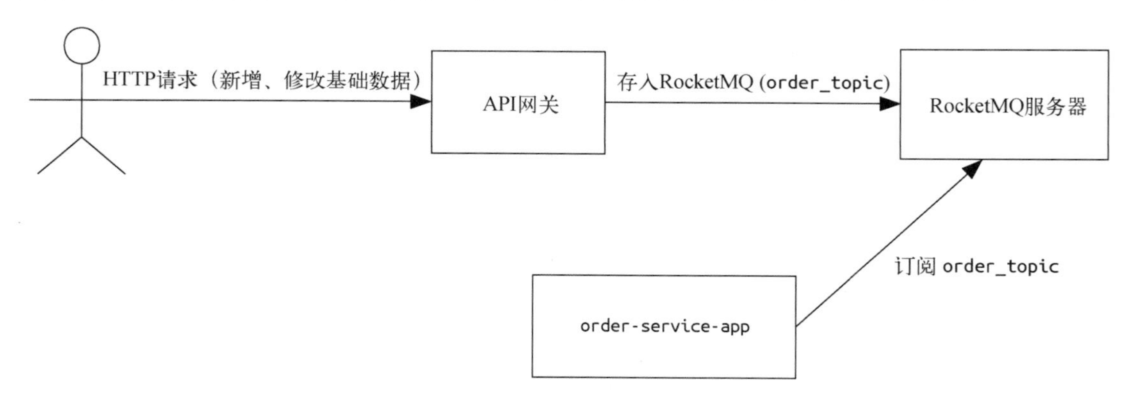

图 2-7　订单系统架构设计

由于一个订单对应多条消息（例如订单创建、订单修改、订单状态变更），如果不加干预，同一个订单编号的消息会存入 `order_topic` 的多个队列中。从 RocketMQ 队列负载机制来看，不同的队列会被不同的消费者消费，但这个业务有其特殊性：`order-service-app` 在消费消息时，希望按照订单的变化顺序进行处理。我们该如何处理呢？

从前面的章节中我们得知，RocketMQ 支持队列级别的顺序消费，因此我们只需要在消息发送的时候将同一个订单号的不同消息发送到同一个队列，就能在消费的时候按照顺序进行处理。

RocketMQ 为了解决这个问题，在消息发送时提供了自定义的队列负载机制，消息发送的默认队列负载机制为轮询。如何进行队列选择呢？RocketMQ 提供了如下 API：

```
send(final Message msg, final MessageQueueSelector selector, final Object arg)
```

使用示例如下：

```
public static void main(String[] args) throws Exception {

    DefaultMQProducer producer = new DefaultMQProducer("dw_test_producer_group");
    producer.setNamesrvAddr("127.0.0.1:9876");
    producer.start();
    // 订单实体
    Order order = new Order();
    order.setId(1001L);
    order.setOrderNo("2020072823270500001");
    order.setBuyerId(1L);
    order.setSellerId(1L);
    order.setTotalPrice(10000L);
    order.setStatus(0);
    System.out.printf("%s%n", sendMsg(producer, order));
    // 订单状态发生变更
    order.setStatus(1);
    // 重新发送消息
    System.out.printf("%s%n", sendMsg(producer, order));
    producer.shutdown();
}

public static SendResult sendMsg(DefaultMQProducer producer, Order order) throws Exception{
    // 这里为了方便查找消息，在构建消息的时候使用了订单编号 key。这样可以通过订单编号查询消息
    Message msg = new Message("order_topic", null, order.getOrderNo(),
                        JSON.toJSONString(order).getBytes());
    return producer.send(msg, new MessageQueueSelector() {
        @Override
        public MessageQueue select(List<MessageQueue> mqs, Message msg, Object arg)
        {
            // 根据订单编号的 hashcode 进行队列选择
            if(mqs == null || mqs.isEmpty()) {
                return null;
            }
            int index = Math.abs(arg.hashCode()) % mqs.size();
            return mqs.get(index < 0 ? 0 : index );
        }
    }, order.getOrderNo());
}
```

需要注意的是，如果使用了 MessageQueueSelector，那么消息发送的重试机制将失效，即

RocketMQ 客户端并不会重试。此时消息发送的高可用性就需要由业务方来保证。典型的例子就是消息发送失败后被存在数据库中，然后定时调度，最终将消息发送到 RocketMQ。

2.3.3　通过指定消息 key 发送

RocketMQ 提供了丰富的消息查询机制，例如使用消息偏移量、消息全局唯一 msgId、消息 key。在发送消息的时候，RocketMQ 可以为一条消息设置 key。例如，上面示例使用订单编号作为消息 key，这样可以通过该 key 进行消息查询。

如果需要为消息指定 key，只需要在构建 Message 的时候传入 key 参数即可，例如下面的 API：

```
public Message(String topic, String tags, String keys, byte[] body) {
    this(topic, tags, keys, 0, body, true);
}
```

如果要为消息指定多个 key，用空格分开即可，示例代码如下：

```
public static void main(String[] args) throws Exception {
    DefaultMQProducer producer = new DefaultMQProducer("dw_test_producer_group");
    producer.setNamesrvAddr("127.0.0.1:9876");
    producer.start();
    // 订单实体
    Order order = new Order();
    order.setId(1001L);
    order.setOrderNo("2020072823270500002");
    order.setBuyerId(1L);
    order.setSellerId(2L);
    order.setTotalPrice(10000L);
    order.setStatus(0);
    Message msg = new Message("dw_test", null, "2020072823270500002 ODS0002",
        JSON.toJSONString(order).getBytes());
    System.out.printf("%s%n", producer.send(msg));
    producer.shutdown();
}
```

下面通过 rocketmq-console 进行消息查询，如图 2-8 所示。

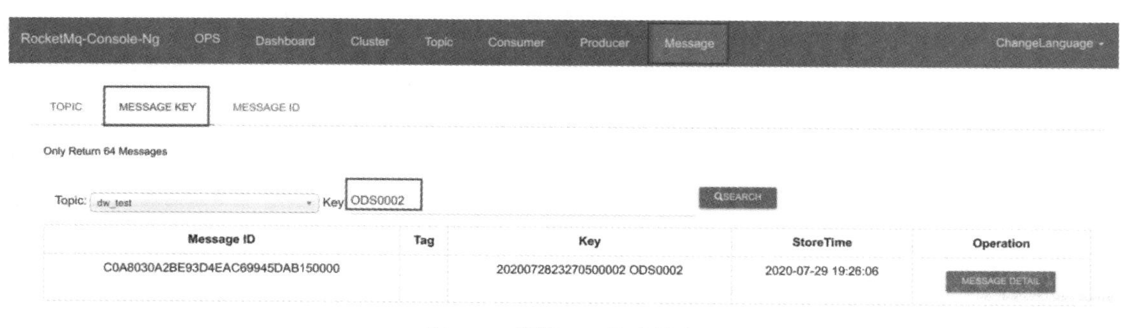

图 2-8　根据 key 检索消息

2.3.4 通过指定消息 tag 发送

RocketMQ 可以为主题设置 tag（标签），这样消费端就可以对主题中的消息基于 tag 进行过滤，即选择性地处理主题中的消息。

以一个订单的全生命流程为例，如创建订单、待支付、支付完成、商家审核、商家发货、买家收货。订单每一个状态的变更都会向主题 order_topic 发送消息，但不同的下游系统只关注订单流中某几个阶段的消息，并不需要处理所有消息。

例如，有如下两个场景。

(1) 活动模块：只要用户下单并成功支付，就发放一张优惠券。

(2) 物流模块：只要关注的订单通过审核，就创建物流信息，选择供应商。

这样会创建两个消费组：order_topic_activity_consumer、order_topic_logistics_consumer，但这两个消费组无须处理全部消息。这个时候 TAG 机制就派上用场了。

举个例子，要在创建订单的同时发送消息，可以设置 tag 为 c，而要在支付成功的同时发送消息，可以设置 tag 为 w。然后各个场景的消费者按需要在订阅主题时指定 tag。示例代码如下：

```
public static void main(String[] args) throws Exception {
    DefaultMQProducer producer = new DefaultMQProducer("dw_test_producer_group");
    producer.setNamesrvAddr("127.0.0.1:9876");
    producer.start();
    // 订单实体
    Order order = new Order();
    order.setId(1001L);
    order.setOrderNo("2020072823270500003");
    order.setBuyerId(1L);
    order.setSellerId(2L);
    order.setTotalPrice(10000L);
    order.setStatus(0);
    Message msg = new Message("dw_test", "c", "2020072823270500003",
                        JSON.toJSONString(order).getBytes());
    System.out.printf("%s%n", producer.send(msg));
    order.setStatus(1);
    msg = new Message("dw_test", "w", "2020072823270500003",
                JSON.toJSONString(order).getBytes());
    System.out.printf("%s%n", producer.send(msg));
    producer.shutdown();
}

// 消费端示例代码
public static void main(String[] args) throws Exception{
    DefaultMQPushConsumer consumer = new DefaultMQPushConsumer("order_topic_activity_consumer");
    consumer.setNamesrvAddr("127.0.0.1:9876");
    consumer.setConsumeFromWhere(ConsumeFromWhere.CONSUME_FROM_FIRST_OFFSET);
    consumer.subscribe("dw_test", "c");
```

```
    consumer.registerMessageListener(new MessageListenerConcurrently() {
        public ConsumeConcurrentlyStatus consumeMessage(List<MessageExt> msgs,
            ConsumeConcurrentlyContext context) {
                System.out.printf("%s Receive New Messages: %s %n",
                    Thread.currentThread().getName(), msgs);
            return ConsumeConcurrentlyStatus.CONSUME_SUCCESS;
        }
    });
    consumer.start();
    System.out.printf("Consumer Started.%n");
}
```

不符合订阅的 tag，其消费状态显示为 CONSUMED_BUT_FILTERED（已消费但被过滤掉了）。

2.3.5 消息 msgId 详解

消息发送的结果如图 2-9 所示。

```
[sendStatus=SEND_OK, msgId=C0A8030A1F2A3D4EAC69034311CB0000, offsetMsgId=C0A8030A00002A9F00000000000015CF, messageQueue=MessageQueue [topic=dw_test, brokerName=broker-a, queueId=3], queueOffset=3]
[sendStatus=SEND_OK, msgId=C0A8030A1F2A3D4EAC690343120C0001, offsetMsgId=C0A8030A00002A9F00000000000016FE, messageQueue=MessageQueue [topic=dw_test, brokerName=broker-a, queueId=0], queueOffset=2]
```

图 2-9 消息发送的结果

返回的字段包含 msgId 和 offsetMsgId。

- msgId：该 ID 是消息发送者在发送消息时首先在客户端生成的，全局唯一。在 RocketMQ 中，该 ID 还有另一个叫法：uniqId，更能体现其全局唯一性。它的组成如下。
  - 客户端发送 IP，支持 IPV4 和 IPV6。
  - 进程 PID（2 字节）。
  - 类加载器的 hashcode（4 字节）。
  - 当前系统时间戳与启动时间戳的差值（4 字节）。
  - 自增序列（2 字节）。

  msgId 的生成代码见 MessageClientIDSetter 的 createUniqID 方法：

```
public static String createUniqID() {
    StringBuilder sb = new StringBuilder(LEN * 2);
    sb.append(FIX_STRING);
    sb.append(UtilAll.bytes2string(createUniqIDBuffer()));
    return sb.toString();
}
```

  其中 FIX_STRING 包含如下内容：

```
tempBuffer.put(ip);
tempBuffer.putShort((short) UtilAll.getPid());
tempBuffer.putInt(MessageClientIDSetter.class.getClassLoader().hashCode());
FIX_STRING = UtilAll.bytes2string(tempBuffer.array());
```

剩下的部分为时间差值与自增数值：

```
private static byte[] createUniqIDBuffer() {
    ByteBuffer buffer = ByteBuffer.allocate(4 + 2);
    long current = System.currentTimeMillis();
    if (current >= nextStartTime) {
        setStartTime(current);
    }
    buffer.putInt((int) (System.currentTimeMillis() - startTime));
    buffer.putShort((short) COUNTER.getAndIncrement());
    return buffer.array();
}
```

- offsetMsgId：消息所在 Broker 的物理偏移量，就是消息在 commitlog 文件中的偏移量。可以根据 offsetMsgId 定位到具体的消息。它的组成如下。
  - Broker 的 IP 与端口号。
  - commitlog 中的物理偏移量。

  offsetMsgId 的生成代码见 MessageDecoder 的 createMessageId 方法：

```
public static String createMessageId(SocketAddress socketAddress, long transactionIdhashCode) {
    InetSocketAddress inetSocketAddress = (InetSocketAddress) socketAddress;
    int msgIDLength = inetSocketAddress.getAddress() instanceof Inet4Address ? 16 : 28;
    ByteBuffer byteBuffer = ByteBuffer.allocate(msgIDLength);
    byteBuffer.put(inetSocketAddress.getAddress().getAddress());
    byteBuffer.putInt(inetSocketAddress.getPort());
    byteBuffer.putLong(transactionIdhashCode);
    byteBuffer.flip();
    return UtilAll.bytes2string(byteBuffer.array());
}
```

有时候，在排查问题时，特别是项目能提供 msgId 却在消息集群中无法查询到时，可以通过解码这两个消息 ID 得知消息发送者的 IP 或消息存储 Broker 的 IP。

msgId 可以通过 MessageClientIDSetter 的 getIPStrFromID 方法获取 IP，而 offsetMsgId 可以通过 MessageDecoder 的 decodeMessageId 方法解码。

2.4 消息发送的常见错误

学习了消息发送的典型使用方式后，读者可能会有疑问：发送过程中有哪些常见错误呢？产生这些错误的原因是什么？我该如何解决？让我们带着这些疑问进入本节的学习。

2.4.1 找不到主题路由信息

找不到主题路由信息的错误栈信息如下：No route info of this topic（见图 2-10）。

```
Exception in thread "main" org.apache.rocketmq.client.exception.MQClientException: No route info of this topic: dw_test05
See http://rocketmq.apache.org/docs/faq/ for further details.
    at org.apache.rocketmq.client.impl.producer.DefaultMQProducerImpl.sendDefaultImpl(DefaultMQProducerImpl.java:684)
    at org.apache.rocketmq.client.impl.producer.DefaultMQProducerImpl.send(DefaultMQProducerImpl.java:1342)
    at org.apache.rocketmq.client.impl.producer.DefaultMQProducerImpl.send(DefaultMQProducerImpl.java:1288)
    at org.apache.rocketmq.client.producer.DefaultMQProducer.send(DefaultMQProducer.java:324)
    at com.example.demo.NoRouterTest.main(NoRouterTest.java:23)
```

图 2-10　完整的错误栈信息

很多读者会说，在 Broker 端开启了自动创建主题时也会出现上述问题。

RocketMQ 的路由寻找流程如图 2-11 所示。

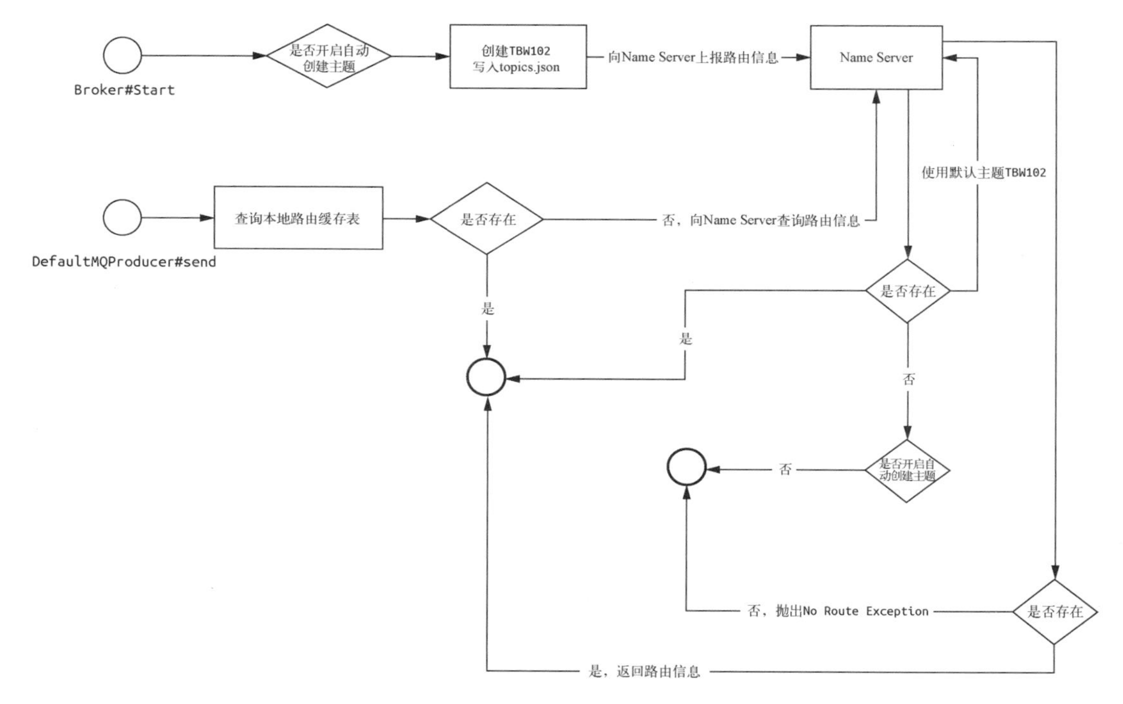

图 2-11　RocketMQ 的路由寻找流程图

图 2-11 的关键点如下。

- 如果 Broker 开启了自动创建主题，那么在启动的时候就会默认创建主题：`TBW102`，它会随着 Broker 被发送到 Name Server 的心跳包并汇报给 Name Server，从而能在向 Name Server 查询路由信息时将它返回。
- 消息发送者在发送消息时会首先查询本地缓存。如果本地缓存中存在，直接返回路由信息。
- 如果缓存中不存在，则向 Name Server 查询路由信息。如果 Name Server 中存在该路由信息，就直接返回。

- 如果 Name Server 中不存在该主题的路由信息，并且没有开启自动创建主题，则抛出错误 `No route info of this topic`。
- 如果开启了自动创建主题，则使用默认主题向 Name Server 查询路由信息，并使用默认主题的路由信息作为自己的路由信息，不会抛出错误 `No route info of this topic`。

错误 `No route info of this topic` 一般出现在刚入门 RocketMQ 的时候，通常的排查思路如下。

- 可以通过 `rocketmq-console` 查询路由信息是否存在，或使用如下命令查询路由信息：

```
cd ${ROCKETMQ_HOME}/bin
sh ./mqadmin topicRoute -n 127.0.0.1:9876 -t dw_test_0003
```

其输出结果如图 2-12 所示。

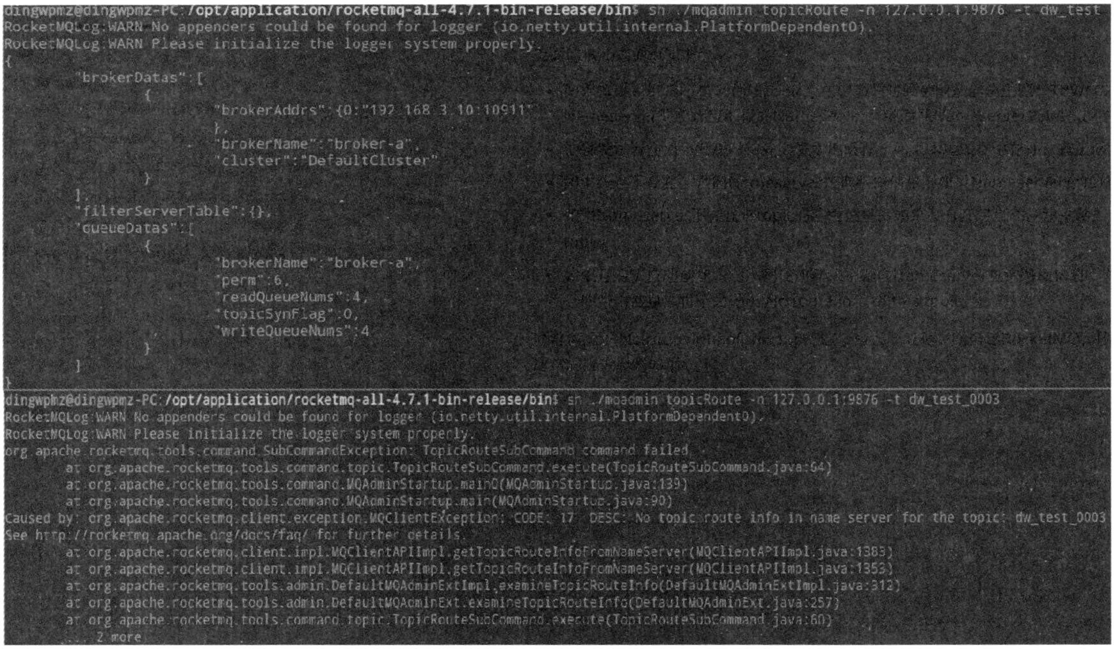

```
dingwpmz@dingwpmz-PC:/opt/application/rocketmq-all-4.7.1-bin-release/bin$ sh ./mqadmin topicRoute -n 127.0.0.1:9876 -t dw_test
RocketMQLog:WARN No appenders could be found for logger (io.netty.util.internal.PlatformDependent0).
RocketMQLog:WARN Please initialize the logger system properly.
{
	"brokerDatas":[
		{
			"brokerAddrs":{0:"192.168.3.10:10911"
			},
			"brokerName":"broker-a",
			"cluster":"DefaultCluster"
		}
	],
	"filterServerTable":{},
	"queueDatas":[
		{
			"brokerName":"broker-a",
			"perm":6,
			"readQueueNums":4,
			"topicSynFlag":0,
			"writeQueueNums":4
		}
	]
}
dingwpmz@dingwpmz-PC:/opt/application/rocketmq-all-4.7.1-bin-release/bin$ sh ./mqadmin topicRoute -n 127.0.0.1:9876 -t dw_test_0003
RocketMQLog:WARN No appenders could be found for logger (io.netty.util.internal.PlatformDependent0).
RocketMQLog:WARN Please initialize the logger system properly.
org.apache.rocketmq.tools.command.SubCommandException: TopicRouteSubCommand command failed
	at org.apache.rocketmq.tools.command.topic.TopicRouteSubCommand.execute(TopicRouteSubCommand.java:64)
	at org.apache.rocketmq.tools.command.MQAdminStartup.main0(MQAdminStartup.java:139)
	at org.apache.rocketmq.tools.command.MQAdminStartup.main(MQAdminStartup.java:90)
Caused by: org.apache.rocketmq.client.exception.MQClientException: CODE: 17  DESC: No topic route info in name server for the topic: dw_test_0003
See http://rocketmq.apache.org/docs/faq/ for further details.
	at org.apache.rocketmq.client.impl.MQClientAPIImpl.getTopicRouteInfoFromNameServer(MQClientAPIImpl.java:1383)
	at org.apache.rocketmq.client.impl.MQClientAPIImpl.getTopicRouteInfoFromNameServer(MQClientAPIImpl.java:1353)
	at org.apache.rocketmq.tools.admin.DefaultMQAdminExtImpl.examineTopicRouteInfo(DefaultMQAdminExtImpl.java:312)
	at org.apache.rocketmq.tools.admin.DefaultMQAdminExt.examineTopicRouteInfo(DefaultMQAdminExt.java:257)
	at org.apache.rocketmq.tools.command.topic.TopicRouteSubCommand.execute(TopicRouteSubCommand.java:60)
	... 2 more
```

图 2-12 输出结果

- 如果通过命令无法查询到路由信息，则通过 `autoCreateTopicEnable` 查看 Broker 是否开启了自动创建主题，该参数默认为 `true`。但在生产环境中不建议开启自动创建主题。
- 如果开启了自动创建主题，但还是抛出这个错误，就需要检查客户端（Producer）连接的 Name Server 地址是否与 Broker 中配置的 Name Server 地址一致。

通过上面的步骤，基本上就能解决该错误。

2.4.2　消息发送超时

如果消息发送超时，客户端的日志通常如图 2-13 所示。

```
org.apache.rocketmq.remoting.exception.RemotingTimeoutException: wait response on the channel <                > timeout, 3000(ms)
    at org.apache.rocketmq.remoting.netty.NettyRemotingAbstract.invokeSyncImpl(NettyRemotingAbstract.java:369)
    at org.apache.rocketmq.remoting.netty.NettyRemotingClient.invokeSync(NettyRemotingClient.java:340)
    at org.apache.rocketmq.client.impl.MQClientAPIImpl.sendMessageSync(MQClientAPIImpl.java:349)
    at org.apache.rocketmq.client.impl.MQClientAPIImpl.sendMessage(MQClientAPIImpl.java:333)
    at org.apache.rocketmq.client.impl.MQClientAPIImpl.sendMessage(MQClientAPIImpl.java:296)
    at org.apache.rocketmq.client.impl.producer.DefaultMQProducerImpl.sendKernelImpl(DefaultMQProducerImpl.java:693)
    at org.apache.rocketmq.client.impl.producer.DefaultMQProducerImpl.sendSelectImpl(DefaultMQProducerImpl.java:910)
    at org.apache.rocketmq.client.impl.producer.DefaultMQProducerImpl.send(DefaultMQProducerImpl.java:887)
    at org.apache.rocketmq.client.impl.producer.DefaultMQProducerImpl.send(DefaultMQProducerImpl.java:882)
    at org.apache.rocketmq.client.producer.DefaultMQProducer.send(DefaultMQProducer.java:373)
    at com.zto.producer.RocketmqProducerProxy.syncSend(RocketmqProducerProxy.java:134)
```

图 2-13　消息发送超时的客户端日志

那么如何排查 RocketMQ 当前是否有性能瓶颈呢？

首先执行如下命令，查看 RocketMQ 消息写入的耗时分布情况：

```
cd /${USER.HOME}/logs/rocketmqlogs/
grep -n 'PAGECACHERT' store.log | more
```

输出结果如图 2-14 所示。

```
[PAGECACHERT] TotalPut 226384, PutMessageDistributeTime [<=0ms]:224797 [0~10ms]:1587 [10~50ms]:0 [50~100ms]:0 [100~200ms]:0 [200~500ms]:0 [500ms~1s]:0 [1~2:
[PAGECACHERT] TotalPut 222767, PutMessageDistributeTime [<=0ms]:221031 [0~10ms]:1736 [10~50ms]:0 [50~100ms]:0 [100~200ms]:0 [200~500ms]:0 [500ms~1s]:0 [1~2:
[PAGECACHERT] TotalPut 229725, PutMessageDistributeTime [<=0ms]:228087 [0~10ms]:1635 [10~50ms]:3 [50~100ms]:0 [100~200ms]:0 [200~500ms]:0 [500ms~1s]:0 [1~2:
[PAGECACHERT] TotalPut 228769, PutMessageDistributeTime [<=0ms]:227052 [0~10ms]:1717 [10~50ms]:0 [50~100ms]:0 [100~200ms]:0 [200~500ms]:0 [500ms~1s]:0 [1~2:
```

图 2-14　输出结果

RocketMQ 会每分钟打印前一分钟内消息发送的耗时情况分布，告诉我们 RocketMQ 消息写入是否存在明显的性能瓶颈，其区间如下。

- `[<=0ms]`：短于 0ms，即微秒级别的消息数。
- `[0~10ms]`：长于 0ms、短于 10ms 的消息数。
- `[10~50ms]`：长于 10ms、短于 50ms 的消息数。

如图 2-14 所示的结果显示，绝大多数消息发送会在微秒级别完成。按照我们的经验，如果 100ms~200ms 及以上区间里的消息数超过 20，说明 Broker 确实存在一定的瓶颈；如果只有少数几个，则说明这是内存或 Page Cache 的抖动，问题不大。

此外，在 RocketMQ Broker 中存在快速失败机制，当 Broker 收到客户端的请求后会先将消息放入队列，然后顺序执行。如果消息在一条消息队列中等待超过 200ms，就会启动快速失败，并向客户端返回`[TIMEOUT_CLEAN_QUEUE]broker busy`，这将在 2.4.3 节详细介绍。

当 RocketMQ 客户端遇到网络超时的时候，可以考虑一些应用本身的垃圾回收（garbage collection，GC）机制：是否是垃圾回收的停顿导致消息发送超时？此外，消息发送超时与网络的抖动也有关系，需要留意。

出现网络超时，我们总得解决，有什么解决方案吗？

我们对消息中间件的最低期望是高并发、低延迟。从消息发送耗时的分布情况可以看出 RocketMQ 确实符合我们的期望，绝大部分请求是在微秒级别内完成的，因此我给出的方案是：调整消息发送的超时时间，增加重试次数，并增加快速失败的最长等待时间。具体措施如下。

增加 Broker 端快速失败的时长，建议为 1000ms，在 Broker 的配置文件中增加如下配置：

```
maxWaitTimeMillsInQueue=1000
```

主要原因是，在当前的 RocketMQ 版本中，快速失败导致的错误为 SYSTEM_BUSY，并不会触发重试，而适当增大该值能尽可能避免触发该机制。详情可以参考 2.4.3 节，其中会重点介绍 system_busy 和 broker_busy。

如果 RocketMQ 的客户端版本为 4.3.0 以下的版本（不含 4.3.0），设置消息发送的超时时间为 500ms，并将重试次数设置为 6（可以适当调整，尽量大于 3），其背后的哲学是尽快超时，并进行重试。因为我们发现局域网内的网络抖动是瞬时的，在下次重试的时候就能恢复，并且 RocketMQ 有故障规避机制，在重试的时候会尽量选择不同的 Broker。相关的代码如下：

```
DefaultMQProducer producer = new DefaultMQProducer("dw_test_producer_group");
producer.setNamesrvAddr("127.0.0.1:9876");
producer.setRetryTimesWhenSendFailed(5);// 同步发送模式：重试次数
producer.setRetryTimesWhenSendAsyncFailed(5);// 异步发送模式：重试次数
producer.start();
producer.send(msg,500);// 消息发送超时时间
```

如果 RocketMQ 的客户端版本为 4.3.0 及以上版本，由于其设置的消息发送超时时间为所有重试的总超时时间，故不能直接设置 RocketMQ 的发送 API 的超时时间，而是需要对其 API 进行包装，在外层进行重试，示例代码如下：

```
public static SendResult send(DefaultMQProducer producer, Message msg, int retryCount) {
    Throwable e = null;
    for(int i =0; i < retryCount; i ++ ) {
        try {
            return producer.send(msg, 500); // 设置超时时间为 500ms，内部有重试机制
        } catch (Throwable e2) {
            e = e2;
        }
    }
    throw new RuntimeException("消息发送异常",e);
}
```

2.4.3　系统繁忙

在 RocketMQ 中，当流量负载过高或者瞬时流量过大时，会遇到 system busy、broker busy 等错误，异常栈分别如图 2-15、图 2-16 所示。

```
org.apache.rocketmq.client.exception.MQBrokerException: CODE: 2  DESC: [REJECTREQUEST]system busy, start flow control for a while
For more information, please visit the url, http://rocketmq.apache.org/docs/faq/
 at org.apache.rocketmq.client.impl.MQClientAPIImpl.processSendResponse(MQClientAPIImpl.java:551)
 at org.apache.rocketmq.client.impl.MQClientAPIImpl.sendMessageSync(MQClientAPIImpl.java:351)
 at org.apache.rocketmq.client.impl.MQClientAPIImpl.sendMessage(MQClientAPIImpl.java:333)
 at org.apache.rocketmq.client.impl.MQClientAPIImpl.sendMessage(MQClientAPIImpl.java:296)
 at org.apache.rocketmq.client.impl.producer.DefaultMQProducerImpl.sendKernelImpl(DefaultMQProducerImpl.java:693)
 at org.apache.rocketmq.client.impl.producer.DefaultMQProducerImpl.sendSelectImpl(DefaultMQProducerImpl.java:910)
 at org.apache.rocketmq.client.impl.producer.DefaultMQProducerImpl.send(DefaultMQProducerImpl.java:887)
 at org.apache.rocketmq.client.impl.producer.DefaultMQProducerImpl.send(DefaultMQProducerImpl.java:882)
 at org.apache.rocketmq.client.producer.DefaultMQProducer.send(DefaultMQProducer.java:373)
```

图 2-15　system busy 情况下的异常栈

```
nt.exception.MQBrokerException: CODE: 2  DESC: [TIMEOUT_CLEAN_QUEUE]broker busy, start flow control for a while, period in queue: 200ms, size of queue: 92
ease visit the url, http://rocketmq.apache.org/docs/faq/
client.impl.MQClientAPIImpl.processSendResponse(MQClientAPIImpl.java:551)
client.impl.MQClientAPIImpl.sendMessageSync(MQClientAPIImpl.java:351)
client.impl.MQClientAPIImpl.sendMessage(MQClientAPIImpl.java:333)
client.impl.MQClientAPIImpl.sendMessage(MQClientAPIImpl.java:296)
client.impl.producer.DefaultMQProducerImpl.sendKernelImpl(DefaultMQProducerImpl.java:693)
client.impl.producer.DefaultMQProducerImpl.sendSelectImpl(DefaultMQProducerImpl.java:910)
client.impl.producer.DefaultMQProducerImpl.send(DefaultMQProducerImpl.java:887)
client.impl.producer.DefaultMQProducerImpl.send(DefaultMQProducerImpl.java:882)
client.producer.DefaultMQProducer.send(DefaultMQProducer.java:373)
```

图 2-16　broker busy 情况下的异常栈

RocketMQ 中与 system busy、broker busy 相关的错误关键字总共有如下 5 个。

- [REJECTREQUEST]system busy
- too many requests and system thread pool busy
- [PC_SYNCHRONIZED]broker busy
- [PCBUSY_CLEAN_QUEUE]broker busy
- [TIMEOUT_CLEAN_QUEUE]broker busy

我们先用图 2-17 阐述一下，在消息发送的全生命周期中，分别在什么时候会抛出上述错误。

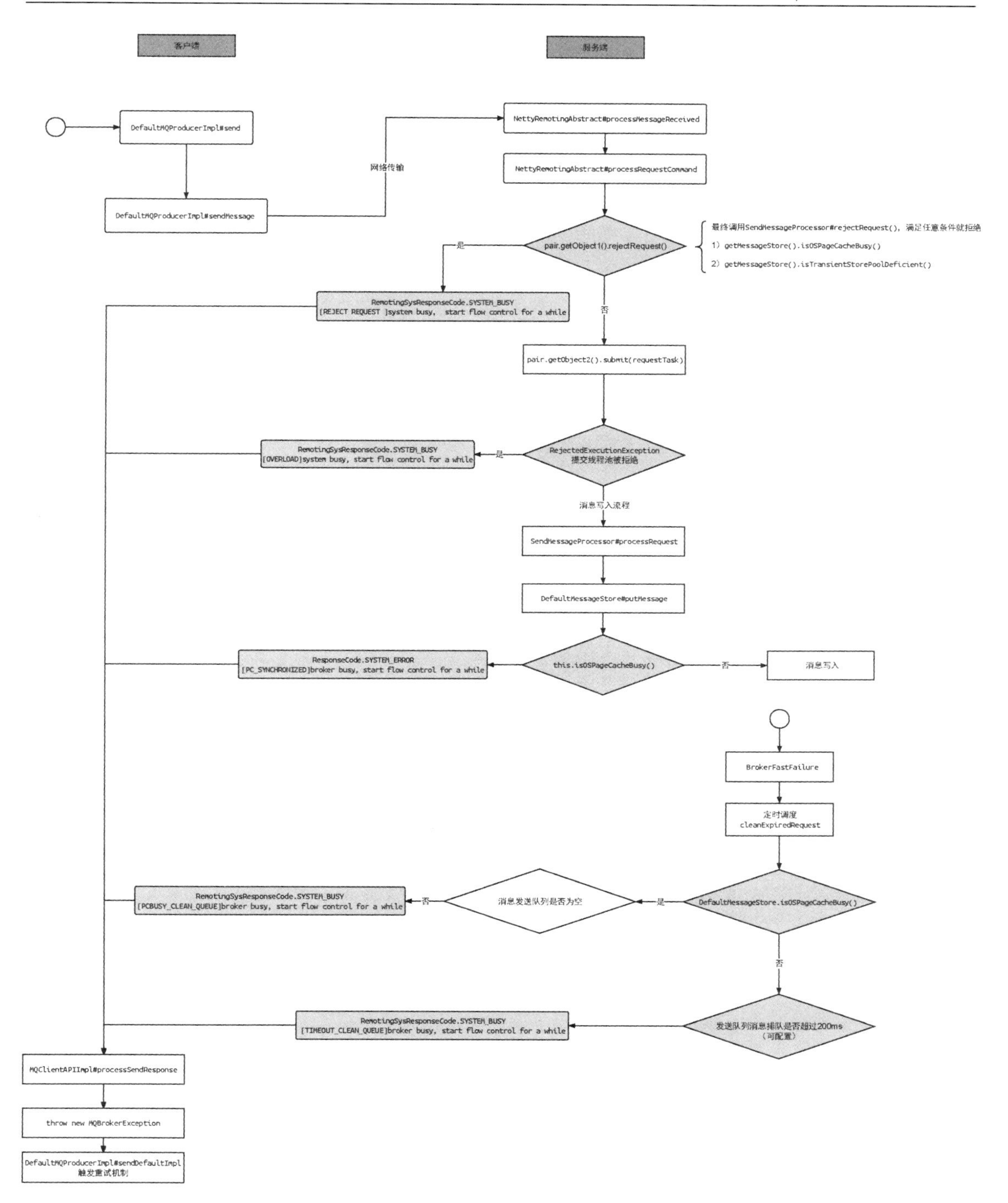

图 2-17 消息发送流程图

根据上述 5 类错误日志，触发的原因可以归纳为如下 3 种。

- Page Cache 压力较大。

  如下 3 类错误属于此种情况。

  - [REJECTREQUEST]system busy
  - [PC_SYNCHRONIZED]broker busy
  - [PCBUSY_CLEAN_QUEUE]broker busy

  判断 Page Cache 是否繁忙的依据就是，在写入消息的过程中向内存追加消息时加锁的时间：加锁时间超过 1 秒，就默认 Page Cache 压力大，然后向客户端抛出相关的错误日志。

- 发送线程池积压的拒绝策略。

  在 RocketMQ 中会创建一个线程池，专门负责消息发送，其内部会维护一个有界队列，默认长度为 10 000。如果当前队列中积压的数量超过 10 000，就执行线程池的拒绝策略，从而抛出`[too many requests and system thread pool busy]`错误。

- Broker 端快速失败。

  默认情况下，Broker 端开启了快速失败机制，就是在 Broker 端还未发生 Page Cache 繁忙（加锁超过 1 秒），但存在一些请求在消息发送队列中等待 200ms 的情况下，RocketMQ 不再继续排队，直接向客户端返回 `system busy`。但是由于 RocketMQ 客户端目前不会对该错误进行重试，所以在解决这类问题的时候需要额外处理。

下面分别就上述错误提供解决方案。

1. Page Cache 繁忙解决方案

消息服务器出现大量 Page Cache 繁忙（在向内存追加数据时，加锁时间超过 1 秒）的情况是一个比较严重的问题，需要人为干预。解决问题的思路如下。

方案一：开启 `transientStorePoolEnable` 机制

也就是说在 Broker 配置文件中增加如下配置：

```
transientStorePoolEnable=true
```

`transientStorePoolEnable` 的原理如图 2-18 所示。

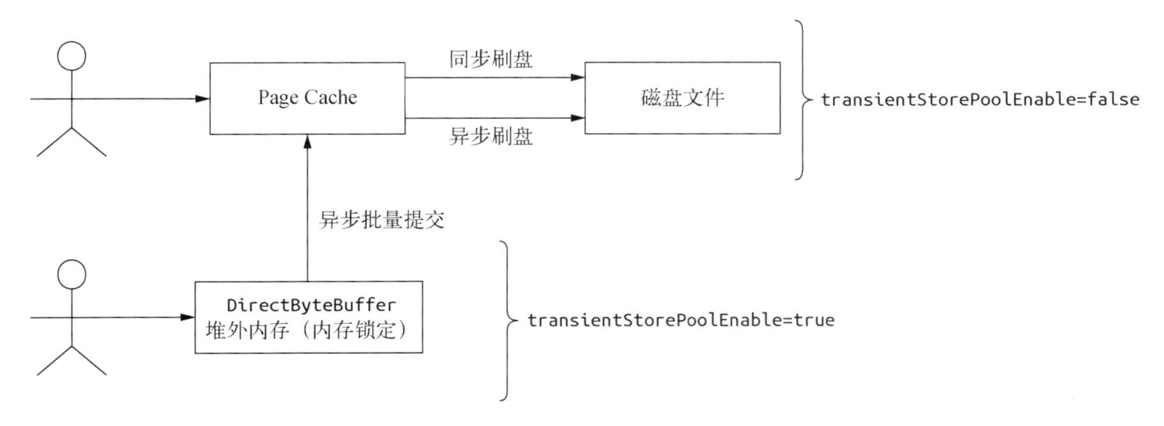

图 2-18　transientStorePoolEnable 的原理

引入 transientStorePoolEnable 能缓解 Page Cache 的压力，背后的关键如下。

- 先把消息写入堆外内存，由于该内存启用了锁定机制，故消息的写入接近直接操作内存，性能可以得到保证。
- 消息进入堆外内存后，后台会启动一个线程，一批一批地将消息提交到 Page Cache，即写消息时对 Page Cache 的写操作由单条写入变成了批量写入，减轻了 Page Cache 的压力。

引入 transientStorePoolEnable 会增加数据丢失的可能性。如果 Broker JVM 进程异常退出，提交到 Page Cache 中的消息是不会丢失的，而存储在堆外内存（DirectByteBuffer）中、尚未提交到 Page Cache 的这部分消息将会丢失。如果启用了 transientStorePoolEnable，消息发送端需要有重新推送机制（补偿思想）。

方案二：扩容。

如果在开启 transientStorePoolEnable 后，还会出现 Page Cache 级别的繁忙，那么就需要集群进行扩容，或者对集群中的主题进行拆分，即将一部分主题迁移到其他集群中，降低集群的负载。

2. TIMEOUT_CLEAN_QUEUE 解决方案

如果出现 TIMEOUT_CLEAN_QUEUE 的错误，客户端暂时不会进行重试，故建议适当增加快速失败的判断标准，即在 Broker 的配置文件中增加如下配置：

```
# 该值默认为 200，表示 200ms
waitTimeMillsInSendQueue=1000
```

2.5 本章小结

本章详细解读了消息发送接口的分类、API 以及参数含义。我们对消息发送有了整体和全面的认识后，着重从实战出发，对发送的高可用机制（发送重试机制/延迟故障规避）、ClientId 使用陷阱、客户端日志注意事项等做了详细的说明和分析，并给出了实战建议。

接下来介绍了消息发送有哪些方式，以及该怎么使用这些方式，我们对指定队列发送、指定 key 发送、指定 tag 发送给出了详细的示例，并且针对实践中容易混淆的消息 msgId 和 offsetMsgId 做了详细的解读。

最后讨论了消息发送有哪些常见异常，以及这些异常背后的原理是什么。当遇到找不到主题路由信息、消息发送超时、系统繁忙等异常时，心中不要慌，我们已经知其然也知其所以然了。

第 3 章

RocketMQ 消息消费

消息被成功发送到消息服务器后，需要考虑的问题是如何消费消息，以及如何整合业务逻辑。本章主要分析 RocketMQ 如何消费消息，并结合实际使用场景介绍如何运用 RocketMQ 实现消息消费。

本章将从如下几个方面展开：

- 消息消费概述；
- 消息消费 API 与版本变迁说明；
- PUSH 模式的核心参数与工作原理；
- PUSH 模式的使用示例与注意事项；
- PULL 模式的核心参数与实战；
- PULL 模式的使用场景；
- 顺序消费、消息过滤实战；
- 消息消费积压问题的排查实战。

3.1 消息消费概述

消息系统的核心设计理念可以概述为：一发一存储一消费。本章将重点阐述消息消费的核心设计理念与实战技巧。

消息消费以组的模式开展，一个消费组内可以包含多个消费者，每一个消费组可订阅多个主题，消费组之间有如下两种消费模式。

- **集群模式**：主题下的同一条消息只允许被集群内的一个消费者消费。
- **广播模式**：主题下的同一条消息将被集群内的所有消费者消费。

在集群模式下，多个消费者如何实现消息队列负载呢？

消息队列负载机制遵循一个通用的思想：同一时间，一个消息队列只允许被一个消费者消费，而一个消费者可以消费多个消息队列。

RocketMQ 支持局部消息顺序消费，保证同一个消息队列上的消息被按顺序消费。但是它不支持全局消息顺序消费。如果要实现某一主题的全局消息顺序消费，可以将该主题的队列数设置为 1，但这会牺牲高可用性。

消息服务器与消费者之间的消息传送也有两种方式：PUSH 模式、PULL 模式。

PULL 模式是指消费端主动发起拉消息请求，而 PUSH 模式是指在消息到达消息服务器后将其推送给消息消费者。

RocketMQ 消息 PUSH 模式的实现基于 PULL 模式，它其实是在 PULL 模式上包装一层，在一个拉取任务完成后继续下一个拉取任务。

在消息 PULL 模式下，主要是由客户端手动调用消息拉取 API，而在消息 PUSH 模式下，消息服务器会主动将消息推送到消息消费端。本章将以 PUSH 模式为突破口，重点介绍 RocketMQ 消息消费的实现原理。

RocketMQ 支持表达式消息过滤模式 TAG 和 SQL92。

3.1.1　消费队列负载机制与重平衡

RocketMQ 提供了两种消费模式：广播模式与集群模式。

广播模式中的所有消费者会消费全部的队列，故没有所谓的消费队列负载问题，而集群消费是指在同一个消费组内的多个消费者之间如何分配队列。

在集群消费模式下，当消费者个数、主题队列发生变化时，对队列进行重新分配的过程称为重平衡。此过程对消费者透明，会在内部自动执行。

3.1.2　并发消费模型

RocketMQ 支持并发消费与顺序消费两种消费方式，两者的消息拉取与消费模型基本一致，只是顺序消费在某些环节为了保证其顺序性，需要引入锁机制。RocketMQ 的并发消息拉取与消费模型如图 3-1 所示。

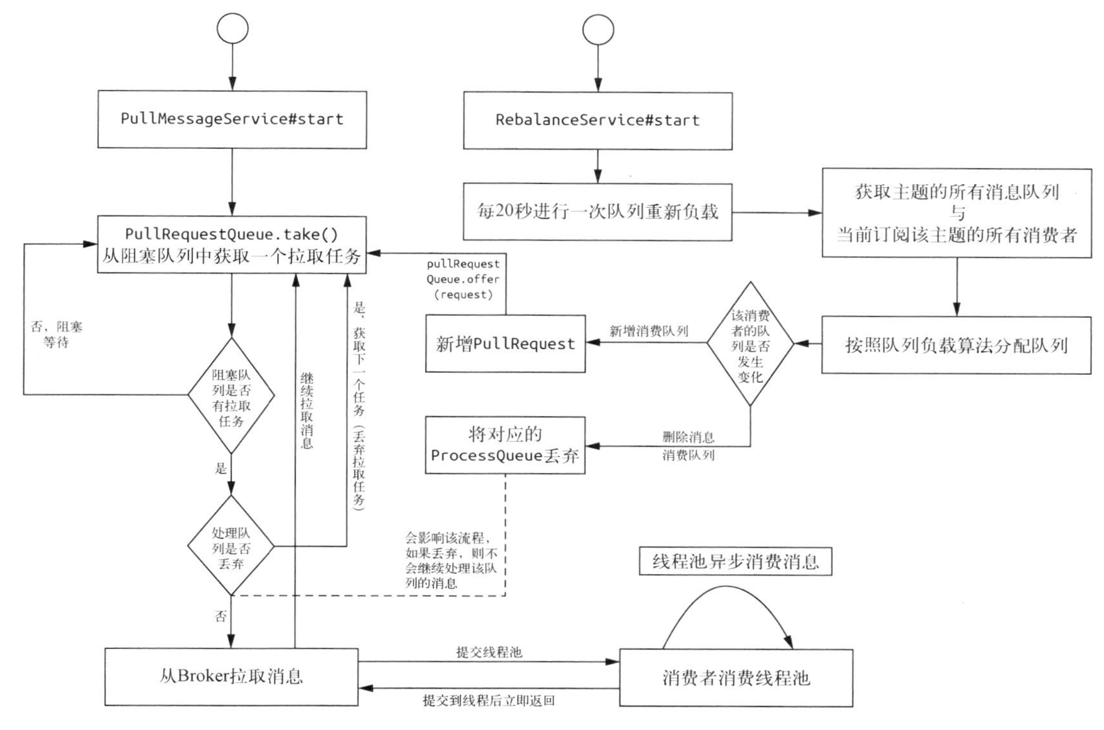

图 3-1 RocketMQ 并发消费模型

RocketMQ 对于每一个 MQ 客户端（MQ Client Instance）只会创建一个消息拉取线程向 Broker 拉取消息，并且在任意时间只会拉取一个主题中的一个队列。拉取线程在向 Broker 一次拉取一批消息后，会提交到消费组的线程池，然后“不知疲倦”地继续向 Broker 发起下一个拉取请求。

RocketMQ 客户端为每一个消费组创建独立的消费线程池。也就是说，在并发消费模式下，单个消费组内的并发度为线程池中的线程个数。线程池在处理一批消息后会向 Broker 汇报消息消费进度。

3.1.3 消费进度提交机制

RocketMQ 客户端在消费一批数据后，需要向 Broker 反馈消息消费进度，而 Broker 会记录消息消费进度，以便在客户端重启或队列重平衡时首先根据其消费进度重新开始向 Broker 拉取消息。消息消费进度的反馈机制如图 3-2 所示。

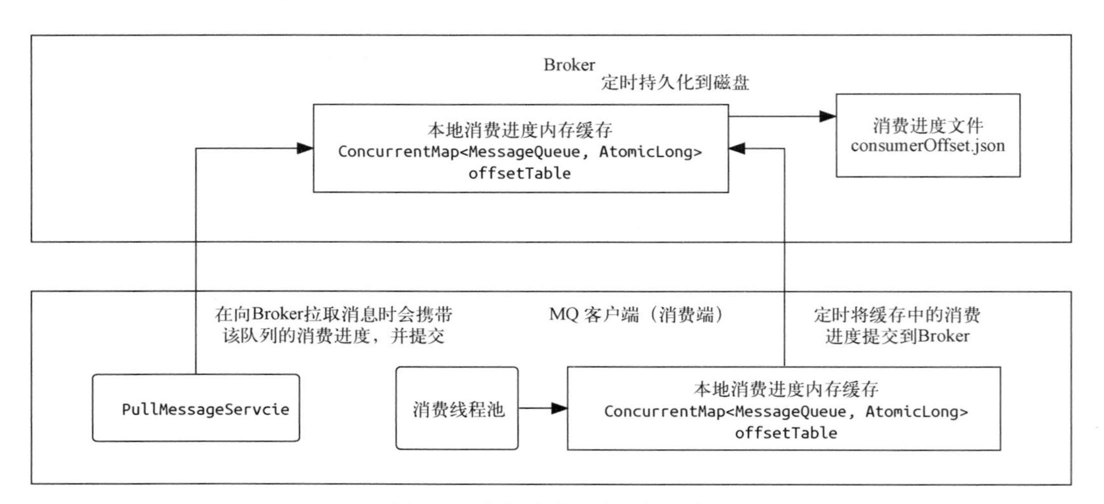

图 3-2　消息消费进度反馈机制

核心要点如下。

(1) 消费线程池在处理完一批消息后，会将消息消费进度存储在本地内存中。

(2) 客户端会开启一个定时线程，每 5 秒向 Broker 提交一次存储在本地内存中的所有队列的消息消费偏移量。

(3) Broker 在收到消息消费进度后，会先将其存储在内存中，每 5 秒往磁盘文件中存一次消息消费偏移量。

(4) 客户端在向 Broker 拉取消息时，也会将该队列的消息消费偏移量提交到 Broker。

再来思考一个问题：线程池如何提交消费偏移量？

消息 msg3 的偏移量大于 msg1、msg2 的偏移量。由于支持并发消费，如果线程 t3 先处理完 msg3，而 t1 和 t2 还未处理完，那么线程 t3 如何提交消费偏移量呢？对该问题的描述如图 3-3 所示。

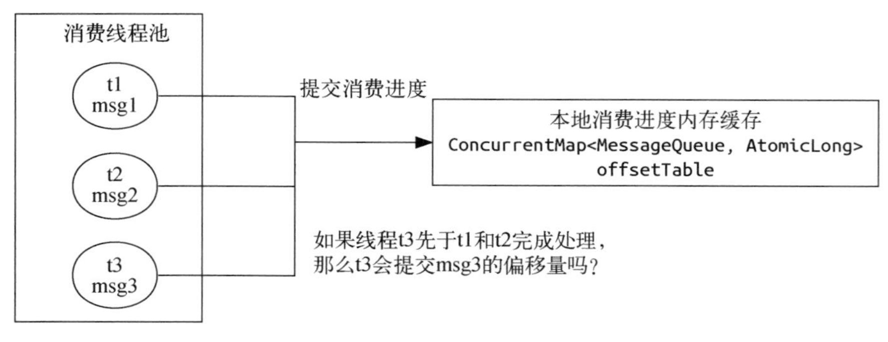

图 3-3　多线程位点提交示意图

试想一下，如果将 msg3 的偏移量作为消费进度提交，而此时消费端重启，消息 msg1、msg2 不会再被消费，从而造成“消息丢失”。这显然是不能接受的，故 t3 线程并不会提交 msg3 的移量，而是提交线程池中偏移量最小的消息的偏移量，即 t3 线程在消费完消息 msg3 后，提交消息消费进度依然为 msg1 的偏移量。这样能避免消息丢失，但是同样会带来消息重复消费的险。

.2　消息消费 API 与版本的演变说明

接下来详细介绍消费端的 API 及其演变。

.2.1　消息消费类图

RocketMQ 消费端的核心类图如图 3-4 所示。

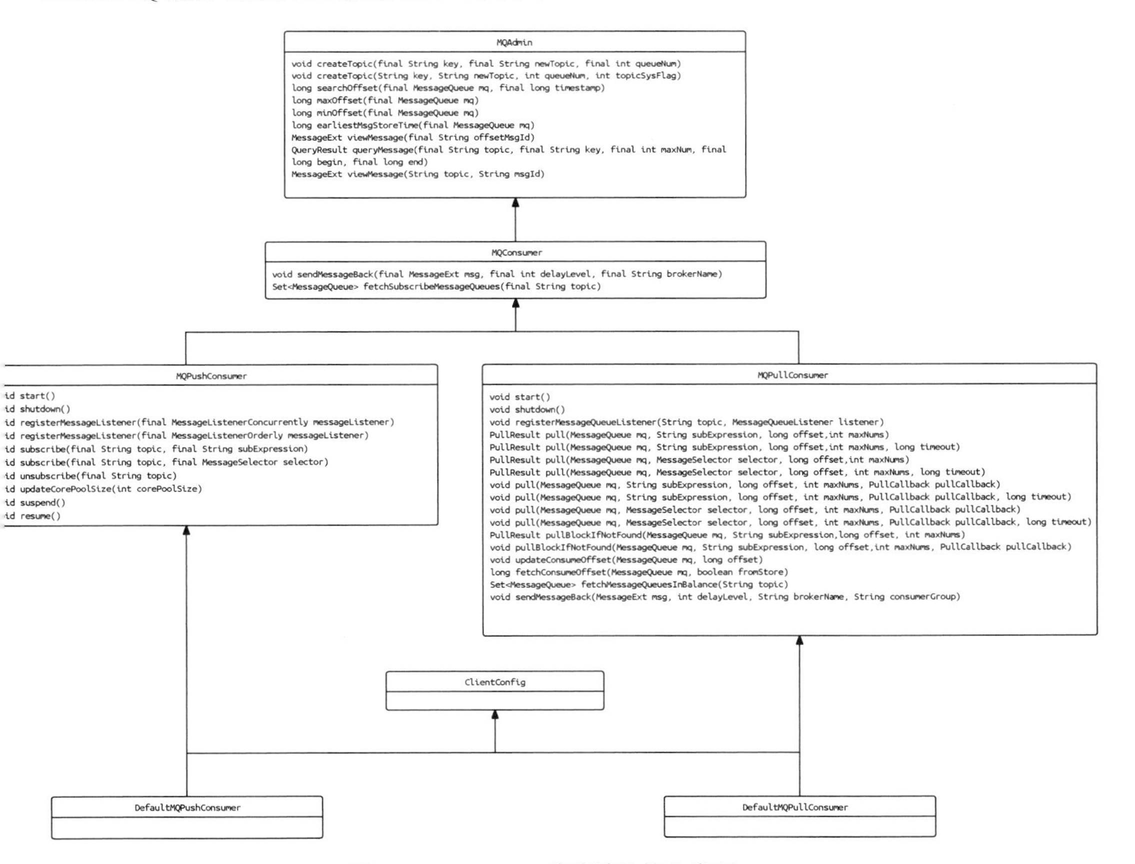

图 3-4　RocketMQ 消费端的核心类图

下面详细说明一下图 3-4。

- MQAdmin：它让 RocketMQ 具备一些基本的管理功能，例如创建主题，该类已经在 2.1 节详细介绍过，这里不再重复说明。
- MQConsumer：顾名思义，这个接口指的是 RocketMQ 消费者。如果需要该接口，可以将其子接口中的一些共同的方法提取到该接口中：

```
Set< MessageQueue > fetchSubscribeMessageQueues(final String topic)
```

获取分配该主题所有的读队列。

- MQPullConsumer：RocketMQ 支持 PUSH、PULL 两种模式，该接口是 PULL 模式的接口定义。
  - void start：启动消费者。
  - void shutdown：关闭消费者。
  - void registerMessageQueueListener(String topic, MessageQueueListener listener)：注册消息队列变更回调函数，即在消费端分配到的队列发生变化时触发的回调函数，其声明如图 3-5 所示。

```
/**
 * A MessageQueueListener is implemented by the application and may be specified when a message queue changed
 */
public interface MessageQueueListener {
    /**
     * @param topic message topic
     * @param mqAll all queues in this message topic
     * @param mqDivided collection of queues,assigned to the current consumer
     */
    void messageQueueChanged(final String topic, final Set<MessageQueue> mqAll,
        final Set<MessageQueue> mqDivided);
}
```

图 3-5　MessageQueueListener 的代码

它的参数如下。

- String topic：主题名称。
- Set<MessageQueue> mqAll：该主题所有的队列集合。
- Set<MessageQueue> mqDivided：分配给当前消费者的消费队列。

- PullResult pull(MessageQueue mq, String subExpression, long offset, int maxNums, long timeout)：拉取消息，应用程序可以通过调用该方法从 Broker 服务器拉取一批消息，其参数含义如下。
  - MessageQueue mq：消息消费队列。
  - String subExpression：消息过滤表达式，基于 TAG、SQL92 的过滤表达式。

    - long offset：消息偏移量，消息在消费队列中的偏移量。
    - int maxNums：一次消息拉取返回的最大消息条数。
    - long timeout：本次拉取的超时时间。

  - PullResult pull(MessageQueue mq, MessageSelector selector, long offset,int maxNums, long timeout)：pull 重载方法，通过 MessageSelector 构建消息过滤对象，可以通过 MessageSelector 的 buildSql、buildTag 两个方法构建过滤表达式。
  - void pull(MessageQueue mq, String subExpression, long offset, int maxNums, PullCallback pullCallback)：异步拉取，调用其异步回调函数 PullCallback。
  - PullResult pullBlockIfNotFound(MessageQueue mq, String subExpression,long offset, int maxNums)：拉取消息，如果服务端没有新消息待拉取，就一直阻塞等待，直到有消息返回。同样，该方法有一个重载方法支持异步拉取。
  - void updateConsumeOffset(MessageQueue mq, long offset)：更新消息消费处理进度。
  - long fetchConsumeOffset(MessageQueue mq, boolean fromStore)：获取指定消息消费队列的消费进度。如果参数 fromStore 为 true，表示从消息消费进度存储文件中获取消费进度。
  - Set<MessageQueue> fetchMessageQueuesInBalance(String topic)：获取当前正在处理的消息消费队列（通过消息队列负载机制分配的队列）。
  - void sendMessageBack(MessageExt msg, int delayLevel, String brokerName, String consumerGroup)：消息消费失败后发送的 ACK（acknowledge character 确认字符）。

- MQPushConsumer：RocketMQ 的 PUSH 模式消费者接口。

  - void start：启动消费者。
  - void shutdown：关闭消费者。
  - void registerMessageListener(MessageListenerConcurrently messageListener)：注册并发消费模式监听器。
  - void registerMessageListener(MessageListenerOrderly messageListener)：注册顺序消费模式监听器。
  - void subscribe(String topic, String subExpression)：订阅主题，其参数说明如下。

    - String topic：订阅的主题，RocketMQ 支持一个消费者订阅多个主题，操作方式是多次调用该方法。
    - String subExpression：消息过滤表达式，例如传入订阅的 TAG，SQL92 表达式。

  - void subscribe(String topic, MessageSelector selector)：订阅主题，重载方法 MessageSelector 提供了 buildSQL、buildTag 的订阅方式。

- void unsubscribe(String topic)：取消订阅。
- void suspend：挂起消费。
- void resume：恢复继续消费。

- DefaultMQPushConsumer：RocketMQ 消息 PUSH 模式的默认实现类。
- DefaultMQPullConsumer：RocketMQ 消息 PULL 模式的默认实现类。

RocketMQ 的内部实现机制为 PULL 模式，而 PUSH 模式是一种伪推送，是对 PULL 模式的封装。PUSH 模式的实现原理如图 3-6 所示。

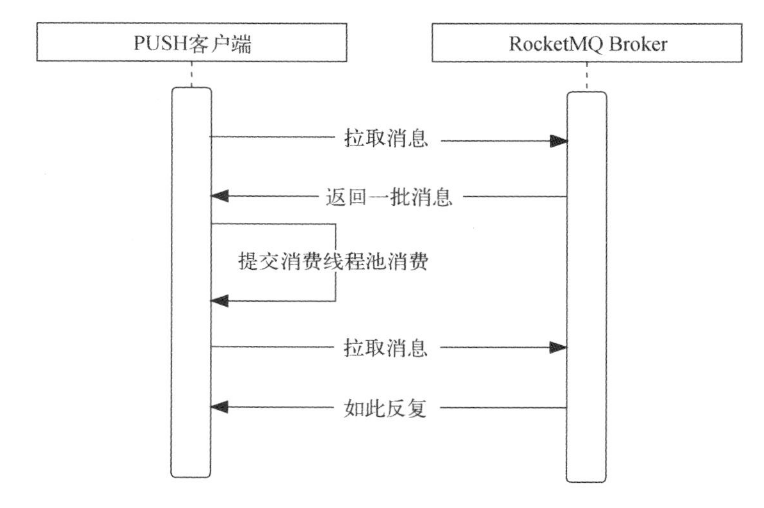

图 3-6　PUSH 模式的实现原理

PUSH 模式是对 PULL 模式的封装，每拉取一批消息后，首先提交到消费端的线程池（异步），然后马上向 Broker 拉取另外一批消息，即实现类似“推”的效果。

从 PULL 模式来看，消息的消费主要包含如下三个方面。

- 消息拉取。消息拉取模式通过相关的 API，从 Broker 指定的消息消费队列中拉取一批消息到消费客户端。多个消费者需要手动完成队列的分配。
- 消息消费端处理完消费，需要向 Broker 端报告消息处理队列，然后继续拉取下一批消息。
- 如果遇到消息消费失败，需要告知 Broker 该条消息消费失败，后续需要重试。这可以通过手动调用 sendMessageBack 方法实现。

对于 PUSH 模式，使用者无须考虑上述处理操作，只需告诉 RocketMQ 消费者在拉取消息后需要调用的事件监听器即可，消息消费进度的存储、消息消费的重试统一由 RocketMQ Client 来实现。

3.2.2 消息消费 API 简单使用示例

我们从 3.2.1 节的内容中，基本可以得知 PUSH 模式 API 与 PULL 模式 API 在使用层面的差别可以简单地理解为汽车领域中自动挡与手动挡的差别。在实际业务类场景中通常使用 PUSH 模式的 API，因为它适合实时监控；但在大数据领域则常使用 PULL 模式，因为通常要进行批处理，即执行定时类任务。

接下来编写一些示例代码，对拉取、推送的相关 API 进行使用方式的演示。

1. PULL 模式 API 的使用示例

举个例子，一家公司的大数据团队需要对订单进行分析。为了提高计算效能，每两小时调度一次，每次处理当前任务启动之前的所有消息。

首先给出一个基于 RocketMQ PULL 的 API 的示例代码。本示例接近生产实践，示例代码如下：

```java
import org.apache.rocketmq.client.consumer.DefaultMQPullConsumer;
import org.apache.rocketmq.client.consumer.PullResult;
import org.apache.rocketmq.common.message.MessageExt;
import org.apache.rocketmq.common.message.MessageQueue;
import java.util.HashMap;
import java.util.List;
import java.util.Map;
import java.util.Set;
import java.util.concurrent.CountDownLatch;
import java.util.concurrent.TimeUnit;
public class PullConsumerTest {
    public static void main(String[] args) throws Exception {
        Semaphore semaphore = new Semaphore();
        Thread t = new Thread(new Task(semaphore));
        t.start();
        CountDownLatch cdh = new CountDownLatch(1);
        try {
            // 程序运行两小时后结束
            cdh.await(120 * 1000, TimeUnit.MILLISECONDS);
        } finally {
            semaphore.running = false;
        }
    }
    /**
     * 消息拉取核心实现逻辑
     */
    static class Task implements Runnable {
        Semaphore s = new Semaphore();
        public Task(Semaphore s ) {
            this.s = s;
        }
        public void run() {
```

```
        try {
            DefaultMQPullConsumer consumer = new DefaultMQPullConsumer("dw_pull_consumer");
            consumer.setNamesrvAddr("127.0.01:9876");
            consumer.start();
            Map<MessageQueue, Long> offsetTable = new HashMap<MessageQueue, Long>();
            Set<MessageQueue> msgQueueList = consumer.
                fetchSubscribeMessageQueues("TOPIC_TEST"); // 获取该 topic 的所有队列
            if(msgQueueList != null && !msgQueueList.isEmpty()) {
                boolean noFoundFlag = false;
                while(this.s.running) {
                    if(noFoundFlag) { // 没有找到消息，暂停消费
                        Thread.sleep(1000);
                    }
                    for( MessageQueue q : msgQueueList ) {
                        PullResult pullResult = consumer.pull(q, "*",
                            decivedPulloffset(offsetTable, q, consumer) , 3000);
                        System.out.println("pullStatus:" + pullResult.getPullStatus());
                        switch (pullResult.getPullStatus()) {
                            case FOUND:
                                doSomething(pullResult.getMsgFoundList());
                                break;
                            case NO_MATCHED_MSG:
                                break;
                            case NO_NEW_MSG:
                            case OFFSET_ILLEGAL:
                                noFoundFlag = true;
                                break;
                            default:
                                continue ;
                        }
                        // 提交位点
                        consumer.updateConsumeOffset(q, pullResult.getNextBeginOffset());
                    }
                    System.out.println("balacne queue is empty: " + consumer.
                        fetchMessageQueuesInBalance("TOPIC_TEST").isEmpty());
                }
            } else {
                System.out.println("end,because queue is enmpty");
            }
            consumer.shutdown();
            System.out.println("consumer shutdown");
        } catch (Throwable e) {
            e.printStackTrace();
        }
    }
}
/** 拉取到消息后具体的处理逻辑  */
private static void doSomething(List<MessageExt> msgs) {
    System.out.println("本次拉取到的消息条数:" + msgs.size());
}
public static long decivedPulloffset(Map<MessageQueue, Long> offsetTable,
    MessageQueue queue, DefaultMQPullConsumer consumer) throws Exception {
    long offset = consumer.fetchConsumeOffset(queue, false);
    if(offset < 0 ) {
```

```
            offset = 0;
        }
        System.out.println("offset:" + offset);
        return offset;
    }
    static class Semaphore {
        public volatile boolean running = true;
    }
}
```

上述代码提供了拉取线程的优雅方法。消息的拉取主要在任务Task的run方法中实现，主要的技巧如下。

- 首先根据MQConsumer的fetchSubscribeMessageQueues的方法获取主题的所有队列信息。
- 然后遍历所有队列，通过MQConsuemr的pull方法依次从Broker端拉取消息。
- 对拉取的消息进行消费处理。
- 通过调用MQConsumer的updateConsumeOffset方法更新位点。需要注意的是，这个方法并不是实时向Broker提交，而是客户端会启用一个线程，默认每5秒向Broker集中上报一次。

上面的示例演示的是一个消费组只有一个消费者的情况，如果有多个消费组呢？这就涉及队列的重新分配了。此时每一个消费者是否只负责拉取分配的队列？是否还能直接使用PULL模式呢？接下来看一下PUSH模式。

2. PUSH模式API的使用示例

在RocketMQ的绝大数场景中，最好选择使用PUSH模式，因为PUSH模式是对PULL模式的封装。它将消息的拉取、消息队列的自动负载、消息进度（位点）自动提交、消息消费重试都进行了封装，无须使用者关心，其示例代码如下：

```
public static void main(String[] args) throws InterruptedException, MQClientException {
    DefaultMQPushConsumer consumer = new DefaultMQPushConsumer("dw_test_consumer_6");
    consumer.setNamesrvAddr("127.0.0.1:9876");
    consumer.setConsumeFromWhere(ConsumeFromWhere.CONSUME_FROM_FIRST_OFFSET);
    consumer.subscribe("TOPIC_TEST", "*");
    consumer.setAllocateMessageQueueStrategy(new AllocateMessageQueueAveragelyByCircle());
    consumer.registerMessageListener(new MessageListenerConcurrently() {
        @Override
        public ConsumeConcurrentlyStatus consumeMessage(List<MessageExt> msgs,
            ConsumeConcurrentlyContext context) {
            try {
                System.out.printf("%s Receive New Messages: %s %n", Thread.currentThread().getName(), msgs);
                return ConsumeConcurrentlyStatus.CONSUME_SUCCESS;
            } catch (Throwable e) {
                e.printStackTrace();
                return ConsumeConcurrentlyStatus.RECONSUME_LATER;
            }
        }
    });
```

```
    consumer.start();
    System.out.printf("Consumer Started.%n");
}
```

上面的代码是不是非常简单？在后面几节中我们会重点对PUSH模式中消费者的核心属性，即工作原理，进行详细的介绍。使用DefaultMQPushConsumer开发一个消费者，其代码基本覆盖如下几个方面。

- 首先，实例化（new）DefaultMQPushConsumer对象，并指定一个消费组名。
- 然后设置相关参数，例如nameSrvAdd、消费失败重试次数，线程数等（后面将详细介绍可以设置哪些参数）。
- 通过调用setConsumeFromWhere方法指定初次启动时从什么地方消费，默认从最新的消息开始消费。
- 通过调用setAllocateMessageQueueStrategy指定队列负载机制，默认平均分配。
- 通过调用registerMessageListener设置消息监听器，即消息处理逻辑，最终返回CONSUME_SUCCESS（成功消费）或RECONSUME_LATER（稍后重试）。

温馨提示：关于消息消费的详细使用，将在后面的章节中进行详细介绍。

3.2.3 消息消费API版本的演变说明

RocketMQ在消费端的API相对来说还是比较稳定的，只是在RocketMQ 4.6.0版本中引入了DefaultLitePullConsumer。如果上述PULL模式示例代码引用的是版本为4.6.0的Client包，细心的读者肯定会发现DefaultMQPullConsumer已过期，取代它的正是DefaultLitePullConsumer。原因是什么呢？

如果你使用过DefaultMQPullConsumer编写消费代码，就不难发现这个类用的是底层API，使用者需要考虑的问题太多，例如队列负载、消费进度存储等。可以毫不夸张地说，用好DefaultMQPullConsumer并不容易。

RocketMQ设计者也意识到了这样的问题，故引入了DefaultLitePullConsumer。按照官方文档上的介绍，该类具备如下特性。

- 支持以订阅方式进行消息消费，此时支持消费队列自动再平衡。
- 支持手动分配队列的方式进行消息消费，此时不支持消费队列自动再平衡。
- 提供seek/commit方法来重置、提交消费位点。

温馨提示：由于DefaultLitePullConsumer的内容比较多，后续章节将对其参数、方法、使用示例进行详细介绍，本节只用于说明引入它的目的。

3.3 DefaultMQPushConsumer 的核心参数与工作原理

PUSH 模式是对 PULL 模式的封装，类似一个高级 API，它基本上将消息消费所需解决的问题都封装好了，所以使用起来非常简单，但如果要用好，就必须了解其内部的工作原理，支持哪些参数，以及这些参数是如何工作的。

3.3.1 DefaultMQPushConsumer 的核心参数与工作原理

DefaultMQPushConsumer 的核心参数如下。

- InternalLogger log：这个是消费者的一个 final 属性，用来记录 RocketMQ 消费者在运作过程中的一些日志，其日志文件默认路径为${user.home}/logs/rocketmqlogs/rocketmq_cliente.log。
- String consumerGroup：消费组的名称。在 RocketMQ 中，一个消费组就是一个独立的隔离单位，例如多个消费组订阅同一个主题，其消息进度（消息处理的进展）是相互独立的，彼此不会有任何干扰。
- MessageModel messageModel：消息组的消息消费模式。RocketMQ 支持集群模式、广播模式两种消费模式。集群模式指的是一个消费组内多个消费者共同消费一个主题中的消息，即一条消息只会被集群内的某一个消费者处理；而广播模式是指一个消费组内的每一个消费者都负责主题中的所有消息。
- ConsumeFromWhere consumeFromWhere：当一个消费者初次启动时（即在消费进度管理器中无法查询到该消费组的进度时）从哪个位置开始消费的策略，可选值如下。
  - CONSUME_FROM_LAST_OFFSET：从最新的消息开始消费。
  - CONSUME_FROM_FIRST_OFFSET：从最早的位点开始消费。
  - CONSUME_FROM_TIMESTAMP：从指定的时间戳开始消费。这里的实现思路是，从 Broker 服务器中寻找消息的存储时间小于或等于指定时间戳中最大消息偏移量的消息，并从这条消息开始消费。
- String consumeTimestamp：指定从什么时间戳开始消费，其格式为 yyyyMMddHHmmss。该参数只在 consumeFromWhere 为 CONSUME_FROM_TIMESTAMP 时生效。
- AllocateMessageQueueStrategy allocateMessageQueueStrategy：消息队列负载算法。解决的主要问题是消息消费队列在各个消费者之间的负载均衡策略。例如，一个主题有 8 个队列，一个消费组中有三个消费者，那么这三个消费者各自去消费哪些队列？RocketMQ 默认提供了如下负载均衡算法。
  - AllocateMessageQueueAveragely：平均连续分配算法。
  - AllocateMessageQueueAveragelyByCircle：平均轮流分配算法。

- AllocateMachineRoomNearby：机房内优先就近分配。
- AllocateMessageQueueByConfig：手动指定，这个通常需要配合配置中心，在消费者启动时，首先创建 AllocateMessageQueueByConfig 对象，然后根据配置中心的配置，再根据当前的队列信息，进行分配，即该方法不具备队列的自动负载功能，在 Broker 端进行队列扩容时，无法自动感知，需要手动变更配置。
- AllocateMessageQueueByMachineRoom：消费指定机房中的队列，该分配算法首先需要调用该策略的 setConsumeridcs(Set< String > consumerIdCs)方法，用于设置需要消费的机房，将筛选出来的消息按平均连续分配算法实现队列的负载。
- AllocateMessageQueueConsistentHash：一致性 Hash 算法。

- OffsetStore offsetStore：消息进度存储管理器。该属性为私有属性，不能通过 API 修改。该参数主要是根据消费模式在内部自动创建的。在广播消费、集群消费两种模式下，消息消费进度的存储策略有所不同。

    - 集群模式：RocketMQ 会将消息消费进度存储在 Broker 服务器上，存储路径为 ${ROCKET_HOME}/store/config/ consumerOffset.json。
    - 广播模式 RocketMQ 会将消息消费进度存储在消费端所在的机器上，存储路径为 ${user.home}/.rocketmq_offsets。

为了方便读者对消息消费进度有直观的理解，下面给出本地测试时 Broker 集群中的消息消费进度文件示例，如图 3-7 所示。

```
codingw@codingwdeMacBook-Pro config % cat consumerOffset.json
{
        "offsetTable":{
                "%RETRY%please_rename_unique_group_name_4@please_rename_unique_group_name_4":{0:0
                },
                "dw_zms_test_topic@please_rename_unique_group_name_4":{0:4,1:2,2:5,3:4
                },
                "%RETRY%dw_test_mq_consuemr_test_01@dw_test_mq_consuemr_test_01":{0:0
                },
                "dw_zms_test_topic@dw_test_mq_consuemr_test_01":{0:4,1:2,2:5,3:4
                }
        }
}%
```

图 3-7　本地测试时 Broker 集群中的消息消费进度文件示例

消息消费进度使用 topic@consumerGroup 为键，其值是一个映射，其中的键为 topic 的队列序列，值为当前的消息消费位点。

- int consumeThreadMin：每一个消费组线程池中的消费者最小线程数，默认为 20。在 RocketMQ 消费者中，会为每一个消费者创建一个独立的线程池。
- int consumeThreadMax：消费者最大线程数，在当前的 RocketMQ 版本中，该参数通常与 consumeThreadMin 保持一致，因为 RocketMQ 在线程池内部创建的队列为无界队列。

- int consumeConcurrentlyMaxSpan：并发消息消费时处理队列中最大偏移量与最小偏移量差值的阈值，如果差值超过该值，会触发消费端限流。限流的具体做法是不再向 Broker 拉取该消息队列中的消息，阈值的默认值为 2000。
- int pullThresholdForQueue：消费端允许单队列积压的消息数量，如果处理队列中的消息数量超过该值，会触发消息消费端的限流。它的默认值为 1000，不建议修改。
- pullThresholdSizeForQueue：消费端允许单队列中积压的消息体大小，默认为 100MB。
- pullThresholdForTopic：按主题级别进行消息数量限流，默认不开启，为–1。如果设置该值，会使用该值除以分配给当前消费者的队列数，得到每个消息消费队列的消息阈值，最终通过改变 pullThresholdForQueue 达到限流的效果。
- pullThresholdSizeForTopic：按主题级别对消息体大小进行限流，默认不开启。最终通过改变 pullThresholdSizeForQueue 达到限流的效果。
- long pullInterval = 0：消息拉取的间隔，默认用 0 表示，即消息客户端在拉取一批消息提交到线程池后立即向服务端拉取下一批。PUSH 模式不建议修改该值。
- int pullBatchSize = 32：一次消息拉取请求最多从 Broker 返回的消息条数，默认为 32。
- int consumeMessageBatchMaxSize：一个消费批次的最大消息条数，它是用于控制图 3-8 中参数 List<MessageExt> msgs 所代表集合的最大长度。
- int maxReconsumeTimes：消息消费重试次数。并发消费模式下默认重试 16 次后进入死信队列，如果是顺序消费模式，重试次数为 Integer.MAX_VALUE。

```
public interface MessageListenerConcurrently extends MessageListener {
    /**
     * It is not recommend to throw exception,rather than returning ConsumeConcurrentlyStatus.RECONSUME_LATER if
     * consumption failure
     *
     * @param msgs msgs.size() >= 1<br> DefaultMQPushConsumer.consumeMessageBatchMaxSize=1,you can modify here
     * @return The consume status
     */
    ConsumeConcurrentlyStatus consumeMessage(final List<MessageExt> msgs, final ConsumeConcurrentlyContext context);
}
```

图 3-8 消费批次生效代码

- long suspendCurrentQueueTimeMillis：当消费模式为顺序消费时，设置每一次重试的间隔时间，提高重试成功率。
- long consumeTimeout = 15：消息消费超时时间，默认为 15 分钟。

3.3.2 消息消费队列负载算法

本节将使用图解的方式来阐述 RocketMQ 默认提供的消息消费队列负载机制。

- AllocateMessageQueueAveragely：平均连续分配算法。主要的特点是一个消费者分配到的消息队列是连续的，其分配示例如图 3-9 所示。

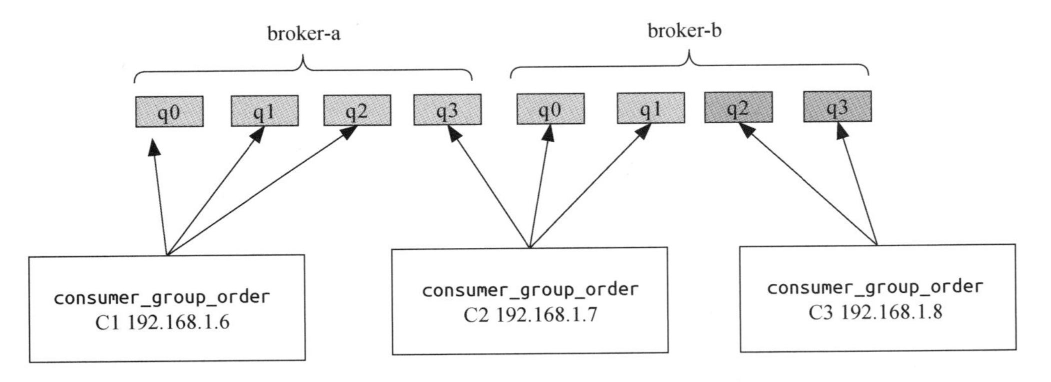

图 3-9　AllocateMessageQueueAveragely 示例

- AllocateMessageQueueAveragelyByCircle：平均轮流分配算法，其分配示例如图 3-10 所示。

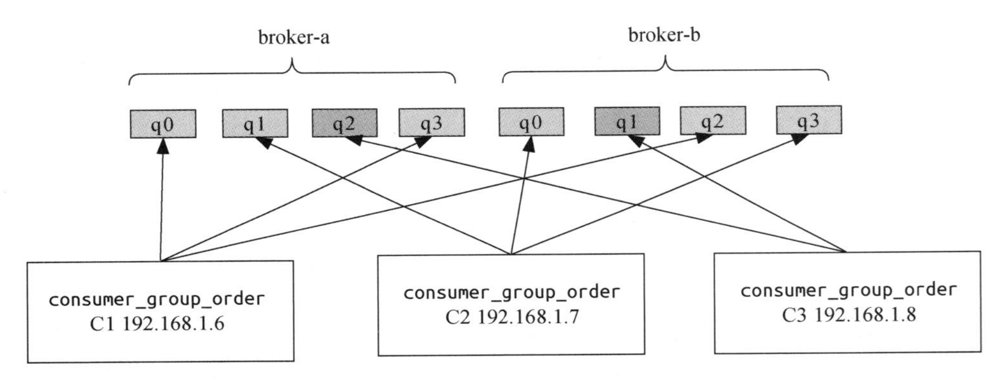

图 3-10　AllocateMessageQueueAveragelyByCircle 示例

在实际生产过程中，往往要求发送方发送的消息尽量在各个队列上均衡分布，如果分布均衡，通常会使用平均连续分配算法，因为需要在一个 Broker 上创建的连接数较少。

但有些时候会出现在一台 Broker 上的消息明显多于第二台的情况。如果这时使用平均连续分配算法，你会发现 C1 消费者会因为处理的消息太多而有瓶颈，但其他消费者又太空闲，而且不能通过增加消费者来改变这种情况。在此种情况下，使用平均轮流分配算法更加合适。

在消费时间过程中，消息消费队列可能会增多或减少，消息消费者也可能会增多或减少，需要对消息消费队列进行重新平衡，即重新分配。这就是所谓的重平衡机制。在 RocketMQ 中，每 20 秒会根据当前队列数量、消费者数量重新进行一次队列负载计算。如果计算出来的结果与当前不一样，就会触发消息消费队列的重平衡。

- AllocateMachineRoomNearby：机房内就近优先分配，其分配示例如图 3-11 所示。

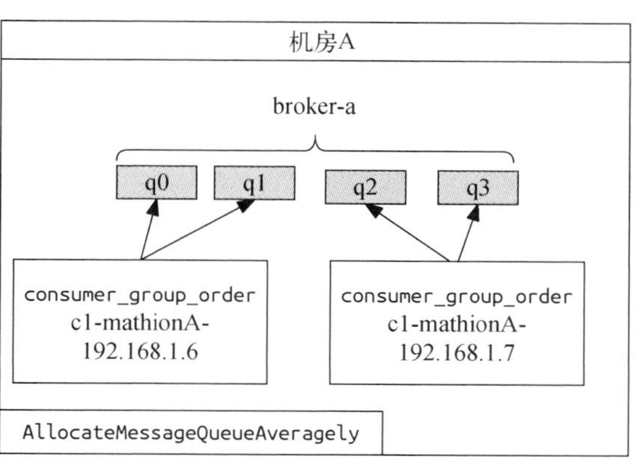

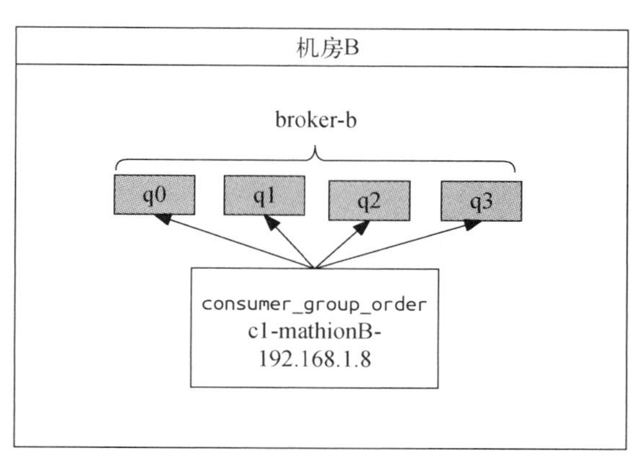

图 3-11 AllocateMachineRoomNearby 示例

如图 3-11 所示，一个 MQ 集群的两台 Broker 分别部署在两个不同的机房中，每一个机房中都部署了一些消费者，其队列的负载情况是同机房中的消费队列优先被同机房的消费者进行分配，其分配算法可以指定其他的算法，例如示例中的平均分配。但如果机房 B 中的消费者崩溃，B 机房中没有存活的消费者，那该机房中的队列就会被其他机房中的消费者获取并进行消费。

- AllocateMessageQueueByConfig：手动指定，通常需要配合配置中心使用。在消费者启动时，首先，创建 AllocateMessageQueueByConfig 对象，然后先根据配置中心的配置，再根据当前的队列信息进行分配。该方法不具备队列的自动负载机制，在 Broker 端进行队列扩容时，需要手动变更配置。
- AllocateMessageQueueByMachineRoom：消费指定机房中的队列。该分配算法首先需要调用该策略的 setConsumeridcs(Set< String > consumerIdCs)方法，用于设置需要消费的机房，然后将筛选出来的消息按平均连续分配算法实现队列的负载，其分配示例如图 3-12 所示。

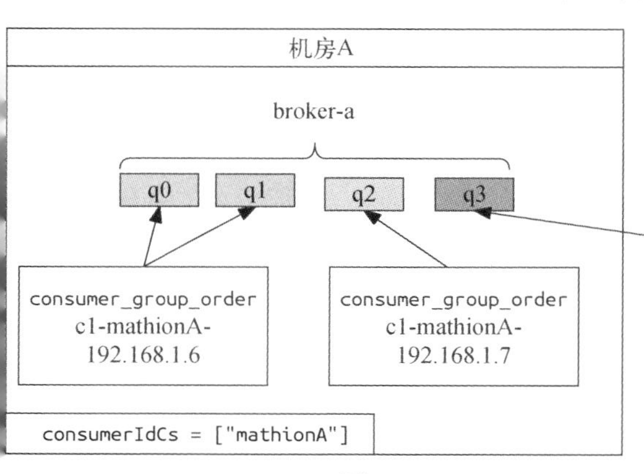

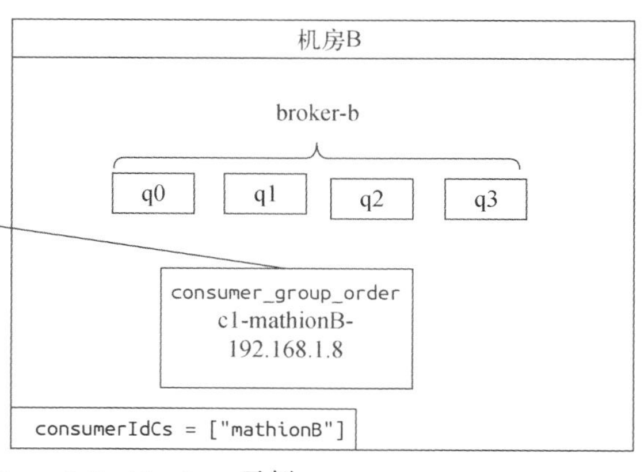

图 3-12 AllocateMessageQueueByMachineRoom 示例

由于设置 consumerIdCs 为 A 机房，故 B 机房中的队列并不会被消费。

- AllocateMessageQueueConsistentHash：一致性 Hash 算法。其实，在消息队列负载处使用一致性算法，没有任何实际好处。一致性 Hash 算法最佳的使用场景是 Redis 缓存的分布式领域。

3.3.3 PUSH 模式的消息拉取机制

在介绍消息消费端的限流机制之前，我们用图 3-13 简单介绍一下 RocketMQ 的消息拉取执行模型。

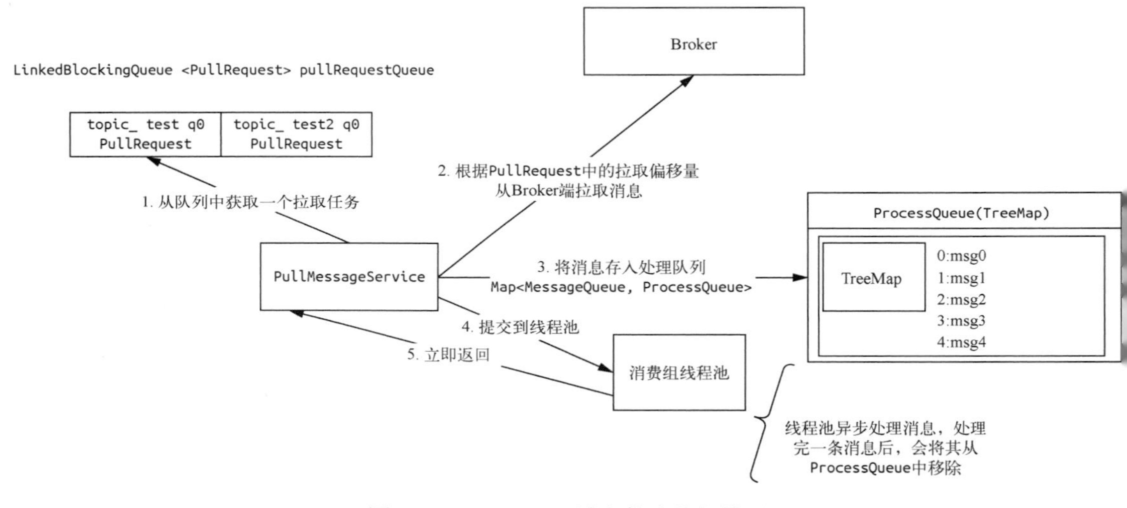

图 3-13　RocketMQ 消息拉取执行模型

图 3-13 的核心关键点如下。

(1) 运用队列负载机制后，当前消费者会获得一些队列。注意，一个消费组可以订阅多个主题，正如图 3-13 中的 pullRequestQueue 所示，topic_test、topic_test2 这两个主题被分配了一个队列。

(2) topic_test、topic_test2 这两个主题轮流从 pullRequestQueue 中取出一个 PullRequest 对象，并根据该对象中的拉取偏移量向 Broker 发起拉取请求，默认拉取 32 条（可通过 3.3.1 节中提到的 pullBatchSize 参数改变）。该方法不仅会返回消息列表，还会返回更改后的 PullRequest 对象下一次拉取的偏移量。

(3) 接收到 Broker 返回的消息后，会首先将该消息放入 ProcessQueue（处理队列）。该队列的内部结构为 TreeMap，其 key 中存放的是消息在消息消费队列（consumequeue）中的偏移量（0、1、2、3、4），而 value 为具体的消息对象（msg0、msg1、msg2、msg3、msg4）。

(4) 将拉取到的消息提交到消费组内部的线程池，并立即返回，同时将 `PullRequest` 对象放入 `pullRequestQueue`，然后取出下一个 `PullRequest` 对象，继续重复消息拉取的流程。从这里可以看出，消息拉取与消息消费使用的是不同的线程。

(5) 消息消费组线程池处理完一条消息后，会将该消息从 `ProcessQueue` 中移除，然后向 Broker 汇报消息消费进度，以便下次重启时能从上一次消费的位置开始消费。

3.3.4 消息消费进度提交

通过上面的介绍，想必大家应该对消息消费进度有了一个比较直观的认识。接下来我们介绍 RocketMQ PUSH 模式的消息消费进度提交机制。

通过 3.3.3 节的消息消费拉取模型可以看出，消息消费组线程池在处理完一条消息后，会将该消息从 `ProcessQueue` 中移除，并向 Broker 汇报消息消费进度。请思考一下下面的问题。

现在的处理队列中有 5 条消息（如图 3-14 所示），并且使用的是线程池并发消费模式。如果消息偏移量为 3 的消息（3:msg3）先于偏移量为 0、1、2 的消息被处理完，该如何向 Broker 汇报消息消费进度呢？

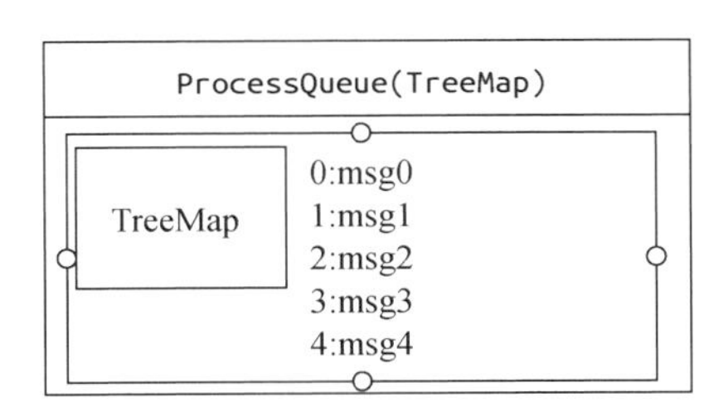

图 3-14 `ProcessQueue` 示例 1

有人会说，消息 msg3 被处理完，当然是向 Broker 汇报 msg3 的偏移量作为消息消费进度呀。但细心思考一下，会发现不能提交 msg3 的偏移量作为消息消费进度：在汇报完毕后，如果消费者发生内存溢出等问题导致 JVM 异常退出，而 msg1 的消息还未处理，就会导致在重启消费者之后，因为消息消费进度文件中存储的是 msg3 的消息偏移量而继续从 msg3 开始消费，这就会造成 msg1 和 msg2 的**消息丢失**。显然，这种方式并不可取。

RocketMQ 采取的方式是，在处理完 msg3 之后，将 msg3 从 `ProcessQueue` 中移除，但在向 Broker 汇报消息消费进度时**取 `ProcessQueue` 中最小的偏移量作为消息消费进度**，即汇报的消息消费进度是 0。

也就是说，如果 `ProcessQueue` 如图 3-15 所示，那么提交的消息进度为 2。但是这种方案并非完美，有可能造成消息的重复消费。例如，如果发生内存溢出等异常情况，消费者重新启动，会继续从消息偏移量为 2 的消息开始消费。此时 msg3 就会被消费多次，故 **RocketMQ 不保证消息不被重复消费**。

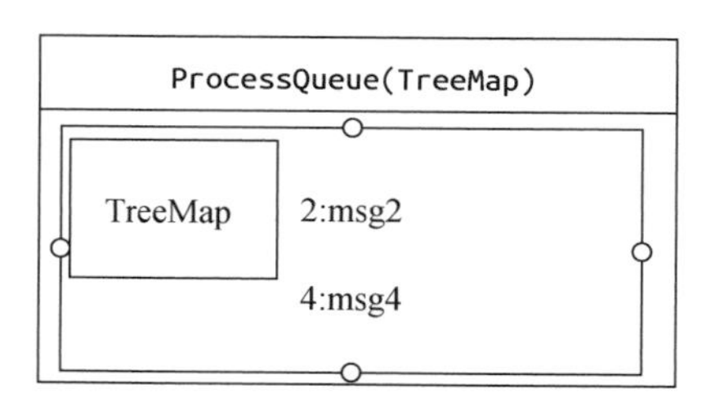

图 3-15　ProcessQueue 示例 2

消息消费进度的具体提交流程如图 3-16 所示。

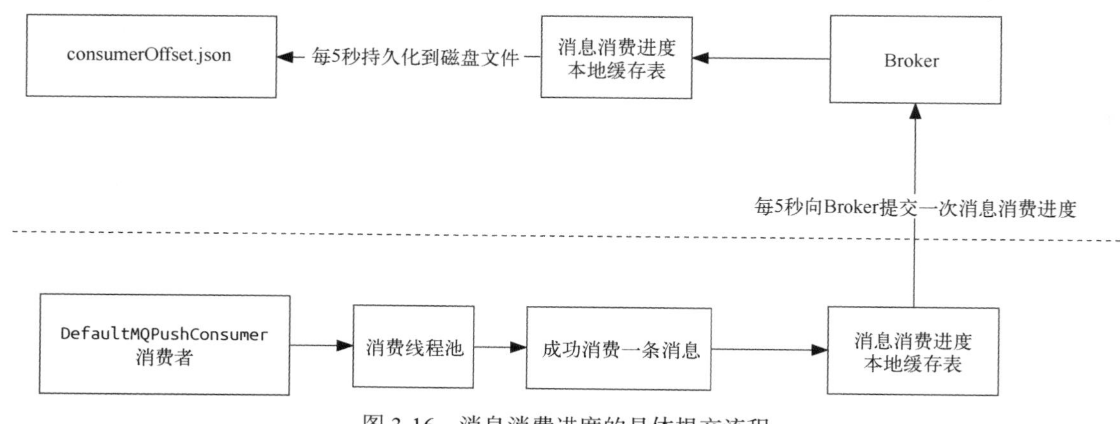

图 3-16　消息消费进度的具体提交流程

为了减少消费者与 Broker 的网络交互，提高性能，在提交消息消费进度时会首先将它存入本地缓存表，然后定时上报到 Broker。同样，Broker 也会首先存储本地缓存表，然后定时刷写到磁盘。

3.4　DefaultMQPushConsumer 的使用示例与注意事项

本节将通过示例介绍如何使用 PUSH 模式进行消息消费以及一些需要特别注意的事项。

3.4.1　ConsumeFromWhere 的注意事项

首先看 RokcetMQ PUSH 模式消费者的常见使用方式，如图 3-17 所示。

```
public static void main(String[] args) throws InterruptedException, MQClientException {
    DefaultMQPushConsumer consumer = new DefaultMQPushConsumer( consumerGroup: "dw_test_consumer_6");
    consumer.setNamesrvAddr("127.0.0.1:9876");
    consumer.setConsumeFromWhere(ConsumeFromWhere.CONSUME_FROM_FIRST_OFFSET);
    consumer.subscribe( topic: "TOPIC_TEST", subExpression: "*");
    consumer.setAllocateMessageQueueStrategy(new AllocateMessageQueueAveragely());
    consumer.registerMessageListener(new MessageListenerConcurrently() {
        @Override
        public ConsumeConcurrentlyStatus consumeMessage(List<MessageExt> msgs, ConsumeConcurrentlyContext context) {

            try {
                System.out.printf("%s Receive New Messages: %s %n", Thread.currentThread().getName(), msgs);
                return ConsumeConcurrentlyStatus.CONSUME_SUCCESS;
            } catch (Throwable e) {
                e.printStackTrace();
                return ConsumeConcurrentlyStatus.RECONSUME_LATER;
            }

        }
    });
    consumer.start();
    System.out.printf("Consumer Started.%n");
}
```

图 3-17 PUSH 模式消费者的常见使用方式

在构建消费者时，可以通过 setConsumeFromWhere(...)指定从哪里开始消费，正如 3.3.1 节中提到的 RocketMQ 支持从最新消息、最早消息、指定时间戳这三种方式进行消费。如果一个消费者启动并运行了一段时间，但是出于版本发布等原因，需要先停掉该消费者，待代码更新后再启动它，那么消费者还能使用上面这三种方式从新的一条消息开始消费吗？如果可以，在版本发布期间新发送的消息将全部丢失，这显然是不可接受的。要从上一次开始消费的地方继续消费，才能保证消息不丢失。

因此 ConsumeFromWhere 这个参数的含义是，在初次启动时从何处开始消费。更准确的表述是，如果查询不到消息消费进度，从什么地方开始消费。

在实际的使用过程中，如果对于一个设置为 CONSUME_FROM_FIRST_OFFSET 的运行中的消费者，当前版本的业务逻辑进行了重大重构，而且业务希望从最新的消息开始消费，那么通过如下代码来实现该业务意图显然不会成功：

```
consumer.setConsumeFromWhere(ConsumeFromWhere.CONSUME_FROM_LAST_OFFSET);
```

要达到业务目标，需要使用 RocketMQ 提供的重置位点，其命令如下：

```
sh ./mqadmin resetOffsetByTime -n 127.0.0.1:9876  -g CID_CONSUMER_TEST -t TopicTest -s
2020-10-01#10:00:00:000
```

参数说明如下。

- -n：Name Server 地址。
- -g：消费组名称。
- -t：主题名称。
- -s：时间戳（ms），可选值有 now、yyyy-MM-dd#HH:mm:ss:SSS。

当然也可以通过 rocketmq-console 重置位点，操作如图 3-18 所示。

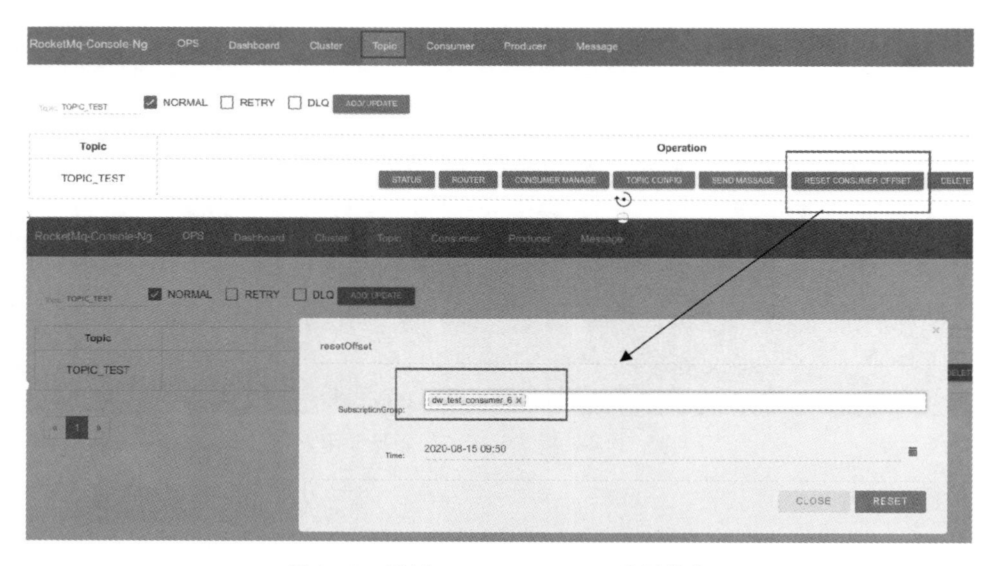

图 3-18　通过 rocketmq-console 重置位点

3.4.2　基于多机房的队列负载算法

在实际中，我们通常会选用平均分配算法 AllocateMessageQueueAveragely 和 AllocateMessageQueueAveragelyByCircle，因为这两种方案实现起来非常简单。这里再次强调，一致性 Hash 算法在服务类负载方面优势不大，而且很复杂。言归正传，本节主要探讨 RocketMQ 在多机房方面的支持。

在我所在的公司，目前多机房采取的是在同一座城市中相距不远的两个地方分别建一个机房的方式，主要是为了避免因“入口网络故障导致所有业务系统不可用”给广大快递员、各中转中心带来的严重影响，故采用的网络架构如图 3-19 所示。

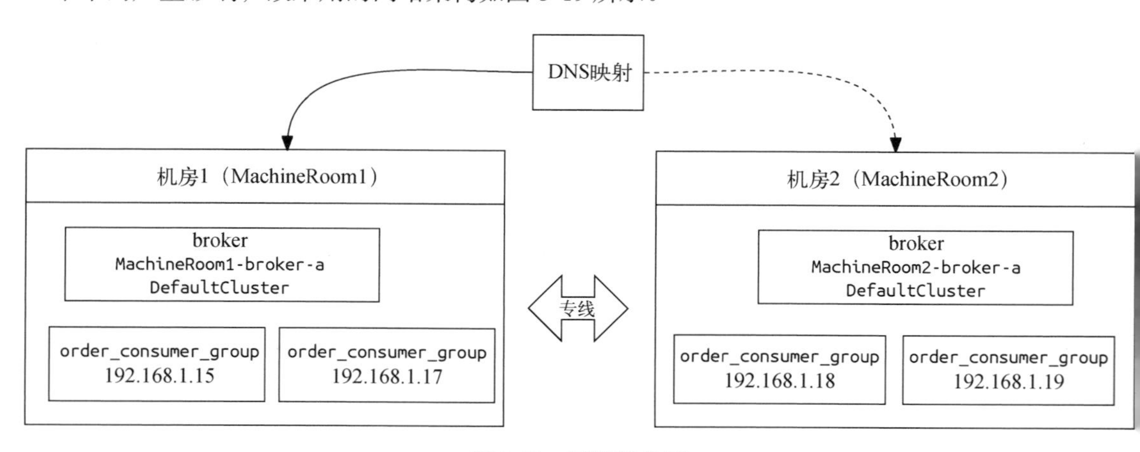

图 3-19　网络架构图

两个网络机房之间可以通过专线访问，网络延时为 1ms~2ms。在本场景中，同一时间只有一个机房有外网流量。

在多机房部署方案中，将一个 RocketMQ 集群部署在两个机房中，即每一个机房都各自部署一个 Broker，以便两个 Broker 共同承担消息的写入与消费。此外，两个机房各部署了两个消费者。

从消费者的角度来看，如果采取平均分配，特别是采取 `AllocateMessageQueueAveragelyByCircle` 方案，会出现消费者跨机房消费的情况，**如果能实现本机房的消费者优先消费本机房中的消息，可有效避免消费者跨机房消费**。值得庆幸的是，RocketMQ 的设计者已经为我们提供了解决方案：`AllocateMachineRoomNearby`。

接下来介绍如何使用 `AllocateMachineRoomNearby` 队列负载算法。

既然是多机房，那么对于消费过程中的几个主要的实体对象（Broker、消费者），我们必须能识别出哪个对象属于哪个机房。为此，首先需要做如下两件事情。

(1) 对 Broker 进行重命名，将 Broker 的命名带上机房的信息，主要是修改 broker.conf 配置文件。例如：

```
brokerName = MachineRoom1-broker-a
```

即 Broker 的名称统一为“机房名-`brokerName`”的格式。

(2) 对消息消费者的 `ClientId` 进行改写，同样使用机房名作为开头。我们可以通过如下代码改变 `ClientId`：

```
consumer.setClientIP("MachineRoom1-" + RemotingUtil.getLocalAddress());
```

consumer 默认的 `ClientIP` 为 `RemotingUtil.getLocalAddress()`，即本机的 IP 地址。客户端的 `ClientId` 如图 3-20 所示。

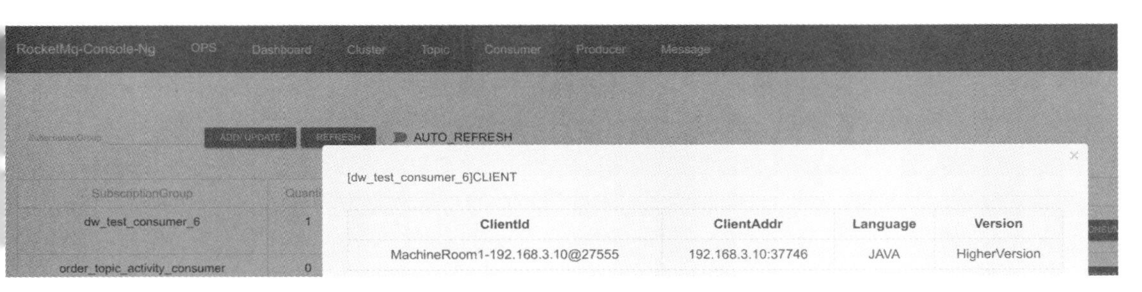

图 3-20 客户端的 `ClientId`

接下来简单看一下 `AllocateMachineRoomNearby` 的核心属性，如图 3-21 所示。

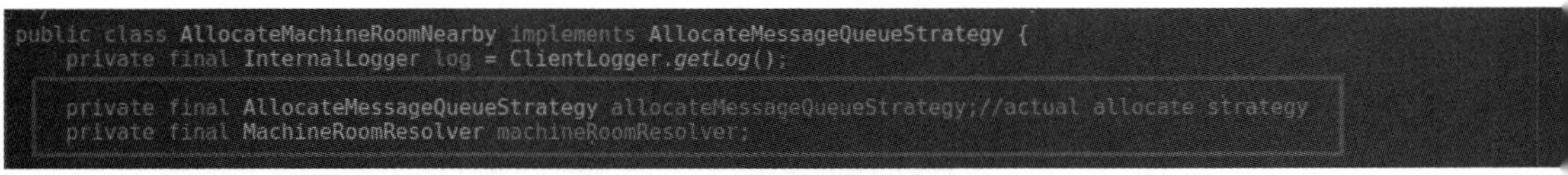

```
public class AllocateMachineRoomNearby implements AllocateMessageQueueStrategy {
    private final InternalLogger log = ClientLogger.getLog();

    private final AllocateMessageQueueStrategy allocateMessageQueueStrategy;//actual allocate strategy
    private final MachineRoomResolver machineRoomResolver;
```

图 3-21　AllocateMachineRoomNearby 的核心属性

它们的含义分别如下。

- AllocateMessageQueueStrategy allocateMessageQueueStrategy：内部分配算法，可以看成机房就近分配算法。它其实是一个代理，内部需要持有一种分配算法，例如平均分配算法。
- MachineRoomResolver machineRoomResolver：多机房解析器，即从 brokerName、ClientId 中识别出所在的机房。

本节的测试场景集群如图 3-22 所示。

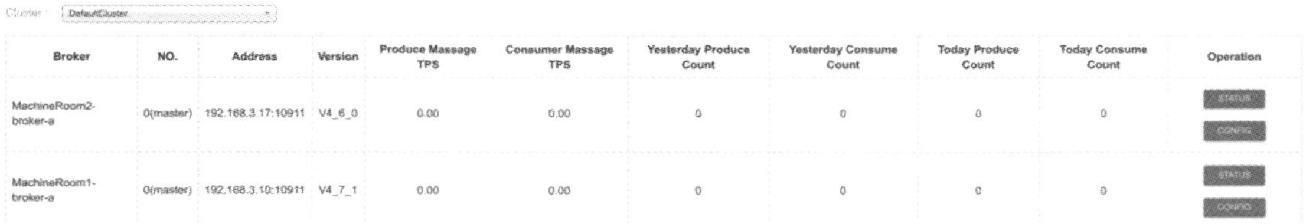

Cluster：DefaultCluster

Broker	NO.	Address	Version	Produce Massage TPS	Consumer Massage TPS	Yesterday Produce Count	Yesterday Consume Count	Today Produce Count	Today Consume Count	Operation
MachineRoom2-broker-a	0(master)	192.168.3.17:10911	V4_6_0	0.00	0.00	0	0	0	0	STATUS CONFIG
MachineRoom1-broker-a	0(master)	192.168.3.10:10911	V4_7_1	0.00	0.00	0	0	0	0	STATUS CONFIG

图 3-22　测试场景集群

测试代码如下：

```
public static void main(String[] args) throws InterruptedException, MQClientException {
    DefaultMQPushConsumer consumer = new DefaultMQPushConsumer("dw_test_consumer_6");
    consumer.setNamesrvAddr("127.0.0.1:9876");
    consumer.setClientIP("MachineRoom1-" + RemotingUtil.getLocalAddress());
    // consumer.setClientIP("MachineRoom2-" + RemotingUtil.getLocalAddress());
    consumer.setConsumeFromWhere(ConsumeFromWhere.CONSUME_FROM_LAST_OFFSET);
    consumer.subscribe("machine_topic_test", "*");
    AllocateMessageQueueAveragely averagely = new AllocateMessageQueueAveragely();
    AllocateMachineRoomNearby.MachineRoomResolver machineRoomResolver = new AllocateMachineRoomNearby.
        MachineRoomResolver() {
        @Override public String brokerDeployIn(MessageQueue messageQueue) {
            return messageQueue.getBrokerName().split("-")[0];
        }
        @Override public String consumerDeployIn(String clientID) {
            return clientID.split("-")[0];
        }
    };

    consumer.setAllocateMessageQueueStrategy(new AllocateMachineRoomNearby(averagely,
        machineRoomResolver));
```

```
    consumer.registerMessageListener(new MessageListenerConcurrently() {
        @Override
        public ConsumeConcurrentlyStatus consumeMessage(List<MessageExt> msgs,
            ConsumeConcurrentlyContext context) {
            try {
                System.out.printf("%s Receive New Messages: %s %n", Thread.currentThread().
                    getName(), msgs);
                return ConsumeConcurrentlyStatus.CONSUME_SUCCESS;
            } catch (Throwable e) {
                e.printStackTrace();
                return ConsumeConcurrentlyStatus.RECONSUME_LATER;
            }
        }
    });
    consumer.start();
    System.out.printf("Consumer Started.%n");
}
```

说明：上述代码需要打包，尽量在不同的机器上运行，并且需要修改 ClientIP。

运行后的队列负载情况如图 3-23 所示。

broker	queue	consumerClient	brokerOffset	consumerOffset	diffTotal	lastTimestamp
MachineRoom1-broker-a	0	MachineRoom1-192.168.3.10@5348	125	125	0	2020-08-15 15:05:45
MachineRoom1-broker-a	1	MachineRoom1-192.168.3.10@5348	125	125	0	2020-08-15 15:05:45
MachineRoom1-broker-a	2	MachineRoom1-192.168.3.10@5348	125	125	0	2020-08-15 15:05:45
MachineRoom1-broker-a	3	MachineRoom1-192.168.3.10@5348	125	125	0	2020-08-15 15:05:45
MachineRoom2-broker-a	0	MachineRoom2-2.0.1.118@18380	125	125	0	2020-08-15 15:05:49
MachineRoom2-broker-a	1	MachineRoom2-2.0.1.118@18380	125	125	0	2020-08-15 15:05:49
MachineRoom2-broker-a	2	MachineRoom2-2.0.1.118@18380	125	125	0	2020-08-15 15:05:49
MachineRoom2-broker-a	3	MachineRoom2-2.0.1.118@18380	125	125	0	2020-08-15 15:05:49

图 3-23 运行后的队列负载情况

如果位于 MachineRoom2 机房中的消费者停掉，那么机房 2 中的消息能继续被消费吗？我们现在将机房 2 中的消费者停掉，再来看其队列负载情况，如图 3-24 所示。

broker	queue	consumerClient	brokerOffset	consumerOffset	diffTotal	lastTimestamp
MachineRoom1-broker-a	0	MachineRoom1-192.168.3.10@5348	125	125	0	2020-08-15 15:05:45
MachineRoom1-broker-a	1	MachineRoom1-192.168.3.10@5348	125	125	0	2020-08-15 15:05:45
MachineRoom1-broker-a	2	MachineRoom1-192.168.3.10@5348	125	125	0	2020-08-15 15:05:45
MachineRoom1-broker-a	3	MachineRoom1-192.168.3.10@5348	125	125	0	2020-08-15 15:05:45
MachineRoom2-broker-a	0	MachineRoom1-192.168.3.10@5348	125	125	0	2020-08-15 15:05:49
MachineRoom2-broker-a	1	MachineRoom1-192.168.3.10@5348	125	125	0	2020-08-15 15:05:49
MachineRoom2-broker-a	2	MachineRoom1-192.168.3.10@5348	125	125	0	2020-08-15 15:05:49
MachineRoom2-broker-a	3	MachineRoom1-192.168.3.10@5348	125	125	0	2020-08-15 15:05:49

图 3-24 机房 2 中的消费者停掉后的队列负载情况

我们从图 3-24 中发现，机房 1 中的消费者会继续消费机房 2 中的消息。这里可以看出 AllocateMachineRoomNearby 队列负载算法只是同机房优先，如果一个机房中没有存活的消费者，该机房中的队列还是会被其他机房中的消费者消费。

RocketMQ 还提供了另外一种处理多机房队列负载的方案，即 AllocateMessageQueueBy-MachineRoom，它可以为每一个消费者指定可以消费的机房，即通过调用 setConsumeridcs(...) 方法指定某一个消费者消费哪些机房的消息，从而形成一个逻辑概念上的“大机房”。它的使用方法与前面的方案类似，本节中就不再给出演示。

3.4.3 消费组线程数设置注意事项

在 RocketMQ 中，每一个消费组都会启动一个线程池来实现消费端在消费组的隔离。RocketMQ 还提供了 consumeThreadMin、consumeThreadMax 两个参数来设置线程池中的线程个数，但是由于线程池内部为一个无界队列，导致 consumeThreadMax 大于 consumeThreadMin，最多只能有 consumeThreadMin 个线程数量，故在实践中，往往会将这两个值设置为相同的。

小技巧：在 RocketMQ 中的消费组线程的名称会以 ConsumeMessageThread_开头，例子如图 3-25 所示。

```
"ConsumeMessageThread_18" #47 prio=5 os_prio=0 tid=0x00007f7f3400b800 nid=0x2428 waiting on condition [0x00007f7fa4f69000]
   java.lang.Thread.State: WAITING (parking)
        at sun.misc.Unsafe.park(Native Method)
        - parking to wait for  <0x00000006c9059ae8> (a java.util.concurrent.locks.AbstractQueuedSynchronizer$ConditionObject)
        at java.util.concurrent.locks.LockSupport.park(LockSupport.java:175)
        at java.util.concurrent.locks.AbstractQueuedSynchronizer$ConditionObject.await(AbstractQueuedSynchronizer.java:2039)
        at java.util.concurrent.LinkedBlockingQueue.take(LinkedBlockingQueue.java:442)
        at java.util.concurrent.ThreadPoolExecutor.getTask(ThreadPoolExecutor.java:1067)
        at java.util.concurrent.ThreadPoolExecutor.runWorker(ThreadPoolExecutor.java:1127)
        at java.util.concurrent.ThreadPoolExecutor$Worker.run(ThreadPoolExecutor.java:617)
        at java.lang.Thread.run(Thread.java:745)
```

图 3-25 线程栈中显示的消费者线程名称

3.4.4 批量消费注意事项

RocketMQ 支持消息批量消费，下面是在消费端与批量消费相关的两个参数。

- `pullBatchSize`：消息客户端向 Broker 发送一次拉取消息请求，每批返回的最大消息条数，默认为 32。
- `consumeMessageBatchMaxSize`：提交到消息消费监听器中的消息条数，默认为 1。

1. consumeMessageBatchMaxSize

默认情况下，一次消费会拉取 32 条消息，但业务监听器收到的消息默认为一条。为了更直观地理解，现给出如图 3-26 所示的示例代码。

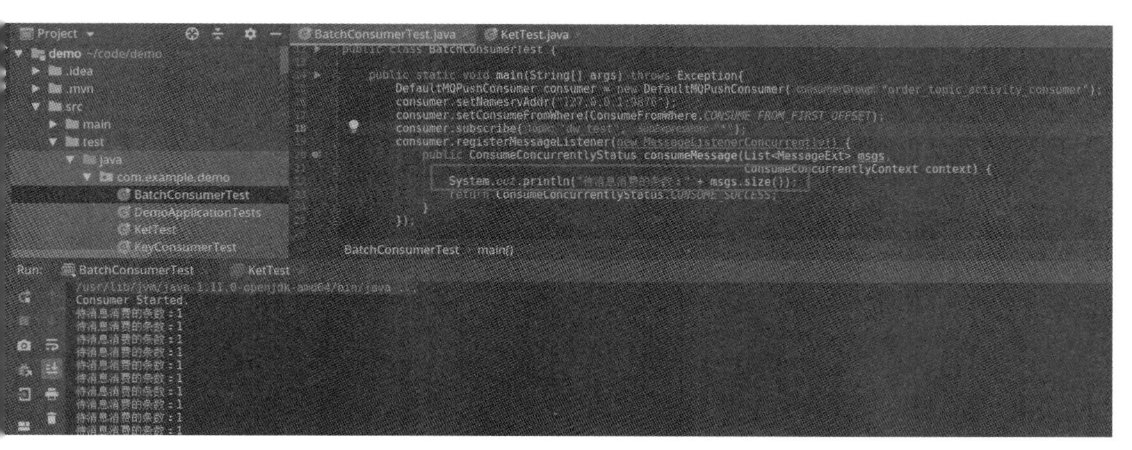

图 3-26 consumeMessageBatchMaxSize 的示例代码

如果将 consumeMessageBatchMaxSize 设置为 10，其运行效果如图 3-27 所示。

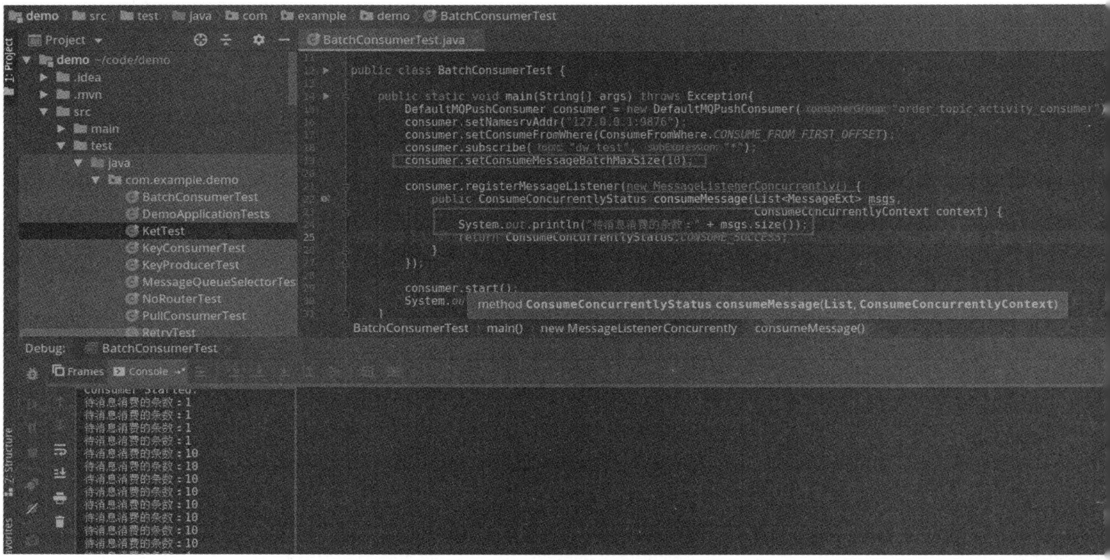

图 3-27　运行效果

可以看到该参数生效了。consumeMessageBatchMaxSize **非常适合批处理，例如结合数据库的批处理，能显著提高性能。**

2. pullBatchSize

你在使用 RocketMQ 的过程中也许会发现一个问题：如果单条消息的处理时间较短，通过增加消费组线程个数无法显著提高消息的消费 TPS（transaction persecond，每秒事务处理量），并且通过 jstack（栈跟踪工具）命令可以看到几乎所有的线程都处于等待处理任务的状态，如图 3-28 所示。

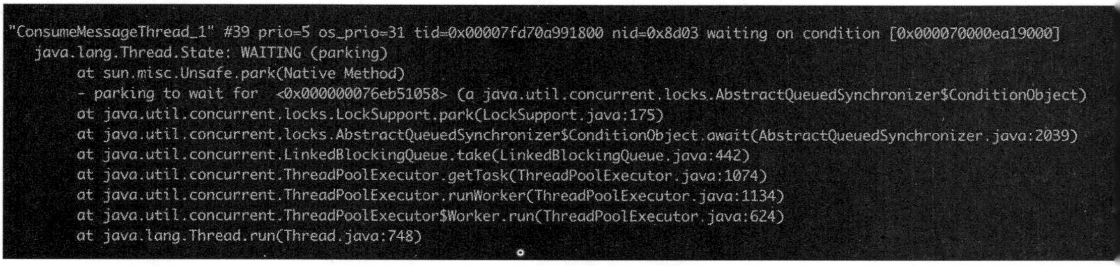

```
"ConsumeMessageThread_1" #39 prio=5 os_prio=31 tid=0x00007fd70a991800 nid=0x8d03 waiting on condition [0x000070000ea19000]
   java.lang.Thread.State: WAITING (parking)
        at sun.misc.Unsafe.park(Native Method)
        - parking to wait for  <0x000000076eb51058> (a java.util.concurrent.locks.AbstractQueuedSynchronizer$ConditionObject)
        at java.util.concurrent.locks.LockSupport.park(LockSupport.java:175)
        at java.util.concurrent.locks.AbstractQueuedSynchronizer$ConditionObject.await(AbstractQueuedSynchronizer.java:2039)
        at java.util.concurrent.LinkedBlockingQueue.take(LinkedBlockingQueue.java:442)
        at java.util.concurrent.ThreadPoolExecutor.getTask(ThreadPoolExecutor.java:1074)
        at java.util.concurrent.ThreadPoolExecutor.runWorker(ThreadPoolExecutor.java:1134)
        at java.util.concurrent.ThreadPoolExecutor$Worker.run(ThreadPoolExecutor.java:624)
        at java.lang.Thread.run(Thread.java:748)
```

图 3-28　消费线程处于阻塞状态

此种情况说明线程都“无所事事”，应该增大其工作量，所以自然而然地需要增加每一批次消息拉取的数量。故尝试每次拉取 100 条消息，通过如下代码进行设置：

```
consumer.setPullBatchSize(100);
consumer.setConsumeMessageBatchMaxSize(200);
```

这里设置 `consumeMessageBatchMaxSize` 的值大于 `pullBatchSize` 的主要目的就是验证每次拉取的消息，因为如果 `consumeMessageBatchMaxSize` 大于 `pullBatchSize`，那么每批处理的消息条数就等于 `pullBatchSize` 的值；如果 `consumeMessageBatchMaxSize` 小于 `pullBatchSize`，消息会在客户端分页，一次最多可能传入和 `consumeMessageBatchMaxSize` 的值相等的消息条数。

为了确保有足够的消息，在消息拉取之前，我建议先使用生产者压入大量消息。

我们发现每次拉取的消息条数最多不会超过 32（如图 3-29 所示），显然服务端有足够的消息供拉取。

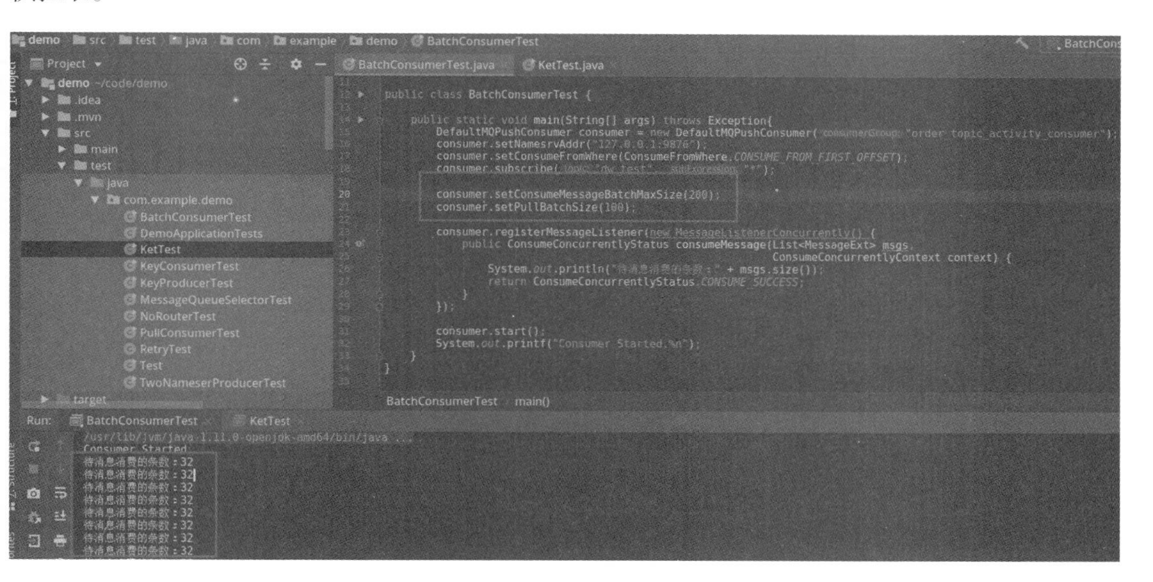

图 3-29　`pullBatchSize` 未生效示意图

这是因为 Broker 端对消息拉取也提供了保护机制，如下参数可以控制一次拉取最多返回消息的条数。

- `int maxTransferCountOnMessageInMemory`：如果此次消息拉取全部命中内存，允许一次拉取的最大消息条数，默认为 32 条。
- `int maxTransferBytesOnMessageInMemory`：如果此次消息拉取全部命中内存，允许一次拉取的最大消息大小，默认为 256KB。
- `int maxTransferCountOnMessageInDisk`：如果此次消息无法命中内存，需要从磁盘读取消息，则每一次拉取允许的最大消息条数，默认为 8 条。
- `int maxTransferBytesOnMessageInDisk`：如果此次消息无法命中内存，需要从磁盘读取消息，则每一次拉取允许的消息总大小，默认为 64KB。

因此如果需要一次拉取 100 条消息，还需要修改 Broker 端相关的配置信息，通常建议只修改命中内存相关的参数。如果要从磁盘拉取，为了包含 Broker，建议 maxTransferCountOnMessageInDisk、maxTransferBytesOnMessageInDisk 保持默认值。

如果使用场景是大数据领域，建议的配置如下：

```
maxTransferCountOnMessageInMemory=5000
maxTransferBytesOnMessageInMemory = 5000 * 1024
```

如果是业务类场景，建议的配置如下：

```
maxTransferCountOnMessageInMemory=2000
maxTransferBytesOnMessageInMemory = 2000 * 1024
```

修改 Broker 的相关配置后，再运行上面的程序，其返回结果如图 3-30 所示。

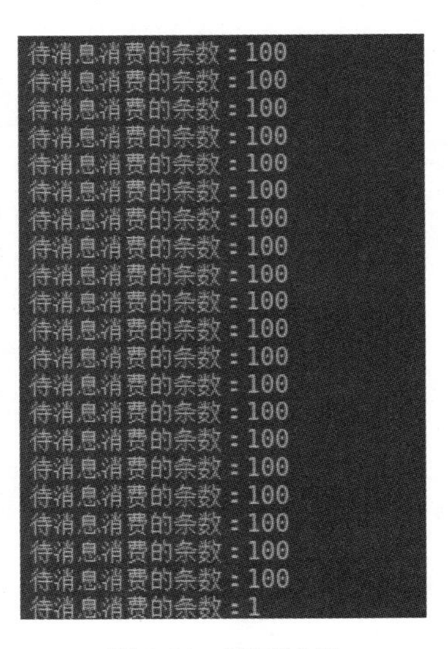

图 3-30　返回结果

3.4.5　订阅关系不一致导致消息丢失

在 RocketMQ 中，一个消费组能订阅多个主题，也能订阅多个 tag，多个 tag 用||分割，但同一个消费组中所有消费者的订阅关系必须一致，不能一个订阅 TAGA，另外一个订阅 TAGB。图 3-31 展示了一个错误使用案例。

上面错误的关键点在于：两个 JVM 进程中创建的消费组名称都是 dw_tag_test，但一个消费组订阅了 TAGA，另外一个消费组订阅了 TAGB。这样会造成消息丢失（即部分消息未被消费），如图 3-32 所示。

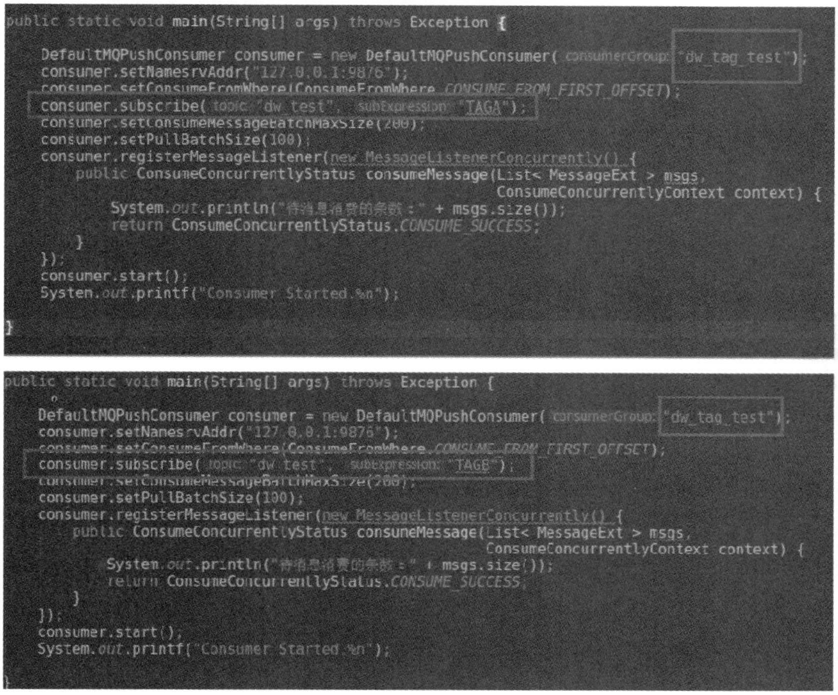

```java
public static void main(String[] args) throws Exception {

    DefaultMQPushConsumer consumer = new DefaultMQPushConsumer( consumerGroup: "dw_tag_test");
    consumer.setNamesrvAddr("127.0.0.1:9876");
    consumer.setConsumeFromWhere(ConsumeFromWhere.CONSUME_FROM_FIRST_OFFSET);
    consumer.subscribe( topic: "dw_test",  subExpression: "TAGA");
    consumer.setConsumeMessageBatchMaxSize(200);
    consumer.setPullBatchSize(100);
    consumer.registerMessageListener(new MessageListenerConcurrently() {
        public ConsumeConcurrentlyStatus consumeMessage(List< MessageExt > msgs,
                                                        ConsumeConcurrentlyContext context) {
            System.out.println("待消息消费的条数：" + msgs.size());
            return ConsumeConcurrentlyStatus.CONSUME_SUCCESS;
        }
    });
    consumer.start();
    System.out.printf("Consumer Started.%n");

}
```

```java
public static void main(String[] args) throws Exception {

    DefaultMQPushConsumer consumer = new DefaultMQPushConsumer( consumerGroup: "dw_tag_test");
    consumer.setNamesrvAddr("127.0.0.1:9876");
    consumer.setConsumeFromWhere(ConsumeFromWhere.CONSUME_FROM_FIRST_OFFSET);
    consumer.subscribe( topic: "dw_test",  subExpression: "TAGB");
    consumer.setConsumeMessageBatchMaxSize(200);
    consumer.setPullBatchSize(100);
    consumer.registerMessageListener(new MessageListenerConcurrently() {
        public ConsumeConcurrentlyStatus consumeMessage(List< MessageExt > msgs,
                                                        ConsumeConcurrentlyContext context) {
            System.out.println("待消息消费的条数：" + msgs.size());
            return ConsumeConcurrentlyStatus.CONSUME_SUCCESS;
        }
    });
    consumer.start();
    System.out.printf("Consumer Started.%n");

}
```

图 3-31 消费组的错误使用

Topic: dw_test

Tag: TAGA

Key:

Storetime: 2020-08-15

Message body: hello RoccketMQ

messageTrackList

consumerGroup	trackType	Operation	
dw_tag_test	CONSUMED_BUT_FILTERED	RESEND MESSAGE	VIEW EXCEPTION
order_topic_activity_consumer	NOT_ONLINE	RESEND MESSAGE	VIEW EXCEPTION

图 3-32 消息被过滤

一条消息的 tag 为 TAGA，并且消费组 dw_tag_test 中的一个消费者订阅了 TAGA，为什么还会显示 CONSUMED_BUT_FILTERED 呢？这个状态的含义是，这条消息因为不符合消息过滤规则而被过滤了，原理如图 3-33 所示。

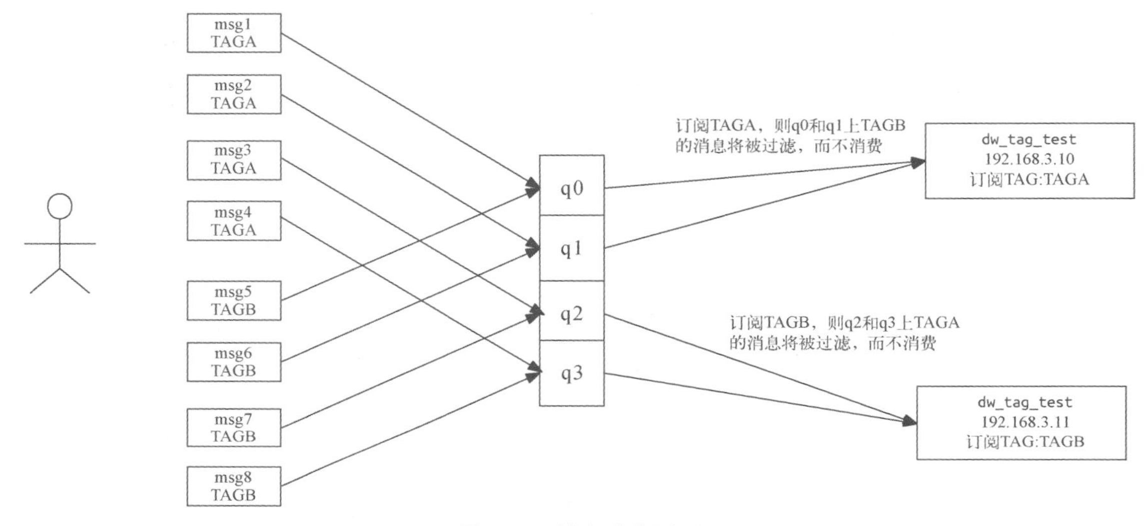

图 3-33　消息丢失原理

这里的本质原因是，一个队列在同一时间只会被分配给一个消费者，这样队列上不符合消息过滤规则的消息消费会被过滤，并且消息消费的进度会向前移动，从而造成消息丢失。

3.4.6　消费者 ClientId 不唯一导致不消费

RocketMQ 的 ClientId 的生成规则与 Producer 一样，如果两者出现重复，也会出现问题。请看如图 3-34 所示的代码。

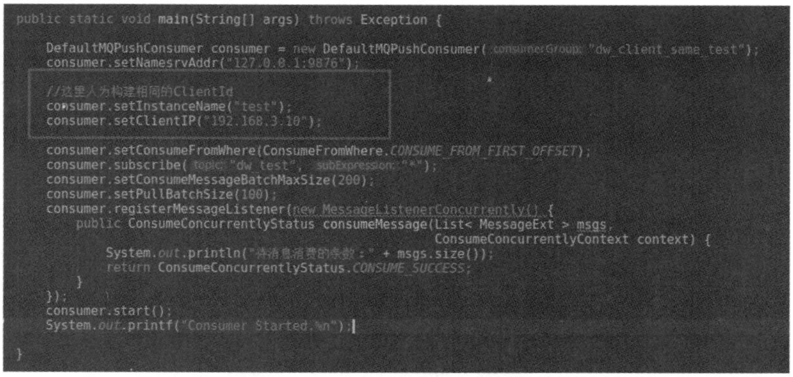

```
public static void main(String[] args) throws Exception {

    DefaultMQPushConsumer consumer = new DefaultMQPushConsumer( consumerGroup: "dw_client_same_test");
    consumer.setNamesrvAddr("127.0.0.1:9876");

    //这里人为构建相同的ClientId
    consumer.setInstanceName("test");
    consumer.setClientIP("192.168.3.10");

    consumer.setConsumeFromWhere(ConsumeFromWhere.CONSUME_FROM_FIRST_OFFSET);
    consumer.subscribe( topic: "dw_test", subExpression: "*");
    consumer.setConsumeMessageBatchMaxSize(200);
    consumer.setPullBatchSize(100);
    consumer.registerMessageListener(new MessageListenerConcurrently() {
        public ConsumeConcurrentlyStatus consumeMessage(List< MessageExt > msgs,
                                                        ConsumeConcurrentlyContext context) {
            System.out.println("待消息消费的条数：" + msgs.size());
            return ConsumeConcurrentlyStatus.CONSUME_SUCCESS;
        }
    });
    consumer.start();
    System.out.printf("Consumer Started.%n");

}
```

图 3-34　消息发送验证代码

本示例中人为地构建了两个 `ClientId` 相同的消费者。在实际生产过程中，Docker 容器获取的是宿主机器的 ID，获取进程号出现异常等，都可能会造成宿主机上所有消费者的 `ClientId` 一样，从而出现如图 3-35 所示的效果。

SubscriptionGroup	Quantity	Version	Type	Mode	TPS	Delay
dw_client_same_test	2	HigherVersion	CONSUME_PASSIVELY	CLUSTERING	146	1379

Topic	dw_test	Delay	1379	LastConsumeTime	2020-08-15 22:00:36

broker	queue	consumerClient	brokerOffset	consumerOffset	diffTotal	lastTimestamp
MachineRoom1-broker-a	0	192.168.3.10@test	4378	4378	0	2020-08-15 22:00:36
MachineRoom1-broker-a	1	192.168.3.10@test	4375	4375	0	2020-08-15 22:00:36
MachineRoom1-broker-a	2		4375	3875	500	2020-08-15 21:30:39
MachineRoom1-broker-a	3		4379	3500	879	2020-08-15 21:30:37

图 3-35 消费者详情

明明有两个客户端，为什么有一半的队列没有分配到消费者呢？

这就是 `ClientId` 相同导致的。我们不妨以平均分配算法为例进行思考。在运用队列负载算法时，首先会向 Name Server 查询主题的路由信息（这里会返回队列个数为 4），然后向 Broker 查询当前活跃的消费者个数（这里会返回 2），最后开始分配。在运用队列负载算法进行分配时，首先会将队列、消费者的 `ClientId` 进行排序，第一个消费者分配前两个队列，第二个消费者分配后两个队列。但由于两者的 `ClientId` 相同，两个消费者都认为自己是第一个消费者，所以都被分配到了前两个队列，造成有些消息**被重复消费**，而有些队列却**无法被消费**。

最佳实践：建议对 `ClientIP` 进行定制化，比如采用客户端 IP + 时间戳，甚至客户端 IP + UID（user identification，用户身份证明）。

3.4.7 消费重试次数设置

RocketMQ 并发消费模式支持消息消费重试，默认重试 16 次，可以通过 `maxReconsumeTimes` 设置。**值得注意的是，该参数对顺序消费模式无效。**顺序消费为了保证消费的顺序语义，如果一条消息不成功就会一直重试，也就是说其重试次数为 `Integer.MAX_VALUE`。

并发消费模式下消息消费重试的特征如图 3-36 所示。

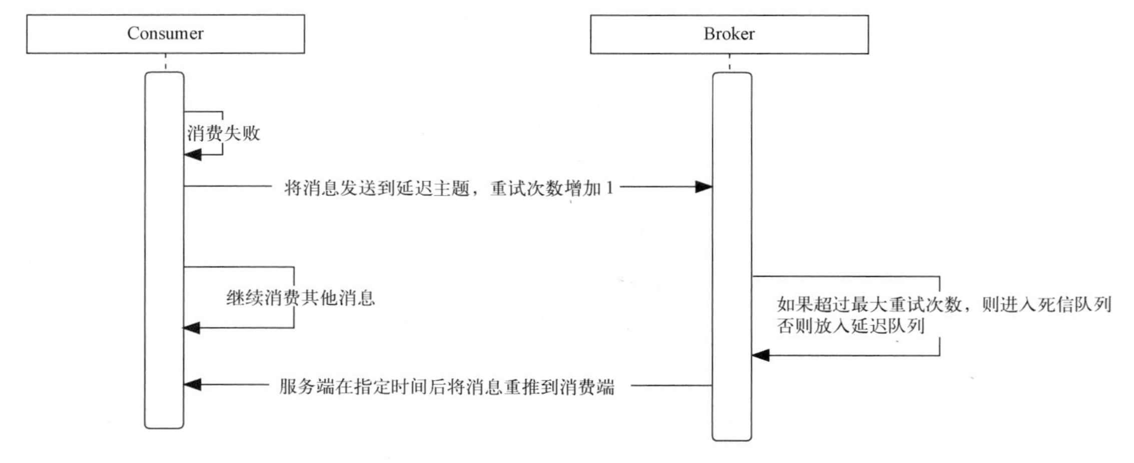

图 3-36　并发消费模式消息消费重试的特征

下面进行总结如下。

- 在并发消费模式下，如果消息消费失败，会将该消息重新发送到 Broker 服务端，位点可以继续向前推进。
- 服务端在收到该条消息后首先会判断重试次数，如果超过了允许重试的最大次数（默认 16 次）则会进入死信队列；如果未超过重试次数，则重试次数增加 1，放入延迟队列中。
- Broker 端默认设置了 18 个延迟级别，每一次重试推送到客户端的间隔时间都不同，以期望有足够的时间供客户端恢复，尽量保证重试成功的有效率。

顺序消费模式则会是在客户端本地无限次地重试，不再将消息发送到服务端，故消息消费进度不会推进。消费者在内部重试的间隔可以通过参数 `suspendCurrentQueueTimeMillis` 设置，默认值为 1 秒。

3.4.8　分区消费不均衡问题

RocketMQ 消费队列负载均衡机制遵循如下原则：同一个消费队列在某个时间点只会被分配给一个消费者。换句话说，一个消费队列中的消息不能同时被多个消费者消费。这要求消息发送端确保消息发送相对均衡，否则会导致消息消费端瓶颈，如图 3-37 所示。

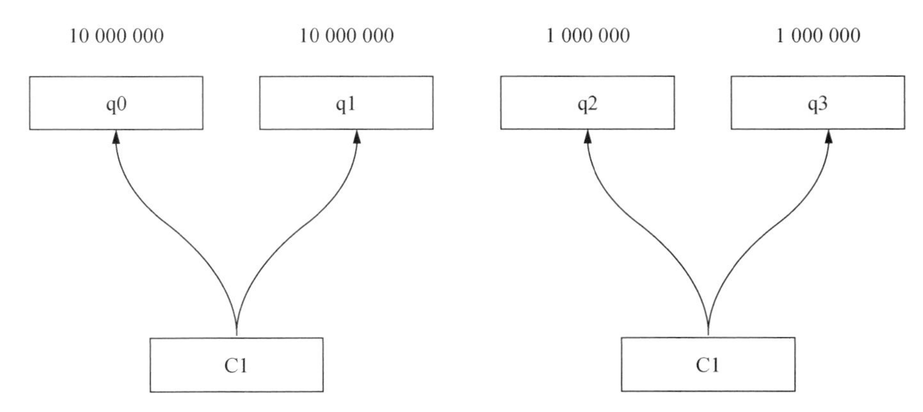

图 3-37 队列分布不均衡

如果消息发送不均衡，会导致部分消费者负担过重，而其他消费者负载很低。这样就导致了资源极度浪费，即使通过对消费端扩容也很难缓解。

3.5 DefaultLitePullConsumer 核心参数与实战

在 3.2.3 节中也提到了 `DefaultMQPullConsumer`（PULL 模式）的 API 太底层，使用起来极不方便。RocketMQ 官方设计者也注意到这个问题，并在 RocketMQ 的 4.6.0 版本中引入了 Lite PULL 模式（PULL 的另一种实现方式）的另外一个实现类 `DefaultLitePullConsumer`。也就是说，从 4.6.0 版本起，`DefaultMQPullConsumer` 已经被标记为废弃，故接下来将重点介绍 `DefaultLitePullConsumer`，并探究如何在实际中运用它解决相关问题。

3.5.1 DefaultLitePullConsumer 类图

我们来看一下 `DefaultLitePullConsumer` 的类图结构，如图 3-38 所示。

```
LitePullConsumer
void start()
void shutdown()
void subscribe(String topic, String subExpression)
void subscribe(String topic, MessageSelector selector)
void unsubscribe(String topic)
void assign(Collection<MessageQueue> messageQueues)
List<MessageExt> poll()
List<MessageExt> poll(long timeout)
void seek(MessageQueue messageQueue, long offset)
void pause(Collection<MessageQueue> messageQueues)
void resume(Collection<MessageQueue> messageQueues)
boolean isAutoCommit()
void setAutoCommit(boolean autoCommit)
Collection<MessageQueue> fetchMessageQueues(String topic)
Long offsetForTimestamp(MessageQueue messageQueue, Long timestamp)
void commitSync()
Long committed(MessageQueue messageQueue)
void registerTopicMessageQueueChangeListener(String topic,TopicMessageQueueChangeListener listener)
void updateNameServerAddress(String nameServerAddress)
void seekToBegin(MessageQueue messageQueue)
void seekToEnd(MessageQueue messageQueue)
```

```
ClientConfig
```

```
DefaultLitePullConsumer
String consumerGroup
long brokerSuspendMaxTimeMillis
long consumerTimeoutMillisWhenSuspend
long consumerPullTimeoutMillis
MessageModel messageModel
MessageQueueListener messageQueueListener
OffsetStore offsetStore
AllocateMessageQueueStrategy allocateMessageQueueStrategy
boolean autoCommit
int pullThreadNums
long autoCommitIntervalMillis
int pullBatchSize
long pullThresholdForAll
int consumeMaxSpan
int pullThresholdForQueue
int pullThresholdSizeForQueue
long pollTimeoutMillis
long topicMetadataCheckIntervalMillis
ConsumeFromWhere consumeFromWhere
String consumeTimestamp
```

图 3-38　DefaultLitePullConsumer 的类图结构

1. 核心方法详解

DefaultLitePullConsumer 的核心方法说明如下。

- void start：启动消费者。
- void shutdown：关闭消费者。
- void subscribe(String topic, String subExpression)：按照主题与消息过滤表达式进行订阅。

- void subscribe(String topic, MessageSelector selector)：按照主题与过滤表达式订阅消息，过滤表达式可通过 MessageSelector 的 bySql、byTag 来创建。这与 PUSH 模式类似，故不重复展开。

> 温馨提示：通过 subscribe 的方式订阅主题，能实现消息消费队列的重平衡，即如果消费者数量、主题的队列数发生变化，各个消费者订阅的队列信息会动态变化。

- void unsubscribe(String topic)：取消订阅。
- void assign(Collection<MessageQueue> messageQueues)：收到指定该消费者消费的队列，这种消费模式来实现消息消费队列的自动重平衡。
- List<MessageExt> poll()：消息拉取 API，默认超时时间为 5 秒。
- List<MessageExt> poll(long timeout)：消息拉取 API，可指定消息拉取超时时间。对比学习是一种很好的学习方式，故我们不妨用 DefaultMQPullConsumer 的 pull 方法（如图 3-39 所示）与之进行对比。

```
 */
PullResult pull(final MessageQueue mq, final String subExpression, final long offset,
    final int maxNums, final long timeout) throws MQClientException, RemotingException,
    MQBrokerException, InterruptedException;
```

图 3-39 DefaultMQPullConsumer 的 pull 方法

可以看出 DefaultLitePullConsumer 的拉取风格发生了变化：不需要用户手动指定队列拉取，而是通过订阅或指定队列，然后自动根据位点进行消息拉取，显得更加方便。我认为，DefaultLitePullConsumer 相关的 API 有点类似 Kafka（是一种高吞吐量的分布式发布订阅消息系统）的工作模式。

- void seek(MessageQueue messageQueue, long offset)：改变下一次消息拉取的偏移量，即改变 poll 方法下一次运行的消息拉取偏移量，类似于回溯或跳过消息。注意：如果设置的 offset 大于当前消费队列的消费偏移量，就会造成部分消息被直接跳过而没有被消费，使用时请慎重。
- void seekToBegin(MessageQueue messageQueue)：改变下一次消息拉取的偏移量为消息队列的最小偏移量，其效果相当于从头消费一遍。
- void seekToEnd(MessageQueue messageQueue)：改变下一次消息拉取偏移量为消息队列的最大偏移量，即跳过当前所有的消息，从最新的消息开始消费。
- void pause(Collection<MessageQueue> messageQueues)：暂停消费，支持将某些消息消费队列挂起，即 poll 方法在下一次拉取消息时会暂时忽略这部分消息消费队列，可用于消费端的限流。
- void resume(Collection<MessageQueue> messageQueues)：恢复消费。

- boolean isAutoCommit：是否自动提交消费位点，Lite PULL 模式下可设置是否自动提交位点。
- void setAutoCommit(boolean autoCommit)：设置是否自动提交位点。
- Collection<MessageQueue> fetchMessageQueues(String topic)：获取主题的路由信息。
- Long offsetForTimestamp(MessageQueue messageQueue, Long timestamp)：根据时间戳查找最接近该时间戳的消息偏移量。
- void commitSync：手动提交消息消费位点，在集群消费模式下，调用该方法只是将消息偏移量提交到 OffsetStore 并存储在内存中，并不是实时向 Broker 提交位点，位点还是按照任务定时地向 Broker 汇报。
- Long committed(MessageQueue messageQueue)：获取该消息消费队列已提交的消费位点（从 OffsetStore 中获取，即集群模式下会向 Broker 中的消息消费进度文件中获取）。
- void registerTopicMessageQueueChangeListener(String topic,TopicMessageQueueChangeListener listener)：注册主题队列变化事件监听器，客户端会每 30 秒查询一下订阅的主题的路由信息（队列信息）的变化情况，如果发生变化，会调用注册的事件监听器。关于 TopicMessageQueueChangeListener 事件监听器的说明如图 3-40 所示。

```
public interface TopicMessageQueueChangeListener {
    /**
     * This method will be invoked in the condition of queue numbers changed, These scenarios occur when the topic is
     * expanded or shrunk.
     *
     * @param messageQueues
     */
    void onChanged(String topic, Set<MessageQueue> messageQueues);
}
```

图 3-40　TopicMessageQueueChangeListener 事件监听器

图 3-40 中事件监听器的相关参数说明如下。

- String topic：主题名称。
- Set<MessageQueue> messageQueues：当前该主题所有的队列信息。

- void updateNameServerAddress(String nameServerAddress)：更新 Name Server 的地址。

2. 核心属性介绍

通过对 DefaultLitePullConsumer 核心方法的了解，再结合 DefaultMQPullConsumer、DefaultMQPushConsumer 的相关知识，相信读者对如何使用 DefaultLitePullConsumer 已经十分熟悉了，故暂时先不进入实战，一鼓作气地看一下其核心属性。

- String consumerGroup：消息消费组。

- long brokerSuspendMaxTimeMillis：长轮询模式。如果开启长轮询模式，当 Broker 收到客户端的消息拉取请求且当时并没有新的消息时，可以在 Broker 端挂起当前请求，一旦新消息到达则唤醒线程，从 Broker 端拉取消息后返回给客户端。该值设置为 Broker 等待的最大超时时间，默认为 20 秒，建议保持默认值。
- long consumerTimeoutMillisWhenSuspend：消息消费者拉取消息最大的超时时间，该值必须大于 brokerSuspendMaxTimeMillis，默认为 30 秒，同样不建议修改该值。
- long consumerPullTimeoutMillis：客户端与 Broker 建立网络连接的最大超时时间，默认为 10 秒。
- MessageModel messageModel：消息组消费模型，可选值：集群模式、广播模式。
- MessageQueueListener messageQueueListener：消息消费负载队列变更事件。
- OffsetStore offsetStore：消息消费进度存储器，与 PUSH 模式的机制一样。
- AllocateMessageQueueStrategy allocateMessageQueueStrategy：消息消费队列负载策略，与 PUSH 模式的机制一样。
- boolean autoCommit：设置是否提交消息消费进度，默认为 true。
- int pullThreadNums：消息拉取线程数量，默认为 20 个，注意这指的是每一个消费者默认有 20 个线程可以从 Broker 拉取消息。**这应该是 Lite PULL 模式相对于 PUSH 模式的一个非常大的优势**。
- long autoCommitIntervalMillis：自动汇报消息位点的间隔时间，默认为 5 秒。
- int pullBatchSize：一次消息拉取最多返回的消息条数，默认为 10。
- int pullThresholdForQueue：对于单个队列积压的消息条数触发限流的阈值，默认为 1000，即如果某一个队列在本地积压超过 1000 条消息，则停止消息拉取。
- int pullThresholdSizeForQueue：对于单个队列积压的消息总大小触发限流的阈值，默认为 100MB。
- int consumeMaxSpan：单个消息处理队列中最大消息偏移量与最小偏移量的差值触发限流的阈值，默认为 2000。
- long pullThresholdForAll：针对所有队列的消息消费请求数触发限流的阈值，默认为 10 000。
- long pollTimeoutMillis：一次消息拉取的超时时间，默认为 5 秒。
- long topicMetadataCheckIntervalMillis：主题路由信息更新频率，默认 30 秒更新一次。
- ConsumeFromWhere consumeFromWhere：初次启动时从什么位置开始消费，同 PUSH 模式。
- String consumeTimestamp：当初次启动时，consumeFromWhere 策略选择为基于时间戳，通过该属性设置定位的时间，同 PUSH 模式。

3.5.2 DefaultLitePullConsumer 简单使用示例

介绍了 DefaultLitePullConsumer 的方法与核心属性，我们先来运用其 API 完成 Demo 程序的调试。在 3.6 节中将会结合应用场景进一步学习使用 DefaultLitePullConsumer，示例代码如下。

```
public class LitePullConsumerSubscribe02 {
    public static volatile boolean running = true;
    public static void main(String[] args) throws Exception {
        DefaultLitePullConsumer litePullConsumer = new DefaultLitePullConsumer("dw_lite_pull_
            consumer_test");
        litePullConsumer.setNamesrvAddr("192.168.3.166:9876");
        litePullConsumer.setConsumeFromWhere(ConsumeFromWhere.CONSUME_FROM_FIRST_OFFSET);
        litePullConsumer.subscribe("TopicTest", "*");
        litePullConsumer.setAutoCommit(true); // 该值默认为 true
        litePullConsumer.start();
        try {
            while (running) {
                List<MessageExt> messageExts = litePullConsumer.poll();
                doConsumeSomething(messageExts);
            }
        } finally {
            litePullConsumer.shutdown();
        }
    }
    private static void doConsumeSomething(List<MessageExt> messageExts) {
        // 真正的业务处理
        System.out.printf("%s%n", messageExts);
    }
}
```

上面的示例是基于自动提交消息消费进度的，如果采取手动提交，需要应用程序手动调用 consumer 的 commitSync()方法。乍一看，是不是觉得 Lite Pull 模式加上采用自动提交消费位点的方式后与 PUSH 模式的差别不大？果真如此吗？接下来我们来对比一下 Lite PULL 与 PUSH 模式的异同。

3.5.3 Lite PULL 与 PUSH 模式的对比

从上面的示例可以看出，Lite PULL 相关的 API 比 4.6.0 版本之前的 DefaultMQPullConsumer 便于使用不少，在编程风格上已非常接近 PUSH 模式了，其底层的实现原理是否也一致呢？显然不是的，请听我慢慢道来。

不知你是否注意到，Lite PULL 模式下只是通过 poll 方法拉取一批消息，然后提交给应用程序处理。**在自动提交模式下，位点的提交与消费结果并没有直接挂钩，即消息如果处理失败，其消费位点还是继续向前推进，缺乏重试机制。**为了论证这个观点，这里给出 DefaultLitePullConsumer 的 poll 方法执行流程（图 3-41），请重点关注位点提交所处的位置。

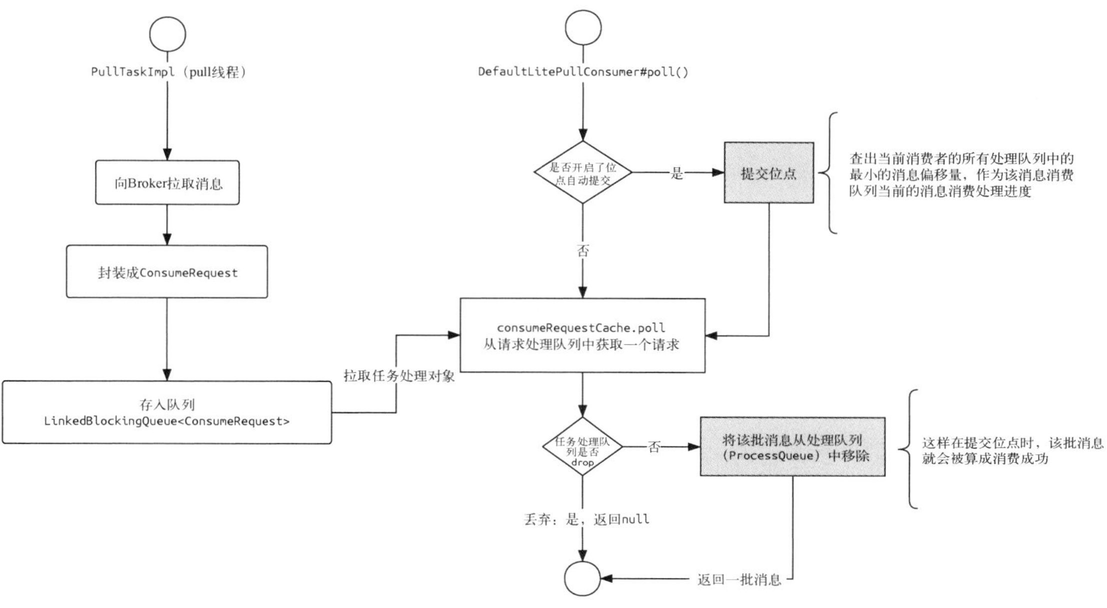

图 3-41 DefaultLitePullConsumer 的 poll 方法执行流程图

Lite Pull 模式的自动提交位点有一个非常重要的特征是，poll 方法一返回，这批消息就默认消费成功了。一旦没有处理好，这就会造成消息丢失。有没有方法解决上述问题呢？有，这个时候 seek 方法就闪亮登场了，在业务方法处理过程中，如果处理失败，可以通过 seek 方法重置消费位点，即在捕获到“消息业务处理失败”后，需要根据返回的第一条消息中的 MessageExt 信息构建一个 MessageQueue 对象以及需要重置的位点。

Lite Pull 模式的消费者与 PUSH 模式的消费者还有一个不同点：Lite PULL 模式没有消息消费重试机制，而 PUSH 模式在并发消费模式下默认提供了 16 次重试，并且每一次重试的时间间隔不一样，极大地简化了编程模型。在这方面，Lite Pull 模型相比之下还是稍显复杂。

但是，Lite PULL 模式有一个非常大的亮点，就是消息拉取线程是以消息消费组为维度的，而且一个消费者会默认创建 20 个拉取任务。在消息拉取效率方面，Lite PULL 模型具有无可比拟的优势，特别适合大数据领域的批处理任务。

3.5.4 长轮询实现原理

PULL 模式通常适合大数据领域的批处理操作，因为它对消息的实时性要求不高，更加看重消息的拉取效率，即一次消息需要拉取尽可能多的消息。这样方便一次性对大量数据进行处理，提高数据的处理效率。它还希望每一次消息拉取都有消息返回，不要出现太多无效的拉取请求（没有返回消息的拉取请求）。

首先来看一下如图 3-42 所示的场景。

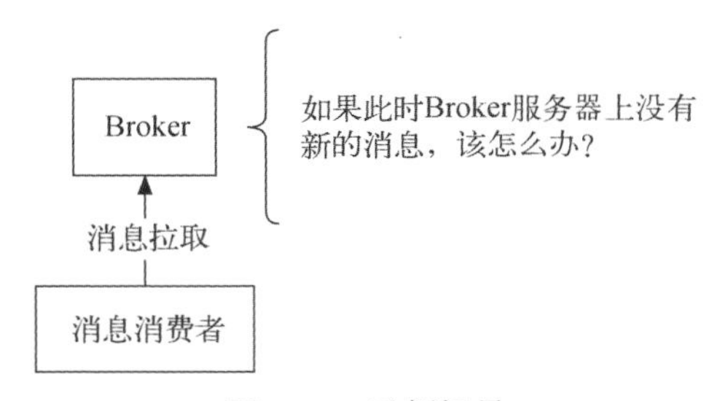

图 3-42　示例场景

当没有新消息时，Broker 端将采取何种措施呢？基本上有如下两种策略可供选择。

- Broker 端没有新消息，则立即返回，拉取结果中不包含任何消息。
- 在 Broker 端挂起当前拉取请求，并且轮询 Broker 端是否有新消息。

第二种方式称为**轮询**，根据不同的方式又可以分为**短轮询**、**长轮询**。

- **短轮询**：第一次未拉取到消息后等待一个时间间隔后再试，默认为 1 秒，可以在 Broker 的配置文件中设置 `shortPollingTimeMills` 改变默认值，即轮询一次的时间。**注意：只轮询一次**。
- **长轮询**：可以由 PULL 客户端设置在 Broker 端挂起的超时时间，默认为 20 秒。在 Broker 端没有拉取到消息后，默认每 5 秒轮询一次；在 Broker 端获取到新消息后唤醒拉取线程，结束轮询，并且尝试一次消息拉取，然后返回一批消息到客户端。长轮询的时序图如图 3-43 所示。

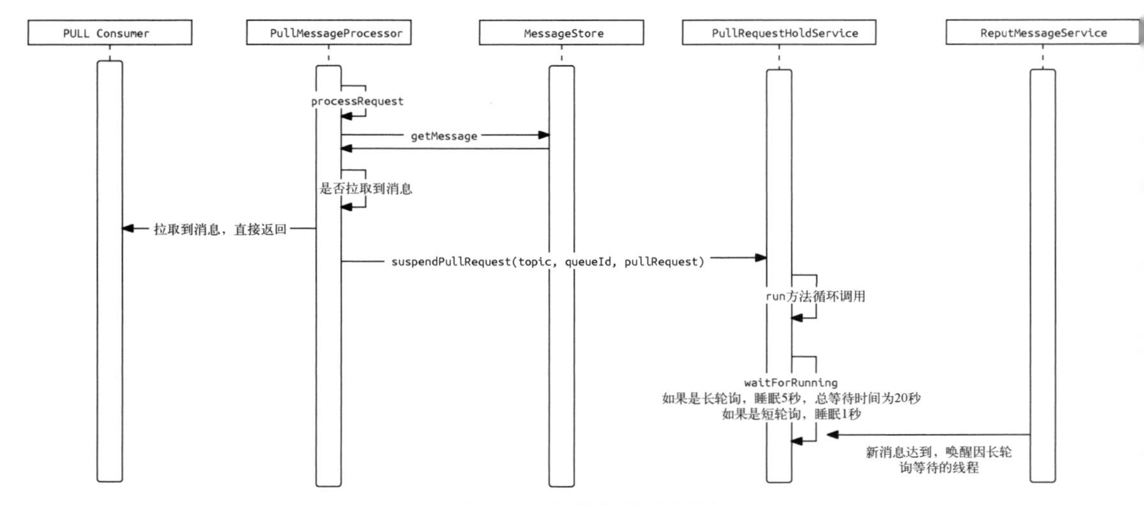

图 3-43　长轮询的时序图

从这里可以看出，比起短轮询，长轮询等待的时间长：短轮询只轮询一次，并且默认等待时间为 1 秒；而长轮询默认一次阻塞 5 秒，但支持被唤醒。

Broker 端与长轮询相关的参数如下。

- `longPollingEnable`：是否开启长轮询，默认为 `true`。
- `shortPollingTimeMills`：短轮询等待的时间，默认为 1000，表示 1 秒。

3.6 结合实际场景再聊 DefaultLitePullConsumer 的使用

通过 3.5 节的讲解，你应该对 `DefaultLitePullConsumer` 有了全面的理解，但可能仍有意犹未尽之感，因为实战环节只给出了一个 Demo 级别的示例。本节则将用大数据领域的一个消息拉取批处理场景来引入 `DefaultLitePullConsumer` 的更多使用技巧。

3.6.1 场景描述

订单系统会将消息发送到 `ORDER_TOPIC` 中，大数据团队需要将订单数据导入自己的计算平台，对用户、商家的订单行为进行分析。

3.6.2 PUSH 与 PULL 模式选型

大数据团队只需订阅 `ORDER_TOPIC` 主题就可以完成数据的同步，那么究竟是采用 PUSH 模式还是 PULL 模式呢？

大数据领域通常采用 PULL 模式，因为大数据计算基于 Spark 等批处理框架，基本上都是批处理任务，而且一个批次能处理的数据越多越好。这样有利于大量数据分布式计算，整体计算性能更佳。如果采用 PUSH 模式，虽然也可以指定一次拉取的消息调试，但由于 PUSH 模式几乎是实时的，每次拉取时服务端几乎不可能积压大量的消息，所以一次拉取的消息其实不多。另外，PUSH 模式中的一个消费 JVM，面对一个 RocketMQ 集群只会开启一条线程进行消息拉取，而 PULL 模式中的每一个消费者都可以指定多个消息拉取线程（默认为 20 个）。从消息拉取效能的方面考虑，PULL 模式占优，并且对实时性要求没那么高。因此，综合考虑下来，该场景最终采用 PULL 模式。

3.6.3 方案设计

大概的实现思路如图 3-44 所示。

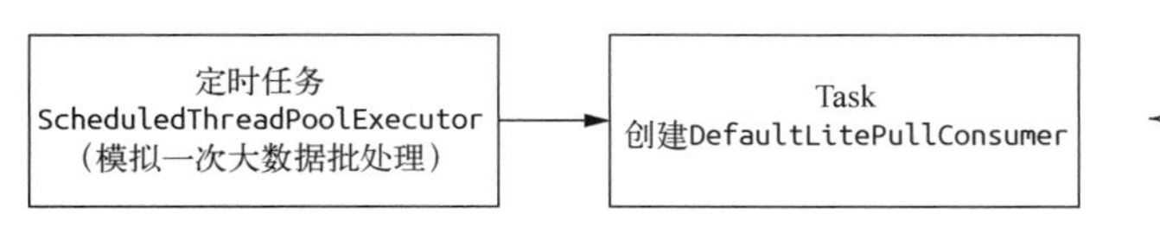

图 3-44　实现思路

3.6.4　代码实现与代码解读

代码如下所示：

```
// BigDataPullConsumer.java
package org.apache.rocketmq.example.simple.litepull;

import org.apache.rocketmq.client.consumer.DefaultLitePullConsumer;
import org.apache.rocketmq.client.producer.DefaultMQProducer;
import org.apache.rocketmq.common.consumer.ConsumeFromWhere;
import org.apache.rocketmq.common.message.MessageExt;
import org.apache.rocketmq.common.message.MessageQueue;
import org.apache.rocketmq.common.protocol.heartbeat.MessageModel;

import java.util.HashSet;
import java.util.List;
import java.util.Set;
import java.util.concurrent.*;
import java.util.stream.Collectors;

public class BigDataPullConsumer {

    private final ExecutorService executorService = new ThreadPoolExecutor(30, 30, 0L,
        TimeUnit.SECONDS, new ArrayBlockingQueue<>(10000), new DefaultThreadFactory
            ("business-executer-"));

    private final ExecutorService pullTaskExecutor = new ThreadPoolExecutor(1, 1, 0L,
        TimeUnit.SECONDS, new ArrayBlockingQueue<>(10), new DefaultThreadFactory
            ("pull-batch-"));

    private String consumerGroup;
    private String nameserverAddr;
    private String topic;
    private String filter;
    private MessageListener messageListener;
    private DefaultMQProducer rertyMQProducer;
    private PullBatchTask pullBatchTask;

    public BigDataPullConsumer(String consumerGroup, String nameserverAddr, String topic,
        String filter) {
        this.consumerGroup = consumerGroup;
        this.nameserverAddr = nameserverAddr;
        this.topic = topic;
        this.filter = filter;
```

```
        initRetryMQProducer();
    }

    private void initRetryMQProducer() {
        this.rertyMQProducer = new DefaultMQProducer(consumerGroup + "-retry");
        this.rertyMQProducer.setNamesrvAddr(this.nameserverAddr);
        try {
            this.rertyMQProducer.start();
        } catch (Throwable e) {
            throw new RuntimeException("启动失败", e);
        }

    }

    public void registerMessageListener(MessageListener messageListener) {
        this.messageListener = messageListener;
    }

    public void start() {
        // 没有考虑重复调用问题
        this.pullBatchTask = new PullBatchTask(consumerGroup, nameserverAddr, topic,filter,
            messageListener);
        pullTaskExecutor.submit(this.pullBatchTask);
    }

    public void stop() {
        while(this.pullBatchTask.isRunning()) {
            try {
                Thread.sleep(1 * 1000);
            } catch (Throwable e) {
                // ignore
            }
        }
        this.pullBatchTask.stop();
        pullTaskExecutor.shutdown();
        executorService.shutdown();
        try {
            // 等待重试任务结束
            while(executorService.awaitTermination(5, TimeUnit.SECONDS)) {
                this.rertyMQProducer.shutdown();
                break;
            }
        } catch (Throwable e) {
            // 略
        }
    }

    /**
     * 任务监听
     */
    static interface MessageListener {
        boolean consumer(List<MessageExt> msgs);
    }
```

```
/**
 * 定时调度任务，例如每10分钟会被调度一次
 */
class PullBatchTask implements Runnable {
    DefaultLitePullConsumer consumer;
    String consumerGroup;
    String nameserverAddr;
    String topic;
    String filter;
    private volatile boolean running = true;
    private MessageListener messageListener;

    public PullBatchTask(String consumerGroup, String nameserverAddr,String topic, String filter,
        MessageListener messageListener) {
        this.consumerGroup = consumerGroup;
        this.nameserverAddr = nameserverAddr;
        this.topic = topic;
        this.filter = filter;
        this.messageListener = messageListener;
        init();
    }

    private void init() {
        System.out.println("init 方法被调用");
        consumer = new DefaultLitePullConsumer(this.consumerGroup);
        consumer.setNamesrvAddr(this.nameserverAddr);
        consumer.setAutoCommit(true);
        consumer.setMessageModel(MessageModel.CLUSTERING);
        consumer.setConsumeFromWhere(ConsumeFromWhere.CONSUME_FROM_FIRST_OFFSET);
        try {
            consumer.subscribe(topic, filter);
            consumer.start();
        } catch (Throwable e) {
            e.printStackTrace();
        }
    }

    public void stop() {
        this.running = false;
        this.consumer.shutdown();
    }

    public boolean isRunning() {
        return this.running;
    }

    @Override
    public void run() {
        this.running = true;
        long startTime = System.currentTimeMillis() - 5 * 1000;
        System.out.println("run 方法被调用");
        int notFoundMsgCount = 0;

        while(running) {
```

```
            try {
                // 拉取一批消息
                List<MessageExt> messageExts = consumer.poll();
                if(messageExts != null && !messageExts.isEmpty()) {
                    notFoundMsgCount = 0;// 查询到数据，重置为 0
                    // 使用一个业务线程池专门消费消息
                    try {
                        executorService.submit(new ExecuteTask(messageExts, messageListener));
                    } catch (RejectedExecutionException e) {
                        // 如果被拒绝，停止拉取，业务代码不去拉取，在 RocketMQ 内部会最终也会
                        // 触发限流，不会再拉取更多的消息，确保不会触发内存溢出
                        boolean retry = true;
                        while (retry)
                        try {
                            Thread.sleep(5 * 1000);// 简单的限流
                            executorService.submit(new ExecuteTask(messageExts, messageListener));
                            retry = false;
                        } catch (RejectedExecutionException e2) {
                            retry = true;
                        }
                    }

                    MessageExt last = messageExts.get(messageExts.size() - 1);
                    /**
                     * 如果消息处理的时间超过了该任务的启动时间，本次批处理就先结束
                     * 停掉该消费者之前，建议先暂停拉取，这样就不会从 Broker 中拉取消息
                     * */
                    if(last.getStoreTimestamp() > startTime) {
                        System.out.println("consumer.pause 方法将被调用。");
                        consumer.pause(buildMessageQueues(last));
                    }

                } else {
                    notFoundMsgCount ++;
                }

                // 如果连续出现 5 次未拉取到消息，说明本地缓存的消息全部处理，并且 pull 线程
                // 已经停止拉取了,此时可以结束本次消息拉取，等待下一次调度任务
                if(notFoundMsgCount > 5) {
                    System.out.println("已连续超过 5 次未拉取到消息，将退出本次调度");
                    break;
                }
            } catch (Throwable e) {
                e.printStackTrace();
            }
        }
        this.running = false;
    }

    /**
     * 构建 MessageQueue
     * @param msg
     * @return
     */
```

```
        private Set<MessageQueue> buildMessageQueues(MessageExt msg) {
            Set<MessageQueue> queues = new HashSet<>();
            MessageQueue queue = new MessageQueue(msg.getTopic(), msg.getBrokerName(), msg.getQueueId());
            queues.add(queue);
            return queues;
        }
    }

    /**
     * 任务执行
     */
    class ExecuteTask implements Runnable {
        private List<MessageExt> msgs;
        private MessageListener messageListener;
        public ExecuteTask(List<MessageExt> allMsgs, MessageListener messageListener) {
            this.msgs = allMsgs.stream().filter((MessageExt msg) -> msg.getReconsumeTimes() <=
                16).collect(Collectors.toList());
            this.messageListener = messageListener;
        }
        @Override
        public void run() {
            try {
                 this.messageListener.consumer(this.msgs);
            } catch (Throwable e) {
                // 消息消费失败，需要触发重试
                // 这里可以参考 PUSH 模式，将消息再次发送到服务端。
                try {
                    for(MessageExt msg : this.msgs) {
                        msg.setReconsumeTimes(msg.getReconsumeTimes() + 1);
                        rertyMQProducer.send(msg);
                    }
                } catch (Throwable e2) {
                    e2.printStackTrace();
                    // todo 重试
                }
            }
        }
    }
}

// DefaultThreadFactory.java
package org.apache.rocketmq.example.simple.litepull;

import java.util.concurrent.ThreadFactory;
import java.util.concurrent.atomic.AtomicInteger;

public class DefaultThreadFactory implements ThreadFactory {
    private AtomicInteger num = new AtomicInteger(0);
    private String prefix;

    public DefaultThreadFactory(String prefix) {
        this.prefix = prefix;
    }
```

```
    @Override
    public Thread newThread(Runnable r) {
        Thread t = new Thread(r);
        t.setName(prefix + num.incrementAndGet());
        return t;
    }
}

// LitePullMain.java
package org.apache.rocketmq.example.simple.litepull;

import org.apache.rocketmq.common.message.MessageExt;

import java.util.List;
import java.util.concurrent.*;

public class LitePullMain {
    public static void main(String[] args) {
        String consumerGroup = "dw_test_consumer_group";
        String nameserverAddr = "192.168.3.166:9876";
        String topic = "dw_test";
        String filter = "*";
        /** 创建调度任务线程池 */
        ScheduledExecutorService schedule = new ScheduledThreadPoolExecutor(1, new
            DefaultThreadFactory("main-schdule-"));
        schedule.scheduleWithFixedDelay(new Runnable() {
            @Override
            public void run() {
                BigDataPullConsumer demoMain = new BigDataPullConsumer(consumerGroup, nameserverAddr,
                    topic, filter);
                demoMain.registerMessageListener(new BigDataPullConsumer.MessageListener() {
                    /**
                     * 业务处理
                     * @param msgs
                     * @return
                     */
                    @Override
                    public boolean consumer(List<MessageExt> msgs) {
                        System.out.println("本次处理的消息条数：" + msgs.size());
                        return true;
                    }
                });
                demoMain.start();
                demoMain.stop();
            }
        }, 1000, 30 * 1000, TimeUnit.MILLISECONDS);


        try {
            CountDownLatch cdh = new CountDownLatch(1);
            cdh.await(10 , TimeUnit.MINUTES);
            schedule.shutdown();
        } catch (Throwable e) {
```

```
                // ignore
            }
        }
    }
```

程序运行结果如图 3-45 所示。

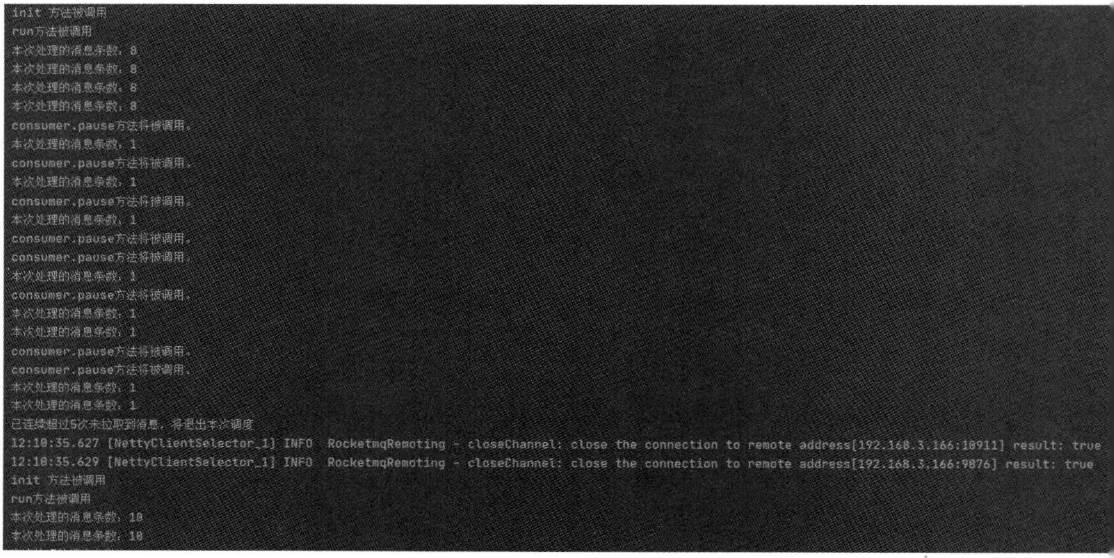

```
init 方法被调用
run方法被调用
本次处理的消息条数：8
本次处理的消息条数：8
本次处理的消息条数：8
本次处理的消息条数：8
consumer.pause方法将被调用。
本次处理的消息条数：1
consumer.pause方法将被调用。
本次处理的消息条数：1
consumer.pause方法将被调用。
本次处理的消息条数：1
consumer.pause方法将被调用。
consumer.pause方法将被调用。
本次处理的消息条数：1
consumer.pause方法将被调用。
本次处理的消息条数：1
本次处理的消息条数：1
consumer.pause方法将被调用。
consumer.pause方法将被调用。
本次处理的消息条数：1
本次处理的消息条数：1
已连续超过5次未拉取到消息，将退出本次调度
12:10:35.627 [NettyClientSelector_1] INFO  RocketmqRemoting - closeChannel: close the connection to remote address[192.168.3.166:10911] result: true
12:10:35.629 [NettyClientSelector_1] INFO  RocketmqRemoting - closeChannel: close the connection to remote address[192.168.3.166:9876] result: true
init 方法被调用
run方法被调用
本次处理的消息条数：10
本次处理的消息条数：10
```

图 3-45 程序运行结果

这符合预期，可以看到两次调度，并且每一次调度都正常结束。

首先对各个类的职责进行简单介绍。

- MessageListener：用来定义用户的消息处理逻辑。
- PullBatchTask：使用 RocketMQ Lite Pull 消费者进行消息拉取的核心实现。
- ExecuteTask：业务处理任务，在内部实现调用业务监听器，并执行重试相关的逻辑。
- BigDataPullConsumer：本次业务的具体实现类。
- LitePullMain：本次测试的主入口类。

接下来对 PullBatchTask、ExecuteTask 的实现思路进行简单的介绍，从而了解消息 PULL 模式的一些使用要点。

PullBatchTask 的 run 方法主要使用一个 while 循环，但通常不会用像 PUSH 模式一样的实时监听机制，而是进行批处理，即通过定时调度按批次进行处理，故需要有结束本次调度的逻辑。这主要是为了提高消息拉取的效率。本示例采用了“本次任务启动只消费本次启动之前发送的消息，后面的新消息则等到聚集后在另一次调度时再消费”的方法。这里为了保证在消费者停止时

消息消费进度的持久化，并不会立即结束任务，而是在没有拉取到合适的消息后调用 `pause` 方法暂停队列的消息，然后在连续多次未拉取到消息后，再调用 `DefaultLitePullConsumer` 的 `shutdown` 方法，确保将消息进度完整无误地提交到 Broker，从而避免大量消息被重复消费。

消息消费端的业务处理引入了一个业务线程池，如果业务线程池积压，会触发消息拉取端的限流，从而避免内存溢出。

消息消费端在业务处理失败后需要重试，即将消息发送到 Broker（主要的目的是方便消息消费进度向前推进）。

3.7 结合实际场景的顺序消费、消息过滤实战

经过前面的介绍，相信你已经掌握了消息消费方面的常用技巧。本节将对消息消费领域的其他几个特殊场景进行一些实战演示，并穿插一些原理解读。

3.7.1 顺序消费

接下来将从业务场景描述、代码实现与原理解读三个方面详细介绍在实战过程中如何使用顺序消费。

1. 业务场景描述

假如我们在开发一个银行类项目，对于用户的每一笔余额变更，都需要发送短信通知用户。如果用户于同一时间在“电商平台下单、转账”两个渠道中进行了余额变更，那么用户收到的短信必须是顺序的。例如，先网上购物，消费了 128 元，余额 1000 元；再转账给朋友 200 元，余额 800 元。如果这两条短信的发送顺序颠倒，会给用户带来很大的困扰，故在该场景下必须保证“顺序”。这里所谓的顺序，是针对同一个账号的，不同的账号无须保证顺序性。例如用户 A 的余额变更和用户 B 的余额变更，这两条短信的发送其实是互不干扰的，故不同账号之间无须保证顺序。

2. 代码实现

温馨提示： 全部代码已上传到 GitHub 仓库（dingwpmz/JavaLadder.git）。

- 发送消息时需要将同一个账号的消息发送到同一个队列

消息发送端代码如图 3-46 所示。

```java
BankServiceImpl.java
@Service
public class BankServiceImpl implements BankService {
    @Autowired
    private DefaultMQProducer defaultMQProducer;
    @Override
    public void updateAccMount(long accountId, long amount, String remark) {
        // 本示例就不像事务消息那样，涉及到数据库方面的操作，由于是示例，就不再重复，只给出与MQ相关的使用点
        // 相关业务操作 例如变更数据库余额信息 发送消息到MQ 此种情况，MQ主要的作用是异步解耦
        //构建消息体
        Map<String, Object> body = new HashMap<>();
        body.put("remark", remark);
        body.put("accountId", accountId);
        body.put("amount", amount);
        Message msg = new Message( topic: "bank_amount_change_topic", JSON.toJSONString(body).getBytes());
        try {
            SendResult sendResult = defaultMQProducer.send(msg, new MessageQueueSelector() {
                @Override
                public MessageQueue select(List<MessageQueue> mqs, Message message, Object arg) {
                    // 这里传入的 Object arg 就是 send 方法中的第三个参数。
                    if(mqs == null || mqs.isEmpty()) {
                        return null;
                    }
                    int index = Math.abs(arg.hashCode()) % mqs.size();
                    return mqs.get(index < 0 ? 0 : index );
                }
            }, accountId);
            if(!(sendResult.getSendStatus() == SendStatus.SEND_OK)) {
                throw  new RuntimeException("消息发送异常" + sendResult.getSendStatus());
            }
        } catch (Throwable e) {
            throw  new RuntimeException("消息发送异常",e);
        }
    }
```

图 3-46 消息发送端代码

首先，主业务是操作账户的余额，然后是在余额变更后发短信通知用户。由于发送短信与账户转账是两个相对独立但又联系紧密的操作，故这里可以引入消息中间件来解耦这两个操作。又由于发送短信业务的顺序一定要与扣款的顺序保证一致，故需要使用顺序消费。

由于 RocketMQ 只提供了消息队列的局部有序性，故如果需要实现顺序消费，就必须将消息发送到同一个队列，具体做法是在消息发送时使用 `MessageQueueSelector` 进行队列选择，再使用用户账户进行队列的负载。这样，同一个账户的消息就会按照账号余额变更的顺序到达队列，使队列中的消息就能被顺序消费。

- 消息消费端使用顺序消费模式

消费端代码如图 3-47 所示。

```
@Bean
public DefaultMQPushConsumer brankMQPushConsumer() {
    DefaultMQPushConsumer consumer = new DefaultMQPushConsumer(this.consumerGroup);
    consumer.setNamesrvAddr(nameserverAddress);
    consumer.setConsumeFromWhere(ConsumeFromWhere.CONSUME_FROM_LAST_OFFSET);
    consumer.setMessageModel(MessageModel.CLUSTERING);
    consumer.registerMessageListener(bankAccountMessageListener);
    try {
        consumer.subscribe( topic: "bank_amount_change_topic",  subExpression: "*");
        consumer.start();
    } catch (Exception e) {
        e.printStackTrace();
    }

    return consumer;
}

@Service
public class BankAccountMessageListener implements MessageListenerOrderly {

    @Override
    public ConsumeOrderlyStatus consumeMessage(List<MessageExt> list, ConsumeOrderlyConte
        try {
            for(MessageExt msg : list ) {
                Map<String, Object> body = JSON.parseObject(new String(msg.getBody()), Ma
                Integer accountId = (Integer)body.get("accountId");
                String telphone = findTelphoneByAccountId(accountId);
                String remark = (String)body.get("remark");
                //发送短信
```

图 3-47　消费端代码

顺序消费的事件监听器为 MessageListenerOrderly。

顺序消费在使用上比较简单，那么 RocketMQ 的顺序消费到底是如何实现的？队列重新负载时还能保持顺序消费吗？顺序消费会重复消费吗？下面我们就来看看顺序消费的原理。

3. 原理解读

在 RocketMQ 中，PUSH 模式的消息拉取模型如图 3-48 所示。

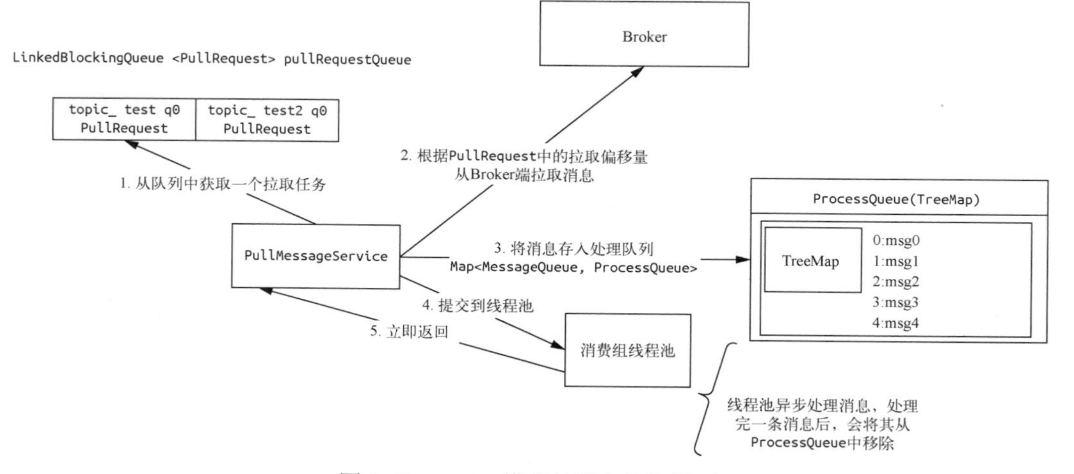

图 3-48　PUSH 模式的消息拉取模型

上述流程在前几节中已做了详述，这里重点介绍线程池与锁。

RocketMQ 消息消费端按照消费组进行线程隔离，即每一个消费组都会创建一个独立线程池，由一个线程池负责分配所有队列中的消息。

要保证消费端对单队列中的消息顺序处理，在多线程处理时就需要按照消息消费队列进行加锁。顺序消费在消费端的并发度并不取决于消费端线程池的大小，而是取决于分给消费者的队列数量。**如果将一个主题用在顺序消费场景中，建议设置更多的消费队列，可以适当地设为非顺序消费的 2~3 倍。这样有利于提高消费端的并发度，方便横向扩容。**

消费端的横向扩容或 Broker 端队列个数的变更都会触发消息消费队列的重新负载。在并发消息模式下，在队列负载的时候一个消费队列有可能被多个消费者同时消费，但在顺序消费时并不会出现这种情况，因为顺序消费不仅会在消费消息时锁定消息消费队列，在分配到消息队列时，**还能从该队列拉取消息并在 Broker 端申请该消费队列的锁**，即在同一时间只有一个消费者能拉取该队列中的消息，确保顺序消费的语义。

前面的章节中也介绍了并发消费模式在消费失败时有重试机制，默认重试 16 次，而且在重试时先将消息发送到 Broker，然后再次拉取消息。这种机制会导致消费丧失顺序性，因此，对于顺序消费模式，在消息重试时会在消费端不停的进行消费的操作，重试次数为 `Integer.MAX_VALUE`，即**如果一条消息一直不能消费成功，其消息消费进度就会一直无法向前推进，这就是消息积压现象。**

温馨提示：在顺序消费时一定要捕捉异常，必须能区分是系统异常还是业务异常，更加准确地说，要能区分哪些异常是能通过重试恢复的，哪些是无法通过重试恢复的。对于无法恢复的异常，一定要尽量在发送到 RocketMQ 之前拦截，并且提高警告功能的性能。

3.7.2 消息过滤实战

本节将从场景描述、技术方案以及代码实现这三个方面介绍如何在实际工作中灵活使用消息过滤。

1. 业务场景描述

假如一家公司采用的是微服务架构，分为如下几个子系统：基础数据、订单模块、商家模块，且各个模块的数据库都是独立的。微服务架构带来的伸缩性不容质疑，但因为数据库相互独立，所以对基础数据的增改操作就不那么方便了。例如，如果订单模块需要使用基础数据，还需要通过 Dubbo 服务的方式去请求接口。为了避免接口的调用，在基础数据的数据量不是特别多的情况下，项目组更倾向于将基础数据同步到各个业务模块的数据库，然后在基础数据发生变化时及时通知订单模块。这样，基础数据的增改操作就可以在本库中完成。

2. 技术方案

数据在各个子系统中的推送架构设计如图 3-49 所示。

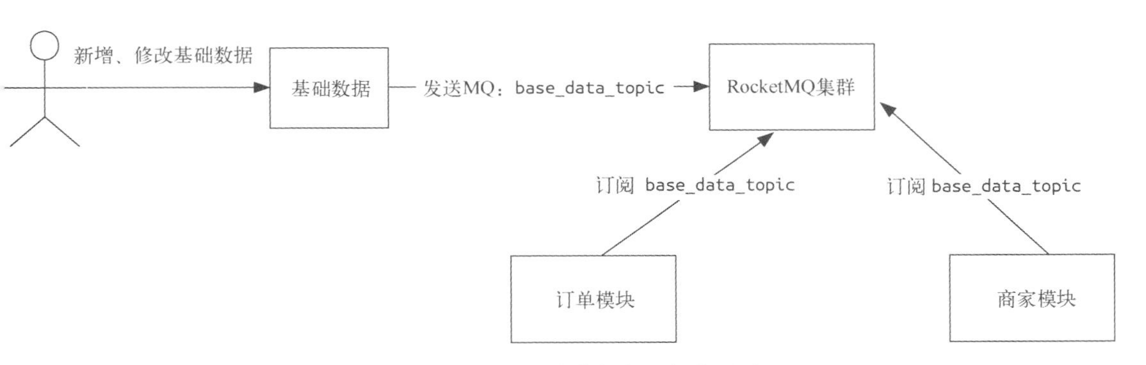

图 3-49 各个子系统数据推送架构设计

上述方案的关键思路如下。

(1) 在基础数据模块中，一旦数据发生变化，就向 RocketMQ 的 base_data_topic 发送一条消息。

(2) 对于下游系统，例如订单模块、商家模块，通过订阅 base_data_topic 完成数据的同步。

如果订单模块出现一些不可预知的错误，导致数据同步出现异常，并且在发现的时候存储在 RocketMQ 中的消息已经被删除，需要上游（基础数据）重推数据。这个时候，如果将基础数据重推的消息直接发送到 base_data_topic，那么该主题的所有消费者都会消费到，这显然是不合适的。那么该怎么解决呢？

通常有两种办法。

- 为各个子模块创建另外一个主题，例如 `retry_ods_base_data_topic`，需要哪个子系统就向哪个主题发送。
- 引入 TAG 机制。

本节主要介绍 TAG 机制的思路。

首先，在正常情况下，基础模块将数据变更发送到 `base_data_topic`，并且消息的 `tag` 为 `all`。然后为每一个子系统定义一个单独的重推 `tag`，例如 `ods` 和 `shop`。

消费端同时订阅 `all` 和各自的重推 `tag`，完美解决问题。

3. 代码实现

温馨提示：全部代码已上传到 GitHub 仓库（dingwpmz/JavaLadder.git）。

在发送消息时，需要按照需求指定消息的 `tag`，示例代码如图 3-50 所示。

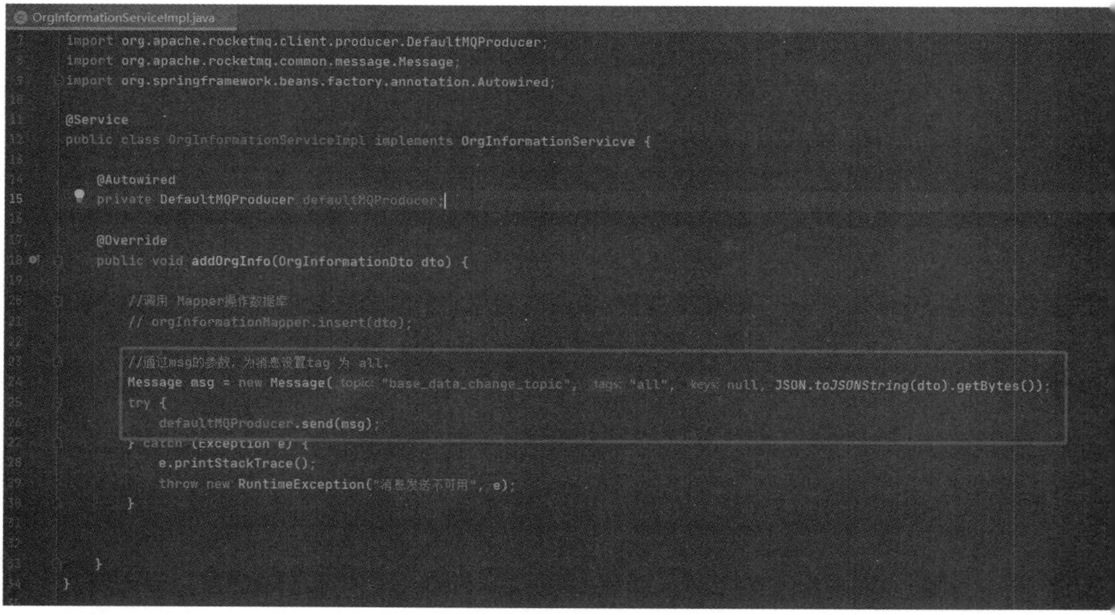

```java
OrgInformationServiceImpl.java
import org.apache.rocketmq.client.producer.DefaultMQProducer;
import org.apache.rocketmq.common.message.Message;
import org.springframework.beans.factory.annotation.Autowired;

@Service
public class OrgInformationServiceImpl implements OrgInformationServicve {

    @Autowired
    private DefaultMQProducer defaultMQProducer;

    @Override
    public void addOrgInfo(OrgInformationDto dto) {

        //调用 Mapper操作数据库
        // orgInformationMapper.insert(dto);

        //通过msg的参数，为消息设置tag 为 all.
        Message msg = new Message( topic: "base_data_change_topic",  tags: "all",  keys: null, JSON.toJSONString(dto).getBytes());
        try {
            defaultMQProducer.send(msg);
        } catch (Exception e) {
            e.printStackTrace();
            throw new RuntimeException("消息发送不可用", e);
        }


    }
}
```

图 3-50　示例代码

在订阅消息消费时，各自的模块订阅各自关注的 `tag`，示例代码如图 3-51 所示。

```java
@Bean
public DefaultMQPushConsumer baseDataMQPushConsumer() {
    DefaultMQPushConsumer consumer = new DefaultMQPushConsumer(this.baseDataConsumerGroup);
    consumer.setNamesrvAddr(nameserverAddress);
    consumer.setConsumeFromWhere(ConsumeFromWhere.CONSUME_FROM_LAST_OFFSET);
    consumer.setMessageModel(MessageModel.CLUSTERING);
    consumer.registerMessageListener(baseDataChannerMessageListener);
    try {
        consumer.subscribe( topic: "base_data_change_topic",  subExpression: "all || ods");
        consumer.start();
    } catch (Exception e) {
        e.printStackTrace();
    }

    return consumer;
}
```

图 3-51 示例代码

在订阅时一个消费组可以订阅多个 `tag`，多个 `tag` 之间使用双竖线分隔。

4. 主题与 tag 之争

用 `tag` 对同一个主题中的数据进行区分会引起一个“副作用”，就是在重置消息消费位点时，该消费组需要“处理”的是所有标签的数据。虽然这在 Broker 端、消息消费端最终会被过滤，不符合 `tag` 的消息并不会执行其业务逻辑，但在消息拉取时还是需要将消息读取到 Page Cache 中并进行过滤，会有一定的性能损耗。

在数据推送的场景中，除了使用 TAG 机制来区分重推数据外，也可以为重推的数据申请一个额外的主题，即通过主题来区分不同的数据。这种方案虽然可行，但是在运维管理层面需要申请众多主题，而这类主题存储的其实是一类数据。使用不同的主题存储同类数据，会显得较为松散。当然，对于不同的业务场景，建议使用主题来隔离。

与 `tag` 相比，主题具有一个无可比拟的优势：数据隔离性强。全链路压力测试、灰度发布等场景，对隔离性的要求都很高，推荐使用主题来区分。

一言以蔽之，主题具有隔离机制，通常用于平台化功能、控制流，而 TAG 机制通常用于业务流，例如同一个业务实体中拥有不同的状态。

3.8 消息消费积压问题的排查实战

消息消费积压是在使用 RocketMQ 时最常见的问题，而且原因是客户端代码存在缺陷的可能性有 99%。本节将介绍如何对该问题进行排查、分析。

3.8.1 问题描述

在 RocketMQ 的消息消费方面，一个最常见的问题是消息积压，该现象如图 3-52 所示。

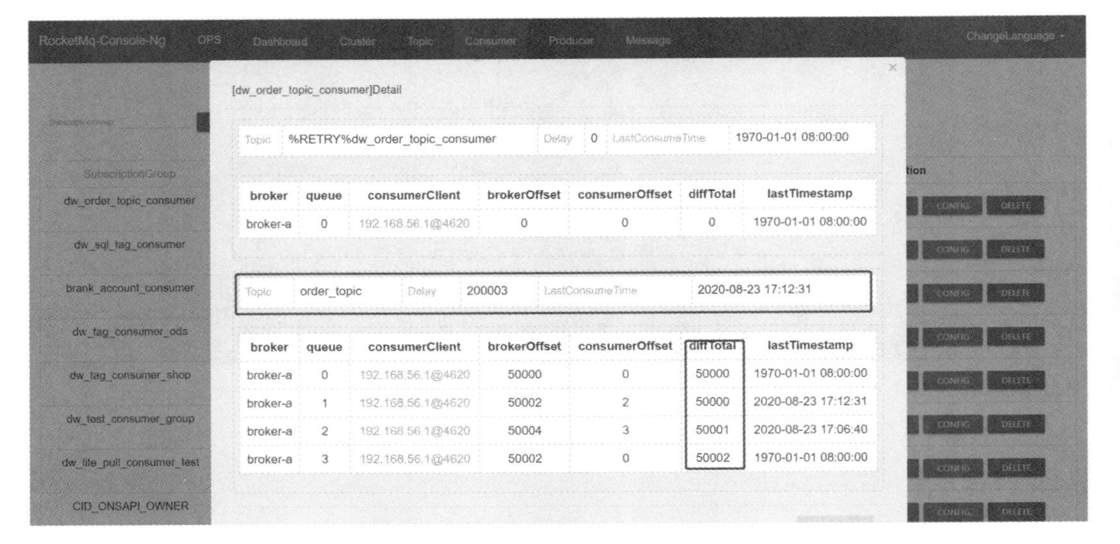

图 3-52　消息积压现象

所谓的消息积压，就是 Broker 端当前队列有效数据的最大偏移量（brokerOffset）与消息消费端的当前处理进度（consumerOffset）之间的差值，表示当前需要消费但没有消费的消息。

3.8.2　问题分析与解决方案

当项目组遇到消息积压问题时，通常会第一时间怀疑是 RocketMQ Broker 出了问题，并联系消息中间件的负责人，而消息中间件的负责人则会首先排查 Broker 端的异常。根据我的经验，此种情况通常是消费端出现了问题，反而是消息发送遇到的问题更有可能是 Broker 端的问题。服务端的诊断方法会在稍后给出，与这里基本一致。因为一个主题通常会被多个消费端订阅，所以我们只要看看其他消费组是否也有积压即可，如图 3-53 所示。

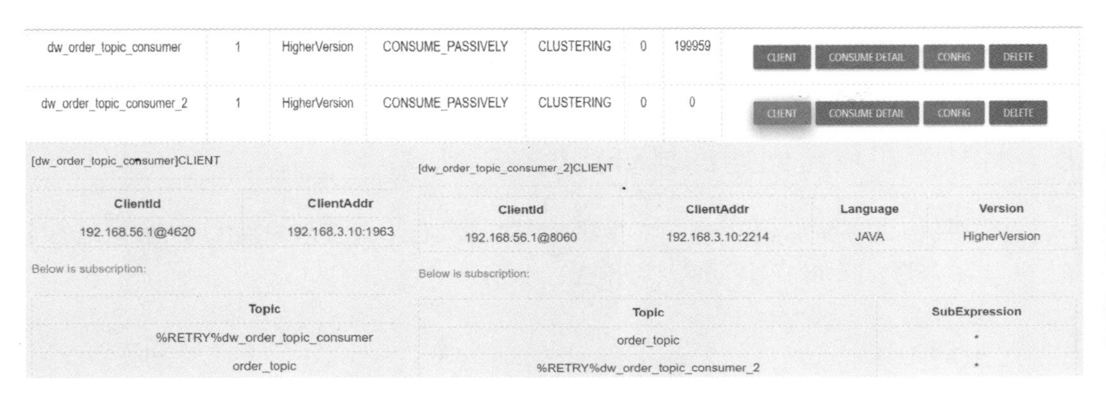

图 3-53　消费组的积压情况

从图 3-53 可以看出，两个不同的消费组订阅了同一个主题，其中一个出现消息积压，一个却消费正常。从这里就可以将分析的重点定位到具体项目组。如何具体分析这个问题呢？

为了能更好地掌握问题分析的切入点，这里再次介绍 RocketMQ 消息拉取模型与消息消费进度提交机制。消息的拉取模型如图 3-54 所示。

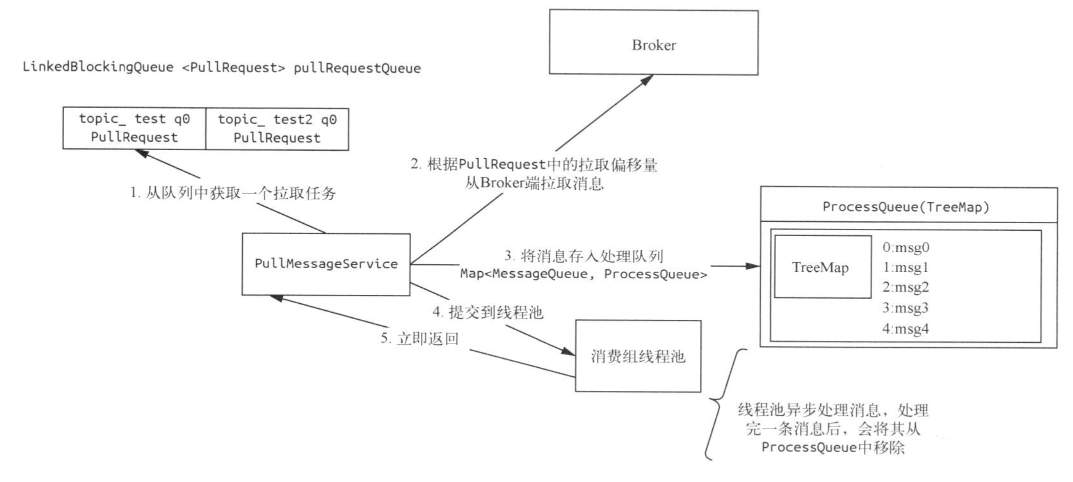

图 3-54　消息的拉取模型

在 RocketMQ 中每一个客户端都会单独创建一个线程 `PullMessageService`，它会从 Broker 循环拉取一批消息，然后提交到消费端的线程池中进行消费。线程池中的线程在消费完一条消息后会在服务端上报当前消费端的消费进度，而且在上报消费进度时是提交当前处理队列中消息消费偏移量最小的消息作为消费组的进度。例如，如果消息偏移量为 100 的消息出于某种原因迟迟没有消费成功，那么该消费组的进度无法向前推进。久而久之，Broker 端的消息偏移量就会远远大于消费组当前消费的进度，从而造成消息积压的现象。

因此，在遇到这种情况时，通常应该查看消费端线程池中线程的状态。可以通过如图 3-55 中的命令获取应用程序的线程栈。

```
C:\Users\shzto>jps -m
24016 RemoteMavenServer36
24144
21892 Jps -m
14984 Launcher D:/Program Files/JetBrains/IntelliJ IDEA Community Edition 2020.2/lib/commons-logging-1.2.jar;D:/Program Files/JetBrains/IntelliJ IDEA Community Edition 2020.2/lib/maven-resolver-api-1.3.3.jar;D:/Program Files/JetBrains/IntelliJ IDEA Community Edition 2020.2/lib/maven-resolver-impl-1.3.3.jar;D:/Program Files/JetBrains/IntelliJ IDEA Community Edition 2020.2/lib/platform-api.jar;D:/Program Files/JetBrains/IntelliJ IDEA Community Edition 2020.2/lib/gson-2.8.6.jar;D:/Program Files/JetBrains/IntelliJ IDEA Community Edition 2020.2/lib/forms-1.1-preview.jar;D:/Program Files/JetBrains/IntelliJ IDEA Community Edition 2020.2/lib/httpclient-4.5.12.jar;D:/Program Files/JetBrains/IntelliJ IDEA Community Edition 2020.2/lib/httpcore-4.4.13.jar;D:/Program Files/JetBrains/IntelliJ IDEA Community Edition 2020.2/lib/plexus-component-annotations-1.7.1.jar;D:/Program Files/JetBrains/IntelliJ IDEA Community Edition 2020.2/lib/plexus-interpolation-1.25.jar;D:/Program Files/JetBrains/IntelliJ IDEA
12556 RocketMQExampleGatewayApplication
18588 Launcher D:/Program Files/JetBrains/IntelliJ IDEA Community Edition 2020.2/lib/commons-logging-1.2.jar;D:/Program Files/JetBrains/IntelliJ IDEA Community Edition 2020.2/lib/maven-resolver-api-1.3.3.jar;D:/Program Files/JetBrains/IntelliJ IDEA Community Edition 2020.2/lib/maven-resolver-impl-1.3.3.jar;D:/Program Files/JetBrains/IntelliJ IDEA Community Edition 2020.2/lib/platform-api.jar;D:/Program Files/JetBrains/IntelliJ IDEA Community Edition 2020.2/lib/gson-2.8.6.jar;D:/Program Files/JetBrains/IntelliJ IDEA Community Edition 2020.2/lib/forms-1.1-preview.jar;D:/Program Files/JetBrains/IntelliJ IDEA Community Edition 2020.2/lib/httpclient-4.5.12.jar;D:/Program Files/JetBrains/IntelliJ IDEA Community Edition 2020.2/lib/httpcore-4.4.13.jar;D:/Program Files/JetBrains/IntelliJ IDEA Community Edition 2020.2/lib/plexus-component-annotations-1.7.1.jar;D:/Program Files/JetBrains/IntelliJ IDEA Community Edition 2020.2/lib/plexus-interpolation-1.25.jar;D:/Program Files/JetBrains/IntelliJ IDEA
4620 TimeoutConsumer
8060 TimeoutConsumer2
```

图 3-55　获取应用程序的线程栈命令

即可通过 jps -m 或者 ps -ef | grep java 命令获取当前正在运行的 Java 程序，通过启动主类即可获得应用的进程 ID，然后通过 jstack pid > j.log 命令获取线程的栈。这里建议连续运行 5 次该命令，分别获取 5 个线程栈文件，主要用于对比线程的状态是否在向前推进。

通过 jstack 命令获取栈信息后，可以重点搜索以 ConsumeMessageThread_开头的线程状态，如图 3-56 所示。

```
"ConsumeMessageThread_20" #51 prio=5 os_prio=0 tid=0x000000001d438000 nid=0x5818 runnable [0x00000000224de000]
   java.lang.Thread.State: RUNNABLE
    at java.net.SocketInputStream.socketRead0(Native Method)
    at java.net.SocketInputStream.socketRead(SocketInputStream.java:116)
    at java.net.SocketInputStream.read(SocketInputStream.java:171)
    at java.net.SocketInputStream.read(SocketInputStream.java:141)
    at org.apache.http.impl.io.SessionInputBufferImpl.streamRead(SessionInputBufferImpl.java:139)
    at org.apache.http.impl.io.SessionInputBufferImpl.fillBuffer(SessionInputBufferImpl.java:155)
    at org.apache.http.impl.io.SessionInputBufferImpl.readLine(SessionInputBufferImpl.java:284)
    at org.apache.http.impl.conn.DefaultHttpResponseParser.parseHead(DefaultHttpResponseParser.java:140)
    at org.apache.http.impl.conn.DefaultHttpResponseParser.parseHead(DefaultHttpResponseParser.java:57)
    at org.apache.http.impl.io.AbstractMessageParser.parse(AbstractMessageParser.java:261)
    at org.apache.http.impl.DefaultBHttpClientConnection.receiveResponseHeader(DefaultBHttpClientConnection.java:165)
    at org.apache.http.impl.conn.CPoolProxy.receiveResponseHeader(CPoolProxy.java:167)
    at org.apache.http.protocol.HttpRequestExecutor.doReceiveResponse(HttpRequestExecutor.java:272)
    at org.apache.http.protocol.HttpRequestExecutor.execute(HttpRequestExecutor.java:124)
    at org.apache.http.impl.execchain.MainClientExec.execute(MainClientExec.java:271)
    at org.apache.http.impl.execchain.ProtocolExec.execute(ProtocolExec.java:184)
    at org.apache.http.impl.execchain.RetryExec.execute(RetryExec.java:88)
    at org.apache.http.impl.execchain.RedirectExec.execute(RedirectExec.java:110)
    at org.apache.http.impl.client.InternalHttpClient.doExecute(InternalHttpClient.java:184)
    at org.apache.http.impl.client.CloseableHttpClient.execute(CloseableHttpClient.java:82)
    at org.apache.http.impl.client.CloseableHttpClient.execute(CloseableHttpClient.java:107)
    at org.apache.rocketmq.example.prestigeding.util.HttpClientUtil.doGet(HttpClientUtil.java:41)
    at org.apache.rocketmq.example.prestigeding.util.HttpClientUtil.doGet(HttpClientUtil.java:62)
    at org.apache.rocketmq.example.prestigeding.TimeoutConsumer$1.consumeMessage(TimeoutConsumer.java:28)
    at org.apache.rocketmq.client.impl.consumer.ConsumeMessageConcurrentlyService$ConsumeRequest.run(ConsumeMessageConcurrentlyService.java:411)
    at java.util.concurrent.Executors$RunnableAdapter.call(Executors.java:511)
    at java.util.concurrent.FutureTask.run(FutureTask.java:266)
    at java.util.concurrent.ThreadPoolExecutor.runWorker(ThreadPoolExecutor.java:1149)
    at java.util.concurrent.ThreadPoolExecutor$Worker.run(ThreadPoolExecutor.java:624)
    at java.lang.Thread.run(Thread.java:748)
```

图 3-56　消费者线程栈

状态为 RUNABLE 的消费端线程正在等待网络读取。我们再去其他文件中查看该线程的状态，如果其状态一直是 RUNNABLE，就表示线程一直在等待网络读取，也就是说，线程一直"阻塞"在网络读取上。一旦阻塞，该线程正在处理的消息就会一直处于消费中，消息消费进度也会卡在这里，不会继续向前推进，久而久之，就会出现消息积压情况。

从调用线程栈就可以找到解决阻塞问题的具体方法，可以看出这是在调用一个 HTTP 请求，代码如图 3-57 所示。

```
consumer.registerMessageListener(new MessageListenerConcurrently() {
    @Override
    public ConsumeConcurrentlyStatus consumeMessage(List<MessageExt> msgs,
        ConsumeConcurrentlyContext context) {
        System.out.printf("%s Receive New Messages: %s %n", Thread.currentThread().getName(), msgs);

        String result = HttpClientUtil.doGet( url: "http://localhost:9898/demo/testDemo");
        System.out.println(result);

        return ConsumeConcurrentlyStatus.CONSUME_SUCCESS;
    }
});
```

图 3-57　HTTP 远程调用

定位到代码后再定位问题就比较简单了。网络调用通常需要设置超时时间，这里由于没有设置超时时间，就导致一直在等待对端的返回，从而使消息消费进度无法向前推进。因此，解决方案：设置超时时间。

通常会造成线程阻塞的场景如下：

- HTTP 请求未设置超时时间；
- 数据库查询慢，导致查询时间过长，一条消息的消费延时过高。

3.8.3 线程栈分析经验

人们在分析线程栈时，一般只盯着 WAIT、Block、TIMEOUT_WAIT 等状态，其实不然。处于 RUNNABLE 状态的线程也不能忽略，因为对于 MySQL 的读写、HTTP 请求等网络读写，在等待对端网络的返回数据时，线程的状态其实是 RUNNABLE，并不是所谓的 BLOCK。

处于如图 3-58 所示的线程栈中的线程数量越多，说明消息消费端的处理能力越好，否则说明拉取消息的速度跟不上消息消费的速度。

```
"ConsumeMessageThread_17" #46 prio=5 os_prio=0 tid=0x000000001d7c9800 nid=0x5a64 waiting on condition [0x000000002228f000]
   java.lang.Thread.State: WAITING (parking)
    at sun.misc.Unsafe.park(Native Method)
    - parking to wait for  <0x00000006c34e6738> (a java.util.concurrent.locks.AbstractQueuedSynchronizer$ConditionObject)
    at java.util.concurrent.locks.LockSupport.park(LockSupport.java:175)
    at java.util.concurrent.locks.AbstractQueuedSynchronizer$ConditionObject.await(AbstractQueuedSynchronizer.java:2039)
    at java.util.concurrent.LinkedBlockingQueue.take(LinkedBlockingQueue.java:442)
    at java.util.concurrent.ThreadPoolExecutor.getTask(ThreadPoolExecutor.java:1074)
    at java.util.concurrent.ThreadPoolExecutor.runWorker(ThreadPoolExecutor.java:1134)
    at java.util.concurrent.ThreadPoolExecutor$Worker.run(ThreadPoolExecutor.java:624)
    at java.lang.Thread.run(Thread.java:748)
```

图 3-58 线程栈

3.8.4 RocketMQ 消费端的限流机制

RocketMQ 消息消费端会依据如下阈值从三个维度进行限流：

(1) 消息消费端队列中积压的消息超过 1000 条；

(2) 消息处理队列中积压的消息尽管没有超过 1000 条，但最大偏移量与最小偏移量的差值超过 2000；

(3) 消息处理队列中积压的消息总大小超过 100MB。

为了方便理解上述三条规则的设计理念，我们首先来看一下消费端的数据结构，如图 3-59 所示。

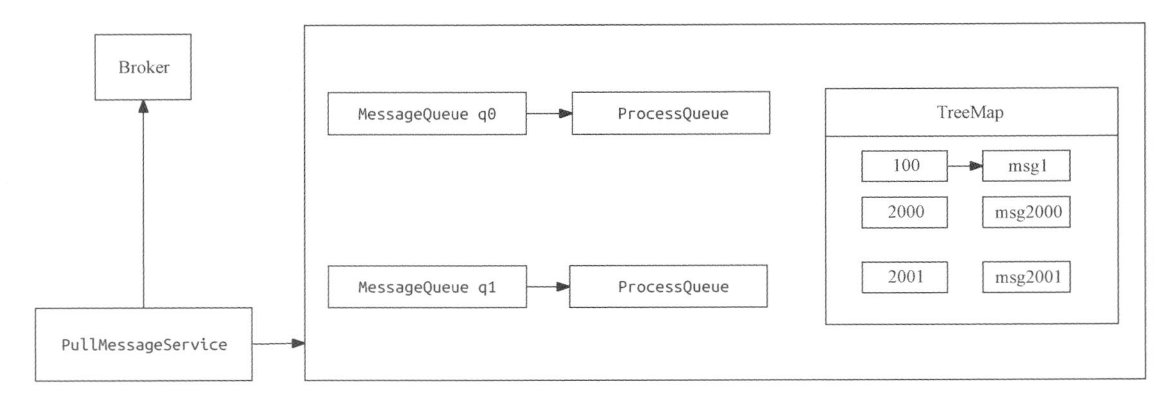

图 3-59　消费端的数据结构

PullMessageService 线程会按照队列向 Broker 拉取一批消息，然后将其存入处理队列中，然后再提交到消费端线程池（TreeMap）中进行消息消费。消息消费完成后，会将对应的消息从处理队列中移除，然后向 Broker 端提交消费进度，提交的消费偏移量为处理队列中的最小偏移量。

规则一：消息消费端队列中积压的消息超过 1000 条，指的是处理队列中存在的消息条数超过指定值（默认为 1000 条），就触发限流。限流的具体做法就是暂停向 Broker 拉取该队列中的消息，但并不会阻止其他队列的消息拉取。例如，如果 q0 中积压的消息超过 1000 条，但 q1 中积压的消息不足 1000 条，那么 q1 队列中的消息会被继续消费。**这样做的目的就是防止因为积压的消息太多，继续拉取，会造成内存溢出。**

规则二：消息在处理队列中，实际上消息队列是一个 TreeMap，key 为消息的偏移量、vlaue 为消息对象，由于 TreeMap 本身是有序的，很容易得出最大偏移量与最小偏移量的差值，即有可能存在“处理队列中其实只有 3 条消息，但偏移量确超过了 2000”的情况，如图 3-60 所示。

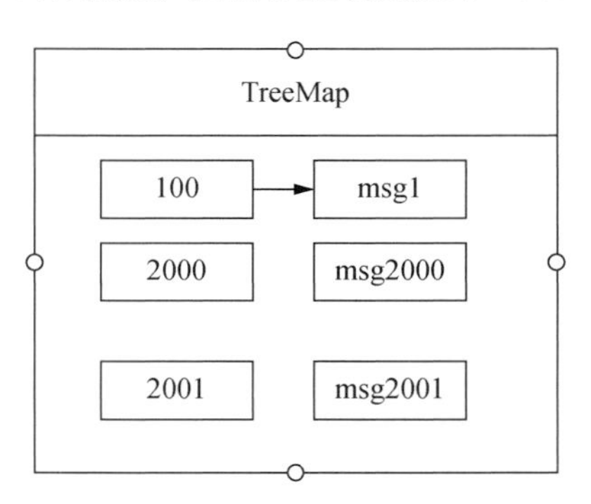

图 3-60　ProcessQueue 的内部存储

出现这种情况也是非常有可能的，主要原因就是消费偏移量为 100 的线程由于某种情况卡住了（“阻塞了”），其他消息却能正常消费。这种情况**虽然不会造成内存溢出，但大概率会造成大量消息重复消费**，其原因与消息消费进度的提交机制有关。在 RocketMQ 中，如果在消息偏移量为 2001 的消息消费成功后，向服务端汇报消费进度时并不是报告 2001，而是取处理队列中的最小偏移量 100，那么虽然消息一直在处理，但消息消费进度始终无法向前推进。试想一下，如果此时最大的消息偏移量为 1000，而且项目组发现出现了消息积压，然后重启消费端，那么消息就会从 100 开始重新消费，会造成大量消息被重复消费。RocketMQ 为了避免出现大量消息重复消费的情况，会对其进行限制，当偏移量超过 2000 时就不再拉取消息了。

规则三：消息处理队列中积压的消息总大小超过 100MB。

就更加直接了。它不仅从消息数量上考虑，还从消息体的大小考虑。在处理队列中的消息总大小超过 100MB 时限流，显然是为了避免内存溢出。

在了解了 RocketMQ 的消息限流规则后，我们看看在 rocketmq_client.log 中输出的相关限流日志，具体可搜索“`so do flow control`”，如图 3-61 所示。

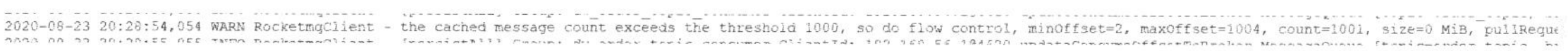

```
2020-08-23 20:28:54,054 WARN RocketmqClient - the cached message count exceeds the threshold 1000, so do flow control, minOffset=2, maxOffset=1004, count=1001, size=0 MiB, pullReque
```

图 3-61 限流日志

3.8.5 RocketMQ 服务端性能自查技巧

如何证明 RocketMQ 集群本身没有问题呢？其实也很简单。一个常用的技巧是查看 RocketMQ 消息写入的性能，执行如下命令：

```
cd ~/logs/rocketmqlogs/
grep 'PAGECACHERT' store.log  | more
```

输出的结果如图 3-62 所示。

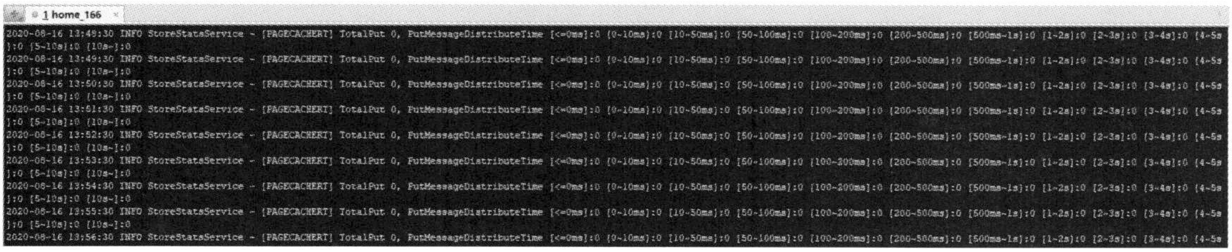

```
1 home_166
2020-08-16 13:48:30 INFO StoreStatsService - [PAGECACHERT] TotalPut 0, PutMessageDistributeTime [<=0ms]:0 [0~10ms]:0 [10~50ms]:0 [50~100ms]:0 [100~200ms]:0 [200~500ms]:0 [500ms~1s]:0 [1~2s]:0 [2~3s]:0 [3~4s]:0 [4~5s]:0 [5~10s]:0 [10s~]:0
2020-08-16 13:49:30 INFO StoreStatsService - [PAGECACHERT] TotalPut 0, PutMessageDistributeTime [<=0ms]:0 [0~10ms]:0 [10~50ms]:0 [50~100ms]:0 [100~200ms]:0 [200~500ms]:0 [500ms~1s]:0 [1~2s]:0 [2~3s]:0 [3~4s]:0 [4~5s]:0 [5~10s]:0 [10s~]:0
2020-08-16 13:50:30 INFO StoreStatsService - [PAGECACHERT] TotalPut 0, PutMessageDistributeTime [<=0ms]:0 [0~10ms]:0 [10~50ms]:0 [50~100ms]:0 [100~200ms]:0 [200~500ms]:0 [500ms~1s]:0 [1~2s]:0 [2~3s]:0 [3~4s]:0 [4~5s]:0 [5~10s]:0 [10s~]:0
2020-08-16 13:51:30 INFO StoreStatsService - [PAGECACHERT] TotalPut 0, PutMessageDistributeTime [<=0ms]:0 [0~10ms]:0 [10~50ms]:0 [50~100ms]:0 [100~200ms]:0 [200~500ms]:0 [500ms~1s]:0 [1~2s]:0 [2~3s]:0 [3~4s]:0 [4~5s]:0 [5~10s]:0 [10s~]:0
2020-08-16 13:52:30 INFO StoreStatsService - [PAGECACHERT] TotalPut 0, PutMessageDistributeTime [<=0ms]:0 [0~10ms]:0 [10~50ms]:0 [50~100ms]:0 [100~200ms]:0 [200~500ms]:0 [500ms~1s]:0 [1~2s]:0 [2~3s]:0 [3~4s]:0 [4~5s]:0 [5~10s]:0 [10s~]:0
2020-08-16 13:53:30 INFO StoreStatsService - [PAGECACHERT] TotalPut 0, PutMessageDistributeTime [<=0ms]:0 [0~10ms]:0 [10~50ms]:0 [50~100ms]:0 [100~200ms]:0 [200~500ms]:0 [500ms~1s]:0 [1~2s]:0 [2~3s]:0 [3~4s]:0 [4~5s]:0 [5~10s]:0 [10s~]:0
2020-08-16 13:54:30 INFO StoreStatsService - [PAGECACHERT] TotalPut 0, PutMessageDistributeTime [<=0ms]:0 [0~10ms]:0 [10~50ms]:0 [50~100ms]:0 [100~200ms]:0 [200~500ms]:0 [500ms~1s]:0 [1~2s]:0 [2~3s]:0 [3~4s]:0 [4~5s]:0 [5~10s]:0 [10s~]:0
2020-08-16 13:55:30 INFO StoreStatsService - [PAGECACHERT] TotalPut 0, PutMessageDistributeTime [<=0ms]:0 [0~10ms]:0 [10~50ms]:0 [50~100ms]:0 [100~200ms]:0 [200~500ms]:0 [500ms~1s]:0 [1~2s]:0 [2~3s]:0 [3~4s]:0 [4~5s]:0 [5~10s]:0 [10s~]:0
2020-08-16 13:56:30 INFO StoreStatsService - [PAGECACHERT] TotalPut 0, PutMessageDistributeTime [<=0ms]:0 [0~10ms]:0 [10~50ms]:0 [50~100ms]:0 [100~200ms]:0 [200~500ms]:0 [500ms~1s]:0 [1~2s]:0 [2~3s]:0 [3~4s]:0 [4~5s
```

图 3-62 输出结果

在 RocketMQ Broker 中，会每分钟打印出上一分钟消息写入的耗时分布，例如，`[<=0ms]`表示在这一分钟消息写入操作在 Broker 端的延时小于 0ms，其他的以此类推，在上万次消息发送中，延时在 100ms~200ms 的消息出现次数通常小于 1。从这里基本能看出 Broker 端消息写入的压力。

3.9 本章小结

本章首先从理论入手，对消息消费领域中的消费者如何进行负载均衡，并发消费模型，以及消费进度位点的提交进行了十分详细的介绍；接着立足于开发实践，介绍消息消费的基本 API，深度剖析消息消费 API 版本演变背后的设计理念；然后结合场景介绍 PUSH 模式、PULL 模式的使用技巧，并突出架构思维；最后介绍实际工作中最常见的消息消费积压问题的排查思路。

第 4 章 rocketmq-spring 框架

在 Java 领域中，Spring Boot 已然是“王者”般的存在。RocketMQ 作为一款消息中间件，提供了对应的 SDK 包，用来提供消息发送、消息消费的能力。那么，如何将这些能力快速整合到基于 Spring Boot 的应用程序中呢？

rocketmq-spring 开源框架应运而生，助力方便快捷地在 Spring Boot 中纳入 RocketMQ 的能力。

4.1 rocketmq-spring 框架简介

rocketmq-spring 作为 Apache 的顶级开源项目，旨在帮助开发人员快速集成 RocketMQ 与 Spring Boot。该项目（apache/rocketmq-spring）目前支持如下功能特性。

- `Send messages synchronously`：同步发送消息。
- `Send messages asynchronously`：异步发送消息。
- `Send messages in one-way mode`：One-way 发送消息模式，该模式表示不关注发送结果。
- `Send ordered messages`：消息顺序发送。
- `Send batched messages`：批量消息发送。
- `Send transactional messages`：发送事务消息。
- `Send scheduled messages with delay level`：指定级别的消息延迟发送。
- `Consume messages with concurrently mode (broadcasting/clustering)`：并发消息模式，支持广播与集群两种消息模式。
- `Consume messages with push/pull mode`：PUSH 与 PULL 两种模式。
- `Consume ordered messages`：顺序消费。
- `Filter messages using the tag or sql92 expression`：使用 TAG 与 SQL92 两种消费过滤机制。
- `Support message tracing`：消息轨迹跟踪。
- `Support authentication and authorization`：ACL（Access Control Lists，访问控制列表）。
- `Support request-reply message exchange pattern`：请求–应答交换模式。

从上述功能清单来看，rocketmq-spring 基本完成了对消息发送、消息消费原生功能的覆盖。

4.2　使用案例

rocketmq-spring 不愧是一个非常优秀的开源框架，它单独创建了一个用来展示示例代码的模块，名称为 `rocketmq-spring-boot-samples`。

rocketmq-spring 的源代码如图 4-1 所示。

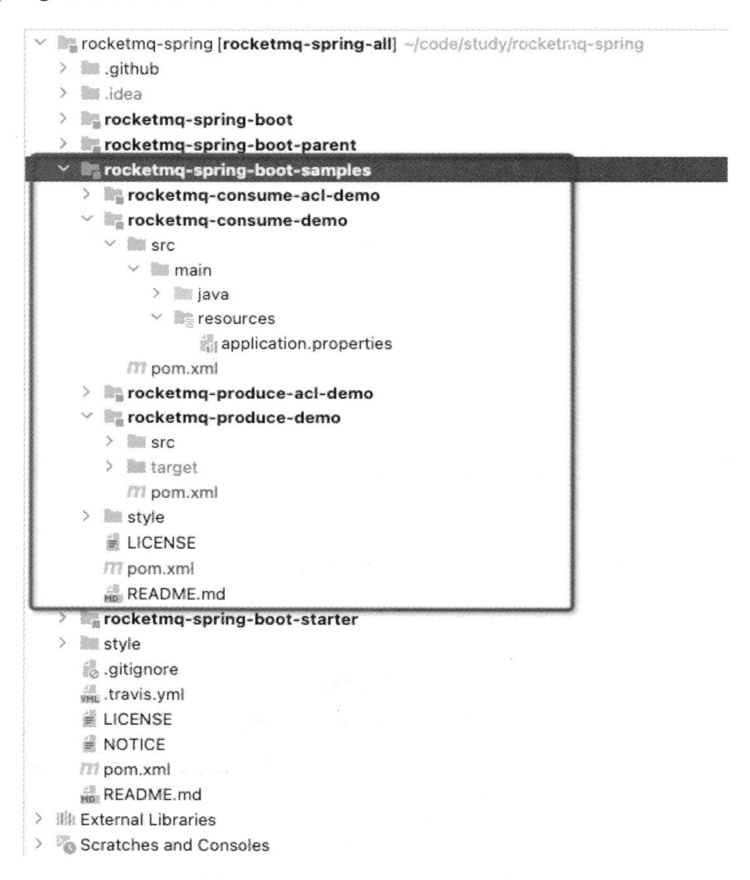

图 4-1　rocketmq-spring 的源代码

`rocketmq-spring-boot-samples` 模块是本章的切入点。

4.2.1　引入依赖包

在使用 rocketmq-spring 之前，首先需要加入 rocketmq-spring 的依赖，maven 依赖如下所示：

```
<dependency>
    <groupId>org.apache.rocketmq</groupId>
    <artifactId>rocketmq-spring-boot-starter</artifactId>
    <version>2.2.1</version>
</dependency>
```

备注：截至本书编写完成时，rocketmq-spring 的最新版本为 2.2.1。

4.2.2 如何使用消息发送

消息发送示例模块 `rocketmq-produce-demo` 的代码结构如图 4-2 所示。

图 4-2 `rocketmq-produce-demo` 的代码结构

结合 Spring Boot 的一些使用约定，不难总结出如下两个使用要点：

- rocketmq-spring 框架中用于消息发送的类库为 `RocketMQTemplate`；
- `RocketMQTemplate` 对象可以根据配置文件自动构建。

1. RocketMQTemplate 概述

`RocketMQTemplate` 的 API 如图 4-3 所示。

图 4-3　`RocketMQTemplate` 的 API

从图 4-3 得知，`RocketMQTemplate` 是对 RocketMQ `DefaultMQProducer` 对象的包装，每一个方法都定义了众多重载方法，根据如下参数说明使用即可。

- `sendAndReceive`：RocketMQ 从 4.6.0 版本开始支持请求–应答模式，即消息被发送到 RocketMQ 后，需要等成功消费后才会返回。该方法在内部最终会调用 `DefaultMQProducer` 的 `request` 方法。
- `syncSend`：同步发送消息。该方法内部最终调用 `DefaultMQProducer` 的 send 方法。
- `syncSendOrderly`：同步顺序发送。该方法最终也会调用 `DefaultMQProducer` 的 send 方法，只是需要一个参数 `hashKey`，其内部基于 hashcode 与队列数量进行取模运算，即保证同一个 `hashKey` 的多条消息能按照顺序存储在同一个队列中。主要用于**顺序消费场景**。
- `asyncSend`：异步发送消息。该方法内部最终调用 `DefaultMQProducer` 中带有 `callback` 的 `send` 方法。

- asyncSendOrderly：异步顺序发送消息。该方法内部最终也会调用 DefaultMQProducer 中带有 callback 的 send 方法，只是需要一个参数 hashKey，其内部基于 hashcode 与队列数量进行取模运算，即保证同一个 hashKey 的多条消息能按照顺序存储在同一个队列中。主要用于**顺序消费场景**。
- sendOneWay：One-way 消息发送模式，即只需要发送，无须关注消息发送是否成功，内部最终会调用 DefaultMQProducer 的 sendOneway 方法。
- sendOneWayOrderly：One-way 顺序消息发送模式，但支持同一个 hashKey 的多条消息发送到同一个队列。主要用于顺序消费场景。
- sendMessageInTransaction：发送事务消息，RocketMQ 从 4.3.0 版本开始支持事务消息，内部最终调用 TransactionMQProducer 的 sendMessageInTransaction 方法。

值得注意的是，RocketMQTemplate 的消息发送方法中都包含参数 String destination，表示消息发送的目的地，其格式为 topic{:tag}，其中 topic 表示为主题，如果需要指定 tag，则在主题后面先跟一个英文冒号，再填写 tag。

2. RocketMQTemplate 自动注入

如果需要在项目中进行消息发送，需要通过如下代码注入 RocketMQTemplate：

```
@Autowired
private RocketMQTemplate rocketMQTemplate;
```

rocketmq-spring 框架默认可以自动创建一个名称为“defalultMQProducer”的 Bean，但是配置文件中至少需要包含如下两个配置项。

- rocketmq.name-server：指定 RocketMQ nameSrv 地址。
- producer.group：指定消息发送者组。

如何设置 DefaultMQProducer 中的其他参数呢？默认的 DefalultMQProducer Bean 的可配置参数列表定义在 RocketMQProperties 中，具体说明如下。

- rocketmq.name-server：设置 RocketMQ 集群的地址。
- rocketmq.producer.group：设置生产者所属组。
- rocketmq.producer.sendMessageTimeout：设置消息发送超时时间，默认为 3000，表示 3 秒。
- rocketmq.producer.compressMessageBodyThreshold：设置消息发送开启压缩的阈值，默认如果消息体的大小超过 4KB，就在客户端发送时启动压缩。
- rocketmq.producer.retryTimesWhenSendFailed：同步消息发送重试次数，默认为 2。
- rocketmq.producer.retryTimesWhenSendAsyncFailed：异步消息发送重试次数，默认为 2。
- rocketmq.producer.retryNextServer：在同步消息发送模式中，如果发送消息返回的结果不为 OK，是否向另外一台 Broker 重试，默认为 false。

- rocketmq.producer.maxMessageSize：消息发送支持的最大消息体的大小，默认为 4MB。
- rocketmq.producer.accessKey：对应 RocketMQ ACL 的 accessKey。
- rocketmq.producer.secretKey：对应 RocketMQ ACL 的 secretKey。
- rocketmq.producer.enableMsgTrace：是否开启消息轨迹跟踪，默认为 false。
- rocketmq.producer.customizedTraceTopic：设置消息轨迹跟踪数据存储的主题，默认为 RMQ_SYS_TRACE_TOPIC。

3. 多 Name Server 集群支持

在实际使用场景中，一个应用可能需要向多个 RocketMQ 集群发送消息，但一个 RocketMQTemplate 对象只支持配置一个 Name Server 集群。那么如何实现同时向多个 RocketMQ 集群发送消息呢？

我们可以再创建一个 RocketMQTemplate Bean 对象，具体的做法如下：

```
@ExtRocketMQTemplateConfiguration(nameServer = "${demo.rocketmq.extNameServer}")
public class ExtRocketMQTemplate extends RocketMQTemplate {
}
```

核心关键点如下。

- 创建一个自定义类，并继承 RocketMQTemplate。
- 同时在自定义类上添加 ExtRocketMQTemplateConfiguration，该注解用于定义消息发送者的参数。

ExtRocketMQTemplateConfiguration 的注解定义如图 4-4 所示。

```
@Target(ElementType.TYPE)
@Retention(RetentionPolicy.RUNTIME)
@Documented
@Component
public @interface ExtRocketMQTemplateConfiguration {
    String value() default "";
    String nameServer() default "${rocketmq.name-server:}";
    String group() default "${rocketmq.producer.group:}";
    int sendMessageTimeout() default -1;
    int compressMessageBodyThreshold() default -1;
    int retryTimesWhenSendFailed() default -1;
    int retryTimesWhenSendAsyncFailed() default -1;
    boolean retryNextServer() default false;
    int maxMessageSize() default -1;
    String accessKey() default "${rocketmq.producer.accessKey:}";
    String secretKey() default "${rocketmq.producer.secretKey:}";
    boolean enableMsgTrace() default false;
    String customizedTraceTopic() default "${rocketmq.producer.customized-trace-topic:}";
}
```

图 4-4　ExtRocketMQTemplateConfiguration 的注解定义

每一个属性的含义都与 RocketMQProperties 中一一对应，这里不再重复介绍。

值得注意的是，rocketmq-spring 框架还提供 ExtRocketMQConsumerConfiguration 注解，用于修改自定义 RocketMQTemplate 内部持有的 DefaultLitePullConsumer 中的属性，该注解的类图说明如图 4-5 所示。

ExtRocketMQConsumerConfiguration
String NAME_SERVER_PLACEHOLDER = "${rocketmq.name-server:}" String GROUP_PLACEHOLDER = "${rocketmq.consumer.group:}" String TOPIC_PLACEHOLDER = "${rocketmq.consumer.topic:}" String ACCESS_CHANNEL_PLACEHOLDER = "${rocketmq.access-channel:}" String ACCESS_KEY_PLACEHOLDER = "${rocketmq.consumer.access-key:}" String SECRET_KEY_PLACEHOLDER = "${rocketmq.consumer.secret-key:}" String TRACE_TOPIC_PLACEHOLDER = "${rocketmq.consumer.customized-trace-topic:}" String value() default "" String nameServer() default NAME_SERVER_PLACEHOLDER String accessChannel() default ACCESS_CHANNEL_PLACEHOLDER String group() default GROUP_PLACEHOLDER String topic() default TOPIC_PLACEHOLDER MessageModel messageModel() default MessageModel.CLUST ERING SelectorType selectorType() default SelectorT ype.TAG String selectorExpression() default "*" String accessKey() default ACCESS_KEY_PLACEHOLDER String secretKey() default SECRET_KEY_PLACEHOLDER int pullBatchSize() default 10 boolean enableMsgTrace() default false String customizedTraceT opic() default TRACE_TOPIC_PLACEHOLDER

图 4-5 ExtRocketMQConsumerConfiguration 注解的类图说明

各个参数的含义如下。

- String value：默认为创建的 DefaultLitePullConsumer 在 Spring 容器中 Bean 的名称，默认可以不设置。
- String nameServer：设置 RocketMQ Name Server 地址，默认使用全局配置参数 rocketmq.consumer.nameserver 定义的值。
- String accessChannel：设置是本地还是云通道，默认为本地模式。
- String group：消费组名称。
- String topic：主题名称。
- MessageModel messageModel：消费模式，可选值为 CLUSTERING 和 BROADCASTING，默认为 CLUSTERING。
- SelectorType selectorType：消息过滤类型，可选值为 tag 和 SQL92，默认为 tag。
- String selectorExpression：消息过滤表达式。
- String accessKey：对应 RocketMQ 的 ACL 功能的 accessKey。

- String secretKey：对应 RocketMQ 的 ACL 功能的 secretKey。
- int pullBatchSize：一个批次拉取的消息条数，默认为 10。
- boolean enableMsgTrace：是否开启消息轨迹跟踪，默认为 false。
- String customizedTraceTopic：用于存储消息轨迹数据的主题名称，默认为参数 rocketmq.consumer.customized-tracetopic 定义的值。

4.2.3 消息消费使用示例

如何基于 rocketmq-spring 框架开发消费者？我们可以参考官方提供的 rocketmq-consume-demo 工程，详情如图 4-6 所示。

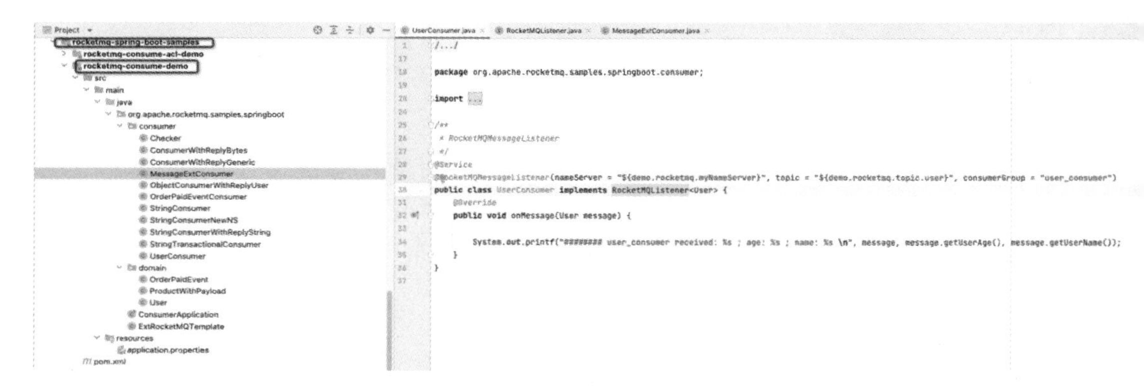

图 4-6 消费者消费示例工程

通过简要阅读 rocketmq-consume-demo 中 consumer 里各个消费者的定义，不难发现，基于 rocketmq-spring 框架创建一个消费者主要包括如下两个要点。

- 创建一个类，并且实现 RocketMQListener<T> 接口。该接口只定义一个方法，用于实现具体的消费逻辑，接口声明如下：

```
void onMessage(T message)
```

- 使用 RocketMQMessageListener 注解定义消费者属性。

RocketMQMessageListener 注解声明如图 4-7 所示。

```
RocketMQMessageListener
String NAME_SERVER_PLACEHOLDER = "${rocketmq.name-server:}"
String ACCESS_KEY_PLACEHOLDER = "${rocketmq.consumer.access-key:}"
String SECRET_KEY_PLACEHOLDER = "${rocketmq.consumer.secret-key:}"
String TRACE_TOPIC_PLACEHOLDER = "${rocketmq.consumer.customized-trace-topic:}"
String ACCESS_CHANNEL_PLACEHOLDER = "${rocketmq.access-channel:}"
String consumerGroup()
String topic()
SelectorType selectorType() default SelectorType.TAG
String selectorExpression() default "*"
ConsumeMode consumeMode() default ConsumeMode.CONCURRENTLY
MessageModel messageModel() default MessageModel.CLUSTERING
int consumeThreadMax() default 64
int maxReconsumeTimes() default -1
long consumeTimeout() default 15L
int replyTimeout() default 3000
String accessKey() default ACCESS_KEY_PLACEHOLDER
String secretKey() default SECRET_KEY_PLACEHOLDER
boolean enableMsgTrace() default false
String customizedTraceTopic() default TRACE_TOPIC_PLACEHOLDER
String nameServer() default NAME_SERVER_PLACEHOLDER
String accessChannel() default ACCESS_CHANNEL_PLACEHOLDER
```

图 4-7 RocketMQMessageListener 注解声明

各个参数如下。

- String consumerGroup：消费组名称。
- String topic：主题名称。
- SelectorType selectorType：消息过滤类型，可选值为 tag 和 SQL92，默认为 tag。
- String selectorExpression：消息过滤表达式。
- ConsumeMode consumeModel：消费模型，可选值为 ORDERLY（顺序消费）和 CONCURRENTLY（并发消费），默认为 CONCURRENTLY。
- MessageModel messageModel：消费模式，可选值为 CLUSTERING、BROADCASTING，默认为 CLUSTERING。
- int consumeThreadMax：消费组消费线程数量，默认为 64。
- int maxReconsumeTimes：消费组重试次数，默认为-1，如果是在并发消费模式中，表示重试次数为 16；如果是顺序消费模式，那么重试次数为 Integer.MAX_VALUE。
- long consumeTimeout：消费超时时间，默认为 15，表示 15 分钟。
- int replyTimeout：RocketMQrequest 请求模式超时时间，默认为 3 秒。
- String accessKey：对应 RocketMQ 的 ACL 功能的 accessKey。
- String secretKey：对应 RocketMQ 的 ACL 功能的 secretKey。
- boolean enableMsgTrace：是否开启消息轨迹跟踪，默认为 false。
- String customizedTraceTopic：用于存储消息轨迹数据的主题名称，默认为参数 rocketmq.consumer.customized-trace-topic 定义的值。

- String nameServer：设置 RocketMQ Name Server 地址，默认使用全局配置参数 rocketmq.consumer.name-server 定义的值。
- String accessChannel：设置是本地还是云通道，默认为本地模式。

更多消费参数设置方法

rocketmq-spring 框架是对 RocketMQ 的封装，但 RocketMQMessageListener 中只包含了 RocketMQ 消费者的部分参数。要设置 pullBatchSize、pullThresholdForQueue、consumeFromWhere 等参数，又该如何做呢？

rocketmq-spring 提供了 RocketMQConsumerLifecycleListener 接口，prepareStart(final T consumer)方法会在启动消费组之前执行。在消费组正式启动之前，我们还可以改变消费组的默认参数，使用示例如下：

```
@Service
@RocketMQMessageListener(topic = "${demo.rocketmq.msgExtTopic}", selectorExpression =
"tag0||tag1", consumerGroup = "${spring.application.name}-message-ext-consumer")
public class MessageExtConsumer implements RocketMQListener<MessageExt>,
RocketMQPushConsumerLifecycleListener {
    @Override
    public void onMessage(MessageExt message) {
        System.out.printf("------- MessageExtConsumer received message, msgId: %s, body:%s \n",
            message.getMsgId(), new String(message.getBody()));
    }

    @Override
    public void prepareStart(DefaultMQPushConsumer consumer) {
        // 从这里开始设置
        consumer.setConsumeFromWhere(ConsumeFromWhere.CONSUME_FROM_TIMESTAMP);
        consumer.setConsumeTimestamp(UtilAll.timeMillisToHumanString3(System.currentTimeMillis()));
    }
}
```

4.3　本章小结

本章主要介绍目前市面上使用最广的 RocketMQ 客户端 rocketmq-spring，它使得整合 RocketMQ 与 Spring Boot 变得非常方便。

本章结合 rocketmq-spring 官方框架提供的示例代码，详细介绍了如何利用 RocketMQ 进行消息发送与消息消费，重点阐述了多 RocketMQ 集群如何进行消息发送，如何配置底层的 RocketMQ 消息发送者，以及消息消费者的相关参数。

第 5 章

RocketMQ 的设计原理

前面的章节重点阐述了如何使用 RocketMQ，本章将重点介绍 RocketMQ 的核心设计理念与工作机制，让大家轻松“驾驭”RocketMQ。

5.1 Name Server 的设计理念

消息中间件的设计思路一般基于主题的订阅与发布机制。消息生产者发送某一主题的消息到消息服务器，消息服务器负责该消息的持久化存储，消息消费者订阅感兴趣的主题，消息服务器根据订阅信息（路由信息）将消息推送给消息消费者（PUSH 模式）或者消息消费者主动向消息服务器拉取消息（PULL 模式）。这样就能实现消息生产者与消息消费者的解耦。为了避免消息服务器的单点故障导致整个系统瘫痪，我们通常会部署多台消息服务器共同承担消息的存储任务。那么消息生产者如何知道消息要发往哪台消息服务器呢？如果某一台消息服务器崩溃了，生产者如何在不重启服务的情况下感知到这一点呢？

5.1.1 路由注册、剔除机制

为了解决上述问题，RocketMQ 引入了 Name Server，其核心架构设计如图 5-1 所示。

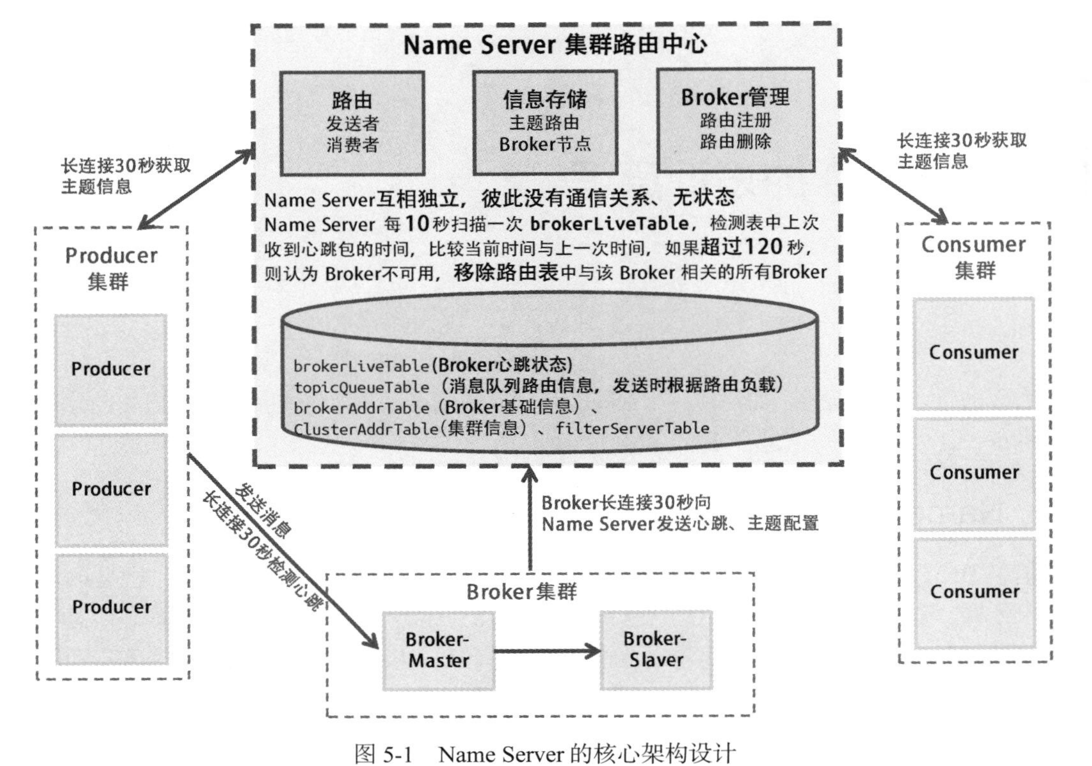

图 5-1 Name Server 的核心架构设计

Name Server 的核心工作机制如下。

- Broker 每 30 秒向 Name Server 集群的每一台机器发送一次心跳包，包含自身创建的主题路由信息等。
- 消息客户端每 30 秒向 Name Server 更新对应主题的路由信息。
- Name Server 在收到 Broker 发送的心跳包时记录时间戳并将其存储在 `brokerLiveTable` 中。
- Name Server 每 10 秒会扫描一次 `brokerLiveTable`（存放心跳包的时间戳信息）。如果在 120 秒内没有收到心跳包，则认为 Broker 失效，更新主题的路由信息，将失效的 Broker 信息移除。
- 在网络通信层如果 Name Server 与 Broker 之间的 TCP 连接断开，Name Server 能立刻感知 Broker 节点崩溃而不必等待 120 秒，并会直接删除 Broker 相关的路由信息。

为了加强理解，我们简单罗列一下主题的路由信息在 Name Server 中的存储格式，如图 5-2 所示。

```
topicQueueTable:{
    "topic1":[
        {
            "brokerName":"broker-a",
            "readQueueNums":4,
            "readQueueNums":4,
            "perm":6,  // 读写权限，具体含义请参考PermName
            "topicsysFlag":0 // 主题同步标记
        },
        {
            "brokerName":"broker-b",
            "readQueueNums":4,
            "readQueueNums":4,
            "perm":6,  // 读写权限，具体含义请参考PermName
            "topicsysFlag":0 // 主题同步标记
        }
    ],
    "topic other":[]
}
```

```
brokerAddrTable:{
   "broker-a": {
      "cluster".c1"
      "broke rName":"broker-a",
      "broke. rAddrs": {
         0:"192.168.56.1:10000",
         1:"192.168.56.2:10000",
      }
   },
  "broker-b": {
     "cluster":"c1",
     "brokerAddrs":[
         0:"192.168.56.3:10000",
         1:"192.168.56.4:10000"
     }
  }
}
```

图 5-2 路由信息的存储格式

每个主题的路由信息都是一个 List，其中的每一项记录都对应一个在 Broker 中的信息。路由表中各项记录的说明如下。

- brokerName：Broker 名称。
- readQueueNums：在该 Broker 中读队列个数。
- writeQueueNums：在该 Broker 中写队列个数。
- perm：主题的读写权限，默认为 6，即可读可写。可选值 4 为只读；2 为只写，可以用来控制单个主题的读写。
- topicsysFlag：系统级别的标记位。

5.1.2 Name Server 的“缺陷”

仔细思考一下 Name Server 路由注册与剔除机制，应该不难发现如下缺点。

- Name Server 不能实时或准实时地感知路由信息的变化。即便 Name Server 感知到 Broker 节点崩溃，Name Server 也不会主动通知消费客户端（消息发送者、消息消费者）。
- Name Server 节点之间互不通信。Name Server 节点之间的数据符合最终一致性。

既然存在这么明显的缺陷，为什么 RocketMQ 的设计者还要采用这种模型呢?

要想回答这个问题，不妨先来研究一下上述缺陷会带来哪些“危害”。

1. Name Server 集群之间的路由信息不一致性

假设 RocketMQ 集群出现了网络分区，示例如图 5-3 所示。

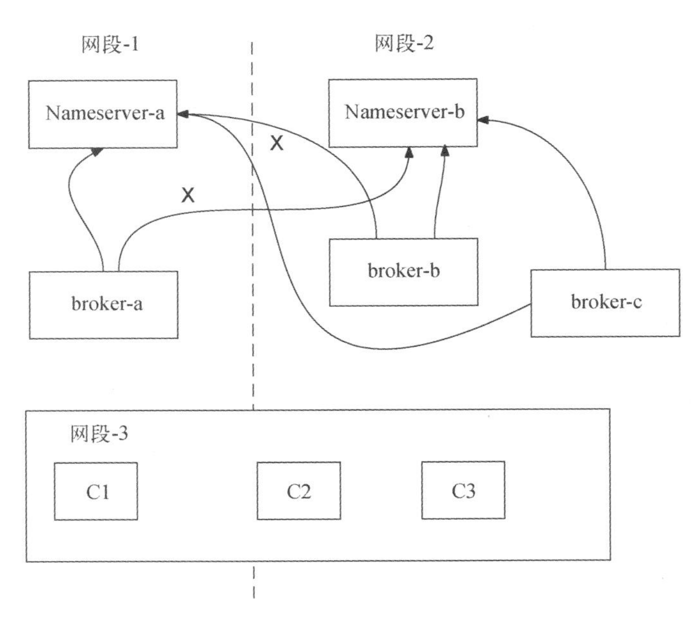

图 5-3 RocketMQ 集群的网络分区

网段-1 与网段-2 无法互通，导致 broker-a 中的主题路由信息不会存储到 Nameserver-b 中，broker-b、broker-c 中的主题路由信息同样不会存储到 Nameserver-a 中。

- 对消息发送的影响

在 RocketMQ 中消息发送者同一时间只会连接一台 Name Server。

消息发送者 Producer-1 连接 Nameserver-a，从中查出 4 个队列。通过该消息发送者发送的消息都会存储到 broker-a 中。

消息发送者 Producer-2 连接 Nameserver-b，它发送的消息会分布在 broker-b、broker-c 中。

消息发送者 Producer-1 与 Producer-2 采用了负载均衡机制，要求二者发送的消息基本相同。这样，发送到 broker-a 的消息会明显超过发送到 broker-b、broker-c 的消息，造成消息发送的不均衡。

总结：Name Server 之间的路由信息不一致并不会导致消息发送失败，但可能会引发消息分布不均衡。

- 对消息消费的影响

在 RocketMQ 中，消息队列的负载机制很多，但基本上都是先查出主题的队列个数、当前活跃的消费者个数，然后根据负载算法进行队列分配。

消息消费方面受到的影响比较复杂，主要情况如下。

- 如果消费组内的所有消费者连接同一个 Name Server，例如都连接 Nameserver-a，那么 broker-b、broker-c 中的消息无法被消费。因为路由信息不包含 broker-b、broker-c 中的队列。
- 如果消费组内的消费者部分连接 Nameserver-a、部分连接 Nameserver-b，在正常情况下，消息应该能被消费。为了方便理解，假设消费者 C1 连接 Nameserver-a，获取到的路由信息包括 4 个队列，消费者 C2、C3 获取的路由信息包括 8 个队列，但由于 C1 只会和 broker-a 打交道，也只会向 broker-a 发送心跳，所以从 broker-a 查询该消费组在线的客户端个数为 1，这会全部分配给 C1，这样 C1 就只会消费 broker-a 上的消息，而 C2、C3 会向 broker-b、broker-c 发送心跳，能查询到的消费者个数为 2，因此这两个消费者中的每一个会分配到 4 个队列。

上面并没有穷举所有的情况，大家可以根据队列负载机制进行分析，产生的影响基本上都是“部分队列不消费，部分队列重复消费”，它们基本上都是可被监控且容易恢复的，因为 Name Server 能最终达成一致性。

2. Name Server 路由变更及时性问题

RocketMQ Name Server 的路由注册与剔除机制采取的是 PULL 模式。在正常情况下，如果 Broker 节点“假死”，Name Server 感知 Broker 节点不可用的时间间隔为 120 秒，即使 Name Server 及时感知到 Broker 节点崩溃，也不会立即将最新的路由信息推送给客户端（消息发送者、消息消费者）。那么，这是否会造成消息发送、消息消费的不可用呢？

- 对消息发送的影响

路由信息变更不及时会在消息发送的可用性方面导致“致命”的缺陷。路由查找示意如图 5-4 所示。

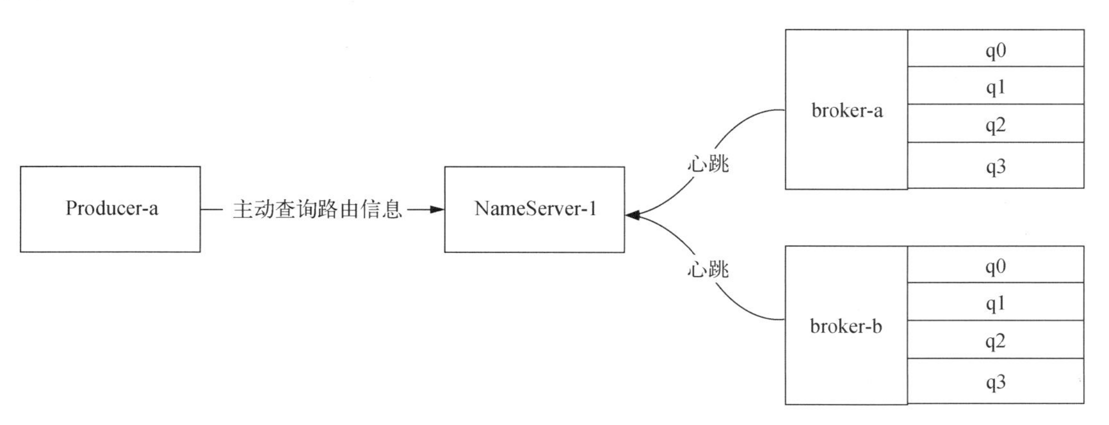

图 5-4 路由查找示意

如图 5-4 所示，Producer-a 从 NameServer-1 中查询到的路由信息为两个 Broker，每个 Broker 中有 4 个队列，故总队列数为 8。消息发送者默认对这些队列进行轮询，实现消息发送的负载均衡。现在 broker-a“假死”，但 Producer-a 无法立即得知 broker-a 已扛不住压力，还是会继续尝试向 broker-a 发送消息，因此必然出现消息发送失败，从而对消息发送的可用性造成影响。这在架构中是绝对不允许的。

既然存在这么严重的问题，为什么 Name Server 还要坚持使用这种设计呢？为什么不引用 ZooKeeper（分布式应用程序协调服务软件）实现路由信息的动态实时发现呢？

RocketMQ 的设计者表示，RocketMQ Name Server 的设计目标是简单、高效，如果在 Name Server 这一层解决该问题，其复杂度会大大提升。因此，Name Server 选择不解决这个问题，而是将这个问题抛给消息发送者来解决，也就是划清责任边界。

那么消息发送者如何消除这种影响呢？读者可以先稍微思考一下，答案可在 5.2.1 节中找到。

- 对消息消费的影响

与消息发送类似，消息消费者维护的路由信息并不会及时更新，如果一个 Broker“假死”，消费者还是会尝试从已崩溃的 Broker 中拉取消息，但由于 Broker 已崩溃，消息拉取将会返回错误。客户端采取的措施是 3 秒后重试，待路由信息更新后引导客户端从节点开始消费。虽然这对消息消费存在影响，但很好弥补。

3. 总结

从上面的分析可以知道，Name Server 路由信息的不一致会导致部分队列消息不被消费、部分队列消息被重复消费，但只要消费端实现幂等（任意多次执行所产生的影响均与一次执行的影响相同），这些并不是严重的问题，并且随着路由信息最终实现一致，无须人为干预就可以自动恢复。因此，为了实现高性能，做一些适当的权衡还是非常值得的。

Name Server 路由信息的不一致虽然对消息发送的可用性存在“致命”的影响，但 RocketMQ 的设计者认为消息发送端可以以较低的成本解决该问题，无须 Name Server 去实现，于是设计者们将职责分离，确保了 Name Server 的简单性，使可用性、稳定性也得到了有效保证。

5.2 消息发送

用一句话来概括消息中间件，就是“一发一存储一消费”，下面将一一探讨。本节将详细介绍消息发送方面的知识。

5.2.1 消息发送高可用机制

在介绍 Name Server 设计缺陷的时候提到，消息发送者与 RocketMQ Name Server 的路由变更采用的是 PULL 模式。当 Broker“假死”、崩溃等情况造成路由信息变更时，消息发送者无法立即得到通知，依然会往已崩溃的 Broker 发送消息，导致消息发送失败。那么，如何实现消息发送的高可用性呢？

一个比较通用的办法是在**消息发送端进行重试**。如果发送失败，则设置重试次数，但是结合负载均衡机制来看，还是存在一些问题，如图 5-5 所示。

正如图 5-5 所示，如果上一条消息发送到 broker-a 的 q0 队列中，则下条消息将发送到 broker-a 的 q1 队列中。由于 broker-a 已崩溃，设置重试次数为 2，在进行两次重试时会选择 broker-a 的 q1、q2，但是 broker-a 的崩溃会导致消息发送始终失败。此时此刻，broker-b 是能正常提供服务的。也就是说，最终还是出现了“尽管存在正常的 Broker 节点，但还是无法保证消息发送成功”的情况，可用性大打折扣。

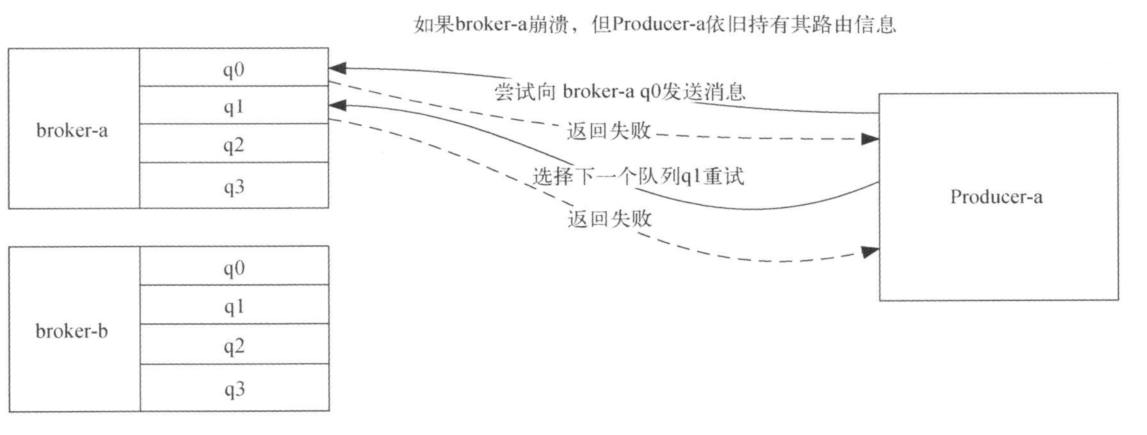

图 5-5 路由更新不及时对消息发送的影响示意图

应该如何破解呢？

可以引入 Broker 故障规避机制，其核心理念是当消息发送失败进行重试前，在执行队列负载算法的时候排除出现异常的队列。

如果消息发送者在发送消息时按照轮询策略选择 broker-a 的 q0 队列进行消息发送，并且出现消息发送失败的情况，会在重试时首先从路由信息列表中排除 broker-a 中的队列，并从剩余的队列中重新运用轮询策略，选择一个队列进行发送。这样重试成功的概率会大大提升，从而保证消息发送的高可用性。

RocketMQ 中的故障规避机制是默认开启的，无法关闭，但 RocketMQ 提供了“乐观规避”和“悲观规避”两种策略，可以通过参数 `sendLatencyFaultEnable` 设置，该值默认为 `false`，表示乐观规避。

- **悲观规避**

  悲观规避的影响是全局的。如果在发送消息的过程中出现一次失败，消息发送者就会悲观地认为此 Broker 服务器不可用，并且在接下来一段时间内（例如 5 分钟）就不往这个 Broker 发送消息。这种方式会带来一个最直接的**危害**：导致消息发送不均衡。因为网络抖动、Page Cache 内存回收有时也会导致消息发送超时，并且下次重试一般就能成功，所以悲观地认为 Broker 不可用而不向其发送消息，可能会导致该 Broker 短时间内空闲，消息发送不均衡。

- **乐观规避**

  乐观规避只在重试的时候进行规避，示例如图 5-6 所示。

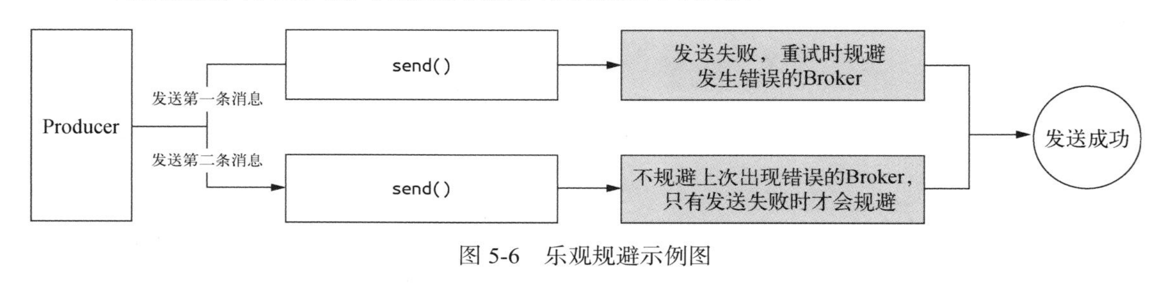

图 5-6　乐观规避示例图

实践建议：根据我们的大量实践经验，这里建议使用乐观规避。

5.2.2　同步复制

RocketMQ 为了优化同步复制的性能，在 4.7.0 版本中正式对原先的同步复制做了重大修改，大大提高了同步复制的性能。不妨先来简单回顾一下在 1.3.5 节提及的同步复制，其基本流程如图 5-7 所示。

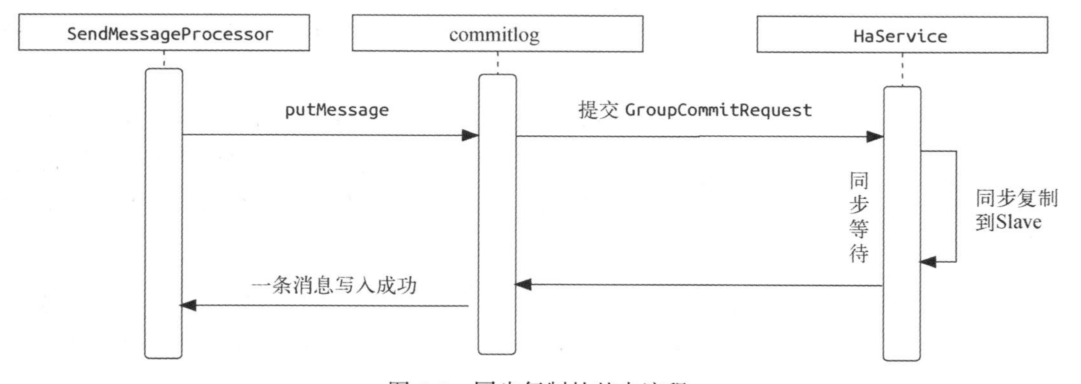

图 5-7　同步复制的基本流程

消息发送线程 SendMessageThread 在收到客户端请求时，最终会调用 SendMessageProcessor 中的方法，将消息写入 Broker。如果消息复制模式为同步复制，则需要将消息同步复制到其从节点，本次消息发送才会返回写入成功，也就是说 SendMessageThread 线程在收到从节点的同步结果后才能继续处理下一条消息。

那么 RocketMQ 4.7.0 中是如何进行优化的呢？由于同步复制的语义就是将消息同步到从节点，故这个复制过程没有什么可优化的。那么，是不是可以减少 SendMessageThread 线程的等待时间呢？换句话说，在同步复制的过程中，SendMessageThread 线程可以继续处理其他消息，在收到从节点的同步结果后再向客户端返回结果即可。这样就提高了 Broker 的消息处理能力，还能重复利用 Broker 的资源，即将上述 putMessage 同步方法修改为异步方式。

RocketMQ 4.7.0 的同步复制机制如图 5-8 所示。

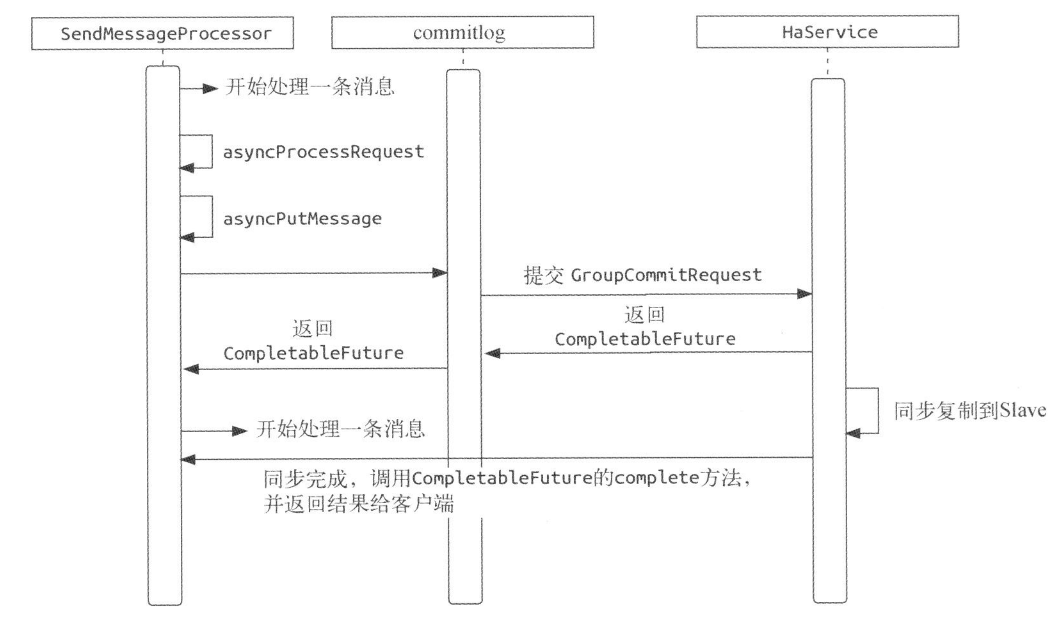

图 5-8 RocketMQ 4.7.0 的同步复制机制

通过对比发现，在 commitlog 向 HaService 提交数据同步请求后，SendMessageProcessor 并没有被阻塞，而是返回了一个 CompletableFuture 对象。SendMessageProcessor 线程在收到返回结果后，就可以继续处理新的消息。等到消息被成功同步到从节点后，会调用 CompletableFuture 的 complete 方法，触发网络通信，将结果返回到客户端。

对消息发送客户端而言，消息被复制到从节点后才会被成功返回，符合同步复制的语义，但在 Broker 端，处理消息发送的线程是异步执行的，在消息复制的过程中发送线程并不会阻塞，其响应时间、Broker CPU 能得到充分的利用。

5.2.3　事务消息

RocketMQ 天生就是为业务开发服务的，而事务相关的问题在业务开发中很常见。为此，RocketMQ 提供了事务消息机制。

RocketMQ 提供事务消息机制并不是为了解决分布式事务问题，而是为了解决消息发送与数据库事务等一致性问题的。接下来以一个电商的登录送积分活动为例来说明事务消息机制，如图 5-9 所示。

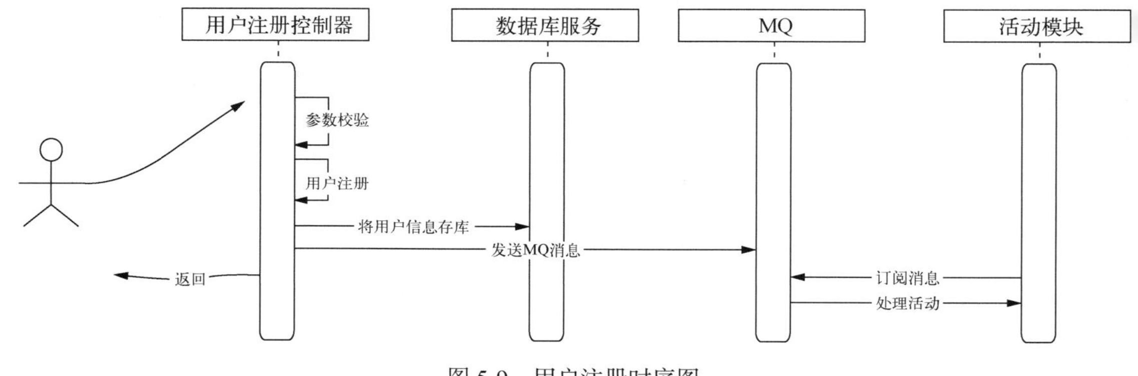

图 5-9　用户注册时序图

在互联网电商发展的初期，为了增加网站的注册用户数量，通常会组织各种各样的“拉新”活动，比如新用户注册送积分活动。

用户注册成功后，首先需要将用户信息存储到数据库，然后发送一条 MQ 消息，并立即返回。与此同时，活动模块会订阅 MQ 消息，给用户赠送积分。

上述架构方案通过引入 MQ 将用户注册主流程与活动模块进行了解耦，但同时会带来一个一致性问题：如果用户信息被存入数据库，但消息发送失败，就会造成“一个新注册的用户参与活动但并未获得积分”，严重影响了业务。那该如何解决呢？

RocketMQ 为了解决上述问题，引入了事务消息机制。

事务消息的实现原理如图 5-10 所示。

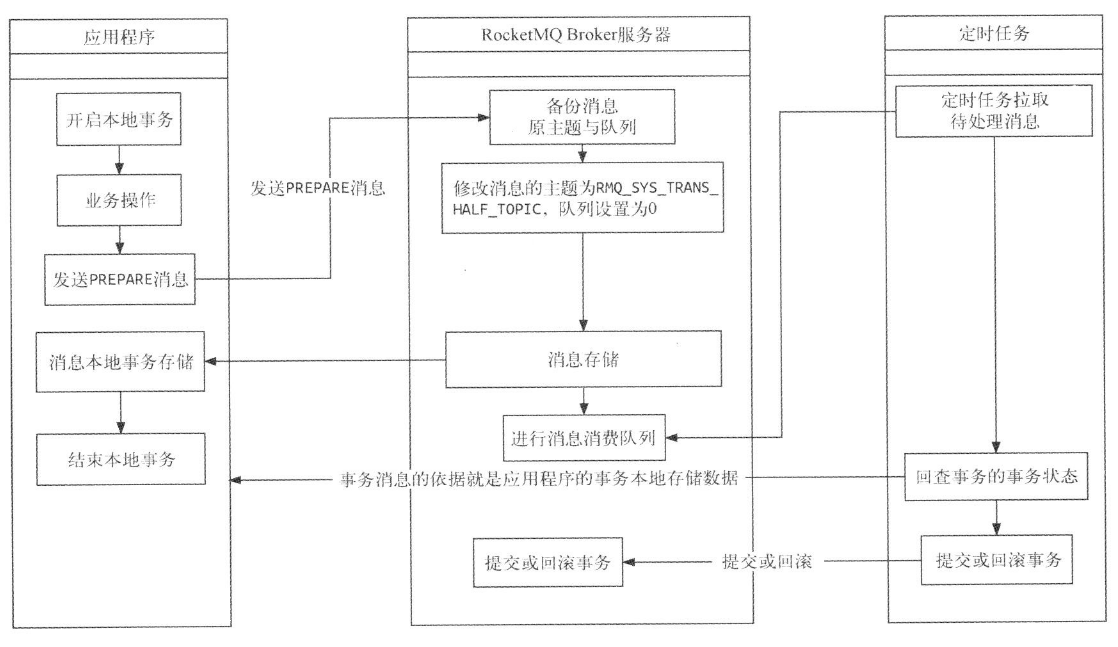

图 5-10 事务消息实现原理

应用程序在事务内完成相关业务并且将数据存入数据库后，需要同步调用 RocketMQ 的消息发送接口，发送状态为 PREPARE 的消息。消息发送成功后，RocketMQ 服务器会回调 RocketMQ 消息发送者的事件监听程序，记录消息的本地事务状态。该相关标记与本地业务操作同属一个事务，确保消息发送与本地事务的原子性。

RocketMQ 在收到类型为 PREPARE 的消息时，会首先备份消息的原主题与原消息消费队列，然后将消息存储在主题为 RMQ_SYS_TRANS_HALF_TOPIC 的消息消费队列中，因此，消费端并不会立即被消费。

RocketMQ 消息服务器开启一个定时任务，消费主题为 RMQ_SYS_TRANS_HALF_TOPIC 的消息，向消息发送端（应用程序）发起消息事务状态回查。应用程序根据保存的事务状态反馈消息服务器事务的状态（提交、回滚、未知）：如果是“提交”或“回滚”，消息服务器提交或回滚消息；如果是“未知”，则等待下一次回查。RocketMQ 允许设置一条消息的回查间隔与回查次数，如果在超过回查次数后，仍然是“未知”的消息事务状态，则默认回滚消息。

事务提交：获取 PREPARE 的消息，重新组装一条消息，恢复原消息中的主题与队列，将消息发送到用户指定的主题中，从而被消息消费者感知并消费。

事务回滚：事务回滚并不会将消息删除，而是更新待处理列表的进度，忽略这条 PREPARE 消息的处理，从而永远不会让消费端感知。

事务消息在 Broker 端的相关配置属性如下。

- int transactionCheckMax：服务端向客户端发起事务状态回查的次数，默认为 15 次，超过该值则消息默认被回滚。
- long transactionCheckInterval：发起事务状态回查的间隔，默认为 60 秒。
- long transactionTimeOut：第一次发起事务状态回查的延迟时间，默认为 6 秒。它背后的设计理念是，服务端在第一次尝试对 PREPARE 消息发起事务状态回查前，需要检测当前时间与该消息存储时间的时间间隔。之所以默认为 6 秒，主要是因为服务端认为客户端完成事务操作至少需要 6 秒，这也是为了尽可能保证通过第一次事务状态回查就能获取事务提交的状态。

5.2.4　服务端线程模型

RocketMQ 服务端主要采用 Netty 的主从多 Reactor 线程模型，并且在此基础上进行了创新与优化，引入了线程隔离机制，如图 5-11 所示。

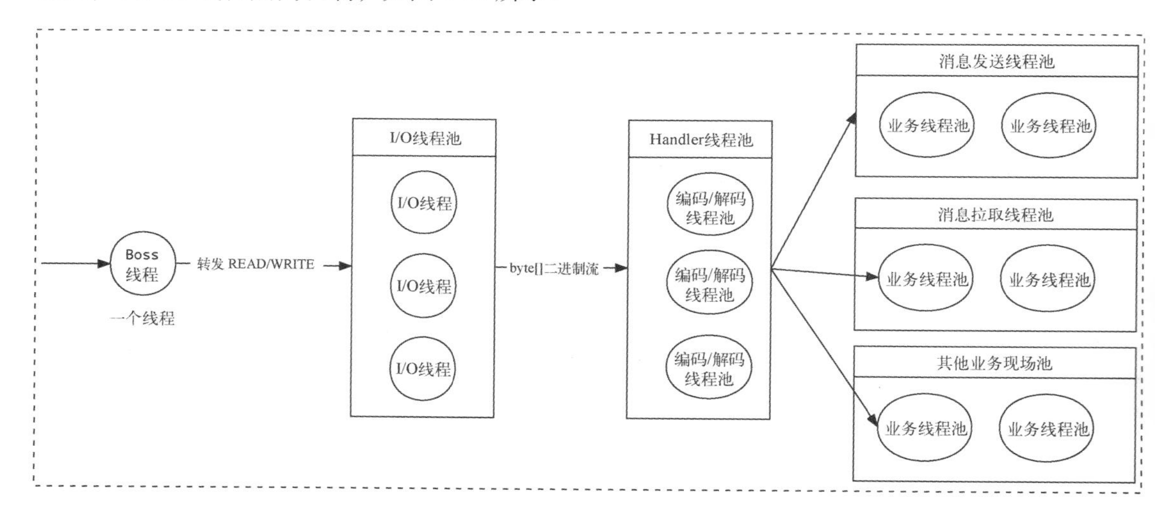

图 5-11　线程隔离机制

主要线程如下。

- Boss 线程：RocketMQ 的线程模型基于主从多 Reactor 线程模型，其中主 Reactor 线程在 Netty 中被称为 Boss 线程，固定为 1。
- IO 线程池：IO 线程主要负责网络的读写。从网卡中读取二进制流，并将读取到的内容转发到 Handler 线程池，或者接受业务线程池写入的字节，并将其发送到网络中。在 RocketMQ 中，默认创建三个 IO 线程，IO 线程数量可以由参数 serverSelectorThreads 设置。

- Handler 线程池：主要负责请求编码、解码。将二进制流解析成一个个请求对象，例如消息发送请求、消息拉取请求、位点提交请求。

  在 RocketMQ 中，默认创建 8 个线程，可通过 `serverWorkerThreads` 参数来设置。

- 业务线程池：RocketMQ 会为消息发送、消息消费等业务分别创建对应的线程池，Handler 线程会根据请求的类型将它们分发到对应的业务线程池，从而实现各个核心业务之间的**线程隔离**。

5.2.5 服务端快速失败机制

消息发送延迟低是消息中间件设计的一项基本目标。RocketMQ 针对 Broker 遇到瓶颈的可能性提供了快速失败机制，引导消息发送客户端尽快重试其他 Broker，从而实现高可用、低延迟。

消息写入的简易模型如图 5-12 所示。

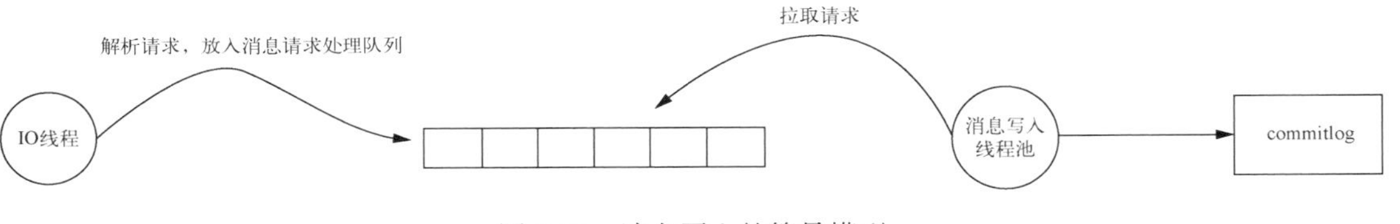

图 5-12 消息写入的简易模型

Broker 服务端在接收到客户端的消息发送请求后，首先会将其加入一个请求处理队列，一个消息发送线程池从请求处理队列中获取一个请求，然后将消息写入 commitlog 文件。如果发送线程在写入 commitlog 文件时遇到 Page Cache 抖动等问题，导致发送线程阻塞，那么任务等待队列中后面的请求“注定”需要排队等待，整体响应时间**可预期地显著变长**。既然是可预期的，那么该如何应对这种局面呢?

RocketMQ 给出的解决办法是，监控每个请求进入队列的时长。如果排队时间超过指定值，则不再排队执行，而是从队列中移除请求并向客户端返回“失败”。这样可引导客户端进行重试，选择其他的 Broker，从而在较短的延迟内实现消息发送的高可用性。

具体的实现机制如下：在每一个请求进入队列时存储时间戳，然后开启一个定时任务，每 10ms 扫描一下任务请求队列，将排队时间超过指定值的请求从队列中移除并向客户端返回异常（具体的异常信息为 `SYSTEM_BUSY,TIMEOUT_CLEAN_QUEUEbroker busy`），从而引导客户端重试。

定时任务的间隔时间在 Broker 端可以通过参数 `waitTimeMillsInSendQueue` 设置，单位为 ms，默认值为 200。

5.3 消息存储

作为一款消息中间件，RocketMQ 要实现面向磁盘文件的编程，因此存储部分的设计至关重要。本节将全面剖析 RocketMQ 在存储方面的实现原理与设计亮点。

5.3.1 存储文件布局

RocketMQ 的存储目录如图 5-13 所示。

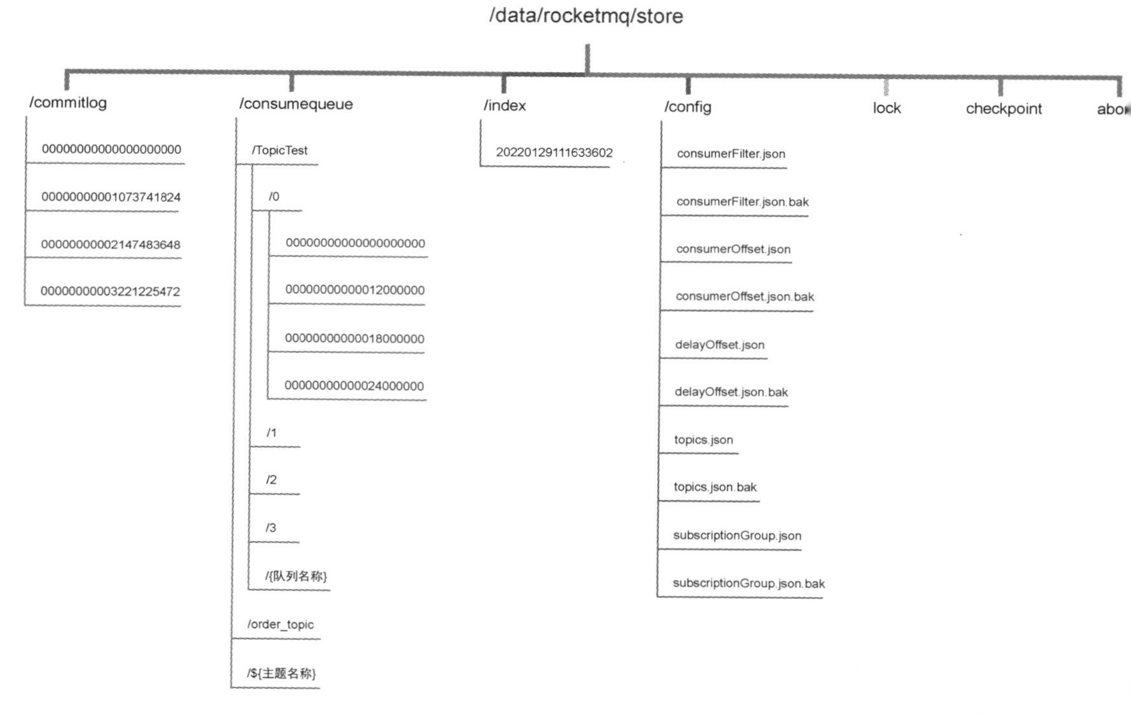

图 5-13　RocketMQ 的存储目录

/data/rocketmq/store 为 RocketMQ 的存储根目录，可以在 Broker 的配置文件中通过 `storePath-RootDir` 设置。

接下来一一介绍 RocketMQ 存储目录下各个文件的作用与构建机制。

- /commitlog：消息存储文件，所有主题的消息都存储在 commitlog 文件中。该文件夹中会包含许多定长的消息存储文件，具体规则如下。
  - 文件的大小是固定的，默认为 1GB，可以在 Broker 配置文件中通过修改 `mappedFile-`

`SizeCommitLog` 指定。但是，一旦消息存在于 commitlog 文件中，该参数就不能再修改。
  - 文件的命名规则极具技巧性，使用存储在该消息文件中的第一条消息对应的全局偏移量（物理偏移量）来命名文件，目的主要是可以根据消息的物理偏移量基于二分查找快速定位到消息所在的物理文件，使得根据消息物理偏移量查找消息变得高效。这是 RocketMQ 实现快速消息检索的基石。

- /consumequeue：消息消费队列文件，是 commitlog 文件基于主题的索引文件，主要用于消费者根据主题消费消息，组织规则如下。
  - 按照/{topic}/{queue}的形式组织，即第一级子目录为主题，第二级子目录为每一个主题的队列，每一个队列拥有一个文件夹。
  - ConsumeQueue 文件也是定长的，长度为 300 000 × 20。
- /index：Hash 索引文件，RocketMQ 支持按消息属性对消息进行检索，其底层的存储机制是为需要查找的属性创建 Hash 索引，特征如下。
  - 单个文件采取定长，长度为 `40 + maxHashSlotNum × 4 + maxIndexNum × 20` 字节，其中 `maxHashSlotNum` 默认为 5 000 000，`maxIndexNum` 为 20 000 000，都可以在 Broker 配置文件中指定。
  - 文件的命名规则为创建索引文件的系统时间戳，由年月日时分秒毫秒组成。
- /config：Broker 运行时的配置文件，具体说明如下。
  - topics.json：当前 Broker 中主题的路由信息。
  - subscriptionGroup.json：消费组的订阅关系。
  - consumerOffset.json：消费组在集群消费模式下的消息消费进度文件。
  - consumerFilter.json：基于 SQL92 表达式过滤的过滤规则存储文件。
  - delayOffset.json：延迟队列处理进度（延迟任务、消息消费重试队列）文件。
- lock：RocketMQ 存储目录文件锁，避免启动的多个进程占用同一个存储目录。
- checkpoint：检测点文件，用于记录 commitlog、ConsumeQueue、Index 文件的刷盘点。
- abort：用于判断 RocketMQ 是正常退出还是异常退出，检测依据：如果存在 abort 文件，说明 Broker 是非正常关闭的。该文件默认启动时创建，在正常退出之前删除。

1. commitlog 文件存储设计

我们知道 RocketMQ 的全部消息存储在 commitlog 文件中，每条消息的大小都不一致，那么如何对消息进行组织呢？当消息写入文件后，如何判定一条消息的开始与结束呢？

RocketMQ 消息的存储格式如图 5-14 所示。

msgLen	magicCode	bodyCrc	queueId	flag	queueOffset	physicalOffset	sysFlag	bornTimestamp	born host ip port	storeTimestamp	store host ip port	reconsumerTimes	Prepared Transaction Offset	bodyLenth	body	topicLenth	topic	propLen	prop
4字节	4字节	4字节	4字节	4字节	8字节	8字节	4字节	8字节		8字节		4字节	8字节	4字节	bodyLenth	2字节	topicLenth	2字节	propLen

如果是ipv4：5字节
如果是ipv6：6字节

图 5-14　RocketMQ 消息存储格式

具体格式如下所示。

- msgLen：4 字节，消息总长度。
- magicCode：4 字节，一个固定值，即通常所说的魔数（magic number），基本上可以通过该值来判断一个文件是不是 RocketMQ commitlog 存储文件。
- bodyCrc：4 字节，body 值的 CRC（循环冗余校验）校验和，主要用于判断数据存储到磁盘和加载过程中是否有损坏。
- queueId：4 字节，消息队列 ID。
- flag：4 字节，系统标记。
- queueOffset：8 字节，该消息在消费队列中的偏移量，也称逻辑偏移量。
- physicalOffset：8 字节，该消息在 commitlog 文件中的偏移量，也称物理偏移量。
- sysFlag：4 字节，系统标记，RocketMQ 最多只支持 32 个系统标记，目前已定义的系统标记如图 5-15 所示。

```java
public class MessageSysFlag {
    public final static int COMPRESSED_FLAG = 0x1;
    public final static int MULTI_TAGS_FLAG = 0x1 << 1;
    public final static int TRANSACTION_NOT_TYPE = 0;
    public final static int TRANSACTION_PREPARED_TYPE = 0x1 << 2;
    public final static int TRANSACTION_COMMIT_TYPE = 0x2 << 2;
    public final static int TRANSACTION_ROLLBACK_TYPE = 0x3 << 2;
    public final static int BORNHOST_V6_FLAG = 0x1 << 4;
    public final static int STOREHOSTADDRESS_V6_FLAG = 0x1 << 5;
```

图 5-15　目前已定义的系统标记

- bornTimestamp：8 字节，消息在客户端发送的时间戳。
- born host ip port：消息发送者的 IP 与端口号。如果是 IPv4，总共 5 字节；如果是 IPv6，总共 6 字节。
- storeTimestamp：8 字节，Broker 端存储的时间戳。
- store host ip port：Broker 端的 IP 与端口号。如果是 IPv4，总共 5 字节；如果是 IPv6，总共 6 字节。
- reconsumerTimes：4 字节，消息的重试次数。
- Prepared Transaction Offset：8 字节，事务消息的 PREPARE 消息对应的物理偏移量。

- bodyLenth：4 字节，用于存储消息体的长度。
- body：消息体的内容，长度为 bodyLenth 中存储的值。
- topicLenth：2 字节，主题名称的长度。
- topic：主题名称，长度为 topicLenth 中存储的值。
- propLen：2 字节，用于存储消息属性的长度。
- prop：消息属性，长度为 propLen 中存储的值。

通过学习 RocketMQ 消息存储协议，我们可以了解一种通用的数据存储格式定义实践：存储协议设计通常遵循 Header + Body 结构，并且 Header 部分是定长的，用于存放一些基本信息；body 部分则用于存储数据。

在 RocketMQ 的消息存储协议中，我们可以认为 msgLen（消息体的长度）是消息的 Header，固定占用 4 字节，后面所有的字段为协议的 body。

Header + Body 这种协议结构非常方便对消息进行解码。从文件中解码出一条消息可分成如下两个步骤。

(1) 先尝试读取个字节，如果能解析成一个有效的 int 类型，则得到这条消息的总长度，用 msgLen 表示；否则视之为一条无效的消息，表示此处还未存储消息。

(2) 然后一次性从文件中（通常会使用内存映射，则从内存中）读取 msgLen 字节的内容，表示一条完整的消息，然后按照消息存储格式，在这个数组中进行解析即可。

问题又来了：如何在一个文件中定位一条消息的起始位置呢？难道要从文件的开始处开始遍历？

正如关系型数据库会为每一条数据引入一个 ID 字段那样，在基于文件编程的模型中，也会为每一条消息引入一个身份标志：消息物理偏移量（physicalOffset），即消息存储在文件中的起始位置。示例如图 5-16 所示。

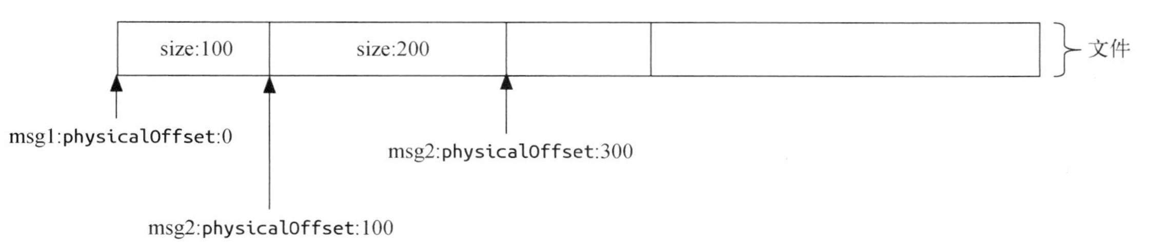

图 5-16　消息存储示例

有了文件的物理偏移量 + size，从一个文件中提取一条完整的消息就显得轻而易举了。结合消息的物理偏移量（commitlog 的文件名称就代表该文件中第一条消息的物理偏移量），定位消息就变得非常简单。

例如，目前 commitlog 目录下存在如下三个文件：00000000000000000000、00000000001073741824、00000000002147483648。一条消息的物理偏移量为 1073741829，通过二分查找，很容易定位到这条消息在第三个文件中，因为 1073741829 大于 1073741824 小于 2147483648，然后用消息的物理偏移量与 1GB 进行取模运算，就可以得出它在第三个文件中的相对偏移量，从而在指定位置尝试读取 4 字节就解析出该消息的长度，然后轻松地提取一条完整的消息。

当然值得说明的是，基于磁盘的存储机制，通常需要对存储的内容进行 CRC 校验。这主要是因为磁盘的存储不可靠，可能会使存储的内容发生变化。具体的做法通常是：在存储关键信息时，利用一定的算法对这些信息算出一个校验和，与内容一道存储到文件中；在读取该条消息时，再用同样的算法对读取到的数据计算一次校验和；如果两个校验和相同，则认为数据未损坏。

不得不说，尽管 RocketMQ 是一款优秀的消息中间件，但在消息存储协议上还是存在一些缺陷。Kafka 在 V1.0 的消息格式中引入了可变长字节存储技术，其核心思想是对于数值类型的数据，特别是值较少的字段，无须将一个 `int` 类型的字段固定为 4 字节，而是可以用 1~5 字节来编码一个 `int` 类型的字段，从而节省存储空间。

2. ConsumeQueue 文件存储设计

结合 commitlog 文件的存储设计，根据消息物理偏移量定位消息将十分高效，但消息中间件基本上都遵循订阅与发布机制，消费端是需要根据主题进行消费消息的。如果在 commitlog 文件中按照主题查询消息，性能将极其低下，几乎无法正常运转。为了解决这个问题，RocketMQ 引入了 ConsumeQueue 文件，使之能根据主题快速定位消息，其结构如图 5-17 所示。

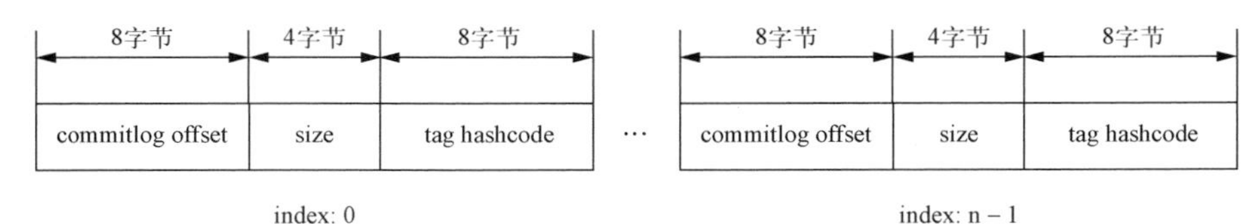

图 5-17　ConsumeQueue 文件的结构

正如 5.3.1 节中提到的，一个 ConsumeQueue 文件的长度为 300 000 × 20，其中 20 为每一个条目的长度，表示一个 ConsumeQueue 文件中存储了 300 000 个条目。让我们运用一下抽象思维：如果将一个 ConsumeQueue 文件全部加载到内存，是不是就可以将该文件看成一个数组，其中每个元素占用 20 字节，这样就可以用数组下标的方式高效地访问数据。

ConsumeQueue 中每一个条目的存储格式如下。

- 8 字节的 commitlog 偏移量，即消息的物理偏移量。

- 4 字节的消息长度。
- 8 字节的 `tag`：hashcode。RocketMQ 提供了基于消息 TAG 的过滤机制，每一条消息都可以设置一个 `tag`。

设计精华：RocketMQ 为了保证可以采用类似数组的方式高效访问 ConsumeQueue 中的条目，在存储消息 `tag` 时并没有选择直接存储消息 `tag` 的字符串值，而是存储其 hashcode。众所周知，存在不同的字符串产生相同 hashcode 的情况，会影响消息过滤的准确性，但这个问题在消费端可以非常轻松地解决。

结合 ConsumeQueue 文件的存储设计理念，我不由得感叹：原来遇到查询慢就"**创建索引**"的解决方法，在 RocketMQ 文件存储中也屡试不爽。ConsumeQueue 文件其实就是为 commitlog 文件创建的索引文件，是基于 topic/queue/consumequeueitem 下标建立的索引文件。

ConsumeQueue 中的下标在 RocketMQ 中称为逻辑偏移量，用 `queueOffset` 表示。消费端消费进度中存储的消费位置就是 `queueOffset`。

3. Index 文件存储设计

消息消费队列是 RocketMQ 专门为消息订阅构建的索引文件，用来提高根据主题与消息队列检索消息的速度。另外，RocketMQ 还引入了 Hash 索引机制为消息建立索引。`HashMap` 的设计包含两个基本点：Hash 槽与 Hash 冲突的链表结构。RocketMQ 的索引文件布局如图 5-18 所示。

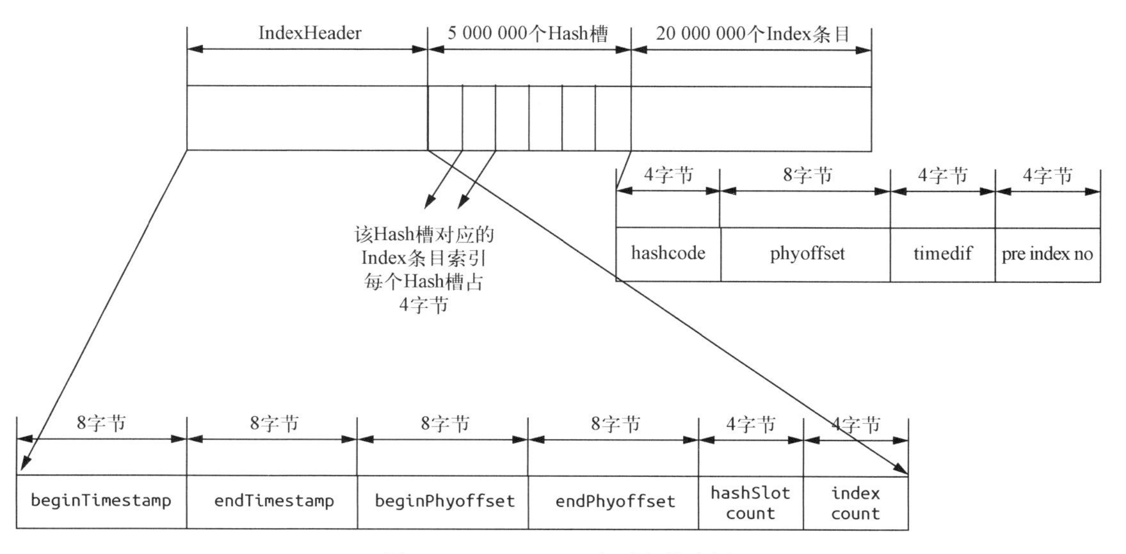

图 5-18　RocketMQ 索引文件布局

Index 文件总共包含 IndexHeader、Hash 槽、Index 条目三部分。

(1) IndexHeader 即头部，包含 40 字节，用于记录该 Index 文件的统计信息，其结构如下。

- beginTimestamp：该索引文件中包含消息的最小存储时间。
- endTimestamp：该索引文件中包含消息的最大存储时间。
- beginPhyoffset：该索引文件中包含消息的最小物理偏移量（commitlog 文件偏移量）。
- endPhyoffset：该索引文件中包含消息的最大物理偏移量。
- hashSlotcount：hashslot 的个数，并不是 Hash 槽使用的个数，在这里意义不大。
- index count：Index 条目列表当前已使用的个数，Index 条目在 Index 条目列表中按顺序存储。

(2) 一个 Index 文件默认包含 5 000 000 个 Hash 槽。Hash 槽存储的是落在该 Hash 槽的 hashcode 最新的 Index 索引。默认一个索引文件包含 20 000 000 个条目，每一个 Index 条目结构如下。

- hashcode：key 的 hashcode。
- phyoffset：消息对应的物理偏移量。
- timedif：该消息存储时间与第一条消息的时间戳的差值，若小于 0 则该消息无效。
- pre index no：该条目前一条记录的 Index 索引，当出现 Hash 冲突时，构建的链表结构。

- 如何定位 Index 文件

通过前面的介绍，Index 文件是直接使用创建 Index 文件的当前时间戳命名的，那么当客户端发起 key 查询时，RocketMQ 该如何快速定位文件呢？

为了提升 RocketMQ 按照 key 检索消息的性能，定位时必须包含如下几个查询条件：

- 开始时间戳、结束时间戳；
- 查询的最大消息条数。

RocketMQ 定位 Index 文件，采取的方式是从 Index 文件目录下的最后一个文件向前开始遍历，但并不需要从头到尾地遍历每一个文件，而是先读取 Index 文件头部的 beginTimestamp、endTimestamp 这两个字段，并与待查询的时间戳进行对比。如果查询到时间戳在这个文件存储的范围内，才在该文件中查找。

退出查找也包含两个条件：

- 已查询出指定消息条数；
- 时间戳不匹配。

- Index 写入流程

了解了索引文件的存储结构，下面来学习 Index 是如何写入流程的。一个索引项写入索引文件的流程如图 5-19 所示。

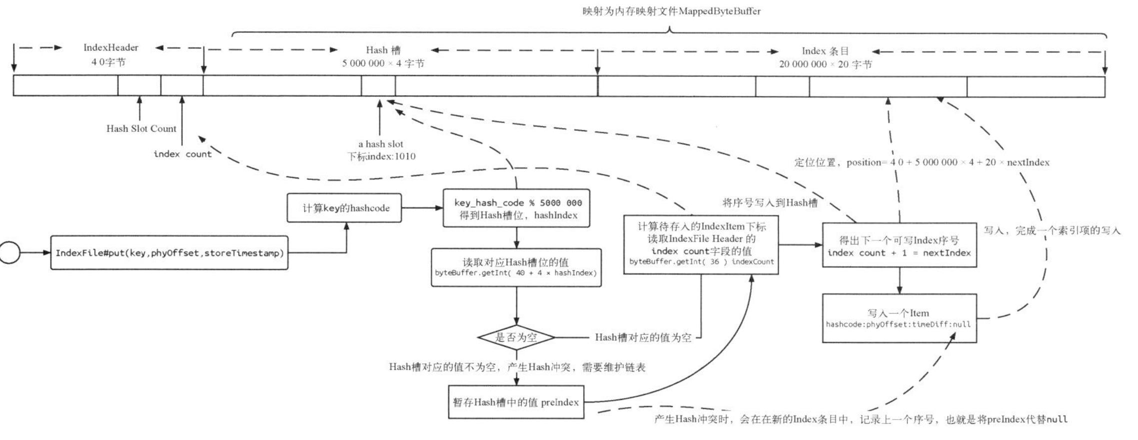

图 5-19 Index 文件写入流程

核心流程如下。

(1) 计算 `key` 的 hashcode，并与总的 Hash 槽进行取模运算，得出该 `key` 所在的 Hash 槽。

(2) 从 byteBuffer 中读取 Hash 槽中存储的值，其具体定位算法：`40 + hashIndex × 4`。

(3) 对 Hash 槽中存储的数据进行校验，该值用 preIndex 表示，这里分成两种情况。

1) 存储的值无效或为 –1。

a. 读取 IndexHeader 的 `index count` 字段，得出当前 Index 文件中已经存储的 Index 条目个数，然后再加一得出下一个可写的 Index 条目下标，用 nextIndex 表示。

b. 根据 nextIndex 算出 Index 条目写入的起始位置，定位算法：40 + 5 000 000 × 4 + 20 × nextIndex。

c. 构建 IndexItem（`hashcode:phyOffset:timeDiff:null`），然后写入 Index 文件。

d. 将 nextIndex 的值写入到 `key` 对应的 Hash 槽中，也就是说 Hash 槽中存储的是条目对应的 IndexItem 下标。

2) 存储的值有效，说明该槽已经存储过数据，产生了 Hash 冲突。

a. 先暂存该 preIndex 的值。

b. 读取 Index 文件头部的 `index count` 字段，得出当前 Index 文件中已经存储的 Index 条目个数，然后再加一得出下一个可写的 Index 条目下标，用 nextIndex 表示。

c. 根据 nextIndex 算出 Index 条目写入的起始位置，定位算法：40 + 5 000 000 × 4 + 20 × nextIndex。

d. 构建 IndexItem（`hashcode:phyOffset:timeDiff:` **`preIndex`**）。这里是关键，即如果发生了 Hash 冲突，新条目的 pre index no 字段会存储上一个 `key` 对应的 Index 表，

从而构建一个链表。

e. 将 nextIndex 的值写入 key 对应的 Hash 槽。

- 按照 key 查询消息

按照 key 查询首先需要按照前面所讲的方式定位到 Index 文件，在 Index 文件中的检索流程如图 5-20 所示。

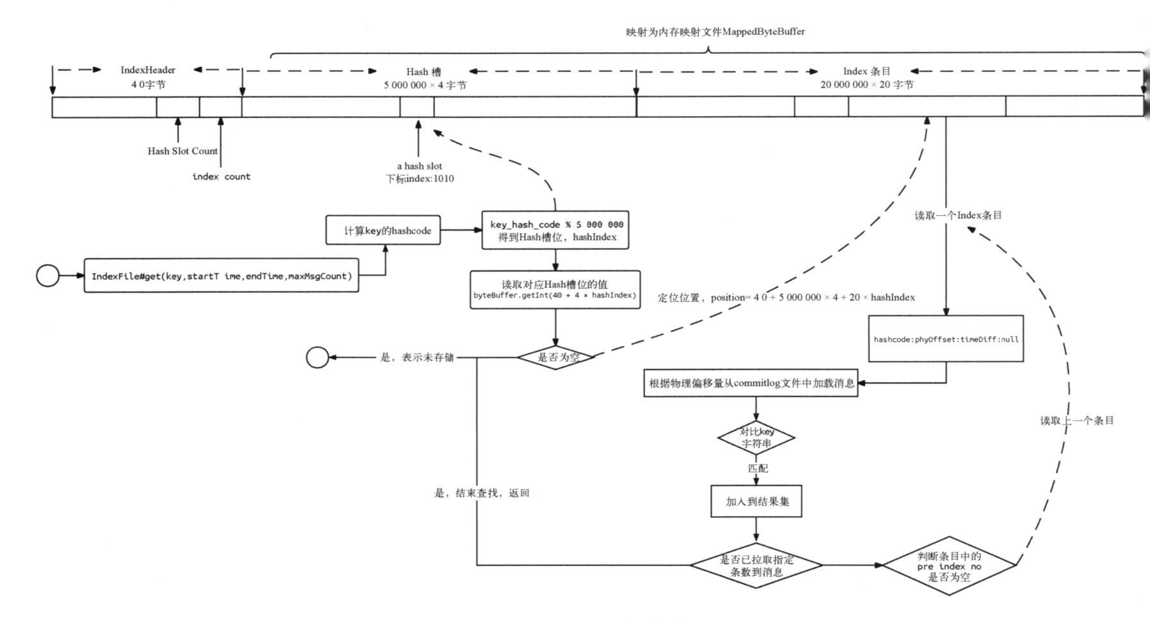

图 5-20　Index 文件检索流程

核心流程如下。

(1) 计算 key 的 hashcode，并与总的 Hash 槽进行取模运算，得出该 key 所在的 Hash 槽。

(2) 从 byteBuffer 中读取 Hash 槽中存储的值，其具体定位算法：40 + hashIndex ×4。

(3) 对 Hash 槽中存储的数据进行校验，该值用 indexNum 表示。如果 indexNum 为 null，表示未找到消息，直接返回 null。

(4) 如果 indexNum 不为空，则从 Index 文件中读取到该条目，提取到消息的物理偏移量，然后在 commitlog 文件中查找消息。将验证消息中存储的 key 与查询条件中的 key 进行对比，如果匹配，则将其加入返回结果。

(5) 判断已匹配的消息条数。如果匹配到的消息小于查询条件中的最大消息条数，则判断条目中的 pre index no，如果 pre index no 为空：表示没有其他消息，将结果直接返回；否则继续读取 pre index no 对比的条目，重复步骤(4)。

5.3.2 顺序写

基于磁盘的读写，提高写入性能的另一个设计是磁盘顺序写。磁盘顺序写被广泛应用在基于文件的存储模型中。大家不妨思考一下 MySQL Redo 日志的引入目的。我们知道，在 MySQL InnoDB 的存储引擎中有一个内存 Pool，用来缓存磁盘的文件块。当更新语句修改数据后，会首先在内存中进行修改，然后将变更后的数据写入 redo 文件（关键是会执行一次 `force` 方法，同步刷盘，确保数据被持久化到磁盘中），但此时并不会同步数据文件，其操作流程如图 5-21 所示。

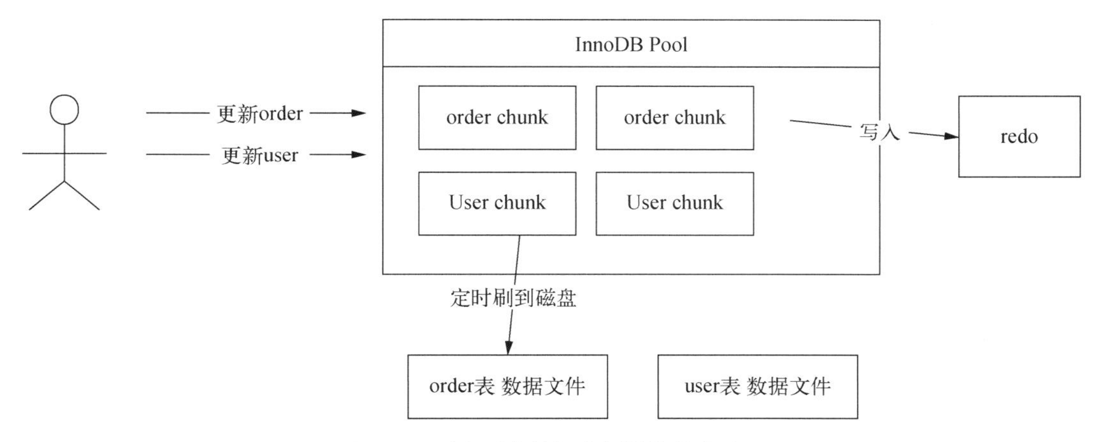

图 5-21 顺序写在数据库领域的操作流程

如果在不引入 redo 的情况下更新 order 和 user，首先会更新 InnoDB Pool（更新内存），然后定时刷写到磁盘。由于不同的表对应的数据文件不一致，如果每次一更新内存中的数据就刷盘，那么会发生大量的随机写磁盘，性能低下。为了避免这个问题，首先会引入一个顺序写 redo 日志，然后定时把内存中的数据同步到数据文件。虽然引入了多余的 redo 顺序写，但整体上的性能更好。从这里也可以看出顺序写的性能比随机写要高不少。

因此，在设计基于文件的编程模型时，一定要设计成顺序写。顺序写有一个非常特别的点：只追究，不更新。

RocketMQ 追求极致的顺序写，所有主题的消息都按到达顺序追加到 commitlog 文件中，这极大地降低了写入延迟。

5.3.3 内存映射与页缓存

在基于文件编程的模型中，为了方便数据的删除，通常采用小文件，并且使用固定长度的文件。例如，RocketMQ 中的 commitlog 文件夹会生成很多大小相等的文件，如图 5-22 所示。

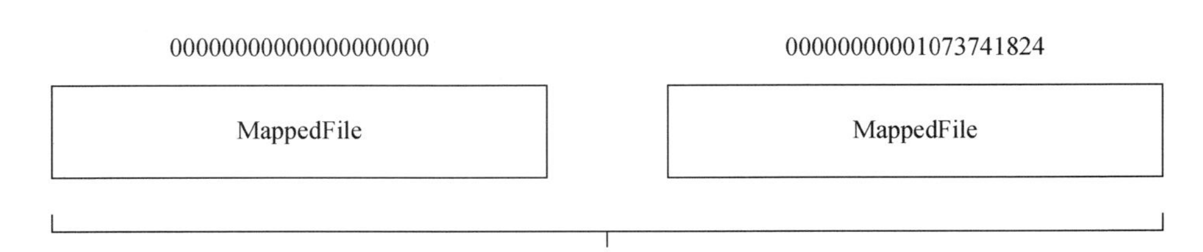

图 5-22　commitlog 的文件布局方式

使用定长文件的主要目的是方便进行内存映射。通过内存映射机制，将磁盘文件映射到内存，以一种访问内存的方式访问磁盘，极大地提高了文件的操作性能。

在 Java 中使用内存映射的示例代码如下：

```
FileChannel fileChannel = new RandomAccessFile(this.file, "rw").getChannel();
MappedByteBuffer mappedByteBuffer = this.fileChannel.map(MapMode.READ_WRITE, 0, fileSize);
```

在 Linux 操作系统中，基本可以将 MappedByteBuffer 看成页缓存（Page Cache）。Linux 操作系统的内存在使用策略时，会最大可能地利用机器的物理内存，并常驻内存中，这就是所谓的页缓存。只有在操作系统的内存不够的情况下，才会采用缓存置换算法，例如 LRU（least recently used，最近最少使用），将不常用的页缓存回收。也就是说，操作系统会自动管理这部分内存，无须使用者关心。如果在页缓存中查询数据时未命中，会产生缺页中断，操作系统会自动将文件中的内容加载到页缓存。

内存映射，即将磁盘数据映射到内存，也就是向内存映射中写入数据。这些数据并不会立即同步到磁盘，需通过定时刷盘或由操作系统决定何时将数据持久化到磁盘。因此，如果 RocketMQ Broker 进程异常退出，存储在页缓存中的数据并不会丢失，操作系统会定时将页缓存中的数据持久化到磁盘，做到安全可靠。不过，如果出现机器断电等异常情况，存储在页缓存中的数据就有可能丢失。

5.3.4　内核级读写分离

RocketMQ 基于内存映射机制，所以消息写入和消息读取都严重依赖操作系统的 Page Cache。如果发生 Page Cache 抖动，将严重影响消息的写入性能。为此，RocketMQ 引入了内核级别的读写分离，其实现原理如图 5-23 所示。

transientStorePoolEnable = false

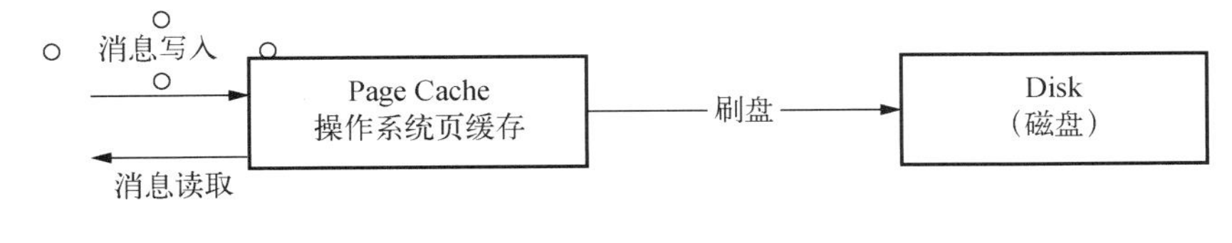

transientStorePoolEnable = true

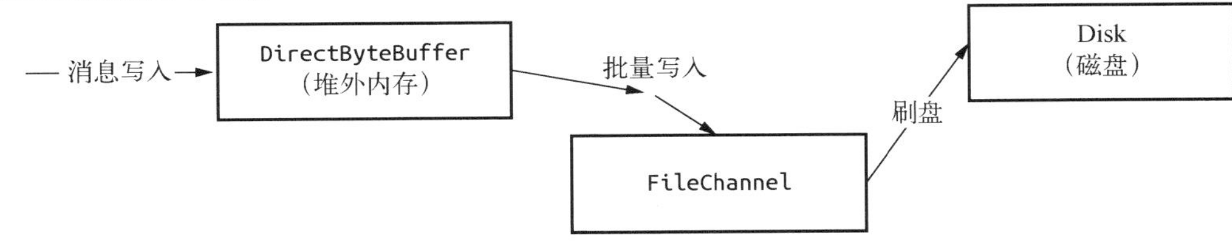

图 5-23 内核级别的读写分离实现原理

在 RocketMQ 中可以通过将 `transientStorePoolEnable` 设置为 `true`，开启内核级别的读写分离。具体实现要点如下。

服务端在处理消息写入时不再将数据直接写入 Page Cache，而是先将数据写入堆外内存，然后开启一个定时线程，将堆外内存中的数据**定时按批次**提交到 `FileChannel` 中，并定时刷写到磁盘，从而大大减少 Page Cache 写操作的次数；与此同时，消息拉取时会从 Page Cache 中读取数据。如果 Page Cache 中未命中目标，则会触发操作系统层面的缺页中断，将数据从磁盘加载到 Page Cache，这样就实现了读写分离。

RocketMQ 为了提高堆外内存的写入性能，进行了内存锁定，确保用于写入 commitlog 文件的堆外内存常驻，避免因缺页中断带来性能损耗。执行内存锁定的代码如图 5-24 所示。

```java
public void mlock() {
    final long beginTime = System.currentTimeMillis();
    final long address = ((DirectBuffer) (this.mappedByteBuffer)).address();
    Pointer pointer = new Pointer(address);
    {
        int ret = LibC.INSTANCE.mlock(pointer, new NativeLong(this.fileSize));
        log.info( var1: "mlock {} {} {} ret = {} time consuming = {}", ...var2: address, this.fileName, this.fileSize, ret, System.currentTimeMillis() - beginTime);
    }

    {
        int ret = LibC.INSTANCE.madvise(pointer, new NativeLong(this.fileSize), LibC.MADV_WILLNEED);
        log.info( var1: "madvise {} {} {} ret = {} time consuming = {}", ...var2: address, this.fileName, this.fileSize, ret, System.currentTimeMillis() - beginTime);
    }
}
```

图 5-24 执行内存锁定的代码

内存锁定的具体实现主要依托一个第三方 C++库，直接调用其锁定方法即可。

5.3.5 刷盘机制

在基于文件的编程模型中为了提高文件的写入性能，通常会引入内存映射机制。但凡事都有利有弊，引入了内存映射、页缓存等机制，数据首先会写入页缓存，但是此时并没有真正地将其持久化到磁盘。那么当 Broker 收到客户端的消息发送请求时，是将其存储到页缓存中就直接返回成功，还是要持久化到磁盘中才返回成功呢？

这里需要做权衡，是在性能与消息可靠性方面的权衡。为此 RocketMQ 提供了多种持久化策略，比如同步刷盘和异步刷盘。

“刷盘”这个词是不是听起来难度很大呢？其实这并不是一个什么神秘高深的词语。所谓的刷盘就是将内存中的数据保存到磁盘，在代码层面其实是调用了 `FileChannel` 或 `MappedByteBuffer` 的 `force` 方法，其截图如图 5-25 所示。

```
try {
    //We only append data to fileChannel or mappedByteBuffer, never both.
    if (writeBuffer != null || this.fileChannel.position() != 0) {
        this.fileChannel.force( metaData: false);
    } else {
        this.mappedByteBuffer.force();
    }
} catch (Throwable e) {
    log.error("Error occurred when force data to disk.", e);
}
```

图 5-25　force 方法

RocketMQ 根据刷盘时机，分为同步刷盘机制与异步刷盘机制。接下来分别详细介绍这两种刷盘机制。

1. 同步刷盘机制

同步刷盘指的是 Broker 端在收到消息发送者的消息后，将内容写入内存并持久化到磁盘，之后才向客户端返回消息发送成功。

思考： RocketMQ 的同步刷盘是一次消息写入只将一条消息刷写到磁盘吗？答案是否定的。

在 RocketMQ 中同步刷盘的入口为 commitlog 文件的 `handleDiskFlush`，同步刷盘的截图如图 5-26 所示。

```
// Synchronization flush
if (FlushDiskType.SYNC_FLUSH == this.defaultMessageStore.getMessageStoreConfig().getFlushDiskType()) {
    final GroupCommitService service = (GroupCommitService) this.flushCommitLogService;
    if (messageExt.isWaitStoreMsgOK()) {
        GroupCommitRequest request = new GroupCommitRequest( nextOffset: result.getWroteOffset() + result.getWroteBytes());
        service.putRequest(request);
        boolean flushOK = request.waitForFlush(this.defaultMessageStore.getMessageStoreConfig().getSyncFlushTimeout());
        if (!flushOK) {
            log.error( var1: "do groupcommit, wait for flush failed, topic: " + messageExt.getTopic() + " tags: " + messageExt.getTags(
                + " client address: " + messageExt.getBornHostString());
            putMessageResult.setPutMessageStatus(PutMessageStatus.FLUSH_DISK_TIMEOUT);
        }
    } else {
        service.wakeup();
    }
}
```

图 5-26　同步刷盘

这里有两个核心关键点。

- 用来处理同步刷盘服务的类为 `GroupCommitService`，名字中的 Group 即“组提交”。这能说明一次刷盘并不只刷写一条消息，而是一组消息。
- 这里使用了一种编程技巧：使用 `CountDownLatch` 的编程设计模式，发起一个异步请求，然后调用带过期时间的 `await` 方法等待异步处理结果，即同步转异步编程模型，以实现业务逻辑的解耦。

接下来继续探讨组提交的设计理念。组提交的代码实现如图 5-27 所示。

```
for (GroupCommitRequest req : this.requestsRead) {
    // There may be a message in the next file, so a maximum of
    // two times the flush
    boolean flushOK = false;
    for (int i = 0; i < 2 && !flushOK; i++) {
        flushOK = CommitLog.this.mappedFileQueue.getFlushedWhere() >= req.getNextOffset();

        if (!flushOK) {
            CommitLog.this.mappedFileQueue.flush( flushLeastPages: 0);
        }
    }
    req.wakeupCustomer(flushOK);
}
```

图 5-27　组提交的实现代码

判断一条刷盘请求成功的条件是当前已刷盘指针大于该条消息对应的物理偏移量（这里使用了刷盘重试机制）。然后唤醒主线程并返回刷盘结果。

组提交的核心理念是，在调用刷盘时使用 `MappedFileQueue.flush` 方法。该方法并不是只将一条消息写入磁盘，而是会将当期未刷盘的数据一次性刷写到磁盘。既然是组提交，故即使在同步刷盘情况下，也并不是每一条消息都会被执行 `flush` 方法的。为了更直观地展现组提交的设计理念，给出如图 5-28 所示的流程图。

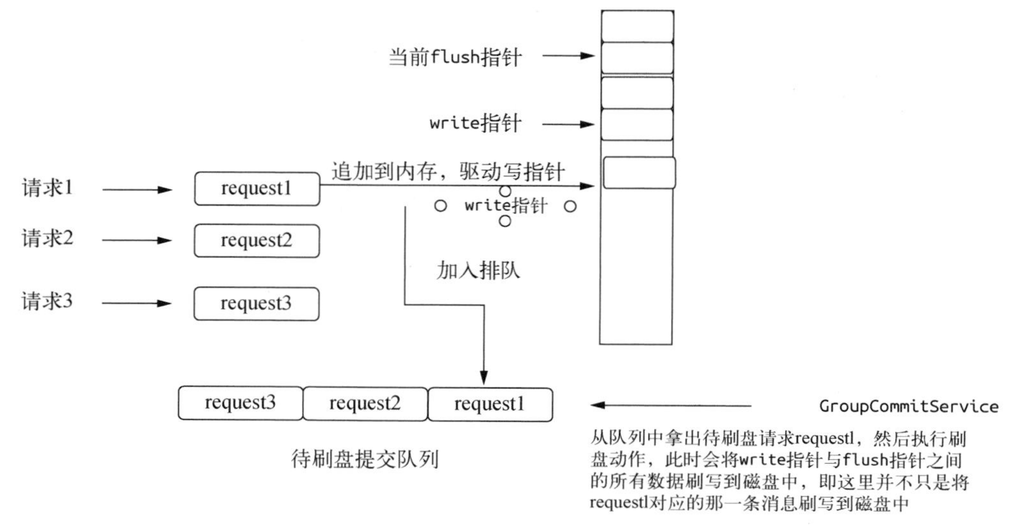

图 5-28　组提交流程图

组提交的具体实现步骤如下。

(1) RocketMQ 消息发送处理线程（`SendMessageThread`）将消息写入内存，并驱动 `write` 指针，将其放入待刷盘等待队列。

(2) `GroupCommitService` 从待刷盘队列中获取一个待刷盘任务，判断该请求是否成功刷盘。判断的依据如下：

- 如果当前已刷盘的指针（`flushedWhere`）大于消息的物理偏移量，表示该批数据已经刷写到磁盘中，可以向客户端返回写入成功；
- 如果当前已刷盘的指针小于消息的物理偏移量，说明该消息还未被刷写到磁盘，此时调用 `flush` 方法将当前未被刷盘的数据（`write` 指针和 `flush` 指针之间的全部数据）一批刷写到磁盘中。

2. 异步刷盘机制

同步刷盘的优点是可以保证消息不丢失，即向客户端返回成功就代表这条消息已被持久化到磁盘。这表示消息非常可靠，但是以牺牲写入性能为前提条件的。

由于 RocketMQ 的消息是先写入 Page Cache 的，只有操作系统崩溃才有可能导致消息丢失。如果使用者能容忍一定概率的消息丢失或者可以通过较低的成本快速将消息找回，为了节省硬件资源的投入，我们可以考虑使用异步刷盘机制，从而提高并发性。

异步刷盘指的是 Broker 将消息存储到 Page Cache 后立即返回成功，然后开启一个异步线程定时执行 `FileChannel` 的 `force` 方法，将内存中的数据定时刷写到磁盘，默认间隔为 500ms。RocketMQ 的异步刷盘实现类为 `FlushRealTimeService`，其基本的流程如图 5-29 所示。

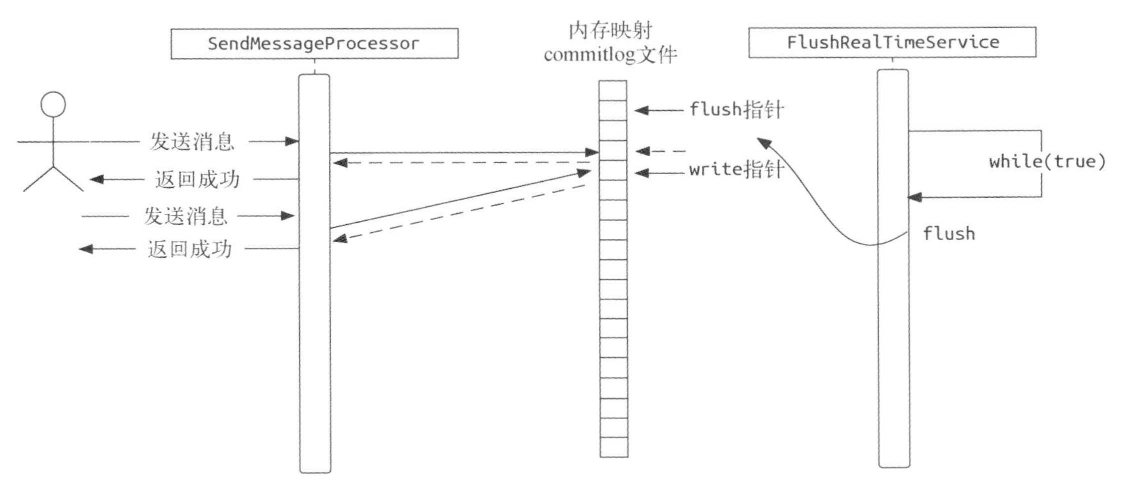

图 5-29 异步刷盘基本流程

异步刷盘与同步刷盘最大的区别就是，一旦消息发送线程 `SendMessageProcessor` 将消息写入内存就立即返回，大大降低了消息写入的延迟。

同步刷盘与异步刷盘在技术实现上其实非常类似，它们背后蕴含的深层次思想是：**批处理**。

异步刷盘在实现上引入了 `flushCommitLogLeastPages` 参数，表示一次刷盘动作至少要刷写到磁盘的页数。如果当前没有足够的数据待刷盘，则本次不执行真实的刷盘动作。刷盘是一个耗性能的重操作，通过该机制可以有效降低刷盘的频率，提高文件读写效率。

但这种机制会带来一个问题：如果数据迟迟没有达到可执行刷盘的页数，则这部分数据就迟迟无法被刷写到磁盘，加大了消息丢失的概率。故为了提高刷盘的及时性，RocketMQ 引入了另外一个参数：`flushCommitLogThoroughInterval`，即两次刷盘的最大间隔时间默认为 10 秒。无论当前需要刷盘的数据有多少，如果两次刷盘的间隔时间超过 `flushCommitLogThoroughInterval` 设置的值，就强制执行一次刷盘动作。

5.3.6 文件恢复

首先我们来回顾一下 RocketMQ 的文件转发机制，如图 5-30 所示。

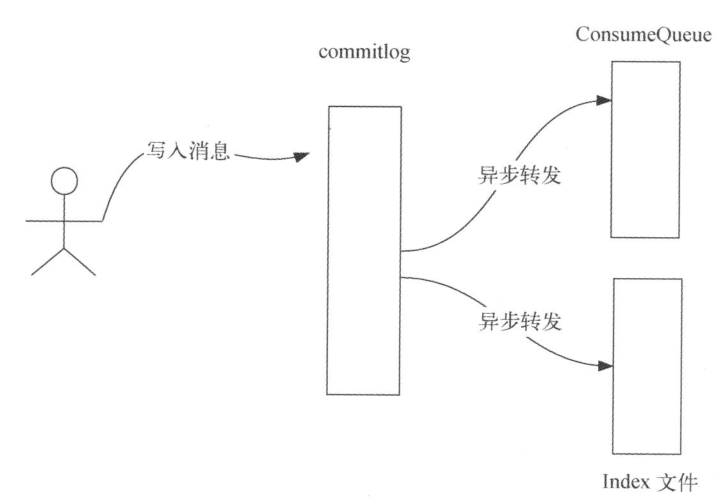

图 5-30 RocketMQ 的文件转发机制

在 5.3.1 节提到过，ConsumeQueue 文件与 Index 文件都可以看成 commitlog 文件的索引文件。既然是索引文件，就必然会选择异步构建，否则会影响消息写入的响应时间。但是选择使用异步构建，就有可能导致 ConsumeQueue 文件中的数据与 commitlog 文件中的数据不一致。例如，在关闭 RocketMQ 时，commitlog 中的部分数据并没有转发给 ConsumeQueue。

在讲解 RocketMQ 文件恢复机制之前，先介绍几个异常场景。

- 消息已写入 commitlog 文件，并且采用同步刷盘机制。即消息已经写入 commitlog 文件，但在准备转发给 ConsumeQueue 文件时由于断电等异常，导致消息在 ConsumeQueue 中并未成功被存储。
- 在刷盘的时候累积了 100MB 的消息，我们准备将这 100MB 消息都刷写到磁盘中。但由于机器突然断电，只刷写了 50MB 到 commitlog 文件。这个时候可能一条消息只部分写入了磁盘。
- 细心的你应该能看到，在 RocketMQ 的存储目录下有一个叫 checkpoint 的文件，其作用是记录 commitlog 等文件的刷盘点。RocketMQ 在刷盘时首先将数据刷写入 commitlog 文件，然后才会将刷盘点记录到 checkpoint 文件，但是此时的刷盘点未写入 checkpoint 就丢失了。

该如何处理这些异常场景呢？接下来的讲解将解开上述谜团。

文件恢复主要考虑两个关键点：

- **定位从哪个文件开始恢复；**
- **如何恢复文件。**

1. 正常退出定位文件

在 RocketMQ 启动时会创建一个名为 abort 的文件，文件目录如图 5-31 所示，然后在正常退出时会删除该文件。故要判断 RocketMQ 进程是否发生异常退出，只需要查看 abort 文件是否存在即可。如果存在就表示发生异常退出。

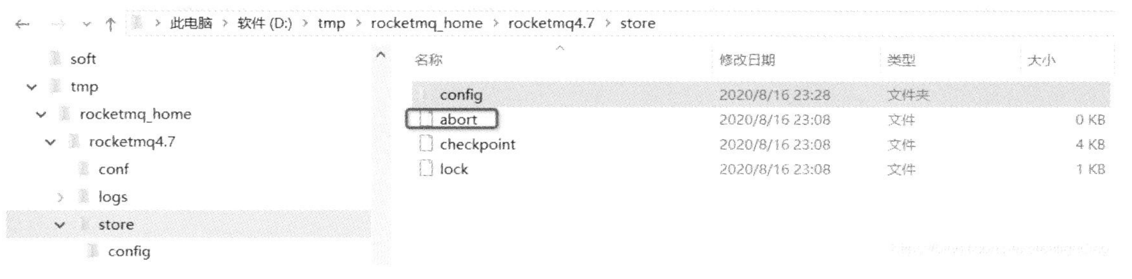

图 5-31 abort 文件目录

正常退出文件的定位策略如下。

- ConsumeQueue 文件的定位策略：按照主题进行恢复的，从第一个文件开始恢复。
- commitlog 文件定位策略：恢复 commitlog 时从倒数第三个文件开始尝试向后恢复。

2. 异常退出定位文件

在 RocketMQ 正常退出时，代码直接固定从倒数第三个文件开始恢复。这看似存在风险，其实不然，因为无论是同步刷盘还是异步刷盘，当一个文件写满、触发刷盘动作后，这个文件就会被刷写到磁盘中。

异常退出存在太多不可控因素，这个时候就不能这么“随意”了，必须严谨。如何严谨地提高定位的效率呢？

首先可以借助 checkpoint 文件，其结构如图 5-32 所示。

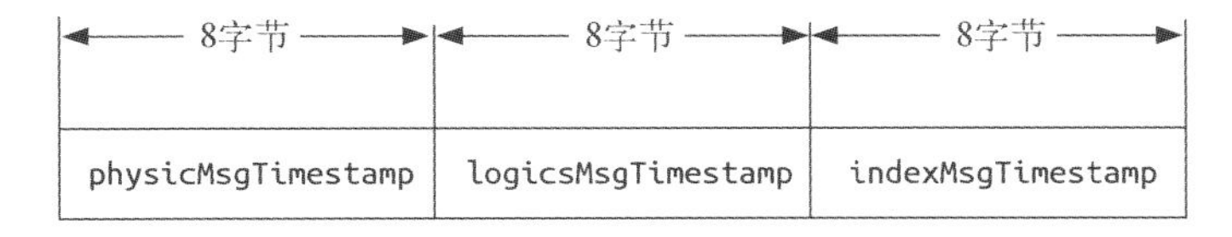

图 5-32 checkpoint 的文件结构

图 5-32 中的各部分具体解释如下。

- `physicMsgTimestamp`：commitlog 文件最后刷盘的时间点。
- `logicsMsgTimestamp`：ConsumeQueue 文件最后刷盘的时间点。

- indexMsgTimestamp：Index 文件最后刷盘的时间点。

该文件的刷盘机制如图 5-33 所示。

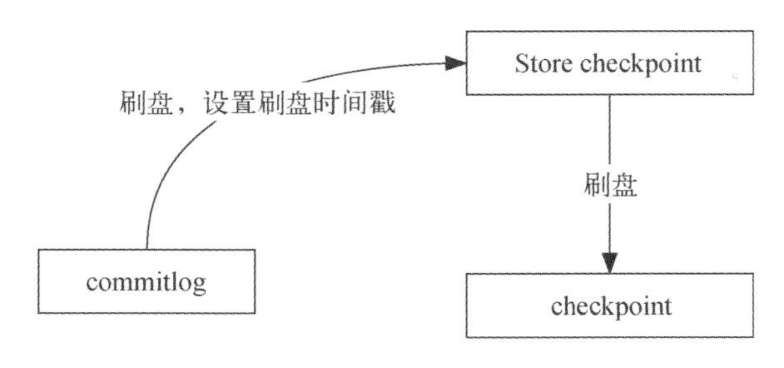

图 5-33　checkpoint 文件的刷盘机制

从这里可以看出，commitlog 刷盘成功后，会将刷盘时间点存储到 checkpoint 文件中，然后再刷写到磁盘。根据上述机制可以得出如下结论：在 checkpoint 中存储的刷盘点以前的数据一定会被写入磁盘，但在 checkpoint 中存储的刷盘点后的数据也有可能被刷写到磁盘。

基于 checkpoint 文件的特点，在异常退出时定位文件恢复的策略如下。

- ConsumeQueue 文件的定位策略：按照主题进行恢复的，从第一个文件开始恢复。
- commitlog 文件的定位策略：从最后一个 commitlog 文件逐步向前寻找。读取该文件中第一条消息的存储时间，并与 checkpoint 的刷盘时间进行对比：
  - 如果文件中第一条消息的存储时间小于 checkpoint 文件中的刷盘时间，则从这个文件开始恢复；
  - 如果文件中第一条消息的存储时间大于 checkpoint 文件中的刷盘时间，说明不能从这个文件开始恢复，需要找上一个文件。

3. 如何进行文件恢复

RocketMQ 根据是异常退出还是正常退出，定位到文件后，执行的恢复方法如下。

- 首先尝试恢复 ConsumeQueue 文件，根据 ConsumeQueue 的存储格式（8 字节物理偏移量、4 字节长度、8 字节 tag hashcode），找到最后一条完整的消息格式所对应的物理偏移量，用 maxPhysicalOfConsumeque 表示。
- 然后尝试恢复 commitlog 文件，首先通过文件的魔数来判断该文件是否是一个 commitlog 文件，然后按照消息的存储格式去寻找最后一条合格的消息，拿到其物理偏移量：
  - 如果在 commitlog 文件中的有效偏移量小于 ConsumeQueue 中存储的最大物理偏移量，将会删除 ConsumeQueue 中多余的内容；

- 如果在 commitlog 文件中的有效偏移量大于 ConsumeQueue 中的最大物理偏移量，说明 ConsumeQueue 中的内容少于 commitlog 文件中存储的内容，则会重新推送，即 RocketMQ 会将 commitlog 文件中的多余消息重新进行转发，从而最终实现 commitlog 文件与 ConsumeQueue 文件最终能保持一致。

5.3.7 零拷贝

在面向文件、面向网络的编程模型中，“零拷贝”这个词出现的频率是非常高的，所谓零拷贝，就是将“CPU 参与数据复制的次数”降低为 0。

本书并不打算普及 Java 零拷贝相关的基础理论知识，大家如果不太了解，可以自行上网查找资料。这里我们看一下 RocketMQ 在消息消费时是如何基于 Netty 使用零拷贝的，其使用代码如图 5-34 所示。

```
try {
    FileRegion fileRegion =
        new ManyMessageTransfer(response.encodeHeader(getMessageResult.getBufferTotalSize()), getMessageResult);
    channel.writeAndFlush(fileRegion).addListener(new ChannelFutureListener() {
        @Override
        public void operationComplete(ChannelFuture future) throws Exception {
            getMessageResult.release();
            if (!future.isSuccess()) {
                log.error("transfer many message by pagecache failed, {}", channel.remoteAddress(), future.cause());
            }
        }
    });
} catch (Throwable e) {
    log.error("transfer many message by pagecache exception", e);
    getMessageResult.release();
}
```

图 5-34 零拷贝实现代码

下面介绍零拷贝实现的关键要点。

在消息读取场景中，首先基于内存映射获取一个 `ByteBuf`，该 `ByteBuf` 中的数据并不需要先加载到堆内存中。然后将要发送的 `ByteBuf` 封装在 Netty 的 `FileRegion` 中，最后实现其 `transferTo` 方法即可，其底层实现为 `FileChannel` 的 `transferTo` 方法。

5.4 消息消费

本节将介绍 RocketMQ 消息消费相关的实现原理。

5.4.1 并发消费拉取模型

RocketMQ 支持并发消费与顺序消费两种消费方式。二者中消息的拉取与消费模型基本一致，只是顺序消费在某些环节为了保证顺序性，需要引入锁机制。RocketMQ的消息拉取与消费模式如图5-35所示。

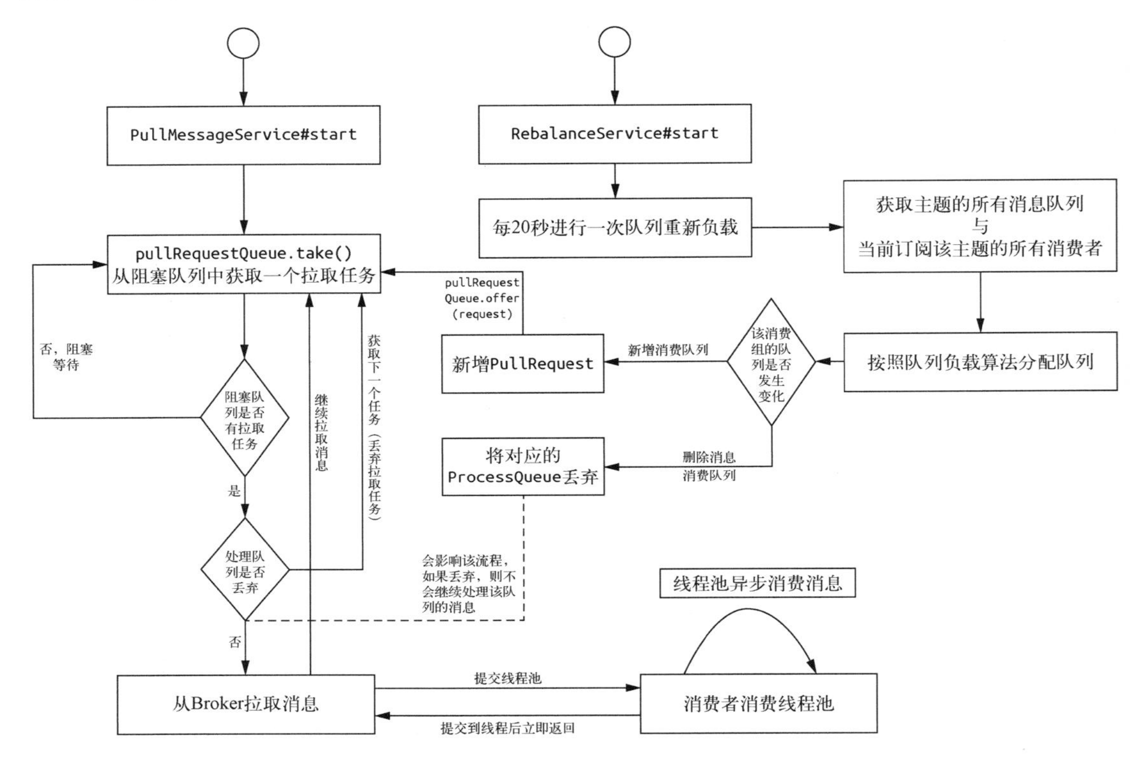

图5-35　RocketMQ的消息拉取与消费模式

图5-35中的两个核心类介绍如下。

- PullMessageService（消息拉取线程）：RocketMQ消息拉取线程。一个MQClientInstance客户端创建一个PullMessageService线程，一个MQClientInstance包含多个消息组。
- RebalanceService（重平衡线程）：消费组消费队列重平衡线程，一个MQClientInstance客户端创建一个RebalanceService线程，内部会轮询当前消费组列表，依次触发消费组重平衡。

PullMessageService与RebalanceService两个线程共同协作，完成消息的拉取。

核心流程如下所示。

(1) PullMessageService线程启动，从阻塞队列pullRequestQueue中获取一个拉取任务，初次启动时该队列中没有拉取任务，PullMessageService线程将阻塞。

(2) RebalanceService线程启动，该线程会每20秒进行一次队列重平衡，每一次重平衡会遍历当前客户端所有消费组，每一个消费组都触发重平衡。

1) 获取消费组所有在线的客户端集合并排序。
2) 获取消费组订阅主题的路由信息（队列列表）。
3) 按照队列负载算法，计算出该消费组应该分配到的队列集合。
4) 用新分配到的队列集合与上一次分配的集合进行对比，分为两种情况。

- 如果一个队列在新分配的集合中存在，但不在上一次分配的队列集合中，表示本次队列是重平衡后新增加的队列。新增一个 PullRequest 拉取任务，放入 PullMessageService 维护的阻塞队列 pullRequestQueue，并唤醒 PullMessageService 线程，从而触发消息拉取动作；
- 如果一个队列在新分配的集合中不存在，但在上一次分配的队列集合中存在，表示该队列是重平衡后需要删除的队列。该队列被分配给其他消费者，当前消费者需要停止对该队列的消费，故设置为 drop，并删除对应的 PullRequest。

(3) RebalanceService 线程触发一次重平衡后，会生成该消费者对应的拉取任务，从而放入阻塞队列，继而唤醒 PullMessageService 线程。PullMessageService 线程会从阻塞队列中依次获取任务进行消息拉取，也就是 PullMessageService 线程一次只会处理一个 PullRequest 任务，即一次拉取请求只会拉取其中一个队列中的数据。

(4) PullMessageService 线程在向 Broker 发起消息拉取请求之前，需要获取从哪个位置开始拉取。通常需要通过 RocketMQ 消息进度管理器查询上一次的消费位点，从上一次的位点继续开始消费；如果未查询到消费位点，则根据位点重置策略从最新、最早的时间或指定时间戳查找位点进行消费。

(5) PullMessageService 线程向 Broker 发起消息拉取请求，Broker 将返回一批符合条件的消息，并且计算出下一次拉取请求的位点。拉取到消息后，PullMessageService 线程会执行如下几个关键操作。

- PullMessageService 线程重新将 PullRequest 放入到阻塞队列的末尾，该队列的拉取任务后续会再次触发，从而实现 PUSH 模式的效果。
- PullMessageService 线程将拉取到的消息集合放入消费队列的处理队列，其内部其实维护了一个“TreeMap< Long /* offset*, MessageExt/>”，用于实现最小位点提交机制。
- PullMessageService 线程将拉取到的消息提交到消费组对应的线程池中，用于异步消费消息。

(6) PullMessageService 线程将消息提交到消费线程池后，继续从任务队列 pullRequestQueue 中获取下一个拉取任务，重复第(4)步至第(6)步。

(7) 消息被提交到消费线程池，处理完业务后，向服务端提交消费位点（具体机制将在后面章节详细介绍）。

消息拉取过程中相关的控制参数说明如下。

- pullBatchSize：消费端可以设置一次消息拉取期望返回的消息最大条数，默认为 32 条。
- consumeThreadMax：用于控制消费端在调用 MessageListener 的 consumeMessage 方法时一次传入的消息条数，默认为 1。
- consumeThreadMin：单个消费组消费线程池的最小线程数量。
- consumeThreadMax：单个消费组消费线程池的最大线程数量。

5.4.2　消费进度管理机制

RocketMQ 客户端在消费一批数据后，需要向 Broker 反馈消息消费进度，而 Broker 会记录消息消费进度。这样，在客户端重启或队列重平衡时，会首先根据这个消费进度重新开始向 Broker 拉取消息。消息消费进度的反馈机制如图 5-36 所示。

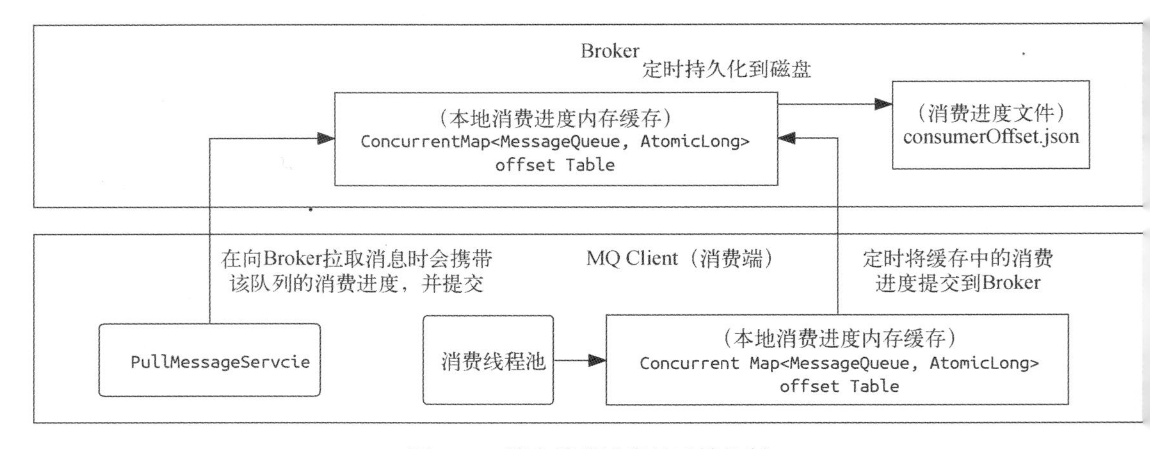

图 5-36　消息消费进度的反馈机制

消息消费进度反馈机制的核心要点如下。

(1) 消费线程池在处理完一批消息后会将消息消费进度存储在本地内存中。

(2) 客户端会发起一个定时线程，每 5 秒将存储在本地内存中的所有队列消息消费偏移量提交到 Broker 中。

(3) Broker 收到消息消费进度后，会将其存储在内存中，每 5 秒将消息消费偏移量持久化到磁盘文件中。

(4) 在客户端向 Broker 拉取消息时，也会将该队列的消息消费偏移量提交到 Broker。

值得注意的是，线程池在消费一批消息时，如何正确提交位点，从而保证消息不丢失呢？这个问题如图 5-37 所示。

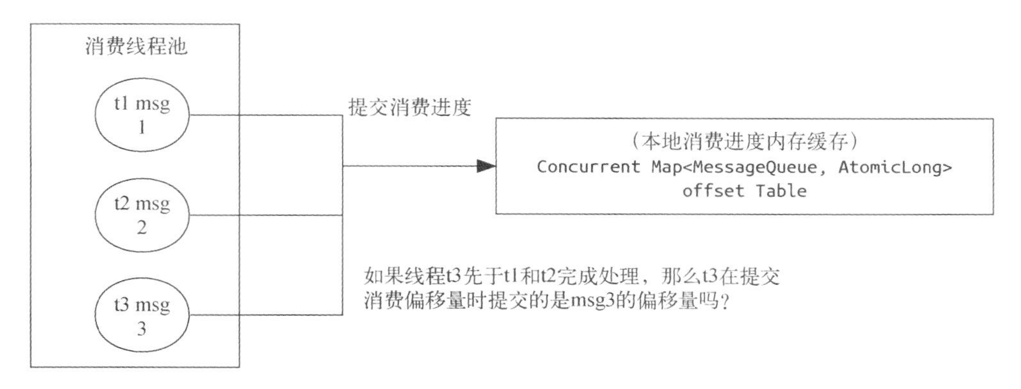

图 5-37 多线程消费提交位点的示意图

为了保证消息不丢失，RocketMQ 采取了最小位点提交机制。在具体实现时，线程池中的某一个线程成功消费一条消息，就会将这条消息从处理队列中移除，底层的存储结构是 TreeMap，通过调用 TreeMap 的 `firstKey` 即可获取最小的偏移量。

RocketMQ 的消费端在计算提交位点时采取最小位点提交机制，可以有效避免消息丢失，但同时也会带来一个问题：消息重复消费。故基于 RocketMQ 进行的消息消费，消费端必须实现幂等。

5.4.3 消息过滤

RocketMQ 在消费的时候支持基于 TAG 与基于 SQL92 表达式的过滤机制。

1. 基于 TAG 的过滤机制

RocketMQ 在发送消息时可以为一条消息指定一个 `tag`，消息的 `tag` 值会存储在 commitlog 文件中，具体存储在消息协议的属性字段中。同时，`tag` 的 hashcode 值也会存在于消息消费队列文件（ConsumeQueue）中，如图 5-38 所示。

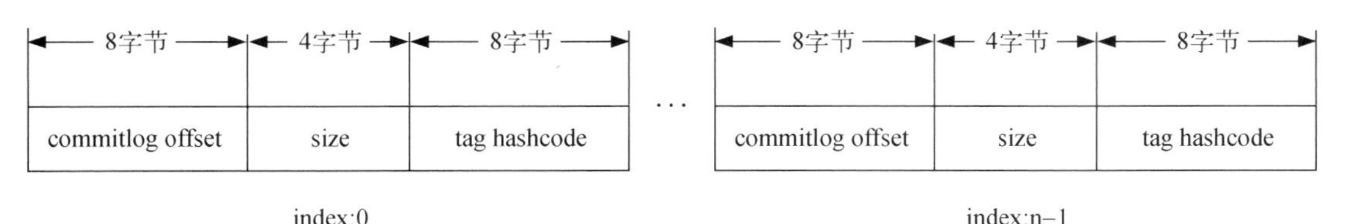

图 5-38 ConsumeQueue 存储结构

消费组在启动之前需要订阅主题与 `tag`，消费者在向 Broker 端拉取消息时，Broker 会根据 `tag` 的 hashcode 值进行一次过滤，然后返回一批消息。由于可能会存在 hashcode 冲突，消费端还需要根据消息的 `tag` 值进行第二次过滤，从而实现精准的消息过滤。

2. 基于 SQL 表达式的过滤机制

RocketMQ 还提供了 SQL92 表达式的过滤语法，通过解析 SQL 语句提取过滤条件，与消息属性中存储的字段值进行匹配，从而在服务端完成消息的过滤。

在发送消息时，基于 SQL92 表达式的过滤机制，首先要求在调用 `Message.putUserProperty` 方法时为该消息添加属性。后续消费者在进行订阅的时候，在 SQL 表达式中使用的字段只能是消息属性中存在的字段。

客户端在向 Broker 发送消息拉取请求时，如果消费组的消费过滤模式为 SQL92，服务端会解码出消息的属性，并通过 SQL 解析类库解析出对应的 SQL 表达式，然后将 SQL 表达式与消息的属性集合进行 SQL 语法的匹配操作。如果匹配，则返回到客户端，否则跳过该消息，继续查找下一条消息。

5.4.4　顺序消费

RocketMQ 支持局部顺序消息消费，这可以保证同一个消费队列上的消息被顺序消费。

顺序消费的消息拉取模型基本上与并发消费类似，只是为了保证顺序性引入了三把“锁”。顺序消费的简易模型如图 5-39 所示。

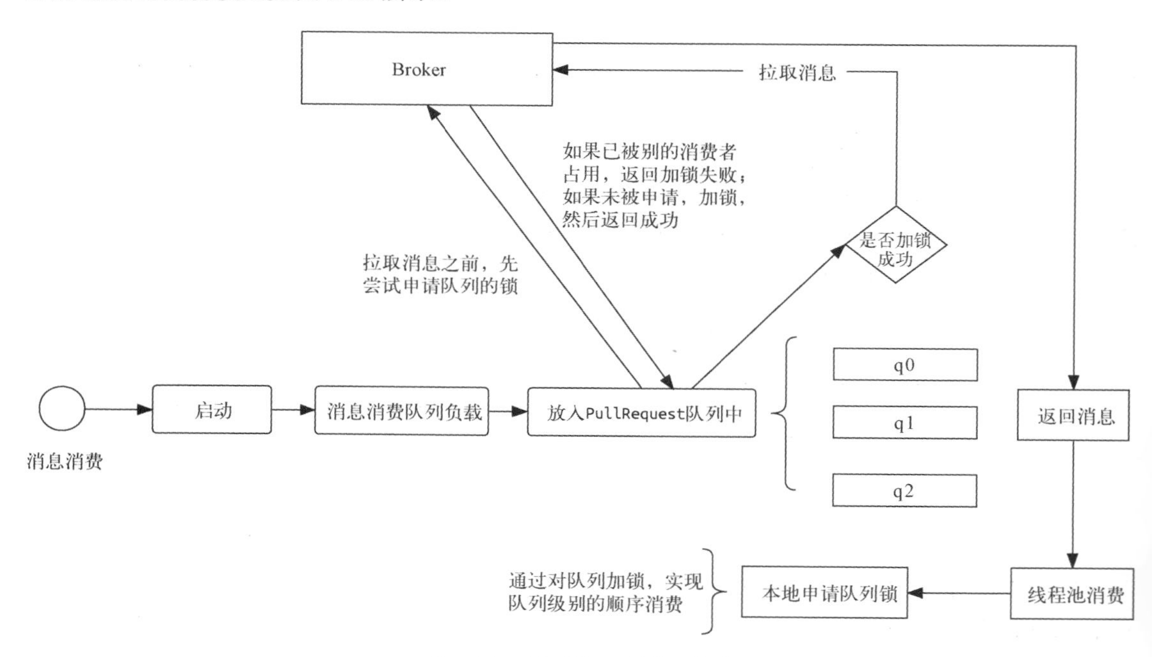

图 5-39　顺序消费的简易模型

RocketMQ 顺序消费在并发消费模型的基础上添加了如下三把“锁”。

- 队列在重平衡之后，在向阻塞队列中添加拉取任务之前，需要向 Broker 服务器申请锁，用于锁定该队列。如果申请失败，则暂时不消费该队列，等下一次队列重平衡时再尝试申请锁。
- 当线程池再消费的时候，需要对相应的消息队列加锁，确保同一个队列中的消息不会被并发执行。
- 为了保证队列重新负载时消息不会被重复消费，还会对处理队列加锁，即在处理消息时该队列不会被丢弃。只有当处理队列中的消息全部处理后，才会释放锁，才能将其丢弃，让其他消费者消费。

要保证顺序消费，仅仅靠上述三把“锁”还不够。在顺序消费时线程池处理消息的获取逻辑与并发消息也有所不同。从 5.4.1 节的讲解中得知，拉取线程拉取到一批数据后，会首先存储到处理队列，在消费的时候，为了保证一个队列中的消息被顺序处理，还需要保证获取待处理消息时也必须按顺序。因此，在消费时直接从处理队列中按消息序号从小到大获取消息，结合锁的串行机制，从而确保其顺序性。

5.4.5 延迟消息

RocketMQ 的开源版本暂不支持任意精度的定时消息，只支持指定延迟级别的定时消息。延时级别在 Broker 配置中可以通过修改 `messageDelayLevel` 的值来改变，默认支持“`1s 5s 10s 30s 1m`（指 min）`2m 3m 4m 5m 6m 7m 8m 9m 10m 20m 30m 1h 2h`”这 18 个延迟级别，`delayLevel=1` 表示延迟 1 秒，`delayLevel=2` 表示延迟 5 秒，依次类推。

定时消息的实现原理如图 5-40 所示。

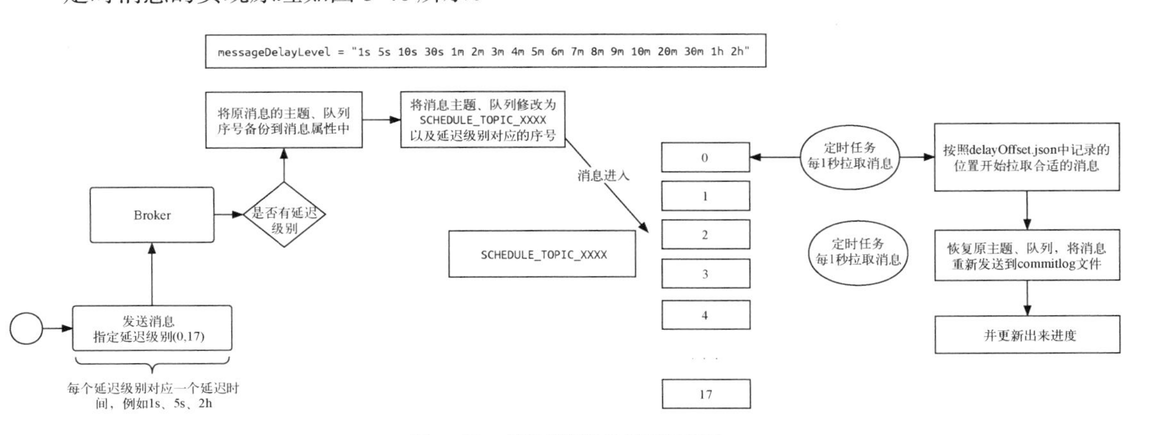

图 5-40 定时消息的实现原理

实现关键点如下。

- 在发送消息时指定延迟级别，Broker 端在收到消息时首先会备份原消息的主题与队列，然后变更主题为 SCHEDULE_TOPIC_XXXX，并写入 commitlog 文件，同时转发消息到对应的消费队列，但此时消息不会被消费端所感知。
- Broker 服务端在每一个延迟级别都会开一个独立的线程，进行定时调度。每调度一次，就取出该队列中符合条件的消息，恢复该消息的主题，然后重新发送到 Broker，处理进度会存储在 delayOffset.json 中。

5.4.6　消费端限流机制

前面在 5.4.1 节介绍消费模型时提到，PullMessageService 线程拉取完一批消息后会将其提交到消费线程池中，由线程池异步处理，然后线程会马上再次向服务端拉取消息。如果消费线程消费端的速度跟不上消息拉取速度，并且不加以控制的话，消费线程池内部持有的任务队列会越积越多，容易造成消费端内存溢出等异常情况。为了保护消费端的正常运作，RocketMQ 为消费端提供了三个维度的限流机制。

(1) 消息消费端队列中积压的消息超过 1000 条，可以通过 DefaultMQPushConsumer 的 setPullThresholdForQueue 方法改变默认值。

(2) 消息消费端队列中积压的消息体总大小超过 100MB，可以通过 DefaultMQPushConsumer 的 setPullThresholdSizeForQueue 方法改变其默认值。

(3) 尽管消息处理队列中的积压没有超过 1000 条，但最大偏移量与最小偏移量的差值超过 2000（并发消费模式）。

第(3)条限流规则背后蕴含的思想值得探究。为了方便地阐述这个问题，我们不妨思考：如果不加这条规则，会出现什么问题呢？例如，出现如图 5-41 所示的情形。

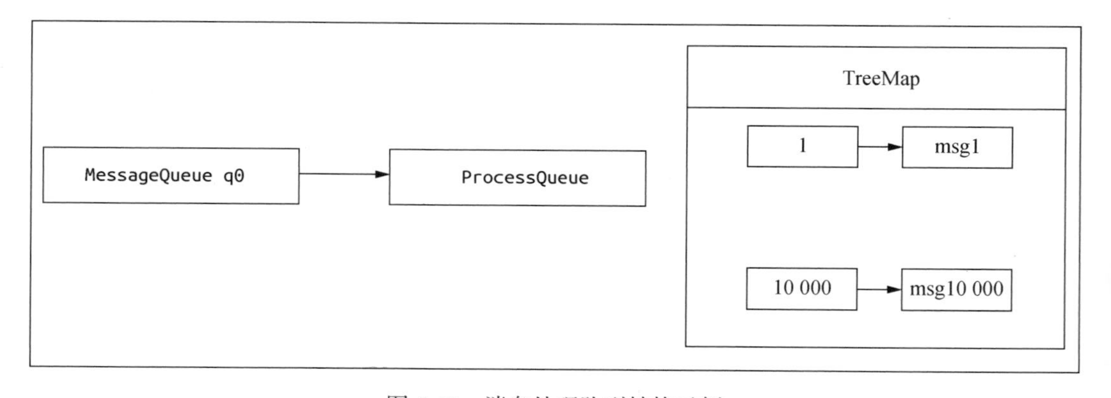

图 5-41　消息处理队列结构示例

如果消费组在消费 msg1 时卡住了，`PullMessageService` 线程仍然不断从服务端拉取消息，例如已拉取到偏移量为 10 000 的消息，但基于 RocketMQ 位点提交机制。尽管消息偏移量位于 2~9999 的消息已成功被消费，但此时提交的消费位点还是 1。这样，如果消费者重启或发生队列重平衡，将会导致消息偏移量为 2~9999 的消息被重复消费。为了避免大量消息被重复消费，引入了该条限流机制。

5.4.7 服务端限流机制

在中间件的设计过程中，我们必须保证中间件的稳定运行。特别是在用户使用不当时，中间件需要具有自我保护能力。引入限流机制几乎成为稳定性保护的一种普遍做法，RocketMQ 同样运用限流的思想来保证系统的可用性。

RocketMQ 采用内存映射机制来解决消息堆积问题，例如，一台 16GB 的 Broker 存储的消息可能有 256GB，如果将磁盘数据全部映射到内存中，内存显然是不够的，所以内存映射并不会加载所有的数据到内存，而是按页为单位进行加载，由操作系统进行置换。

以运用内存映射机制为例，将 1GB 的磁盘文件映射到内存，如图 5-42 所示。

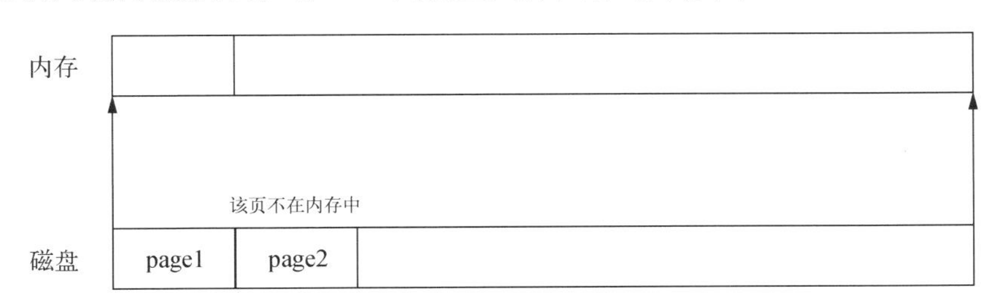

图 5-42 磁盘文件映射到内存的示意图

在内存中并不会马上申请 1GB 的内存，而是以页为单位进行加载。如果要访问磁盘中未加载的内容，将会产生一个缺页中断，然后将磁盘中的文件加载到内存中，再访问内存。

现在我们考虑一个场景：假设 RocketMQ 消息存储的过期时间为 7 天，一个项目组发现程序存在 bug，需要将消费位点重置到 7 天前的某个时间重新开始消费。假设当前 commitlog 文件的最大偏移量为 100 000 000，回溯到的消息偏移量为 100，此时需要重新处理物理偏移量为 100~100 000 000 的消息，而且一个批次需要拉取 1000 条消息。这会产生什么问题？

由于 7 天前的消息大概率没有被加载到内存（被置换），此时一次拉取 1000 条消息会触发 Page Cache 的频繁缺页中断，将大量历史页加载到内存中，从而进一步影响消息发送（因为消息发送时要先把消息存储到 Page Cache）。为了避免这种情况，RocketMQ 会预判本次消息是从磁盘拉取还是从该内存中拉取，从而限制一次消息拉取能够返回的消息条数。

RocketMQ 提供了 4 个参数用于消息拉取限流。

- int maxTransferBytesOnMessageInMemory：如果本次需要拉取的消息存在于内存，一次消息拉取允许返回的最大消息大小，默认为 256KB。
- int maxTransferCountOnMessageInMemory：如果本次需要拉取的消息存在于内存，一次消息拉取允许返回的最大消息条数，默认为 32。
- int maxTransferBytesOnMessageInDisk：如果本次需要拉取的消息存在于磁盘，一次消息拉取允许返回的最大消息大小，默认为 64KB。
- int maxTransferCountOnMessageInDisk：如果本次需要拉取的消息存在于磁盘，一次消息拉取允许返回的最大消息条数，默认为 8。

温馨提示：只要满足消息大小、消息条数两个维度的指标之一，就会触发限流。

RocketMQ 是如何判断本次消息拉取的消息是存在于磁盘中还是内存中的呢？

RocketMQ 采用经验值估算法进行判断：如果待拉取消息的物理偏移量与当前 commitlog 文件最大的物理偏移量之间的差值超过内存的 40%，则会被判定为从磁盘中拉取。

示例如图 5-43 所示。

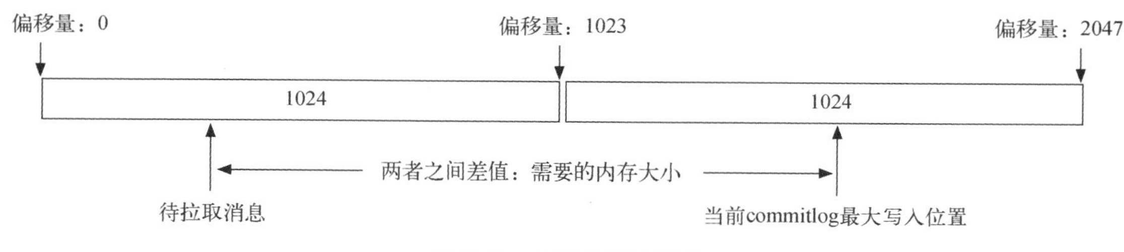

图 5-43　内存布局示意图

假设将待拉取的消息与当前写入的最大消息偏移量等消息全部存储到内存中，需要的连续内存为两者的差值。由于采用的是内存映射机制，故按照经验认为，操作系统将会使用 40%的内存存储最新的消息。

上述判断依据终究只是经验之谈，并不十分准确。超过 40%的消息也不一定不会存储在内存中。

5.5　集群

本节将详细介绍 RocketMQ 集群的工作原理。

5.5.1 主从同步

为了提高消息消费的高可用性，避免因 Broker 发生单点故障使存储在 Broker 中的消息无法被及时消费，RocketMQ 引入了 Broker 主从同步机制，即消息到达主服务器后，需要被同步到消息从服务器。如果主服务器 Broker 崩溃，消息消费者可用于从服务器继续拉取消息，从而实现高可用性。

RocketMQ 在消息发送端提供严格消息持久化保证，即同步刷盘、同步复制。这表示主服务器在接收一条消息后，首先要将其写入主服务器的内存，然后同步刷写到磁盘，同时需要从服务器也成功写入该条消息，才会向客户端返回成功。

1. 主从消息同步机制

消息在主从服务器之间的同步机制如图 5-44 所示。

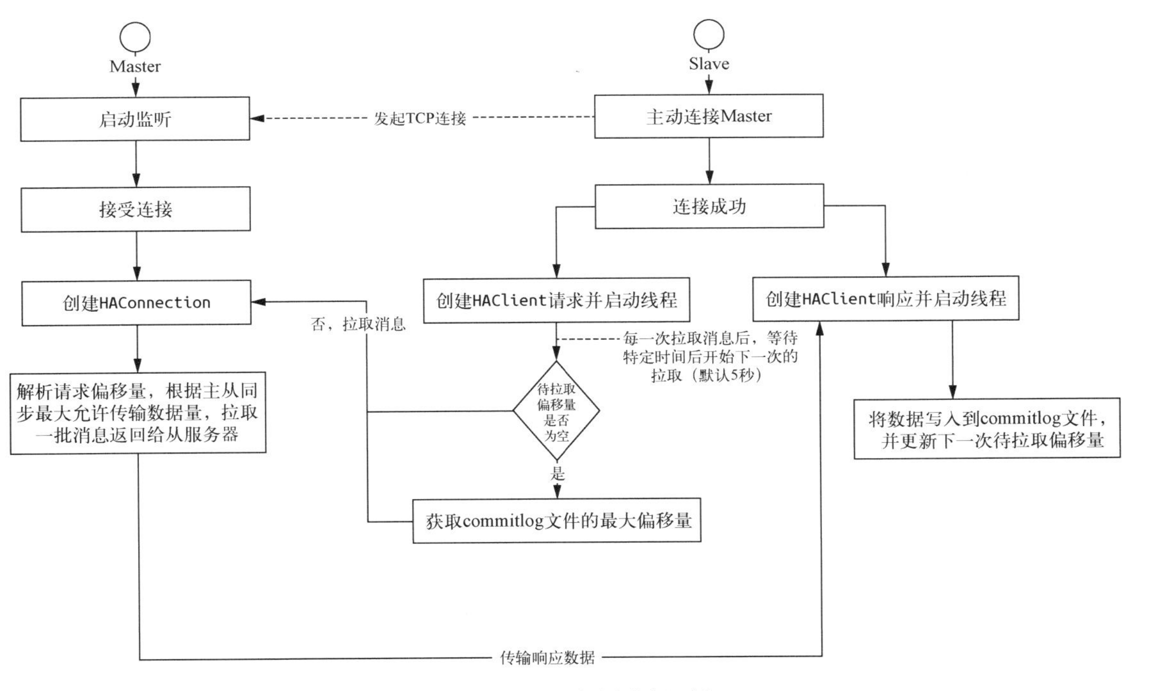

图 5-44 主从消息同步机制

详细过程如下所示。

(1) Master Broker 启动时会启动一个监听端口，等待从节点主动连接并发起消息拉取请求。

(2) Slave Broker 启动时主动尝试连接 Master 节点。

(3) Slave Broker 向服务端发起消息拉取请求，先获取本地 commitlog 文件中的最大偏移量，以此作为拉取消息的起始偏移量。

(4) Master Broker 根据客户端拉取的请求偏移量，一方面将查找该偏移量之后的消息返回给从节点，另一方面更新客户端拉取的进度。在这样的同步复制模式下，如果待返回结果的消息物理偏移量小于从节点的拉取偏移量，则说明该条消息已经成功被同步到从节点，可以向客户端返回消息发送成功。

(5) 从节点在收到 Master 节点数据后写入 commitlog 文件，然后继续发起下一轮拉取。

2. 元数据同步机制

RocketMQ 元数据主要是指主题、消费组订阅信息、消费组消费进度、延迟队列进度。

在 RocketMQ 的设计中，元数据的同步是单向的，从服务器每 10 秒会向主服务器发起同步请求，主节点收到从节点的元数据同步请求后，会将主节点上的元数据（单向同步）传输到从服务器，实现元数据的同步。

3. 读写分离机制

主从同步的最终目的是实现读写分离，从而分担主服务器的读负载（消息消费），但在 RocketMQ 的读写分离机制中，默认的读写请求都会发往 Master 节点，触发读写分离（切换）的条件如下。

- 当前 commitlog 文件最大物理偏移量与消息拉取的偏移量之间的差超过 40%，该值可以通过 `accessMessageInMemoryMaxRatio` 改变。
- `slaveReadEnable` 设置为 `true`。
- 读请求从从节点重新切换回主节点的条件：当前 commitlog 文件最大物理偏移量与消息拉取的偏移量之间的差超过 `accessMessageInMemoryMaxRatio – 10`，即默认为 30%。

温馨提示：主从节点都需要将 `slaveReadEnable` 设置为 `true`，表示允许开启读写分离。

思考题：一个消费组使用集群模式消费，假设在运行过程中，其主节点崩溃一段时间，然后再次重启主节点。在此过程中，是否会引发消息大量重复消费？

主从切换与消息消费机制的运作原理如图 5-45 所示。

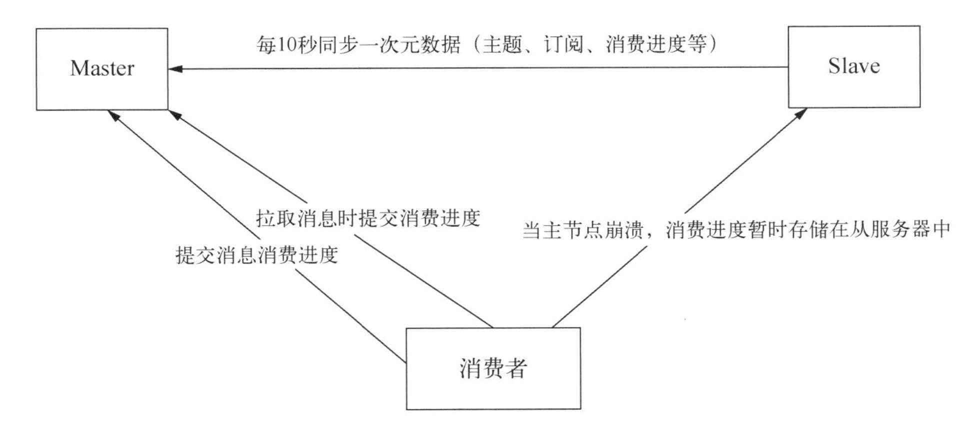

图 5-45 主从切换与消息消费机制的运作原理

消费者提交消费进度的运作机制如下。

- 从服务器每 10 秒向主服务器（同步）同步元数据（主题、订阅关系、消费进度、定时消费进度）。
- 消费者在向 Broker 汇报消费进度时会优先“路由”到主节点，在主节点正常的情况下，消费者向 Master 节点提交进度，然后 Slave 节点定时将元数据同步到从节点。
- 当主节点崩溃后，消费者可以继续从从节点拉取消息，并且此时会向从节点提交消费位点，从服务器将存储消费组最新的消费位点。

当主节点重新启动后，从节点会从主节点同步元数据，此时原先存储在从节点上的消费进度等元数据将会丢失。

- 如果此时消费组重启，可能会出现消息大量重复消费的情况。
- 如果消费组在主节点崩溃后再次启动成功，由于消费端会将消费进度存储在客户端内存中，在消费者继续消费的过程中，由于感知到 Master 节点已存活，将会向 Master 节点提交最新的消费位点，从节点继续同步后，主从节点都会存储最新的位点，从而不会造成消息重复消费。

5.5.2 主从切换

HA（high available，高可用）机制存在两个显著缺陷。

- **数据一致性采用的 M-S（Master-Slave）复制模型，其数据一致性无法保证。**例如集群采取同步刷盘、同步复制机制，如果数据已写入主节点，但是写入从节点失败，会向客户端返回消息发送失败，但这条消息已经存储在主节点中，当从节点恢复后，数据还是会被复制到从节点，造成数据不一致。

- **不支持主从切换**。主节点崩溃后，该复制组只能继续提供读服务，无法继续提供写服务，会使得其他写节点的负载变高，不利于集群整体的稳定。

RocketMQ 为了解决上述问题，在 4.5.0 版本引入了多副本机制，俗称主从切换机制。RocketMQ 多副本的底层实现是基于 Raft 协议的，一个复制组（broker-a）中至少需要 3 台 Broker。Raft 协议自带选主机制，如果主节点崩溃，从节点可以基于 Raft 协议选举出一个新的主节点继续承担写服务，可实现秒级别的切换，可用性大大提高。

RocketMQ 主从切换的部署架构如图 5-46 所示。

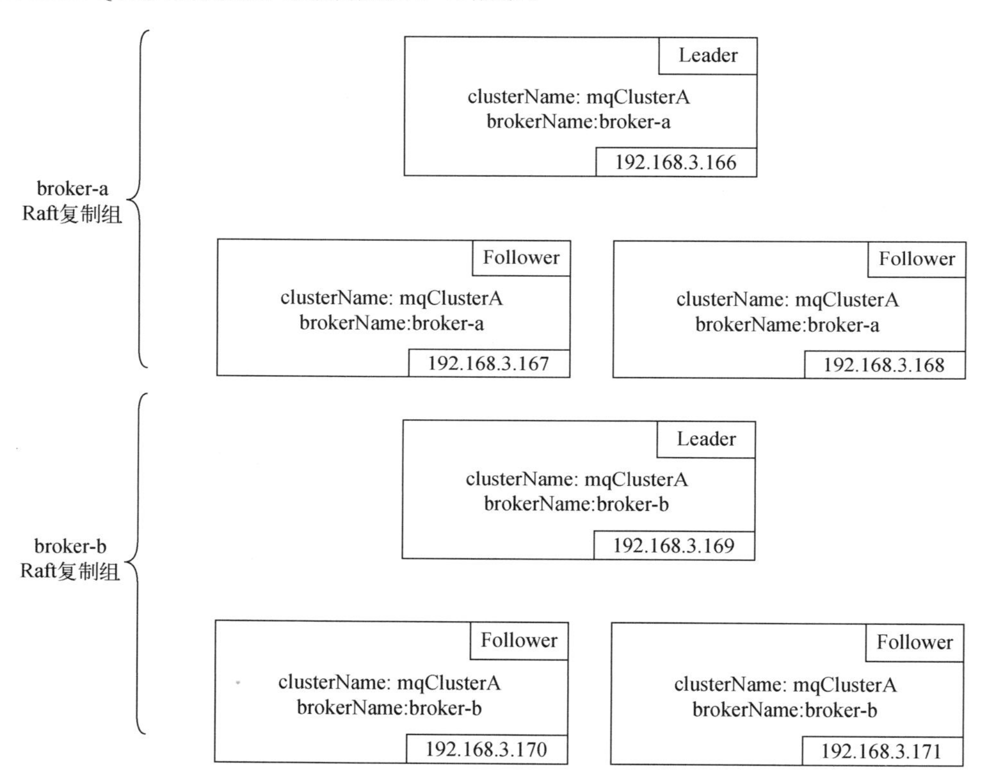

图 5-46　RocketMQ 主从切换的部署架构示意图

主从切换的优势：当一个复制组中的 Leader 节点崩溃时，内部会在不丢失消息的前提下自动完成 Leader 选举，即重新选举一个 Leader 节点，从而可以继续处理读和写请求。

1. Raft 协议简介

要想在复制组内实现主从切换，一个基本前提是复制组内各个节点的数据必须一致，否则主从切换后将会造成数据丢失。Raft 协议是目前分布式领域中的一个非常重要的一致性协议，

RocketMQ 的主从切换机制也是基于 Raft 协议实现的。

Raft 协议主要包含两个部分：Leader 选举和日志复制。

- Leader 选举

Raft 协议的核心思想是在一个复制组内先选举一个 Leader 节点，后续统一由 Leader 节点处理客户端的读写请求，从节点只是从 Leader 节点复制数据，即一个复制组在接受客户端的读写请求之前要先从复制组中选择一个 Leader 节点。这个过程称为 Leader 选举。

在 Raft 协议中每个节点有三种状态。

- Follower：从节点。
- Candidate：候选者。
- Leader：主节点。

Raft 协议的选举过程如下。

- 各个节点的初始状态为 Follower，每一个节点会设置一个计时器，每个节点的计时时间是 150ms~300ms 的一个随机值。
- 节点的计时器到期后，状态会从 Follower 变更为 Candidate。进入该状态的节点会发起一轮投票，首先为自己投上一票，然后向集群中的其他节点发起“拉票”，期待得到超过半数的选票支持。
- 当集群内的节点收到投票请求后，如果该节点本轮未进行投票，则赞同，否则反对。然后返回结果并重置计时器继续倒数，如果计算器到期，则状态会由 Follower 变更为 Candidate。
- 如果节点收到超过集群内半数节点的认可，则状态变更为主节点；如果本轮投票没有节点得到超过集群半数节点的赞同，则继续下一轮投票。
- 主节点会定时向集群内的所有从节点发送心跳包。从节点在收到心跳包后会重置计时器，这是主节点维持其“统治地位”的手段，因为从节点一旦计时器到期，就会从 Follower 变更为 Candidate，以此来尝试发起新一轮选举。

上述的文字或许不够形象，Raft 官方做了一个动画来动态展示 Leader 的选举过程。我在自己的微信公众号上对该动画进行了详细解读，有兴趣的读者可以前往“中间件兴趣圈”公众号搜索标题“RocketMQ 多副本前置篇：初探 Raft 协议”进一步了解相关内容。

- 日志复制

日志复制模型如图 5-47 所示。

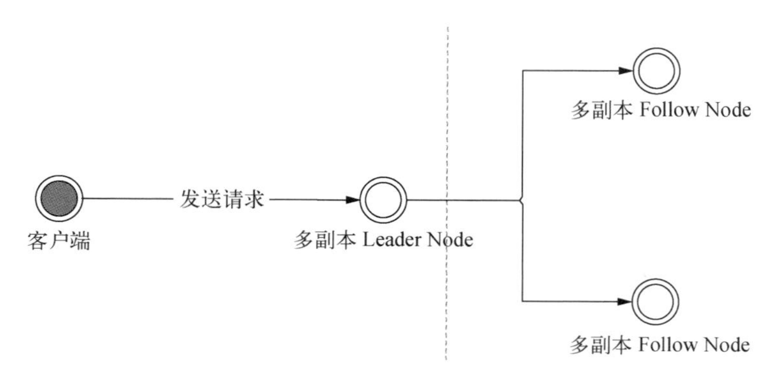

图 5-47　日志复制模型

客户端向多副本集群发起一个写数据请求，Leader 节点收到写请求后先将数据存入 Leader 节点，然后将数据广播给它所有的从节点。从节点收到 Leader 节点的数据推送后对数据进行存储，然后向主节点汇报存储的结果。Leader 节点会对该日志的存储结果进行仲裁，如果超过集群半数的节点都成功存储了该数据，则向客户端返回写入成功，否则向客户端返回写入失败。

(1) 日志编号：为了方便对日志进行管理与辨别，Raft 协议为每条日志进行编号，每一条消息到达主节点时都会生成一个全局唯一的递增号，这样可以根据日志序号来快速判断日志在主从复制过程中数据是否一致，在多副本的实现中对应 `DLedgerMemoryStore` 中的 `ledgerBeginIndex`、`ledgerEndIndex`，分别表示当前节点最小的日志序号与最大的日志序号，下一条日志的序号为 `ledgerEndIndex+1`。

(2) 日志追加与提交机制：举个例子，Leader 节点收到客户端的数据写入请求后，先通过解析请求提取数据，构建日志对象，并生成日志序号，用 seq 表示。然后存储到 Leader 节点内，将日志广播（推送）到其所有从节点。这个过程存在网络延时，如果客户端向主节点查询日志序号为 seq 的日志，日志已经存储在 Leader 节点中了；直接返回给客户端显然是有问题的，因为网络延时等原因会导致从节点未能正常存储该日志，进而导致数据不一致。该如何避免发生这种情况呢？

为了解决上述问题，多副本的实现引入了已提交指针（`committedIndex`）。当主节点收到客户端请求时，先将数据进行存储，此时数据是未提交的，这一过程称为“日志追加”，此时该条日志对客户端不可见，只有当集群内超过半数的节点都将日志追加完成后，才会更新 `committedIndex` 指针，该条日志才会向客户端返回写入成功。一条日志被提交的充分必要条件是日志已被超过集群内半数节点成功追加。

(3) 日志一致性如何保证：例如，一个拥有三个节点的 Raft 集群，只需要主节点和其中一个从节点成功追加日志，则认为已提交，客户端即可通过主节点访问。因为部分数据存在延迟，所以在多副本的实现中，读写请求都将由 Leader 节点负责。那么落后的从节点如何再次跟上集群的进度呢？

多副本的实现思路是按照日志序号向从节点源源不断地转发日志的，从节点接收后将这些待追加的数据放入一个待写队列中。从节点并不是从挂起队列中一个一个处理追加请求的，而是先查找从节点当前已追加的最大日志序号，用 `ledgerEndIndex` 表示，然后尝试追加序号为 `ledgerEndIndex`+1 的日志，根据日志序号从待写队列中查找。如果该队列不为空，并且待写日志不在待写队列中，说明从节点未接收到这条日志，发生了数据缺失。从节点在响应主节点 append 的请求时会告知数据不一致，然后主节点的日志转发线程状态会变更为 `COMPARE`，向该从节点发送 `COMPARE` 命令，用来比较主从节点的数据差异。根据比较的结果，重新从主节点同步数据或删除从节点上多余的数据，最终达到一致。同时，主节点也会对 PUSH 超时推送的消息发起重推，尽最大可能帮助从节点及时更新到主节点的数据。

如果想深入了解 Raft 协议，可以参考"中间件兴趣圈"公众号，回复"RocketMQ"即可获取对应的源代码分析。

2. 数据存储兼容性设计

RocketMQ 从 4.5.0 版本开始引入了主从切换机制，并且可以向前兼容，即一个原先运行的主从同步集群，可以保留原先的数据文件，只需升级软件的版本即可变更为主从切换机制的集群部署架构。

- 存储协议兼容性设计

RocketMQ 的消息存储文件主要包括 commitlog 文件、ConsumeQueue 文件与 Index 文件。commitlog 文件存储全部消息，ConsumeQueue、Index 文件都是基于它构建的。如果要引入多副本实现消息在集群中的一致性，只需要保证 commitlog 文件的一致性。

RocketMQ 的日志存储文件、多副本的日志文件都是基于文件编程的，使用内存映射提高其读写性能。基于文件编程的实践有一个共同点，就是通常会为日志存储设计一套存储协议，例如 RocketMQ 的 commitlog 中每一个条目都包含了魔数、消息长度、消息属性、消息体等。多副本日志的存储格式如图 5-48 所示。

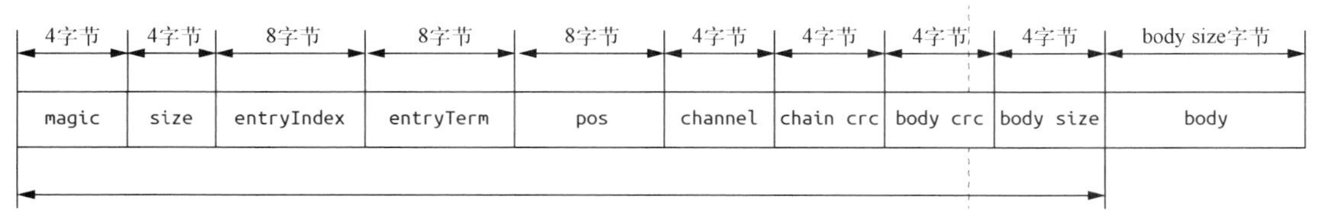

图 5-48 多副本的日志的存储格式

在了解了多副本的日志存储协议之后，你肯定在思考如何兼容 commitlog 文件。一个非常简单的做法就是：将 commitlog 文件每个条目的内容放入多副本日志条目的 body 字段，就能实现 commitlog 文件在一个集群内的数据一致性。通过 commitlog 文件转发，生成 ConsumeQueue 文件。我们再来看一下 RocketMQ ConsumeQueue 文件的存储协议，如图 5-49 所示。

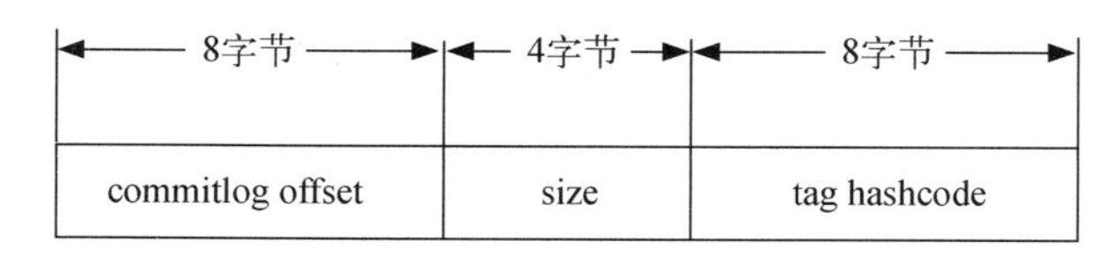

图 5-49　ConsumeQueue 文件的存储协议

commitlog 文件在被转发形成 ConsumeQueue 文件时有一个非常重要的字段，即物理偏移量，在消息消费时可以根据该物理偏移量直接从 commitlog 文件中读取指定长度的消息。但是如果引入了多副本，我们会发现多副本的 commitlog 文件中存在一些“与业务无关”的数据，即多副本的日志相关的头部信息。如果将多副本的日志条目的起始偏移量作为 commitlog 文件的物理偏移量存储在 ConsumeQueue 条目中，显然是不合适的，因为 ConsumeQueue 相关的处理逻辑无法感知多副本的存在，**为了解决该问题，每写入一条多副本的日志消息，返回给 RocketMQ 的物理偏移量不应该是多副本的日志条目的起始位置，而应该将多副本的日志条目中 body 字段的起始位置当成该消息的物理偏移量，这样才能与未引入多副本时的语义保持一致，从而无缝兼容。**

- 新旧数据如何并存

如果一个集群原先是使用主从同步搭建的，经过平滑升级，为了保证之前存储的消息能够被正常消费，整个集群必然会出现新老文件并存的情况，如图 5-50 所示。

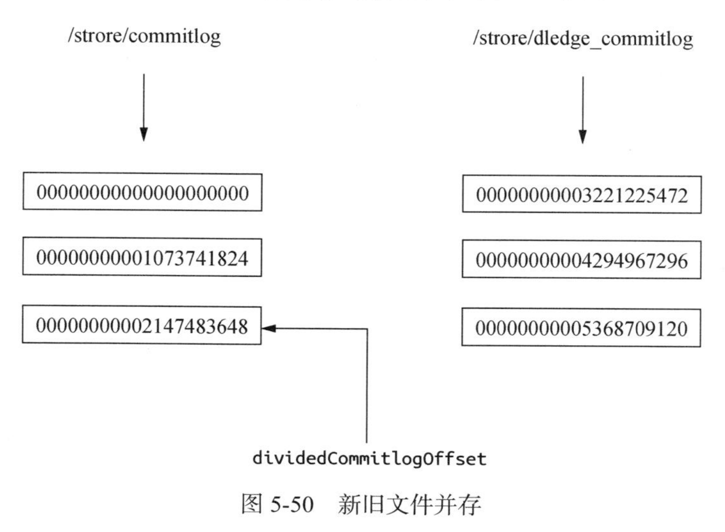

图 5-50　新旧文件并存

为了实现新老数据的正常使用，在升级后的第一次启动时，会首先查找最后一个 commitlog 文件。如果该文件未被写满，剩余的空间直接用“size+魔数”进行填充，并使用一个变量 `dividedCommitlogOffset` 记录旧 commitlog 文件的最大物理偏移量。

在进行消息消费时，如果访问消息的物理偏移量小于 `dividedCommitlogOffset` 的值，则按旧方式从 commitlog 文件中查找；如果访问的物理偏移量大于 `dividedCommitlogOffset` 的值，则使用多副本的方式访问多副本的数据存储目录，从而实现消费的无缝切换。

5.5.3 长轮询机制

RocketMQ 并没有真正实现 PUSH 模式，而是消费者主动向消息服务器拉取消息，RocketMQ PUSH 模式会循环向消息服务端发送消息拉取请求，如果在消息消费者向 RocketMQ 发送消息拉取时，消息并未到达消费队列，会根据是否开启长轮询进行对应处理。

- 如果不启用长轮询机制，则会在服务端默认等待 1 秒（可以通过设置 `shortPollingTimeMills` 进行修改），再判断消息是否已到达消息队列，如果消息未到达则提示消息拉取客户端 `PULL_NOT_FOUND`（消息不存在）。
- 如果开启长轮询模式，RocketMQ 会每 5 秒轮询一次检查消息是否可达，一有新消息到达，它就立刻通知挂起线程再次验证新消息是否是自己感兴趣的消息。如果是，从 commitlog 文件提取消息返回给消息拉取客户端，否则直到挂起超时。超时时间由消息拉取方在消息拉取时封装在请求参数中，PUSH 模式默认为 20 秒，PULL 模式可以通过 `DefaultMQPullConsumer` 的 `setBrokerSuspendMaxTimeMillis` 方法设置。

RocketMQ 通过在 Broker 端配置 `longPollingEnable` 为 `true` 来开启长轮询模式。引入长轮询模式的目的就是降低无效 `Pull` 请求频率，在服务端没有新消息到达的情况下降低客户端与服务端发送消息拉取的频率。

5.5.4 消息轨迹

RocketMQ 消息轨迹，主要跟踪消息发送、消息消费的轨迹，详细记录消息各个处理环节的日志。它从设计上至少需要解决如下三个核心问题。

- 消息轨迹数据格式。
- 如何采集轨迹数据。
- 如何存储消息轨迹数据。

1. 消息轨迹数据格式

RocketMQ 4.6 版本的消息轨迹数据主要包含如下信息。

- traceType：跟踪类型，可选值为 Pub（消息发送）、SubBefore（消息拉取到客户端，执行业务定义的消费逻辑之前）、SubAfter（消费后）。
- timeStamp：当前时间戳。
- regionId：Broker 所在的区域 ID，取自 BrokerConfig.regionId。
- groupName：组名称，traceType 为 Pub 时表示生产者组的名称；traceType 为 SubBefore 或 SubAfter 时表示消费组名称。
- requestId：在 traceType 为 SubBefore、SubAfter 时使用，是消费端的请求 ID。
- topic：消息主题。
- msgId：消息唯一 ID。
- tags：消息 tag。
- keys：消息索引 key，根据该 key 可快速检索消息。
- storeHost：跟踪类型为 Pub 时为存储该消息的 Broker 服务器 IP；跟踪类型为 SubBefore、SubAfter 时为消费者 IP。
- bodyLength：消息体的长度。
- costTime：耗时。
- msgType：消息的类型，可选值为 Normal_Msg（普通消息）、Trans_Msg_Half（预提交消息）、Trans_msg_Commit（提交消息）、Delay_Msg（延迟消息）。
- offsetMsgId：消息偏移量 ID，该 ID 中包含了 Broker 的 IP 以及偏移量。
- success：发送成功。
- contextCode：消费状态码，可选值为 SUCCESS、TIME_OUT、EXCEPTION、RETURNNULL、FAILED。

2. 如何采集轨迹数据

消息中间件的两大核心主题是消息发送、消息消费，其核心载体都是消息。消息轨迹（消息的流转）主要是记录消息何时发送到哪台 Broker，发送耗时，以及在什么时候被哪个消费者消费等信息。

要记录消息发送相关的消息，最方便的做法就是在消息发送前后将本次调用的信息进行采集，同样，消息消费数据的收集当然也是在消费处理逻辑的前后进行收集。相信你会马上想到 RocketMQ 的 Hook 机制，RocketMQ 提供了如下两个接口分别表示消息发送、消费消费的钩子函数，如图 5-51 所示。

```
<<接口>>
org.apache.rocketmq.client.hook.SendMessageHook
-----------------------------------------------
String hookName()
void sendMessageBefore(final SendMessageContext context)
void sendMessageAfter(final SendMessageContext context)
```

```
<<接口>>
org.apache.rocketmq.client.hook.ConsumeMessageHook
--------------------------------------------------
String hookName()
void consumeMessageBefore(final ConsumeMessageContext context)
void consumeMessageAfter(final ConsumeMessageContext context)
```

图 5-51 消息轨迹钩子函数

通过实行图 5-51 所示的两个接口，可以实现在消息发送、消息消费前后记录消息轨迹。为了不明显增加消息发送与消息消费的延时，记录消息轨迹将使用异步发送模式。

3. 如何存储消息轨迹数据

消息轨迹需要存储什么内容以及如何采集消息轨迹的问题都已解决，接下来就要思考将消息轨迹数据存储在哪里了。存储在数据库中或其他存储媒介中，都会加重消息中间件，使其依赖外部组件，最佳的选择还是存储在 Broker 服务器中，将消息轨迹数据也当成一条消息。

既然把消息轨迹当成消息存储在 Broker 服务器中，那么存储消息轨迹的主题如何确定呢？RocketMQ 提供了两种方法来定义消息轨迹的主题。

- **系统默认主题**：如果 Broker 的 `traceTopicEnable` 配置项设置为 `true`，则表示在该 Broker 上创建名为 `RMQ_SYS_TRACE_TOPIC` 的主题，队列个数为 1，默认该值为 `false`。
- **自定义主题**：在创建消息生产者或消息消费者时，可以通过参数自定义用于记录消息轨迹的主题名称。不过要注意的是，RocketMQ 控制台（rocketmq-console）中只支持配置一个消息轨迹主题，故自定义主题在目前这个阶段或许还不是最佳选择，建议使用系统默认的主题。

为了避免消息轨迹的数据与正常的业务数据混在一起，官方建议在 Broker 集群中新增一台机器，只在这台机器上开启消息轨迹跟踪。这样，该集群内的消息轨迹数据就只会发送到这一台 Broker 服务器上，并不会增加集群内原先业务 Broker 的负载压力。

5.6 本章小结

当下市面上的各个主流消息中间件在业务中的运用非常简单，无论是 RocketMQ 源代码工程，还是一些主流客户端（例如 rocketMQ-spirng 开源框架）中，都针对消息发送、消息消费的使用提供了丰富的示范程序。

消息中间件就是为高并发的应用场景而生的，在我目前所在的公司，虽然订单日均 8000 多万，但在订单模块中，消息中间件的运用无非就是调用一下消息发送、消息消费相关的 API。

要想成为一名资深的消息中间件应用人才，深刻理解消息中间件的运行机制非常重要。与消息中间件发送故障时的快速“止血”、故障排查，风险事前评估、风险规避能力相比，理解其运行机制显得更加难能可贵。因为在大企业中，一旦消息中间件发生故障，对业务造成重大影响，绩效必然会受到影响。风险评估能力必然要建立在成体系地掌握 RocketMQ 运作机制之上。

本章深度剖析了 RocketMQ 相关的架构设计，从 Name Server、消息发送、消息存储、消息消费、集群等各个维度，全面深入地介绍了运作机制，为面试提供了更多可以借鉴的经验。

第 6 章

RocketMQ 线上环境部署

本章旨在帮助大家搭建线上高性能和高可靠的 RocketMQ 集群，结合我多年的实践经验，给出相关参数调整和安装的详细步骤。学习本章，你将了解以下内容：

- 集群资源规划；
- Name Server 集群搭建；
- Master-Slave 主从架构集群搭建；
- 搭建多副本集群；
- RocketMQ-Console 安装；
- 参数调优。

6.1 集群资源规划

在部署集群时，首先需要考虑几个问题。选择什么操作系统？选择什么规格的机器？设置多少个节点？部署的集群架构是怎么样的？本节将就这些涉及的问题结合我的实践给出建议。

6.1.1 硬件资源选择

RocketMQ 通常部署在 Linux 操作系统中，基于我之前踩过的“坑”，在选择内核版本时注意选择版本号大于等于 2.6 的，版本号低于 2.6 的内核在部署 RocketMQ 集群时，CPU 会有大量毛刺和抖动现象。在 CentOS 版本系列中，CentOS 6 内核版本号为 2.6，CentOS 7 的内核版本号为 2.7，通常内核版本号越高性能越好，这里建议选择 CentOS 7 以上版本。详见社区讨论贴（apache/rocketmq/issues/1910）。

RocketMQ 性能依赖 Page Cache 的使用，选择大内存配置有利于提高集群的吞吐性能。我在生产环境下使用过的内存规格有 64GB、128GB、256GB，也有公司选择 512GB。内存选择没有固定标准，根据公司的消息规模和集群吞吐挑选即可。消息读写依赖 Page Cache，Page Cache 中缓存更多的消息其实有利于直接从 Page Cache 获取消息。这里建议内存的选择不低于集群 6 小时所产生消息的总大小。

磁盘选择方面，生产环境下建议选择固态硬盘（SSD），非生产环境下可以选择机械硬盘（HDD）。磁盘大小的规划与消息存储时间、集群日消息量、消息大小有关，消息磁盘占用 = 集群日消息量 × 预估消息大小。注意预留未来的增长空间，可将磁盘使用率保持在 70%以下。预估发现单块 SSD 磁盘不足时可以通过 LVM（Logical Volume Manager，逻辑卷管理）合并多块磁盘。我在实际生产环境中曾选择的 SSD 盘有 3.5TB、10TB 等规格大小。

下面是我在生产环境集群 Broker 节点使用的一份硬件配置清单，大家可以根据实际情况加以调整。

- 操作系统：CentOS Linux release 7.6。
- 内核版本：Linux version 3.10.0-1062.4.1.el7.x86_64。
- CPU 核数：32 核。
- 内存大小：128GB。
- 磁盘类型：固态硬盘。
- 磁盘大小：3.5TB。

另外，对于 Name Server 集群存储主题、Broker、集群元数据信息，生产环境部署可以选择基数节点，通常三个低配节点即可，下面是一份线上配置供参考。

- 操作系统：CentOS Linux release 7.6。
- 内核版本：Linux version 3.10.0-1062.4.1.el7.x86_64。
- CPU 核数：4 核。
- 内存大小：8GB。
- 磁盘类型：机械硬盘。
- 磁盘大小：40GB。

6.1.2　集群架构选择

RocketMQ 集群部署时可供选择的架构有：单独部署 Master 节点、Master-Slave 主从架构、多副本架构。

1. 单独部署 Master 节点

这种集群模式节省成本，通常适用非生产环境。

2. Master-Slave 主从架构

Master-Slave 主从架构中可以配置主从同步复制和主从异步复制。主从同步复制是指，当发送的消息全部成功写入 Master 节点和 Slave 节点后，才返回成功确认；主从异步复制是指，当发送的消息成功写入 Master 节点，则返回成功确认，主从节点通过异步线程复制。在实际环境中，为了保证集群性能，通常会选择主从异步复制模式，当 Master 节点故障时，通过配置从 Slave 节点消费，就不会阻塞业务的使用了。

3. 多副本架构

多副本架构基于 Raft 协议实现，需要过半数节点选举通过，最少三个节点组成一个 Raft 组。一个 Raft 组承担的功能与主从模式中一组 Master-Slave 相同。因此，多副本架构通常比 Master-Slave 架构需要更多的集群节点，写入消息需要 Raft 组过半数节点成功，所以性能会低于 Master-Slave 主从异步复制模式。而它的优点在于，当节点故障时，可以通过 Raft 协议自动选主完成切换。

在生产环境中我们使用哪种架构呢？是 Master-Slave 主从异步复制模式还是多副本架构？

不考虑多出节点的成本，如果通过压力测试，发现多副本架构能够满足业务需求，则优先选择该模式，尤其是与资金相关的业务。而从性能和成功率两方面综合考虑，通常主从异步复制模式能满足绝大多数场景，我当前生产环境使用的均为主从异步复制模式。

6.2 Name Server 集群搭建

搭建集群需要先启动 Name Server，启动它很简单，通过一行命令即可。另外，大家在快速启动的同时别忘了看生产环境建议。

6.2.1 启动与关闭

启动命令如下：

```
nohup sh bin/mqnamesrv &
```

日志存储于${user_home}/logs/rocketmqlogs/namesrv.log，当看到类似如下日志，表示启动成功：

```
2021-10-01 19:27:17 INFO main - Using JDK SSL provider
2021-10-01 19:27:17 INFO main - SSLContext created for server
2021-10-01 19:27:17 INFO NettyEventExecutor - NettyEventExecutor service started
2021-10-01 19:27:17 INFO main - Try to start service thread:FileWatchService started:false
lastThread:null
2021-10-01 19:27:17 INFO FileWatchService - FileWatchService service started
2021-10-01 19:27:17 INFO main - The Name Server boot success. serializeType=JSON
```

Name Server 的关闭命令如下：

```
$ bin/mqshutdown namesrv
```

或者：

```
kill PID
```

6.2.2　堆内存自定义

默认占用的堆内存为 4GB，如果需要调整，大家只要修改 bin/runserver.sh 文件中的如下内容即可：

```
JAVA_OPT="${JAVA_OPT} -server -Xms4g -Xmx4g -Xmn2g -XX:MetaspaceSize=128m -XX:MaxMetaspaceSize=320m"
```

6.2.3　生产环境建议

通常无须更改 Name Server 的配置，保持默认即可。以 Name Server 集群的三个节点为例，每个节点按照 6.2.1 节的命令启动即可。需要注意的是，我们最好为节点申请域名，方便后面 Broker 节点的使用。

6.3　Master-Slave 主从架构集群搭建

启动 Name Server 后，接下来搭建 Broker 集群。线上我们通常使用主从异步复制的集群模式，下面一起来看下搭建过程。

6.3.1　Master 节点修改配置

下面是我在生产环境中使用的一份 Master 节点配置，以下配置包含了 Broker 集群的调优配置，说明如表 6-1 所示。

```
brokerClusterName=cluster-x
brokerName=broker-a
brokerId=0
listenPort=10911
namesrvAddr=x.x.x.x:9876;x.x.x.x::9876
defaultTopicQueueNums=16
autoCreateTopicEnable=false
autoCreateSubscriptionGroup=false
deleteWhen=04
fileReservedTime=48
mapedFileSizeCommitLog=1073741824
mapedFileSizeConsumeQueue=50000000
diskMaxUsedSpaceRatio=88
storePathRootDir=/data/rocketmq/store
storePathCommitLog=/data/rocketmq/store/commitlog
storePathConsumeQueue=/data/rocketmq/store/consumequeue
storePathIndex=/data/rocketmq/store/index
storeCheckpoint=/data/rocketmq/store/checkpoint
abortFile=/data/rocketmq/store/abort
maxMessageSize=65536
flushCommitLogLeastPages=4
flushConsumeQueueLeastPages=2
```

```
flushCommitLogThoroughInterval=10000
flushConsumeQueueThoroughInterval=60000
brokerRole=ASYNC_MASTER
flushDiskType=ASYNC_FLUSH
maxTransferCountOnMessageInMemory=2000
maxTransferBytesOnMessageInMemory=2000 * 1024
transientStorePoolEnable=false
warmMapedFileEnable=false
pullMessageThreadPoolNums=128
slaveReadEnable=true
transferMsgByHeap=true
waitTimeMillsInSendQueue=1000
serverSelectorThreads=16
serverWorkerThreads=32
```

表 6-1 参数说明

参 数	含 义
brokerClusterName	集群名称
brokerName	Broker 名称
brokerId	0 表示 Master 节点
listenPort	Broker 监听端口
namesrvAddr	namesrvAddr 地址
defaultTopicQueueNums	创建主题时默认的队列数量
autoCreateTopicEnable	是否允许自动创建主题，生产环境建议关闭，非生产环境可以开启
autoCreateSubscriptionGroup	是否允许自动创建消费组，生产环境建议关闭，非生产环境可以开启
deleteWhen	清理过期日志时间，04 表示凌晨 4 点开始清理
fileReservedTime	日志保留的时间（单位：小时），48 即 48 小时，保留 2 天
mapedFileSizeCommitLog	日志文件大小
mapedFileSizeConsumeQueue	ConsumeQueue 文件大小
diskMaxUsedSpaceRatio	磁盘最大使用率，超过使用率会发起日志清理操作
storePathRootDir	RocketMQ 日志等数据存储的根目录
storePathCommitLog	commitlog 存储目录
storePathConsumeQueue	ConsumeQueue 存储目录
storePathIndex	索引文件存储目录
storeCheckpoint	checkpoint 文件存储目录
abortFile	abort 文件存储目录
maxMessageSize	单条消息允许的最大字节
flushCommitLogLeastPages	未进行 flush 操作的消息大小超过设置页时，才执行 flush 操作；一页大小为 4KB
flushConsumeQueueLeastPages	未进行 flush 操作的消费队列大小超过设置页时，才执行 flush 操作；一页大小为 4KB

（续）

参　数	含　义
flushCommitLogThoroughInterval	两次执行消息 flush 操作的间隔时间，默认为 10 秒
flushConsumeQueueThoroughInterval	两次执行消息队列 flush 操作的间隔时间，默认为 60 秒
brokerRole	Broker 角色 ASYNC_MASTER 是异步复制的 Master 节点 SYNC_MASTER 是同步复制的 Master 节点 SLAVE 是从节点
flushDiskType	刷盘类型 ASYNC_FLUSH：异步刷盘 SYNC_FLUSH：同步刷盘
maxTransferCountOnMessageInMemory	如果此次消息拉取能全部命中，内存允许一次消息拉取允许的最大条数，默认值为 32 条，此处我调整为 2000
maxTransferBytesOnMessageInMemory	如果此次消息拉取能全部命中，内存允许一次消息拉取的最大消息大小，默认为 256KB，此处我调整为 2000KB
transientStorePoolEnable	是否开启堆外内存传输
warmMapedFileEnable	是否开启文件预热
pullMessageThreadPoolNums	拉取消息线程池大小
slaveReadEnable	是否开启允许从 Slave 节点读取消息。 内存的消息大小占物理内存的比率，当超过默认的 40%，会从 Slave 的 0 节点读取 通过 accessMessageInMemoryMaxRatio 设置内存的消息大小占物理内存的比率
transferMsgByHeap	消息消费时是否从堆内存读取
waitTimeMillsInSendQueue	发送消息时在队列中的等待时间，超过会抛出超时错误。默认为 200ms，此处我将其调大为 1000
serverSelectorThreads	IO 线程池个数，用于处理网络请求。默认参数值为 3，此处我将其调大为 16
serverWorkerThreads	Netty 业务线程池个数。默认为 8，此处我将其调大为 32

6.3.2 Slave 节点修改配置

Slave 节点除以下配置修改外，其他的可与 Master 节点配置相通：

```
brokerClusterName=cluster-x
brokerName=broker-a
brokerId=1
brokerRole=SLAVE
```

说明如表 6-2 所示。

表 6-2 参数说明

参 数	含 义
brokerClusterName	集群名称
brokerName	Broker 名称，与 Master 节点名称相同，表明是哪个 Master 的从节点
brokerId	大于 0 表示 Slave 节点，通常配置一个 Slave 节点即可，此处为 1
brokerRole	SLAVE 表示该节点角色为从节点

6.3.3 调整日志路径

Broker 的日志路径配置文件位于安装目录的 conf 目录下，默认日志目录为${user.home}/logs。若有需要，修改 logback_broker.xml 文件和 logback_tools.xml 文件即可，默认目录为${user.home}/logs。

可通过 sed 命令调整日志路径：

```
$ sed -i 's#\${user.home}/logs#/data/logs-broker-a#g' logback_broker.xml
$ sed -i 's#\${user.home}/logs#/data/logs-broker-a#g' logback_tools.xml
```

6.3.4 JVM 内存分配

部署 RocketMQ 的 JDK 时，选择 JDK 8 及以上版本，我在生产环境使用的 JDK 版本号为 JDK 8。默认 JVM 堆内存为 4GB，年轻代大小为 2GB。我在生产环境将堆内存调整为 10GB，年轻代调整为 4GB。读者可根据需要在文件 bin/runbroker.sh 的如下位置调整：

```
JAVA_OPT="${JAVA_OPT} -server -Xms10g -Xmx10g -Xmn4g"
```

6.3.5 节点的启动与关闭

通过以下命令启动节点，配置文件名称需要我们根据实际修改：

```
nohup sh bin/mqbroker -c conf/broker-a.conf &
```

通过 clusterList 命令查看是否安装成功：

```
$ bin/mqadmin clusterList -n x.x.x.x:9876
RocketMQLog:WARN No appenders could be found for logger (io.netty.util.internal.PlatformDependent0).
RocketMQLog:WARN Please initialize the logger system properly.
#Cluster Name     #Broker Name            #BID  #Addr                  #Version                #InTPS(LOAD)
#OutTPS(LOAD) #PCWait(ms) #Hour #SPACE
cluster-x          broker-a               0     x.x.x.x:10911          V4_7_0                  1375.46(0,0ms)
3528.35(2,0ms)
cluster-x          broker-a               1     x.x.x.x:10915          V4_7_0                  1381.66(0,0ms)
0.00(0,0ms)
```

```
cluster-x          broker-b           0    x.x.x.x:10911     V4_7_0               1376.76(0,0ms)
3445.06(4,0ms)
cluster-x          broker-b           1    x.x.x.x:10925     V4_7_0               1386.00(0,0ms)
0.00(0,0ms)
cluster-x          broker-c           0   x.x.x.x:10911     V4_7_0               1384.76(0,0ms)
3462.75(0,0ms)
cluster-x          broker-c           1    x.x.x.x:10915     V4_7_0               1393.20(0,0ms)
0.00(0,0ms)
cluster-x          broker-e           0    x.x.x.x:10911     V4_7_0               1386.86(0,0ms)
3562.44(0,0ms)
cluster-x          broker-e           1    x.x.x.x:10925     V4_7_0               1392.06(0,0ms)
0.00(0,0ms)
```

Broker 的关闭命令如下：

```
$ bin/mqshutdown broker
```

或者：

```
kill PID
```

6.4　搭建多副本集群

RocketMQ 从 4.5.0 版本开始支持多副本（DLedger），在以前的版本中只支持 Master-Slave 主从架构。

主从模式存在的问题：

- 如果主节点挂掉，就不能动态切换到从节点了，这一组 Broker 节点就不能提供写入服务了；
- 设置主从异步复制模式时，如果主节点意外挂掉，数据可能还没有全部复制到从节点，存在数据丢失的风险。

多副本使用 Raft 协议，在节点意外掉线后能够完成自动选主，提高集群的高可用，保证数据的一致性。

6.4.1　多副本集群搭建

由于多副本基于 Raft 协议开发的功能，需要过半数节点选举成功，最少三个节点组成一个 Raft 组。除以下修改项外，其他参数可参照 Master 节点配置。

broker-n0.conf：

```
brokerClusterName = RaftCluster
brokerName=RaftNode00
listenPort=30911
namesrvAddr=x.x.x.x:9876
storePathRootDir=/data/rocketmq/node00
```

```
storePathCommitLog=/data/rocketmq/node00/commitlog
enableDLegerCommitLog=true
dLegerGroup=RaftNode00
dLegerPeers=n0-x.x.x.x:40911;n1-x.x.x.x:40912;n2-x.x.x.x:40913
## must be unique
dLegerSelfId=n0
```

broker-n1.conf：

```
brokerClusterName = RaftCluster
brokerName=RaftNode00
listenPort=30921
namesrvAddr=x.x.x.x:9876
storePathRootDir=/data/rocketmq/node01
storePathCommitLog=/data/rocketmq/node01/commitlog
enableDLegerCommitLog=true
dLegerGroup=RaftNode00
dLegerPeers=n0-x.x.x.x:40911;n1-x.x.x.x:40912;n2-x.x.x.x:40913
## must be unique
dLegerSelfId=n1
```

broker-n2.conf：

```
brokerClusterName = RaftCluster
brokerName=RaftNode00
listenPort=30931
namesrvAddr=x.x.x.x:9876
storePathRootDir=/data/rocketmq/node02
storePathCommitLog=/data/rocketmq/node02/commitlog
enableDLegerCommitLog=true
dLegerGroup=RaftNode00
dLegerPeers=n0-x.x.x.x:40911;n1-x.x.x.x:40912;n2-x.x.x.x:40913
## must be unique
dLegerSelfId=n2
```

启动三个节点：

```
nohup bin/mqbroker -c conf/dledger/broker-n0.conf &
nohup bin/mqbroker -c conf/dledger/broker-n1.conf &
nohup bin/mqbroker -c conf/dledger/broker-n2.conf &
```

查看是否启动成功：

具体如图 6-1 所示。

```
$ bin/mqadmin clusterList -n localhost:9876
RocketMQLog:WARN No appenders could be found for logger (io.netty.util.internal.PlatformDependent0).
RocketMQLog:WARN Please initialize the logger system properly.
#Cluster Name     #Broker Name     #BID  #Addr            #Version    #InTPS(LOAD)       #OutTPS(LOAD)
RaftCluster       RaftNode00        0    x.x.x.x:30921    V4_7_0      0.00(0,0ms)        0.00(0,0ms)
RaftCluster       RaftNode00        1    x.x.x.x:30911    V4_7_0      0.00(0,0ms)        0.00(0,0ms)
RaftCluster       RaftNode00        3    x.x.x.x:30931    V4_7_0      0.00(0,0ms)        0.00(0,0ms)
```

图 6-1 查看是否启动成功

说明：BID为0表示Master节点，其他两个均为Follower。

6.4.2　重新选主

我们通过kill操作消除Master节点的方式来验证多副本选主的情况，从上面的clusterList数据中，我们看到Master的节点地址为x.x.x.x:30921，对该进程进行kill操作后观察一下，如图6-2所示。

```
$ bin/mqadmin clusterList -n localhost:9876
```

```
RocketMQLog:WARN No appenders could be found for logger (io.netty.util.internal.PlatformDependent0).
RocketMQLog:WARN Please initialize the logger system properly.
#Cluster Name     #Broker Name     #BID  #Addr              #Version    #InTPS(LOAD)     #OutTPS(LOAD)
RaftCluster       RaftNode00        0    x.x.x.x:30931      V4_7_0      0.00(0,0ms)      0.00(0,0ms)
RaftCluster       RaftNode00        1    x.x.x.x:30911      V4_7_0      0.00(0,0ms)      0.00(0,0ms)
```

图6-2　重新选主

说明：对原Master节点进行kill操作后，完成自动选主，新的Master节点地址为x.x.x.x:30931。

6.4.3　参数说明

配置文件中多副本的参数说明见表6-3。

表6-3　多副本参数说明

参　数	说　明
enableDLegerCommitLog	是否启用多副本，默认false
dLegerGroup	节点所属的Raft组，建议与Broker一致
dLegerPeers	集群节点信息，示例：n0-127.0.0.1:40911;n1-127.0.0.1:40912;n2-127.0.0.1:40913
dLegerSelfId	当前节点ID。取自LegerPeers中条目的开头，即上述示例中的n0，并且特别需要强调的是，只能第一个字符为英文，其他字符需要配置成数字

6.4.4　多副本结语

- 使用多副本时，请做好压力测试，压力测试的TPS是否满足业务的需求。
- 在TPS满足需求的情况下，建议使用多副本架构，尤其是支付类场景。
- 如果线上已经存在了，主从默认的架构如何升级到多副本模式呢？

(1) 可以参考后面章节平滑扩容的方式，将多副本组成的Raft组加入到原集群中。

(2) 关闭原主从架构节点的写入权限。

(3) 在过了日志存储时间后，将主从架构节点下线。

6.5 RocketMQ-Console 安装

RocketMQ 官方提供了一个运维管理界面 RocketMQ-Console，用于对 RocketMQ 集群提供常用的运维功能。故本节主要讲解如何在 Linux 环境安装 RocketMQ-Console。

RocketMQ 官方并未提供 RocketMQ-Console 的安装包，需要我们通过源代码进行编译。

Step 1　下载源代码：

```
git clone git@github.com:apache/rocketmq-dashboard.git
```

Step 2　修改配置文件：

```
cd rocketmq-dashboard
vim src/main/resources/application.properties
```

主要是修改指向的 Name Server 地址，如下所示：

```
rocketmq.config.namesrvAddr=x.x.x.x:9876
```

Step 3　使用 `maven` 命令编译源代码：

```
mvn clean  package -DskipTests
```

Step 4　编译后，在 target 目录下会生成可运行的 jar 包，启动 rocketmq-dashboard：

```
java -jar target/rocketmq-dashboard-1.0.1-SNAPSHOT.jar
```

RocketMQ 控制台具备查看集群状态、吞吐量以及主题、消费组、消息检索、死信队列和消息轨迹等功能。控制台界面如图 6-3 所示。

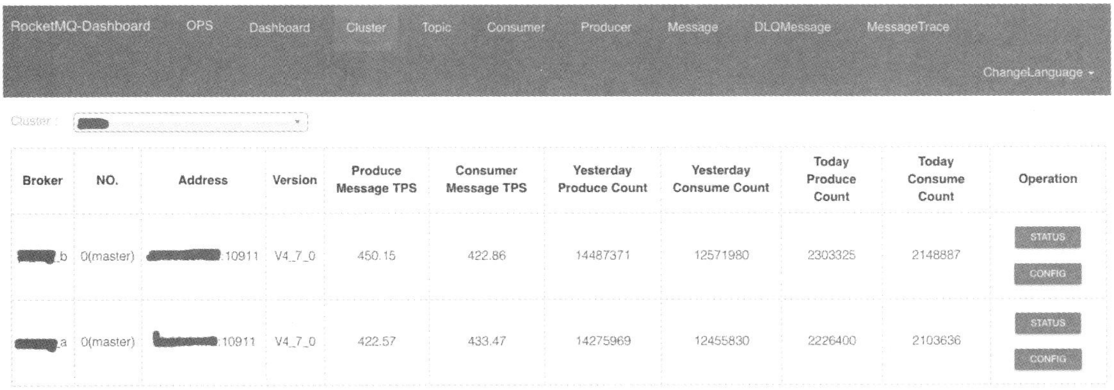

RocketMQ-Dashboard　OPS　Dashboard　Cluster　Topic　Consumer　Producer　Message　DLQMessage　MessageTrace

ChangeLanguage

Cluster :

Broker	NO.	Address	Version	Produce Message TPS	Consumer Message TPS	Yesterday Produce Count	Yesterday Consume Count	Today Produce Count	Today Consume Count	Operation
[illegible]_b	0(master)	[illegible]:10911	V4_7_0	450.15	422.86	14487371	12571980	2303325	2148887	STATUS CONFIG
[illegible]_a	0(master)	[illegible]:10911	V4_7_0	422.57	433.47	14275969	12455830	2226400	2103636	STATUS CONFIG

图 6-3　控制台界面

6.6　参数调优

集群搭建结束后，让集群运行得既快又稳是集群管理的首要事项。而集群调优是重要手段，下面从 Broker 参数调优、系统参数调优两个方面介绍。

6.6.1　Broker 参数调优

6.3.1 节给出的 Broker 配置文件中已包含我在实际生产环境的优化点，本节就重要的点进行说明。

优化点 1　开启异步刷盘

除了一些 TPS 较低的场景（例如 TPS 在 2000 以下），建议开启异步刷盘，提高集群吞吐量：

```
flushDiskType=ASYNC_FLUSH
```

优化点 2　开启 Slave 节点的读权限

消息占用物理内存的大小通过 `accessMessageInMemoryMaxRatio` 来配置，默认为 40%；如果消费的消息不在内存中，开启 `slaveReadEnable` 时会从 Slave 节点读取消息；提高 Master 节点的内存利用率：

```
slaveReadEnable=true
```

优化点 3　消费一次拉取消息数量

消费时一次拉取的数量由 Broker 和客户端（consumer）共同决定，默认为 32 条。Broker 端参数由 `maxTransferCountOnMessageInMemory` 设置。consumer 端由 `pullBatchSize` 设置。Broker 端建议设置大一些，例如 1000，给 consumer 端留有较大的调整空间：

```
maxTransferCountOnMessageInMemory=1000
```

优化点 4　发送队列等待时间

消息发送到 Broker 端，在队列的等待时间由参数 `waitTimeMillsInSendQueue` 设置，默认为 200ms。建议将等待时间设置大一些，例如：1000ms ~ 5000ms。设置过短，发送客户端会超时：

```
waitTimeMillsInSendQueue=1000
```

优化点 5　主从异步复制

为提高集群性能，在生产环境下，建议将集群设置为主从异步复制，经过压力测试，主从同步复制性能过低：

```
brokerRole=ASYNC_MASTER
```

优化点 6 提高集群稳定性

为了提高集群稳定性，对下面两个参数进行特别说明，在后面的“踩坑”案例中也会提到。

关闭文件预热：

```
warmMapedFileEnable=false
```

开启堆内传输：

```
transferMsgByHeap=true
```

优化点 7 调优响应能力

下面的默认参数过低，具体参数大家可以根据集群配置而定，根据实际情况加以调整。从我的实践经验来看，调整后能有效缩短响应耗时，Broker 响应能力显著提高：

```
serverSelectorThreads=16
serverWorkerThreads=32
```

6.6.2 系统参数调优

解压 RocketMQ 安装包后，在 bin 目录中有一个名为 os.sh 的文件，该文件是 RocketMQ 官方推荐的系统参数配置。通常这些参数可以满足系统需求，大家也可以根据情况进行调整。需要强调的是，不要使用 Linux 内核版本号为 2.6 及以下的，建议使用 Linux 内核版本号在 3.10 及以上的，如果使用 CentOS，可以选择 CentOS 7 及以上版本。

最大文件数设置

设置用户能打开的最多文件数，将 account 换成实际用户：

```
vim /etc/security/limits.conf
# End of file
account soft nofile 655360
account hard nofile 655360
* soft nofile 655360
* hard nofile 655360
```

系统参数设置

系统参数的调整以官方给出的为主，下面对各个参数做个说明。设置时可以直接执行 sh os.sh 命令完成系统参数设定，也可以编辑 vim /etc/sysctl.conf 文件手动添加如下内容，添加后执行 sysctl -p 命令让其生效：

```
vm.overcommit_memory=1
vm.drop_caches=1
vm.zone_reclaim_mode=0
vm.max_map_count=655360
```

```
vm.dirty_background_ratio=50
vm.dirty_ratio=50
vm.dirty_writeback_centisecs=360000
vm.page-cluster=3
vm.swappiness=1
```

参数说明如表 6-4 所示。

表 6-4　系统参数说明

参　　数	含　　义
overcommit_memory	是否允许内存的过量分配 overcommit_memory=0：当用户申请内存的时候，内核会去检查是否有这么大的内存空间 overcommit_memory=1：内核始终认为有足够大的内存空间，直到它用完了为止 overcommit_memory=2：内核禁止任何形式的过量分配内存
drop_caches	写入的时候，内核会清空缓存，腾出内存来，相当于 sync 命令。 drop_caches=1：会清空页缓存，就是文件 drop_caches=2：会清空 inode（索引节点）和目录树 drop_caches=3：都清空
zone_reclaim_mode	zone_reclaim_mode=0：系统会倾向于从其他节点分配内存 zone_reclaim_mode=1：系统会倾向于从本地节点回收 cache 内存
max_map_count	定义了一个进程能拥有的最多内存区域，默认为 65 536
dirty_background_ratio/dirty_ratio	当 dirty cache 到了多少的时候，就启动 pdflush 进程，将 dirty cache 写回磁盘 当有 dirty_background_bytes/dirty_bytes 存在的时候，dirty_background_ratio/dirty_ratio 是被自动计算的
dirty_writeback_centisecs	pdflush 每隔多久，自动运行一次（单位是百分之一秒）
page-cluster	每次 swap in 或者 swap out 能操作多少内存页为 2 的指数 page-cluster=0：表示 1 页 page-cluster=1：表示 2 页 page-cluster=2：表示 4 页 page-cluster=3：表示 8 页
swappiness	swappiness=0：仅在内存不足的情况下，当剩余空闲内存低于 vm.min_free_kbytes limit 时，使用交换空间 swappiness=1：内核版本号为 3.5 及以上、Red Hat 内核版本号为 2.6.32-303 及以上，进行最少量的交换，而不禁用交换 swappiness=10：当系统存在足够内存时，推荐设置为该值以提高性能 swappiness=60：默认 swappiness=100，内核将积极地使用交换空间

6.7 本章小结

本章从操作系统的版本、内存大小、磁盘类型选择入手，再到 Name Server 集群、Broker 集群搭建并给出参数的详细说明。着重生产环境部署，给出了我使用的生产环境配置供大家参考。

另外，针对最常用的集群 Master-Slave 主从架构以及可能用到的多副本集群的搭建和参数调整，给出了详细的步骤。有了集群当然少不了监控和控制台，接着本章详细介绍了 RocketMQ 官方的 RocketMQ-Console 搭建过程。

最后就 Broker 参数调优、系统参数调优做了详细的说明和解读。希望本章能够帮助大家在生产环境下搭建稳定、高性能的 RocketMQ 集群。

第 7 章

RocketMQ 运维实战

RocketMQ 集群运维是管理员的日常工作，熟练掌握运维命令、保证集群平稳运行是我们的共同目标。本章归纳总结了我的实战运维经验，意在帮助大家快速掌握一套行之有效的运维方法。学习本章，你将了解以下内容：

- 运维命令汇总；
- 集群性能压力测试；
- 集群平滑升级与扩缩容；
- 查询死信队列消息内容。

7.1 运维命令汇总

熟练掌握命令的含义，我们才能在运维集群时得心应手。本节整理了在运维 RocketMQ 集群时的常用命令，这些命令均在实际环境中执行过。

7.1.1 集群命令汇总

集群的相关命令主要用于查看集群运行情况以及资源吞吐情况。

1. 查看集群运行情况

命令 clusterList 用于查看集群各个节点的运行情况，运行它可以看到集群中有几个节点，每个节点是主节点还是从节点，以及每个节点的写入速度和读出速度等。

- 命令示例

```
$ bin/mqadmin clusterList -n x.x.x.x:9876
RocketMQLog:WARN No appenders could be found for logger (io.netty.util.internal.PlatformDependent0).
RocketMQLog:WARN Please initialize the logger system properly.
#Cluster Name  #Broker Name   #BID         #Addr          #Version
#InTPS(LOAD)   #OutTPS(LOAD)  #PCWait(ms)  #Hour          #SPACE
fat_mq         fat_mq_c       0            x.x.x.x:10911  V4_7_0
262.95(0,0ms)  259.85(0,0ms)  0            55.09          0.3130
```

- 字段含义

表 7-1 字段说明

名 称	含 义
-n	Name Server 地址
Cluster Name	集群名称
Broker Name	节点名称
BID	Broker ID（0 为主节点）
Addr	节点地址（ip:port）
Version	RocketMQ 的版本号
InTPS	节点每秒写入的消息数量
OutTPS	节点每秒读出的消息数量
PCWait	pageCacheLockTimeMills（消息落盘会加锁，这个值是当前时间与最后一次加锁时间的差值）
Hour	磁盘存储多久的有效消息（当前时间与磁盘存储最早的一条消息时间戳的差值）
SPACE	磁盘已使用的比例

2. 查看资源吞吐情况

命令 statsAll 用于查看集群中所有主题和消费组的实时吞吐情况。

- 命令示例

```
$ bin/mqadmin statsAll -n x.x.x.x:9876
RocketMQLog:WARN No appenders could be found for logger (io.netty.util.internal.PlatformDependent0).
RocketMQLog:WARN Please initialize the logger system properly.
#Topic                          #Consumer Group
#Accumulation    #InTPS    #OutTPS    #InMsg24Hour    #OutMsg24Hour
trade_eticket_created_topic     trade_eticket_created_consumer
0                0.00      0.00       0               0
```

- 字段含义

表 7-2 字段说明

名 称	含 义
-n	Name Server 地址
-a	只打印活动的主题
-t	只打印指定的主题
Topic	主题名称
Consumer Group	消费组名称
Accumulation	消息堆积数量

（续）

名　称	含　义
InTPS	该主题每秒写入的消息数量
OutTPS	该消费组每秒消费的消息数量
InMsg24Hour	该主题 24 小时写入的消息总数
OutMsg24Hour	该消费组 24 小时消费的消息总数

7.1.2　主题命令汇总

与主题相关的命令主要用于查看主题列表信息、创建/修改主题、查看主题的路由信息、查看主题的状态、修改主题的权限以及删除主题。

1. 查看主题列表

通过 topicList 命令可以查看集群中的所有主题。

- 命令示例

```
$ bin/mqadmin topicList -n x.x.x.x:9876
RocketMQLog:WARN No appenders could be found for logger (io.netty.util.internal.PlatformDependent0).
RocketMQLog:WARN Please initialize the logger system properly.
mq_demo1_topic
mq_demo1_topic
mq_demo2_topic
...
```

- 字段含义

表 7-3　字段说明

名　称	含　义
-n	Name Server 地址

2. 创建/修改主题

使用 updateTopic 命令可以创建主题，也可以修改主题配置，例如队列数量、权限等。

- 命令示例

```
$ bin/mqadmin updateTopic -n x.x.x.x:9876 -c fat_mq -t mq_demo_topic
RocketMQLog:WARN No appenders could be found for logger (io.netty.util.internal.PlatformDependent0).
RocketMQLog:WARN Please initialize the logger system properly.
create topic to x.x.x.x:10911 success.
TopicConfig [topicName=mq_demo_topic, readQueueNums=8, writeQueueNums=8, perm=RW-,
topicFilterType=SINGLE_TAG, topicSysFlag=0, order=false]
```

- 字段含义

表 7-4 字段说明

名 称	含 义
-n	Name Server 地址
-c	集群名称
-t	要创建的主题名称
topicName	主题名称
readQueueNums	读队列数量
writeQueueNums	写队列数量
perm	主题权限
topicFilterType	消息过滤类型
topicSysFlag	主题系统标记
order	是否为有序主题

3. 查看主题路由信息

使用 topicRoute 命令可以查看主题的路由信息，包括队列所在的 Broker 以及 Broker 所在的集群等。

- 命令示例

```
$ bin/mqadmin topicRoute -n x.x.x.x:9876 -t mq_demo_topic
RocketMQLog:WARN No appenders could be found for logger (io.netty.util.internal.PlatformDependent0).
RocketMQLog:WARN Please initialize the logger system properly.
{
    "brokerDatas":[
        {
            "brokerAddrs":{0:"x.x.x.x:10911"},
            "brokerName":"fat_mq_c",
            "cluster":"fat_mq"
        }
    ],
    "filterServerTable":{},
    "queueDatas":[
        {
            "brokerName":"fat_mq_c",
            "perm":6,
            "readQueueNums":8,
            "topicSynFlag":0,
            "writeQueueNums":8
        }
    ]
}
```

- 字段含义

表 7-5　字段说明

名　称	含　义
-n	Name Server 地址
-t	主题名称
brokerDatas	Broker 信息地址、节点名称、所在集群
queueDatas	队列数量、队列所在的 Broker、权限等

4. 查看主题状态

使用 topicStatus 命令可以查看主题状态，例如最小偏移量、最大偏移量、最新更新时间等。

- 命令示例

```
$ bin/mqadmin topicStatus -n x.x.x.x:9876 -t mq_demo_topic
RocketMQLog:WARN No appenders could be found for logger (io.netty.util.internal.PlatformDependent0).
RocketMQLog:WARN Please initialize the logger system properly.
#Broker Name                      #QID  #Min Offset           #Max Offset             #Last Updated
fat_mq_c                           0     6                    10                      2020-07-24 14:29:57,707
fat_mq_c                           1     4                    8                       2020-07-24 14:31:32,213
fat_mq_c                           2     20                   22                      2020-07-24 14:35:52,752
fat_mq_c                           3     14                   20                      2020-07-24 14:28:34,287
```

- 字段含义

表 7-6　字段说明

名　称	含　义
-n	Name Server 地址
-t	主题名称
Broker Name	节点名称
QID	队列编号
Min Offset	该队列的最小偏移量
Max Offset	该队列的最大偏移量
Last Updated	最新写入消息的时间戳

5. 修改主题权限

可以通过 updateTopicPerm 命令修改主题的权限，有三种类型：写权限（W）用 2 表示、读权限（R）用 4 表示、读写权限（RW）用 6 表示。下面示例中将主题的权限从读写权限变更为写权限。

- 命令示例

```
$ bin/mqadmin updateTopicPerm -c fat_mq -t mq_demo_topic -p 2 -n x.x.x.x:9876
RocketMQLog:WARN No appenders could be found for logger (io.netty.util.internal.PlatformDependent0).
RocketMQLog:WARN Please initialize the logger system properly.
update topic perm from 6 to 2 in x.x.x.x:10911 success.
```

- 字段含义

表 7-7 字段说明

名 称	含 义
-c	集群名称
-t	主题名称
-p	权限
-n	Name Server 地址

6. 删除主题

通过 deleteTopic 命令删除废弃主题。

- 命令示例

```
$ bin/mqadmin deleteTopic -n x.x.x.x:9876 -t mq_demo_topic -c fat_mq
RocketMQLog:WARN No appenders could be found for logger (io.netty.util.internal.PlatformDependent0).
RocketMQLog:WARN Please initialize the logger system properly.
delete topic [mq_demo_topic] from cluster [fat_mq] success.
delete topic [mq_demo_topic] from NameServer success.
```

- 字段含义

表 7-8 字段说明

名 称	含 义
-n	Name Server 地址
-t	主题名称
-c	集群名称

7.1.3 消费组命令汇总

消费组的命令主要进行创建消费组、查看消费者状态、查看消费组进度以及回溯消息等操作。

1. 创建消费组

通过 updateSubGroup 命令可以创建消费组，创建成功会返回该消费组的配置信息。

- 命令示例

```
$ bin/mqadmin updateSubGroup -n x.x.x.x:9876 -c fat_mq -g mq_demo_consumer
RocketMQLog:WARN No appenders could be found for logger (io.netty.util.internal.PlatformDependent0).
RocketMQLog:WARN Please initialize the logger system properly.
create subscription group to x.x.x.x:10911 success.
SubscriptionGroupConfig [groupName=mq_demo_consumer, consumeEnable=true, consumeFromMinEnable=false,
consumeBroadcastEnable=false, retryQueueNums=1, retryMaxTimes=16, brokerId=0,
whichBrokerWhenConsumeSlowly=1, notifyConsumerIdsChangedEnable=true]
```

- 字段含义

表 7-9 字段说明

名 称	含 义
-n	Name Server 地址
-c	集群名称
-g	消费组名称
groupName	消费组名称
consumeEnable	是否开启消费，默认开启
consumeFromMinEnable	是否从最小位点消费，默认为 false
consumeBroadcastEnable	是否开启广播消费，默认为 false
retryQueueNums	重试队列数量，默认为 1
retryMaxTimes	消费重试次数，默认为 16
brokerId	消费组所在的 Broker
whichBrokerWhenConsumeSlowly	当 Master 节点消费慢时，默认在从节点 ID 为 1 的 Broker 消费

2. 查看消费者状态

通过 consumerStatus 命令可以查看各个消费者的情况，包括版本、消费组名称等。

- 命令示例

```
$ bin/mqadmin consumerStatus -g mq_demo_consumer -n x.x.x.x:9876
RocketMQLog:WARN No appenders could be found for logger (io.netty.util.internal.PlatformDependent0).
RocketMQLog:WARN Please initialize the logger system properly.
001  consumer-client-id-disaster_mq-x.x.x.x@21171 V4_7_0  1595768036031/consumer-client-id-disaster_mq-x.x.x.x@21171
002  consumer-client-id-disaster_mq-x.x.x.x@19089 V4_7_0  1595768036031/consumer-client-id-disaster_mq-x.x.x.x@19089
```

- 字段含义

表 7-10 字段说明

名 称	含 义
-g	消费组名称
-n	Name Server 地址

（续）

名　称	含　义
输出第 1 列	第几个消费者
输出第 2 列	ClientId
输出第 3 列	该消费者使用的客户端 RocketMQ 版本
输出第 4 列	文件路径，该文件记录了消费者的详细信息

3. 查看消费组进度

通过 consumerProgress 命令可以查看消费组在订阅主题中每个消息队列的消费进度。

- 命令示例

```
$ bin/mqadmin consumerProgress -g pglog_rmq_t_biz_extend_synchbase_consumer -n x.x.x.x:9876
RocketMQLog:WARN No appenders could be found for logger (io.netty.util.internal.PlatformDependent0).
RocketMQLog:WARN Please initialize the logger system properly.
#Topic    #Broker Name    #QID    #Broker Offset    #Consumer Offset
#Client IP    #Diff    #LastTime
pglog_rmq_t_biz_extend    disaster_mq_a    0    17227343    17227343
N/A    0    2020-07-26 21:09:30
pglog_rmq_t_biz_extend    disaster_mq_a    1    16588873    16588873
N/A    0    2020-07-26 21:09:30
pglog_rmq_t_biz_extend    disaster_mq_a    2    12053429    12053429
N/A    0    2020-07-26 21:09:35
...
Consume TPS: 3.98
Diff Total: 6
```

- 字段含义

表 7-11　字段说明

名　称	含　义
-g	消费组名称
-n	Name Server 地址
Topic	订阅的主题名称
Broker Name	订阅主题所在的节点名称
QID	订阅主题的队列编号
Broker Offset	该队列存储的消息偏移量
Consumer Offset	该队列消费的消息偏移量
Diff	消息堆积情况
LastTime	上次消费消息的时间
Consume TPS	每秒钟消费消息的数量
Diff Total	消息堆积总数

4. 回溯消息

通过 resetOffsetByTime 命令可以将消费组重新定位到过去某个时间点重新开始消费。

- 命令示例

```
$ bin/mqadmin resetOffsetByTime -n x.x.x.x:9876 -g melon_consumer_0010 -t melon_test_0010 -s now
RocketMQLog:WARN No appenders could be found for logger (io.netty.util.internal.PlatformDependent0).
RocketMQLog:WARN Please initialize the logger system properly.
rollback consumer offset by specified group[melon_consumer_0010], topic[melon_test_0010], force[true],
timestamp(string)[now], timestamp(long)[1595900214141]
#brokerName         #queueId         #offset
dev_mq_b            5                281499
dev_mq_b            3                285922
dev_mq_d            5                12335
dev_mq_b            4                286157
dev_mq_b            1                279566
dev_mq_d            3                12336
dev_mq_b            2                281142
dev_mq_d            4                12333
dev_mq_d            1                12335
dev_mq_b            0                282808
dev_mq_d            2                12338
dev_mq_d            0                12343
```

- 字段含义

表 7-12　字段说明

名　称	含　义
-n	Name Server 地址
-g	消费组名称
-t	主题名称
-s	回溯的时间戳（例如：1595815028792，now 表示当前时间）
brokerName	节点名称
queueId	队列编号
offset	回溯后该队列消费的偏移量

7.1.4　Broker 命令汇总

1. 查看 Broker 状态

通过 brokerStatus 命令可以了解集群中某个 Broker 的运行情况，例如启动时间、版本、吞吐情况等。

- 命令示例

```
$ bin/mqadmin brokerStatus -b x.x.x.x:10911 -n x.x.x.x:9876
RocketMQLog:WARN No appenders could be found for logger (io.netty.util.internal.PlatformDependent0).
RocketMQLog:WARN Please initialize the logger system properly.
EndTransactionQueueSize          : 0
EndTransactionThreadPoolQueueCapacity: 100000
bootTimestamp                    : 1591673160936
brokerVersion                    : 353
brokerVersionDesc                : V4_7_0
commitLogDirCapacity             : Total : 98.3 GiB, Free : 93.5 GiB.
commitLogDiskRatio               : 0.04929098258492175
commitLogMaxOffset               : 3473383494
commitLogMinOffset               : 2147483648
consumeQueueDiskRatio            : 0.04929098258492175
dispatchBehindBytes              : 0
dispatchMaxBuffer                : 0
earliestMessageTimeStamp         : 1595621861014
getFoundTps                      : 0.0 0.0 0.0
getMessageEntireTimeMax          : 290
getMissTps                       : 786.5213478652134 783.8549478385495 783.5753864100321
getTotalTps                      : 786.5213478652134 783.8549478385495 783.5753864100321
getTransferedTps                 : 0.0 0.0 0.0
msgGetTotalTodayMorning          : 2713099
msgGetTotalTodayNow              : 2713131
msgGetTotalYesterdayMorning      : 1478152
msgPutTotalTodayMorning          : 9303513
msgPutTotalTodayNow              : 9336203
msgPutTotalYesterdayMorning      : 6247199
pageCacheLockTimeMills           : 0
pullThreadPoolQueueCapacity      : 100000
pullThreadPoolQueueHeadWaitTimeMills: 0
pullThreadPoolQueueSize          : 0
putMessageAverageSize            : 326.0440501347282
putMessageDistributeTime         : [<=0ms]:11 [0~10ms]:0 [10~50ms]:0 [50~100ms]:0 [100~200ms]:0
[200~500ms]:0 [500ms~1s]:0 [1~2s]:0 [2~3s]:0 [3~4s]:0 [4~5s]:0 [5~10s]:0 [10s~]:0
putMessageEntireTimeMax          : 930
putMessageSizeTotal              : 3044013439
putMessageTimesTotal             : 9336203
putTps                           : 0.9999000099990001 0.9999000099990001 0.999875015623047
queryThreadPoolQueueCapacity     : 20000
queryThreadPoolQueueHeadWaitTimeMills: 0
queryThreadPoolQueueSize         : 0
remainHowManyDataToCommit        : 0 B
remainHowManyDataToFlush         : 1.1 KiB
remainTransientStoreBufferNumbs  : 3
runtime                          : [ 49 days, 21 hours, 38 minutes, 12 seconds ]
scheduleMessageOffset_1          : 2024,2024
scheduleMessageOffset_10         : 1035,1035
scheduleMessageOffset_11         : 885,885
scheduleMessageOffset_12         : 879,879
scheduleMessageOffset_13         : 889,889
scheduleMessageOffset_14         : 640349,640349
scheduleMessageOffset_15         : 848,848
```

```
scheduleMessageOffset_16         : 851,851
scheduleMessageOffset_17         : 870,870
scheduleMessageOffset_18         : 1288,1288
scheduleMessageOffset_2          : 1243954,1243954
scheduleMessageOffset_3          : 13682,13682
scheduleMessageOffset_4          : 5965,5965
scheduleMessageOffset_5          : 5134,5134
scheduleMessageOffset_6          : 4741,4741
scheduleMessageOffset_7          : 13475,13475
scheduleMessageOffset_8          : 2530,2530
scheduleMessageOffset_9          : 2270,2270
sendThreadPoolQueueCapacity      : 10000
sendThreadPoolQueueHeadWaitTimeMills: 0
sendThreadPoolQueueSize          : 0
startAcceptSendRequestTimeStamp : 0
```

- 字段含义

表 7-13　字段说明

名　称	含　义
-b	Broker 的 IP 地址
-n	Name Server 地址
EndTransactionQueueSize	END_TRANSACTION 的线程池请求数
EndTransactionThreadPoolQueueCapacity	END_TRANSACTION 线程池大小，默认为 100 000
bootTimestamp	Broker 启动时间
brokerVersion	Broker 版本
brokerVersionDesc	Broker 版本描述
commitLogDirCapacity	commitlog 目录磁盘使用情况
commitLogDiskRatio	commitlog 目录磁盘使用百分比
commitLogMaxOffset	commitlog 最大偏移量
commitLogMinOffset	commitlog 最小偏移量
dispatchBehindBytes	已在 commitlog 中存储还未转发到 ConsumeQueue 的数据（单位为字节）
earliestMessageTimeStamp	存储最早消息的时间戳
getFoundTps	拉取时被找到的消息 TPS 统计，分别表示前 10 秒、前 1 分钟、前 10 分钟的平均速度
getMessageEntireTimeMax	查找单条消息的最大耗时
getMissTps	拉取时未被找到的消息 TPS 统计，分别表示前 10 秒、前 1 分钟、前 10 分钟的平均 TPS
getTotalTps	拉取时总的消息 TPS 统计，分别表示前 10 秒、前 1 分钟、前 10 分钟的平均 TPS
getTransferedTps	向拉取方传输的消息 TPS 统计，分别表示前 10 秒、前 1 分钟、前 10 分钟的平均 TPS

（续）

名称	含义
msgGetTotalTodayMorning	截至今天凌晨从该 Broker 拉取的消息总数
msgGetTotalTodayNow	截至当前时间从该 Broker 拉取的消息总数
msgGetTotalYesterdayMorning	截至昨天凌晨从该 Broker 拉取的消息总数
msgPutTotalTodayMorning	截至今天凌晨从该 Broker 写入的消息总数
msgPutTotalTodayNow	截至当前时间从该 Broker 写入的消息总数
msgPutTotalYesterdayMorning	截至昨天凌晨从该 Broker 写入的消息总数
pageCacheLockTimeMills	消息存储时会加锁，指从加锁到现在的时间
pullThreadPoolQueueCapacity	拉取线程池队列的初始容量，默认为 100 000
pullThreadPoolQueueHeadWaitTimeMills	队列头部第一个任务从创建到现在一直未被执行的时间，即队列第一个任务的等待时间
pullThreadPoolQueueSize	拉取线程池队列当前任务数量
putMessageAverageSize	写入消息的平均大小
putMessageDistributeTime	消息存储的耗时分布情况。例如[<=0ms]:11 指存储时小于等于 0 毫秒的有 11 条消息
putMessageEntireTimeMax	消息存储的最大耗时
putMessageSizeTotal	存储消息的总大小
putMessageTimesTotal	存储消息的总条数
putTps	统计前 10 秒、前 1 分钟、前 10 分钟写入的平均 TPS
queryThreadPoolQueueCapacity	查询线程池队列初始容量，默认为 20 000
queryThreadPoolQueueHeadWaitTimeMills	队列头部第一个任务从创建到现在一直未被执行的时间，即队列第一个任务的等待时间
queryThreadPoolQueueSize	查询线程池队列当前任务数量
remainHowManyDataToCommit	剩余多少数据未被写入到 Filechannel
remainHowManyDataToFlush	剩余多少数据未被刷到磁盘
remainTransientStoreBufferNumbs	堆外可用缓存区数量，初始数量为 5，每个缓存区的大小为 1GB，在开启队外内存传输时有效
runtime	该 Broker 运行了多久
scheduleMessageOffset_1	SCHEDULE_TOPIC_XXXX 第 1 个队列的最大偏移量（注：延迟消息存储在名字为 SCHEDULE_TOPIC_XXXX 的主题中）
scheduleMessageOffset_10	SCHEDULE_TOPIC_XXXX 第 10 个队列的最大偏移量
scheduleMessageOffset_11	SCHEDULE_TOPIC_XXXX 第 11 个队列的最大偏移量
scheduleMessageOffset_12	SCHEDULE_TOPIC_XXXX 第 12 个队列的最大偏移量
scheduleMessageOffset_13	SCHEDULE_TOPIC_XXXX 第 13 个队列的最大偏移量
scheduleMessageOffset_14	SCHEDULE_TOPIC_XXXX 第 14 个队列的最大偏移量
scheduleMessageOffset_15	SCHEDULE_TOPIC_XXXX 第 15 个队列的最大偏移量

（续）

名　称	含　义
scheduleMessageOffset_16	SCHEDULE_TOPIC_XXXX 第 16 个队列的最大偏移量
scheduleMessageOffset_17	SCHEDULE_TOPIC_XXXX 第 17 个队列的最大偏移量
scheduleMessageOffset_18	SCHEDULE_TOPIC_XXXX 第 18 个队列的最大偏移量
scheduleMessageOffset_2	SCHEDULE_TOPIC_XXXX 第 2 个队列的最大偏移量
scheduleMessageOffset_3	SCHEDULE_TOPIC_XXXX 第 3 个队列的最大偏移量
scheduleMessageOffset_4	SCHEDULE_TOPIC_XXXX 第 4 个队列的最大偏移量
scheduleMessageOffset_5	SCHEDULE_TOPIC_XXXX 第 5 个队列的最大偏移量
scheduleMessageOffset_6	SCHEDULE_TOPIC_XXXX 第 6 个队列的最大偏移量
scheduleMessageOffset_7	SCHEDULE_TOPIC_XXXX 第 7 个队列的最大偏移量
scheduleMessageOffset_8	SCHEDULE_TOPIC_XXXX 第 8 个队列的最大偏移量
scheduleMessageOffset_9	SCHEDULE_TOPIC_XXXX 第 9 个队列的最大偏移量
sendThreadPoolQueueCapacity	发送线程池队列的初始容量，默认为 10 000
sendThreadPoolQueueHeadWaitTimeMills	队列头部第一个任务从创建到现在一直未被执行的时间，即队列第一个任务的等待时间
sendThreadPoolQueueSize	发送线程池队列当前任务数量
startAcceptSendRequestTimeStamp	可以配置在指定的时间让 Broker 接受客户端发送的请求，默认启动后则自动接受发送请求

2. 查询 Broker 配置

通过 getBrokerConfig 命令可以获取 Broker 的配置信息。下面命令的主要参数的含义已在 6.3.1 节中解读过。

- 命令示例

```
$ bin/mqadmin getBrokerConfig -b  x.x.x.x:10911 -n x.x.x.x:9876
RocketMQLog:WARN No appenders could be found for logger (io.netty.util.internal.PlatformDependent0).
RocketMQLog:WARN Please initialize the logger system properly.
============x.x.x.x:10911============
serverSelectorThreads                              =  3
brokerRole                                         =  ASYNC_MASTER
serverSocketRcvBufSize                             =  131072
osPageCacheBusyTimeOutMills                        =  1000
shortPollingTimeMills                              =  1000
clientSocketRcvBufSize                             =  131072
clusterTopicEnable                                 =  true
brokerTopicEnable                                  =  true
autoCreateTopicEnable                              =  true
maxErrorRateOfBloomFilter                          =  20
maxMsgsNumBatch                                    =  64
cleanResourceInterval                              =  10000
...
```

3. Broker 配置更新

可以通过 updateBrokerConfig 命令对 Broker 配置进行热更新，更新后实时生效，不需要重启 Broker 节点。

- 命令示例

```
$ bin/mqadmin updateBrokerConfig -b x.x.x.x:10911 -n dev-mq1.ttbike.com.cn:9876 -k slaveReadEnable -v
true
RocketMQLog:WARN No appenders could be found for logger (io.netty.util.internal.PlatformDependent0).
RocketMQLog:WARN Please initialize the logger system properly.
update broker config success, x.x.x.x:10911
```

- 字段含义

表 7-14　字段说明

名　称	含　义
-b	Broker 地址
-n	Name Server 地址
-k	需更新配置的 key
-v	需更新配置的 key 对应的值

4. Broker 发送消息

可以使用 sendMsgStatus 命令向某个 Broker 发送测试消息，检测该 Broker 的运行情况。

- 命令示例

```
bin/mqadmin sendMsgStatus -b dev_mq_d -n x.x.x.x:9876
RocketMQLog:WARN No appenders could be found for logger (io.netty.util.internal.PlatformDependent0).
RocketMQLog:WARN Please initialize the logger system properly.
rt:2ms, SendResult=SendResult [sendStatus=SEND_OK, msgId=0A6F4B60457D5ACF98009C90AD2C0001,
offsetMsgId=0A6F4B6000002AC100000000D0B7A942, messageQueue=MessageQueue [topic=dev_mq_d,
brokerName=dev_mq_d, queueId=0], queueOffset=4486548]rt:2ms,...
```

- 字段含义

表 7-15　字段说明

名　称	含　义
-b	Broker 名称
-n	Name Server 地址
-c	指定发送消息数量，默认为 50 条
-s	指定发送消息体大小，默认为 128KB

7.1.5　消息命令汇总

1. 打印主题消息

通过命令 printMsg 可以打印主题中的消息。

- 命令示例

```
$ bin/mqadmin printMsg -d true -n x.x.x.x:9876 -t melon_dev_test
RocketMQLog:WARN No appenders could be found for logger (io.netty.util.internal.PlatformDependent0).
RocketMQLog:WARN Please initialize the logger system properly.
minOffset=0, maxOffset=0, MessageQueue [topic=melon_dev_test, brokerName=dev_mq_b,
queueId=2]minOffset=0, maxOffset=0, MessageQueue [topic=melon_dev_test, brokerName=dev_mq_d,
queueId=4]minOffset=0, maxOffset=0, MessageQueue [topic=melon_dev_test, brokerName=dev_mq_b,
queueId=4]minOffset=0, maxOffset=0, MessageQueue [topic=melon_dev_test, brokerName=dev_mq_d,
queueId=6]minOffset=0, maxOffset=0, MessageQueue [topic=melon_dev_test, brokerName=dev_mq_b,
queueId=6]minOffset=0, maxOffset=1, MessageQueue [topic=melon_dev_test, brokerName=dev_mq_d,
queueId=8]MessageQueue [topic=melon_dev_test, brokerName=dev_mq_d, queueId=8] no matched msg.
status=NO_MATCHED_MSG, offset=1minOffset=0, maxOffset=0, MessageQueue [topic=melon_dev_test,
brokerName=dev_mq_b, queueId=8]minOffset=0, maxOffset=0, MessageQueue [topic=melon_dev_test,
brokerName=dev_mq_d, queueId=10]minOffset=0, maxOffset=0, MessageQueue [topic=melon_dev_test,
brokerName=dev_mq_d, queueId=0]minOffset=0, maxOffset=0, MessageQueue [topic=melon_dev_test,
brokerName=dev_mq_b, queueId=0]minOffset=0, maxOffset=0, MessageQueue [topic=melon_dev_test,
brokerName=dev_mq_d, queueId=2]minOffset=0, maxOffset=0, MessageQueue [topic=melon_dev_test,
brokerName=dev_mq_b, queueId=10]minOffset=0, maxOffset=0, MessageQueue [topic=melon_dev_test,
brokerName=dev_mq_d, queueId=12]minOffset=0, maxOffset=0, MessageQueue [topic=melon_dev_test,
brokerName=dev_mq_b, queueId=12]minOffset=0, maxOffset=1, MessageQueue [topic=melon_dev_test,
brokerName=dev_mq_d, queueId=14]MessageQueue [topic=melon_dev_test, brokerName=dev_mq_d, queueId=14]
no matched msg. status=NO_MATCHED_MSG, offset=1minOffset=0, maxOffset=2, MessageQueue
[topic=melon_dev_test, brokerName=dev_mq_b, queueId=14]MSGID: 0A6F4BA1743E7BA18F1B9F54E2210028
MessageExt [brokerName=dev_mq_b, queueId=14, storeSize=225, queueOffset=1, sysFlag=0,
bornTimestamp=1596205940257, bornHost=/10.111.75.161:42806, storeTimestamp=1596205940257,
storeHost=/10.111.75.95:10911, msgId=0A6F4B5F00002A9F000000138873E059, commitLogOffset=83893674073,
bodyCRC=1649915861, reconsumeTimes=0, preparedTransactionOffset=0,
toString()=Message{topic='melon_dev_test', flag=0, properties={MIN_OFFSET=0,
uber-trace-id=7617a5ff2fa5bf68%3A7617a5ff2fa5bf68%3A0%3A0, MAX_OFFSET=2,
UNIQ_KEY=0A6F4BA1743E7BA18F1B9F54E2210028, WAIT=true}, body=[104, 101, 108, 108, 111, 32, 98, 97, 98,
121], transactionId='null'}] BODY: hello baby
```

- 字段含义

表 7-16　字段说明

名　称	含　义
-d	是否打印消息体，默认为 false
-n	Name Server 地址
-t	主题名称
-b	开始时间戳，格式为 currentTimeMillis|yyyy-MM-dd#HH:mm:ss:SSS
-c	字符编码，默认为 UTF-8

（续）

名　称	含　义
-e	结束时间戳，格式为 currentTimeMillis|yyyy-MM-dd#HH:mm:ss:SSS
-s	订阅的 tag，默认为全部（*），格式为 TagA || TagB

2. 通过 MsgId 检索消息

通过 queryMsgById 命令可以检索存储在集群中的消息。

- 命令示例

```
$ bin/mqadmin queryMsgById -n x.x.x.x:9876 -i 0A6F4B5F00002A9F000000138873E059
RocketMQLog:WARN No appenders could be found for logger (io.netty.util.internal.PlatformDependent0).
RocketMQLog:WARN Please initialize the logger system properly.
OffsetID:             0A6F4B5F00002A9F000000138873E059
Topic:                melon_dev_test
Tags:                 [null]
Keys:                 [null]
Queue ID:             14
Queue Offset:         1
CommitLog Offset:     83893674073
Reconsume Times:      0
Born Timestamp:       2020-07-31 22:32:20,257
Store Timestamp:      2020-07-31 22:32:20,257
Born Host:            x.x.x.x:42806
Store Host:           x.x.x.x:10911
System Flag:          0
Properties:           {uber-trace-id=7617a5ff2fa5bf68%3A7617a5ff2fa5bf68%3A0%3A0,
UNIQ_KEY=0A6F4BA1743E7BA18F1B9F54E2210028, WAIT=true}
Message Body Path:    /tmp/rocketmq/msgbodys/0A6F4BA1743E7BA18F1B9F54E2210028


MessageTrack [consumerGroup=melon_dev_consumer, trackType=NOT_ONLINE, exceptionDesc=CODE:206
DESC:the consumer group[melon_dev_consumer] not online]
```

- 字段含义

表 7-17　字段说明

名　称	含　义
-n	Name Server 地址
-i	消息 ID
OffsetID	消息 ID
Topic	主题名称
Tags	消息的 tag
Keys	发送消息的 key
Queue ID	消息存储的队列编号

（续）

名　称	含　义
Queue Offset	消息在队列中的偏移量
CommitLog Offset	消息在 commitlog 文件中的偏移量
Reconsume Times	重新消费的次数
Born Timestamp	消息诞生的时间戳
Store Timestamp	消息存储的时间戳
Born Host	发送消息的 IP 地址
Store Host	消息存储的 IP 地址
System Flag	标志信息
Properties	属性信息
Message Body Path	消息体存储路径
MessageTrack	消费情况

3. 通过 Key 检索消息

可以通过 queryMsgByKey 命令根据消息 key 检索消息。

- 命令示例

```
$ bin/mqadmin queryMsgByKey -n x.x.x.x:9876 -t melon_dev_test -k orderNo1

RocketMQLog:WARN No appenders could be found for logger (io.netty.util.internal.PlatformDependent0).
RocketMQLog:WARN Please initialize the logger system properly.
#Message ID                                                    #QID                                  #Offset
0A6F4BA1743E7BA18F1B022183DA002B                                 2                                        0
```

- 字段含义

表 7-18　字段说明

名　称	含　义
-n	Name Server 地址
-t	主题名称
-k	消息 key
Message ID	消息 ID
QID	消息存储的队列编号
Offset	消息在队列中的偏移量

4. 根据 offset 检索消息

消息存储在 Broker 的队列中，同样可以通过 offset 来检索消息。

- 命令示例

```
$ bin/mqadmin queryMsgByOffset -n x.x.x.x:9876 -t melon_dev_test -b dev_mq_b -i 2 -o 0
RocketMQLog:WARN No appenders could be found for logger (io.netty.util.internal.PlatformDependent0).
RocketMQLog:WARN Please initialize the logger system properly.
OffsetID:              0A6F4B5F00002A9F00000013A37FED85
Topic:                 melon_dev_test
Tags:                  [null]
Keys:                  [orderNo1]
Queue ID:              2
Queue Offset:          0
CommitLog Offset:      84347448709
Reconsume Times:       0
Born Timestamp:        2020-08-01 09:55:50,874
Store Timestamp:       2020-08-01 09:55:50,875
Born Host:             x.x.x.x:42806
Store Host:            x.x.x.x:10911
System Flag:           0
Properties:            {MIN_OFFSET=0, uber-trace-id=74e72c15f101da93%3A74e72c15f101da93%3A0%3A0,
MAX_OFFSET=1, KEYS=orderNo1, UNIQ_KEY=0A6F4BA1743E7BA18F1B022183DA002B, WAIT=true}
Message Body Path:     /tmp/rocketmq/msgbodys/0A6F4BA1743E7BA18F1B022183DA002B
```

- 字段含义

表 7-19 字段说明

名　称	含　义
-n	Name Server 地址
-t	主题名称
-b	Broker 名称
-i	队列编号
-o	偏移量
OffsetID	消息 ID
Topic	主题名称
Tags	消息的 tag
Keys	消息 0
Queue ID	消息存储的队列编号
Queue Offset	消息在队列中的偏移量
CommitLog Offset	消息在 commitlog 文件中的偏移量
Reconsume Times	重新消费的次数
Born Timestamp	消息诞生的时间戳
Store Timestamp	消息存储的时间戳
Born Host	发送消息的 IP 地址
System Flag	标志信息

（续）

名　称	含　义
Properties	属性信息
Message Body Path	消息体存储路径
MessageTrack	消费情况

5. 根据 UniqueKey 检索消息

通过命令 queryMsgByUniqueKey 同样可以检索消息。

- 命令示例

```
$ bin/mqadmin queryMsgByUniqueKey -n dev-mq1.ttbike.com.cn:9876  -t melon_dev_test -i
0A6F4BA1743E7BA18F1B022183DA002B
RocketMQLog:WARN No appenders could be found for logger (io.netty.util.internal.PlatformDependent0).
RocketMQLog:WARN Please initialize the logger system properly.
Topic:                  melon_dev_test
Tags:                   [null]
Keys:                   [orderNo1]
Queue ID:               2
Queue Offset:           0
CommitLog Offset:       84347448709
Reconsume Times:        0
Born Timestamp:         2020-08-01 09:55:50,874
Store Timestamp:        2020-08-01 09:55:50,875
Born Host:              x.x.x.x:42806
Store Host:             x.x.x.x:10911
System Flag:            0
Properties:             {uber-trace-id=74e72c15f101da93%3A74e72c15f101da93%3A0%3A0, KEYS=orderNo1,
UNIQ_KEY=0A6F4BA1743E7BA18F1B022183DA002B, WAIT=true}
Message Body Path:      /tmp/rocketmq/msgbodys/0A6F4BA1743E7BA18F1B022183DA002B
```

- 字段含义

字段含义同表 7-19。

7.2　集群性能压力测试

我们在生产环境搭建一个集群时，需要对该集群的性能进行“摸高”。即对于集群的最大 TPS 大约是多少，我们要做到心里有数。我们日常的实际流量控制在压力测试最高值的 1/3 到 1/2，要预留一定的空间应对流量突增的情况。

那么如何进行压力测试呢？

(1) 写一段发送代码，测试人员通过 JMeter 进行压力测试，或者在代码中通过多线程发送消息。这种方式需要多台配置较高的测试机器。

(2) 通过 RocketMQ 自带的压力测试脚本进行压力测试。

这两种方式我在实践过程中都使用过，压力测试的效果基本接近。为了方便，我建议直接在新搭建的 RocketMQ 集群上通过压力测试的脚本进行即可。

7.2.1　压力测试脚本参数说明

RocketMQ 安装包解压后，在 benchmark 目录下有一个 producer.sh 文件，通过该脚本文件可以进行压力测试。下面通过 `producer.sh -h` 命令看一下各个字段的含义。

- 字段含义

表 7-20　字段说明

名　称	含　义
-h	使用帮助
-k	测试时消息是否包含 key，默认为 false
-n	Name Server 地址
-s	消息大小，默认为 128 字节
-t	主题名称
-w	并发线程的数量，默认 64 个

7.2.2　性能压力测试实战记录

我使用的系统配置为 48 核 256GB，集群架构为“4 主 4 从”、异步刷盘、主从异步复制。下面我们分场景对该集群进行测试，观察输出结果。可以根据实际情况灵活组合，不同的组合结果也会不同，然而压力测试的方法是一样的。

测试场景一

1 个线程、消息大小为 1KB、主题为 8 个队列。以下结果中，发送操作的最大 TPS 为 4533，最大 RT（response time，响应时间，单位为毫秒）为 299，平均 RT 为 0.22（未列出全部数据，此处为保留两位小数所得的结果，余同）。

```
sh producer.sh -t cluster-perf-tst8 -w 1 -s 1024 -n x.x.x.x:9876
Send TPS: 4281 Max RT: 299 Average RT:   0.233 Send Failed: 0 Response Failed: 0
Send TPS: 4237 Max RT: 299 Average RT:   0.236 Send Failed: 0 Response Failed: 0
Send TPS: 4533 Max RT: 299 Average RT:   0.221 Send Failed: 0 Response Failed: 0
Send TPS: 4404 Max RT: 299 Average RT:   0.227 Send Failed: 0 Response Failed: 0
Send TPS: 4360 Max RT: 299 Average RT:   0.229 Send Failed: 0 Response Failed: 0
Send TPS: 4269 Max RT: 299 Average RT:   0.234 Send Failed: 0 Response Failed: 0
Send TPS: 4319 Max RT: 299 Average RT:   0.231 Send Failed: 0 Response Failed: 0
...
```

测试场景二

1 个线程、消息大小为 3KB、主题为 8 个队列。以下结果中发送操作的最大 TPS 为 4125，最大 RT 为 255，平均 RT 为 0.24。

```
sh producer.sh -t cluster-perf-tst8 -w 1 -s 3072 -n 192.168.x.x:9876
Send TPS: 4120 Max RT: 255 Average RT:   0.242 Send Failed: 0 Response Failed: 0
Send TPS: 4054 Max RT: 255 Average RT:   0.246 Send Failed: 0 Response Failed: 0
Send TPS: 4010 Max RT: 255 Average RT:   0.249 Send Failed: 0 Response Failed: 0
Send TPS: 4125 Max RT: 255 Average RT:   0.242 Send Failed: 0 Response Failed: 0
Send TPS: 4093 Max RT: 255 Average RT:   0.244 Send Failed: 0 Response Failed: 0
Send TPS: 4093 Max RT: 255 Average RT:   0.244 Send Failed: 0 Response Failed: 0
Send TPS: 3999 Max RT: 255 Average RT:   0.250 Send Failed: 0 Response Failed: 0
Send TPS: 3957 Max RT: 255 Average RT:   0.253 Send Failed: 0 Response Failed: 0
...
```

测试场景三

1 个线程、消息大小为 1KB、主题为 16 个队列。以下结果中发送操作的最大 TPS 为 5289，最大 RT 为 255，平均 RT 为 0.19。

```
sh producer.sh -t cluster-perf-tst16 -w 1 -s 1024 -n x.x.x.x:9876
Send TPS: 5289 Max RT: 225 Average RT:   0.189 Send Failed: 0 Response Failed: 0
Send TPS: 5252 Max RT: 225 Average RT:   0.190 Send Failed: 0 Response Failed: 0
Send TPS: 5124 Max RT: 225 Average RT:   0.195 Send Failed: 0 Response Failed: 0
Send TPS: 5146 Max RT: 225 Average RT:   0.194 Send Failed: 0 Response Failed: 0
Send TPS: 4861 Max RT: 225 Average RT:   0.206 Send Failed: 0 Response Failed: 0
Send TPS: 4998 Max RT: 225 Average RT:   0.200 Send Failed: 0 Response Failed: 0
Send TPS: 5063 Max RT: 225 Average RT:   0.198 Send Failed: 0 Response Failed: 0
Send TPS: 5039 Max RT: 225 Average RT:   0.198 Send Failed: 0 Response Failed: 0
...
```

测试场景四

1 个线程、消息大小为 3KB、主题为 16 个队列。以下结果中发送操作的最大 TPS 为 5011，最大 RT 为 244，平均 RT 为 0.21。

```
sh producer.sh -t cluster-perf-tst16 -w 1 -s 3072 -n x.x.x.x:9876
Send TPS: 4778 Max RT: 244 Average RT:   0.209 Send Failed: 0 Response Failed: 0
Send TPS: 5011 Max RT: 244 Average RT:   0.199 Send Failed: 0 Response Failed: 0
Send TPS: 4826 Max RT: 244 Average RT:   0.207 Send Failed: 0 Response Failed: 0
Send TPS: 4762 Max RT: 244 Average RT:   0.210 Send Failed: 0 Response Failed: 0
Send TPS: 4663 Max RT: 244 Average RT:   0.214 Send Failed: 0 Response Failed: 0
Send TPS: 4648 Max RT: 244 Average RT:   0.215 Send Failed: 0 Response Failed: 0
Send TPS: 4778 Max RT: 244 Average RT:   0.209 Send Failed: 0 Response Failed: 0
Send TPS: 4737 Max RT: 244 Average RT:   0.211 Send Failed: 0 Response Failed: 0
Send TPS: 4523 Max RT: 244 Average RT:   0.221 Send Failed: 0 Response Failed: 0
Send TPS: 4544 Max RT: 244 Average RT:   0.220 Send Failed: 0 Response Failed: 0
Send TPS: 4683 Max RT: 244 Average RT:   0.213 Send Failed: 0 Response Failed: 0
Send TPS: 4838 Max RT: 244 Average RT:   0.207 Send Failed: 0 Response Failed: 0
...
```

测试场景五

10个线程、消息大小为1KB、主题为8个队列。以下结果中发送操作的最大TPS为41 946，最大RT为259，平均RT为0.24。

```
sh producer.sh -t cluster-perf-tst8 -w 10 -s 1024 -n x.x.x.x:9876
Send TPS: 40274 Max RT: 259 Average RT:   0.248 Send Failed: 0 Response Failed: 0
Send TPS: 41421 Max RT: 259 Average RT:   0.241 Send Failed: 0 Response Failed: 0
Send TPS: 43185 Max RT: 259 Average RT:   0.231 Send Failed: 0 Response Failed: 0
Send TPS: 40654 Max RT: 259 Average RT:   0.246 Send Failed: 0 Response Failed: 0
Send TPS: 40744 Max RT: 259 Average RT:   0.245 Send Failed: 0 Response Failed: 0
Send TPS: 41946 Max RT: 259 Average RT:   0.238 Send Failed: 0 Response Failed: 0
...
```

测试场景六

10个线程、消息大小为3KB、主题为8个队列。以下结果中发送操作的最大TPS为40 927，最大RT为265，平均RT为0.25。

```
sh producer.sh -t cluster-perf-tst8 -w 10 -s 3072 -n x.x.x.x:9876
Send TPS: 40085 Max RT: 265 Average RT:   0.249 Send Failed: 0 Response Failed: 0
Send TPS: 37710 Max RT: 265 Average RT:   0.265 Send Failed: 0 Response Failed: 0
Send TPS: 39305 Max RT: 265 Average RT:   0.254 Send Failed: 0 Response Failed: 0
Send TPS: 39881 Max RT: 265 Average RT:   0.251 Send Failed: 0 Response Failed: 0
Send TPS: 38428 Max RT: 265 Average RT:   0.260 Send Failed: 0 Response Failed: 0
Send TPS: 39280 Max RT: 265 Average RT:   0.255 Send Failed: 0 Response Failed: 0
Send TPS: 38539 Max RT: 265 Average RT:   0.259 Send Failed: 0 Response Failed: 0
Send TPS: 40927 Max RT: 265 Average RT:   0.244 Send Failed: 0 Response Failed: 0
...
```

测试场景七

10个线程、消息大小为1KB、主题为16个队列。以下结果中发送操作的最大TPS为42 365，最大RT为243，平均RT为0.23。

```
sh producer.sh -t cluster-perf-tst16 -w 10 -s 1024 -n x.x.x.x:9876
Send TPS: 41301 Max RT: 243 Average RT:   0.242 Send Failed: 0 Response Failed: 0
Send TPS: 42365 Max RT: 243 Average RT:   0.236 Send Failed: 0 Response Failed: 0
Send TPS: 42181 Max RT: 243 Average RT:   0.237 Send Failed: 0 Response Failed: 0
Send TPS: 42261 Max RT: 243 Average RT:   0.237 Send Failed: 0 Response Failed: 0
Send TPS: 40831 Max RT: 243 Average RT:   0.245 Send Failed: 0 Response Failed: 0
Send TPS: 43010 Max RT: 243 Average RT:   0.232 Send Failed: 0 Response Failed: 0
Send TPS: 41871 Max RT: 243 Average RT:   0.239 Send Failed: 0 Response Failed: 0
Send TPS: 40970 Max RT: 243 Average RT:   0.244 Send Failed: 0 Response Failed: 0
...
```

测试场景八

10个线程、消息大小为3KB、主题为16个队列。以下结果中发送操作的最大TPS为39 976，最大RT为237，平均RT为0.25。

```
sh producer.sh -t cluster-perf-tst16 -w 10 -s 3072 -n x.x.x.x:9876
Send TPS: 36245 Max RT: 237 Average RT:   0.276 Send Failed: 0 Response Failed: 0
Send TPS: 38713 Max RT: 237 Average RT:   0.258 Send Failed: 0 Response Failed: 0
Send TPS: 36327 Max RT: 237 Average RT:   0.275 Send Failed: 0 Response Failed: 0
Send TPS: 39005 Max RT: 237 Average RT:   0.256 Send Failed: 0 Response Failed: 0
Send TPS: 37926 Max RT: 237 Average RT:   0.264 Send Failed: 0 Response Failed: 0
Send TPS: 38804 Max RT: 237 Average RT:   0.258 Send Failed: 0 Response Failed: 0
Send TPS: 39976 Max RT: 237 Average RT:   0.250 Send Failed: 0 Response Failed: 0
...
```

测试场景九

30 个线程、消息大小为 1KB、主题为 8 个队列。以下结果中发送操作的最大 TPS 为 89 288，最大 RT 为 309，平均 RT 为 0.34。

```
sh producer.sh -t cluster-perf-tst8 -w 30 -s 1024 -n x.x.x.x:9876
Send TPS: 86259 Max RT: 309 Average RT:   0.348 Send Failed: 0 Response Failed: 0
Send TPS: 85335 Max RT: 309 Average RT:   0.351 Send Failed: 0 Response Failed: 0
Send TPS: 81850 Max RT: 309 Average RT:   0.366 Send Failed: 0 Response Failed: 0
Send TPS: 87712 Max RT: 309 Average RT:   0.342 Send Failed: 0 Response Failed: 0
Send TPS: 89288 Max RT: 309 Average RT:   0.336 Send Failed: 0 Response Failed: 0
Send TPS: 86732 Max RT: 309 Average RT:   0.346 Send Failed: 0 Response Failed: 0
...
```

测试场景十

30 个线程、消息大小为 3KB、主题为 8 个队列。以下结果中发送操作的最大 TPS 为 77 792，最大 RT 为 334，平均 RT 为 0.42。

```
sh producer.sh -t cluster-perf-tst8 -w 30 -s 3072 -n x.x.x.x:9876
Send TPS: 74085 Max RT: 334 Average RT:   0.405 Send Failed: 0 Response Failed: 0
Send TPS: 71014 Max RT: 334 Average RT:   0.422 Send Failed: 0 Response Failed: 0
Send TPS: 77792 Max RT: 334 Average RT:   0.386 Send Failed: 0 Response Failed: 0
Send TPS: 73913 Max RT: 334 Average RT:   0.406 Send Failed: 0 Response Failed: 0
Send TPS: 77337 Max RT: 334 Average RT:   0.392 Send Failed: 0 Response Failed: 0
Send TPS: 72184 Max RT: 334 Average RT:   0.416 Send Failed: 0 Response Failed: 0
Send TPS: 77271 Max RT: 334 Average RT:   0.388 Send Failed: 0 Response Failed: 0
Send TPS: 75016 Max RT: 334 Average RT:   0.400 Send Failed: 0 Response Failed: 0
...
```

测试场景十一

30 个线程、消息大小为 1KB、主题为 16 个队列。以下结果中发送操作的最大 TPS 为 87 009，最大 RT 为 306，平均 RT 为 0.34。

```
sh producer.sh -t zms-clusterB-perf-tst16 -w 30 -s 1024 -n x.x.x.x:9876
Send TPS: 82946 Max RT: 306 Average RT:   0.362 Send Failed: 0 Response Failed: 0
Send TPS: 86902 Max RT: 306 Average RT:   0.345 Send Failed: 0 Response Failed: 0
Send TPS: 83157 Max RT: 306 Average RT:   0.365 Send Failed: 0 Response Failed: 0
Send TPS: 86804 Max RT: 306 Average RT:   0.345 Send Failed: 0 Response Failed: 0
Send TPS: 87009 Max RT: 306 Average RT:   0.345 Send Failed: 0 Response Failed: 0
Send TPS: 80219 Max RT: 306 Average RT:   0.374 Send Failed: 0 Response Failed: 0
...
```

测试场景十二

30 个线程、消息大小为 3KB、主题为 16 个队列。以下结果中发送操作的最大 TPS 为 78 555，最大 RT 为 329，平均 RT 为 0.40。

```
sh producer.sh -t cluster-perf-tst16 -w 30 -s 3072 -n x.x.x.x:9876
Send TPS: 73864 Max RT: 329 Average RT:   0.403 Send Failed: 0 Response Failed: 0
Send TPS: 78555 Max RT: 329 Average RT:   0.382 Send Failed: 0 Response Failed: 0
Send TPS: 75200 Max RT: 329 Average RT:   0.406 Send Failed: 0 Response Failed: 0
Send TPS: 73925 Max RT: 329 Average RT:   0.406 Send Failed: 0 Response Failed: 0
Send TPS: 69955 Max RT: 329 Average RT:   0.429 Send Failed: 0 Response Failed: 0
...
```

测试场景十三

45 个线程、消息大小为 1KB、主题为 8 个队列。以下结果中发送操作的最大 TPS 为 96 340，最大 RT 为 2063，平均 RT 为 0.48。

```
sh producer.sh -t cluster-perf-tst8 -w 45 -s 1024 -n x.x.x.x:9876
Send TPS: 91266 Max RT: 2063 Average RT:   0.493 Send Failed: 0 Response Failed: 0
Send TPS: 87279 Max RT: 2063 Average RT:   0.515 Send Failed: 0 Response Failed: 0
Send TPS: 92130 Max RT: 2063 Average RT:   0.487 Send Failed: 0 Response Failed: 1
Send TPS: 95227 Max RT: 2063 Average RT:   0.472 Send Failed: 0 Response Failed: 1
Send TPS: 96340 Max RT: 2063 Average RT:   0.467 Send Failed: 0 Response Failed: 1
Send TPS: 84272 Max RT: 2063 Average RT:   0.534 Send Failed: 0 Response Failed: 1
...
```

测试场景十四

45 个线程、消息大小为 3KB、主题为 8 个队列。以下结果中发送操作的最大 TPS 为 90 403，最大 RT 为 462，平均 RT 为 0.52。

```
sh producer.sh -t cluster-perf-tst8 -w 45 -s 3072 -n 192.168.x.x:9876
Send TPS: 89334 Max RT: 462 Average RT:   0.503 Send Failed: 0 Response Failed: 0
Send TPS: 84237 Max RT: 462 Average RT:   0.534 Send Failed: 0 Response Failed: 0
Send TPS: 86051 Max RT: 462 Average RT:   0.523 Send Failed: 0 Response Failed: 0
Send TPS: 86475 Max RT: 462 Average RT:   0.520 Send Failed: 0 Response Failed: 0
Send TPS: 86088 Max RT: 462 Average RT:   0.523 Send Failed: 0 Response Failed: 0
Send TPS: 90403 Max RT: 462 Average RT:   0.498 Send Failed: 0 Response Failed: 0
Send TPS: 84229 Max RT: 462 Average RT:   0.534 Send Failed: 0 Response Failed: 0
...
```

测试场景十五

45 个线程、消息大小为 1KB、主题为 16 个队列。以下结果中发送操作的最大 TPS 为 100 158，最大 RT 为 604，平均 RT 为 0.49。

```
sh producer.sh -t cluster-perf-tst16 -w 45 -s 1024 -n x.x.x.:9876
Send TPS: 91724 Max RT: 604 Average RT:   0.490 Send Failed: 0 Response Failed: 0
Send TPS: 90414 Max RT: 604 Average RT:   0.498 Send Failed: 0 Response Failed: 0
Send TPS: 89904 Max RT: 604 Average RT:   0.500 Send Failed: 0 Response Failed: 0
```

```
Send TPS: 100158 Max RT: 604 Average RT:   0.449 Send Failed: 0 Response Failed: 0
Send TPS: 99658 Max RT: 604 Average RT:   0.451 Send Failed: 0 Response Failed: 0
Send TPS: 92440 Max RT: 604 Average RT:   0.489 Send Failed: 0 Response Failed: 0
...
```

测试场景十六

45 个线程、消息大小为 3KB、主题为 16 个队列。以下结果中发送操作的最大 TPS 为 77 297，最大 RT 为 436，平均 RT 为 0.39。

```
sh producer.sh -t cluster-perf-tst16 -w 30 -s 3072 -n x.x.x.x:9876
Send TPS: 75159 Max RT: 436 Average RT:   0.399 Send Failed: 0 Response Failed: 0
Send TPS: 75315 Max RT: 436 Average RT:   0.398 Send Failed: 0 Response Failed: 0
Send TPS: 77297 Max RT: 436 Average RT:   0.388 Send Failed: 0 Response Failed: 0
Send TPS: 72188 Max RT: 436 Average RT:   0.415 Send Failed: 0 Response Failed: 0
Send TPS: 77525 Max RT: 436 Average RT:   0.387 Send Failed: 0 Response Failed: 0
Send TPS: 71535 Max RT: 436 Average RT:   0.422 Send Failed: 0 Response Failed: 0
...
```

测试场景十七

60 个线程、消息大小为 1KB、主题为 8 个队列。以下结果中发送操作的最大 TPS 为 111 395，最大 RT 为 369，平均 RT 为 0.53。

```
sh producer.sh -t cluster-perf-tst8 -w 60 -s 1024 -n x.x.x.x:9876
Send TPS: 110067 Max RT: 369 Average RT:   0.545 Send Failed: 0 Response Failed: 0
Send TPS: 111395 Max RT: 369 Average RT:   0.538 Send Failed: 0 Response Failed: 0
Send TPS: 103114 Max RT: 369 Average RT:   0.582 Send Failed: 0 Response Failed: 0
Send TPS: 107466 Max RT: 369 Average RT:   0.558 Send Failed: 0 Response Failed: 0
Send TPS: 106655 Max RT: 369 Average RT:   0.562 Send Failed: 0 Response Failed: 0
Send TPS: 107241 Max RT: 369 Average RT:   0.559 Send Failed: 0 Response Failed: 1
Send TPS: 110672 Max RT: 369 Average RT:   0.540 Send Failed: 0 Response Failed: 1
Send TPS: 109037 Max RT: 369 Average RT:   0.552 Send Failed: 0 Response Failed: 1
...
```

测试场景十八

60 个线程、消息大小为 3KB、主题为 8 个队列。以下结果中发送操作的最大 TPS 为 99 535，最大 RT 为 583，平均 RT 为 0.64。

```
sh producer.sh -t cluster-perf-tst8 -w 60 -s 3072 -n 192.168.x.x:9876
Send TPS: 92572 Max RT: 583 Average RT:   0.648 Send Failed: 0 Response Failed: 0
Send TPS: 95163 Max RT: 583 Average RT:   0.640 Send Failed: 0 Response Failed: 1
Send TPS: 93823 Max RT: 583 Average RT:   0.654 Send Failed: 0 Response Failed: 1
Send TPS: 97091 Max RT: 583 Average RT:   0.628 Send Failed: 0 Response Failed: 1
Send TPS: 98205 Max RT: 583 Average RT:   0.628 Send Failed: 0 Response Failed: 1
Send TPS: 99535 Max RT: 583 Average RT:   0.596 Send Failed: 0 Response Failed: 3
...
```

测试场景十九

60 个线程、消息大小为 1KB、主题为 16 个队列。以下结果中发送操作的最大 TPS 为 111 667，最大 RT 为 358，平均 RT 为 0.55。

```
sh producer.sh -t cluster-perf-tst16 -w 60 -s 1024 -n x.x.x.x:9876
Send TPS: 105229 Max RT: 358 Average RT:   0.578 Send Failed: 0 Response Failed: 0
Send TPS: 103003 Max RT: 358 Average RT:   0.582 Send Failed: 0 Response Failed: 0
Send TPS: 95497  Max RT: 358 Average RT:   0.628 Send Failed: 0 Response Failed: 0
Send TPS: 108878 Max RT: 358 Average RT:   0.551 Send Failed: 0 Response Failed: 0
Send TPS: 109265 Max RT: 358 Average RT:   0.549 Send Failed: 0 Response Failed: 0
Send TPS: 105545 Max RT: 358 Average RT:   0.568 Send Failed: 0 Response Failed: 0
Send TPS: 111667 Max RT: 358 Average RT:   0.537 Send Failed: 0 Response Failed: 0
...
```

测试场景二十

60 个线程、消息大小为 3KB、主题为 16 个队列。以下结果中发送操作的最大 TPS 为 101 073，最大 RT 为 358，平均 RT 为 0.61。

```
sh producer.sh -t cluster-perf-tst16 -w 60 -s 3072 -n x.x.x.x:9876
Send TPS: 98899  Max RT: 358 Average RT:   0.606 Send Failed: 0 Response Failed: 0
Send TPS: 101073 Max RT: 358 Average RT:   0.594 Send Failed: 0 Response Failed: 0
Send TPS: 97295  Max RT: 358 Average RT:   0.617 Send Failed: 0 Response Failed: 0
Send TPS: 97923  Max RT: 358 Average RT:   0.609 Send Failed: 0 Response Failed: 1
Send TPS: 96111  Max RT: 358 Average RT:   0.620 Send Failed: 0 Response Failed: 2
Send TPS: 93873  Max RT: 358 Average RT:   0.639 Send Failed: 0 Response Failed: 2
Send TPS: 96466  Max RT: 358 Average RT:   0.622 Send Failed: 0 Response Failed: 2
Send TPS: 96579  Max RT: 358 Average RT:   0.621 Send Failed: 0 Response Failed: 2
...
```

测试场景二十一

75 个线程、消息大小为 1KB、主题为 8 个队列。以下结果中发送操作的最大 TPS 为 112 707，最大 RT 为 384，平均 RT 为 0.68。

```
sh producer.sh -t cluster-perf-tst8 -w 75 -s 1024 -n x.x.x.x:9876
Send TPS: 108367 Max RT: 384 Average RT:   0.692 Send Failed: 0 Response Failed: 0
Send TPS: 107516 Max RT: 384 Average RT:   0.701 Send Failed: 0 Response Failed: 0
Send TPS: 110974 Max RT: 384 Average RT:   0.680 Send Failed: 0 Response Failed: 0
Send TPS: 109754 Max RT: 384 Average RT:   0.683 Send Failed: 0 Response Failed: 0
Send TPS: 111917 Max RT: 384 Average RT:   0.670 Send Failed: 0 Response Failed: 0
Send TPS: 104764 Max RT: 384 Average RT:   0.712 Send Failed: 0 Response Failed: 1
Send TPS: 112208 Max RT: 384 Average RT:   0.668 Send Failed: 0 Response Failed: 1
Send TPS: 112707 Max RT: 384 Average RT:   0.665 Send Failed: 0 Response Failed: 1
...
```

测试场景二十二

75 个线程、消息大小为 3KB、主题为 8 个队列。以下结果中发送操作的最大 TPS 为 103 953，最大 RT 为 370，平均 RT 为 0.74。

```
sh producer.sh -t cluster-perf-tst8 -w 75 -s 3072 -n x.x.x.x:9876
Send TPS: 102311 Max RT: 370 Average RT:   0.733 Send Failed: 0 Response Failed: 0
```

```
Send TPS: 93722  Max RT: 370 Average RT:   0.800 Send Failed: 0 Response Failed: 0
Send TPS: 101091 Max RT: 370 Average RT:   0.742 Send Failed: 0 Response Failed: 0
Send TPS: 100404 Max RT: 370 Average RT:   0.747 Send Failed: 0 Response Failed: 0
Send TPS: 102328 Max RT: 370 Average RT:   0.733 Send Failed: 0 Response Failed: 0
Send TPS: 103953 Max RT: 370 Average RT:   0.722 Send Failed: 0 Response Failed: 0
Send TPS: 103454 Max RT: 370 Average RT:   0.725 Send Failed: 0 Response Failed: 0
...
```

测试场景二十三

75个线程、消息大小为1KB、主题为16个队列。以下结果中发送操作的最大TPS为115 659，最大RT为605，平均RT为0.68。

```
sh producer.sh -t cluster-perf-tst16 -w 75 -s 1024 -n x.x.x.x:9876
Send TPS: 106813 Max RT: 605 Average RT:   0.687 Send Failed: 0 Response Failed: 0
Send TPS: 110828 Max RT: 605 Average RT:   0.673 Send Failed: 0 Response Failed: 1
Send TPS: 109855 Max RT: 605 Average RT:   0.676 Send Failed: 0 Response Failed: 3
Send TPS: 102741 Max RT: 605 Average RT:   0.730 Send Failed: 0 Response Failed: 3
Send TPS: 110123 Max RT: 605 Average RT:   0.681 Send Failed: 0 Response Failed: 3
Send TPS: 115659 Max RT: 605 Average RT:   0.648 Send Failed: 0 Response Failed: 3
Send TPS: 108157 Max RT: 605 Average RT:   0.693 Send Failed: 0 Response Failed: 3
...
```

测试场景二十四

75个线程、消息大小为3KB、主题为16个队列。以下结果中发送操作的最大TPS为99 871，最大RT为499，平均RT为0.78。

```
sh producer.sh -t cluster-perf-tst16 -w 75 -s 3072 -n x.x.x.x:9876
Send TPS: 90459 Max RT: 499 Average RT:   0.829 Send Failed: 0 Response Failed: 0
Send TPS: 96838 Max RT: 499 Average RT:   0.770 Send Failed: 0 Response Failed: 1
Send TPS: 96590 Max RT: 499 Average RT:   0.776 Send Failed: 0 Response Failed: 1
Send TPS: 95137 Max RT: 499 Average RT:   0.788 Send Failed: 0 Response Failed: 1
Send TPS: 89502 Max RT: 499 Average RT:   0.834 Send Failed: 0 Response Failed: 2
Send TPS: 90255 Max RT: 499 Average RT:   0.831 Send Failed: 0 Response Failed: 2
Send TPS: 99871 Max RT: 499 Average RT:   0.725 Send Failed: 0 Response Failed: 9
...
```

测试场景二十五

100个线程、消息大小为1KB、主题为8个队列。以下结果中发送操作的最大TPS为126 590，最大RT为402，平均RT为0.86。

```
sh producer.sh -t cluster-perf-tst8 -w 100 -s 1024 -n x.x.x.x:9876
Send TPS: 113204 Max RT: 402 Average RT:   0.883 Send Failed: 0 Response Failed: 0
Send TPS: 114872 Max RT: 402 Average RT:   0.868 Send Failed: 0 Response Failed: 1
Send TPS: 116261 Max RT: 402 Average RT:   0.860 Send Failed: 0 Response Failed: 1
Send TPS: 118116 Max RT: 402 Average RT:   0.847 Send Failed: 0 Response Failed: 1
Send TPS: 112594 Max RT: 402 Average RT:   0.888 Send Failed: 0 Response Failed: 1
Send TPS: 124407 Max RT: 402 Average RT:   0.801 Send Failed: 0 Response Failed: 2
Send TPS: 126590 Max RT: 402 Average RT:   0.790 Send Failed: 0 Response Failed: 2
...
```

测试场景二十六

100 个线程、消息大小为 3KB、主题为 8 个队列。以下结果中发送操作的最大 TPS 为 108 616，最大 RT 为 426，平均 RT 为 0.93。

```
sh producer.sh -t cluster-perf-tst8 -w 100 -s 3072 -n x.x.x.x:9876
Send TPS: 106723 Max RT: 426 Average RT:   0.937 Send Failed: 0 Response Failed: 0
Send TPS: 104768 Max RT: 426 Average RT:   0.943 Send Failed: 0 Response Failed: 1
Send TPS: 106697 Max RT: 426 Average RT:   0.935 Send Failed: 0 Response Failed: 2
Send TPS: 105147 Max RT: 426 Average RT:   0.951 Send Failed: 0 Response Failed: 2
Send TPS: 105814 Max RT: 426 Average RT:   0.935 Send Failed: 0 Response Failed: 5
Send TPS: 108616 Max RT: 426 Average RT:   0.916 Send Failed: 0 Response Failed: 6
Send TPS: 101429 Max RT: 426 Average RT:   0.986 Send Failed: 0 Response Failed: 6
...
```

测试场景二十七

100 个线程、消息大小为 1KB、主题为 16 个队列。以下结果中发送操作的最大 TPS 为 123 424，最大 RT 为 438，平均 RT 为 0.86。

```
sh producer.sh -t cluster-perf-tst16 -w 100 -s 1024 -n x.x.x.x:9876
Send TPS: 123424 Max RT: 438 Average RT:   0.805 Send Failed: 0 Response Failed: 0
Send TPS: 111418 Max RT: 438 Average RT:   0.897 Send Failed: 0 Response Failed: 0
Send TPS: 110360 Max RT: 438 Average RT:   0.905 Send Failed: 0 Response Failed: 0
Send TPS: 118734 Max RT: 438 Average RT:   0.842 Send Failed: 0 Response Failed: 0
Send TPS: 120725 Max RT: 438 Average RT:   0.816 Send Failed: 0 Response Failed: 4
Send TPS: 113823 Max RT: 438 Average RT:   0.878 Send Failed: 0 Response Failed: 4
Send TPS: 115639 Max RT: 438 Average RT:   0.865 Send Failed: 0 Response Failed: 4
Send TPS: 112787 Max RT: 438 Average RT:   0.889 Send Failed: 0 Response Failed: 4
Send TPS: 106677 Max RT: 438 Average RT:   0.937 Send Failed: 0 Response Failed: 4
Send TPS: 112635 Max RT: 438 Average RT:   0.888 Send Failed: 0 Response Failed: 4
Send TPS: 108470 Max RT: 438 Average RT:   0.922 Send Failed: 0 Response Failed: 4
...
```

测试场景二十八

100 个线程、消息大小为 3KB、主题为 16 个队列。以下结果中发送操作的最大 TPS 为 103 664，最大 RT 为 441，平均 RT 为 0.96。

```
sh producer.sh -t cluster-perf-tst16 -w 100 -s 3072 -n x.x.x.x:9876
Send TPS: 93374  Max RT: 441 Average RT:   1.071 Send Failed: 0 Response Failed: 3
Send TPS: 98421  Max RT: 441 Average RT:   1.017 Send Failed: 0 Response Failed: 3
Send TPS: 103664 Max RT: 441 Average RT:   0.964 Send Failed: 0 Response Failed: 4
Send TPS: 98234  Max RT: 441 Average RT:   0.995 Send Failed: 0 Response Failed: 6
Send TPS: 103563 Max RT: 441 Average RT:   0.960 Send Failed: 0 Response Failed: 7
Send TPS: 103807 Max RT: 441 Average RT:   0.962 Send Failed: 0 Response Failed: 7
Send TPS: 102715 Max RT: 441 Average RT:   0.973 Send Failed: 0 Response Failed: 7
...
```

测试场景二十九

150 个线程、消息大小为 1KB、主题为 8 个队列。以下结果中发送操作的最大 TPS 为 124 567，最大RT为633，平均RT为1.20。

```
sh producer.sh -t cluster-perf-tst8 -w 150 -s 1024 -n x.x.x.x:9876
Send TPS: 124458 Max RT: 633 Average RT:   1.205 Send Failed: 0 Response Failed: 0
Send TPS: 124567 Max RT: 633 Average RT:   1.204 Send Failed: 0 Response Failed: 0
Send TPS: 121324 Max RT: 633 Average RT:   1.236 Send Failed: 0 Response Failed: 0
Send TPS: 124928 Max RT: 633 Average RT:   1.201 Send Failed: 0 Response Failed: 0
Send TPS: 122830 Max RT: 633 Average RT:   1.242 Send Failed: 0 Response Failed: 0
Send TPS: 118825 Max RT: 633 Average RT:   1.262 Send Failed: 0 Response Failed: 0
Send TPS: 124085 Max RT: 633 Average RT:   1.209 Send Failed: 0 Response Failed: 0
...
```

测试场景三十

150个线程、消息大小为3KB、主题为8个队列。以下结果中发送操作的最大TPS为107 032，最大RT为582，平均RT为1.40。

```
sh producer.sh -t cluster-perf-tst8 -w 150 -s 3072 -n x.x.x.x:9876
Send TPS: 106575 Max RT: 582 Average RT:   1.404 Send Failed: 0 Response Failed: 1
Send TPS: 101830 Max RT: 582 Average RT:   1.477 Send Failed: 0 Response Failed: 1
Send TPS: 99666  Max RT: 582 Average RT:   1.505 Send Failed: 0 Response Failed: 1
Send TPS: 102139 Max RT: 582 Average RT:   1.465 Send Failed: 0 Response Failed: 2
Send TPS: 105405 Max RT: 582 Average RT:   1.419 Send Failed: 0 Response Failed: 3
Send TPS: 107032 Max RT: 582 Average RT:   1.399 Send Failed: 0 Response Failed: 4
Send TPS: 103416 Max RT: 582 Average RT:   1.448 Send Failed: 0 Response Failed: 5
...
```

测试场景三十一

150个线程、消息大小为1KB、主题为16个队列。以下结果中发送操作的最大TPS为124 474，最大RT为574，平均RT为1.40。

```
sh producer.sh -t cluster-perf-tst16 -w 150 -s 1024 -n x.x.x.x:9876
Send TPS: 115151 Max RT: 574 Average RT:   1.299 Send Failed: 0 Response Failed: 1
Send TPS: 106960 Max RT: 574 Average RT:   1.402 Send Failed: 0 Response Failed: 1
Send TPS: 116382 Max RT: 574 Average RT:   1.289 Send Failed: 0 Response Failed: 1
Send TPS: 110587 Max RT: 574 Average RT:   1.349 Send Failed: 0 Response Failed: 4
Send TPS: 122832 Max RT: 574 Average RT:   1.220 Send Failed: 0 Response Failed: 4
Send TPS: 124474 Max RT: 574 Average RT:   1.213 Send Failed: 0 Response Failed: 4
Send TPS: 112153 Max RT: 574 Average RT:   1.337 Send Failed: 0 Response Failed: 4
Send TPS: 120450 Max RT: 574 Average RT:   1.261 Send Failed: 0 Response Failed: 4
...
```

测试场景三十二

150个线程、消息大小为3KB、主题为16个队列。以下结果中发送操作的最大TPS为111 285，最大RT为535，平均RT为1.42。

```
sh producer.sh -t cluster-perf-tst16 -w 150 -s 3072 -n x.x.x.x:9876
Send TPS: 105061 Max RT: 535 Average RT:   1.428 Send Failed: 0 Response Failed: 0
Send TPS: 102117 Max RT: 535 Average RT:   1.465 Send Failed: 0 Response Failed: 1
```

```
Send TPS: 105569 Max RT: 535 Average RT:   1.421 Send Failed: 0 Response Failed: 1
Send TPS: 100689 Max RT: 535 Average RT:   1.489 Send Failed: 0 Response Failed: 2
Send TPS: 108464 Max RT: 535 Average RT:   1.381 Send Failed: 0 Response Failed: 2
Send TPS: 111285 Max RT: 535 Average RT:   1.348 Send Failed: 0 Response Failed: 2
Send TPS: 103406 Max RT: 535 Average RT:   1.451 Send Failed: 0 Response Failed: 2
Send TPS: 109203 Max RT: 535 Average RT:   1.388 Send Failed: 0 Response Failed: 2
...
```

测试场景三十三

200个线程、消息大小为1KB、主题为8个队列。以下结果中发送操作的最大TPS为126 170，最大RT为628，平均RT为1.71。

```
sh producer.sh -t cluster-perf-tst8 -w 200 -s 1024 -n x.x.x.x:9876
Send TPS: 117965 Max RT: 628 Average RT:   1.674 Send Failed: 0 Response Failed: 7
Send TPS: 115583 Max RT: 628 Average RT:   1.715 Send Failed: 0 Response Failed: 12
Send TPS: 118732 Max RT: 628 Average RT:   1.672 Send Failed: 0 Response Failed: 16
Send TPS: 126170 Max RT: 628 Average RT:   1.582 Send Failed: 0 Response Failed: 17
Send TPS: 116203 Max RT: 628 Average RT:   1.719 Send Failed: 0 Response Failed: 18
Send TPS: 114793 Max RT: 628 Average RT:   1.739 Send Failed: 0 Response Failed: 19
...
```

测试场景三十四

200个线程、消息大小为3KB、主题为8个队列。以下结果中发送操作的最大TPS为110 892，最大RT为761，平均RT为1.80。

```
sh producer.sh -t cluster-perf-tst8 -w 200 -s 3072 -n x.x.x.x:9876
Send TPS: 107240 Max RT: 761 Average RT:   1.865 Send Failed: 0 Response Failed: 0
Send TPS: 104585 Max RT: 761 Average RT:   1.906 Send Failed: 0 Response Failed: 2
Send TPS: 110892 Max RT: 761 Average RT:   1.803 Send Failed: 0 Response Failed: 2
Send TPS: 105414 Max RT: 761 Average RT:   1.898 Send Failed: 0 Response Failed: 2
Send TPS: 105904 Max RT: 761 Average RT:   1.885 Send Failed: 0 Response Failed: 3
Send TPS: 110748 Max RT: 761 Average RT:   1.806 Send Failed: 0 Response Failed: 3
...
```

测试场景三十五

200个线程、消息大小为1KB、主题为16个队列。以下结果中发送操作的最大TPS为124 760，最大RT为601，平均RT为1.63。

```
sh producer.sh -t cluster-perf-tst16 -w 200 -s 1024 -n x.x.x.x:9876
Send TPS: 118892 Max RT: 601 Average RT:   1.679 Send Failed: 0 Response Failed: 4
Send TPS: 118839 Max RT: 601 Average RT:   1.668 Send Failed: 0 Response Failed: 12
Send TPS: 117122 Max RT: 601 Average RT:   1.704 Send Failed: 0 Response Failed: 12
Send TPS: 122670 Max RT: 601 Average RT:   1.630 Send Failed: 0 Response Failed: 12
Send TPS: 119592 Max RT: 601 Average RT:   1.672 Send Failed: 0 Response Failed: 12
Send TPS: 121243 Max RT: 601 Average RT:   1.649 Send Failed: 0 Response Failed: 12
Send TPS: 124760 Max RT: 601 Average RT:   1.603 Send Failed: 0 Response Failed: 12
Send TPS: 124354 Max RT: 601 Average RT:   1.608 Send Failed: 0 Response Failed: 12
Send TPS: 119272 Max RT: 601 Average RT:   1.677 Send Failed: 0 Response Failed: 12
...
```

测试场景三十六

200 个线程、消息大小为 3KB、主题为 16 个队列。以下结果中发送操作的最大 TPS 为 111 201，最大 RT 为 963，平均 RT 为 1.88。

```
sh producer.sh -t cluster-perf-tst16 -w 200 -s 3072 -n x.x.x.x:9876
Send TPS: 105091 Max RT: 963 Average RT:   1.896 Send Failed: 0 Response Failed: 4
Send TPS: 106243 Max RT: 963 Average RT:   1.882 Send Failed: 0 Response Failed: 4
Send TPS: 103994 Max RT: 963 Average RT:   1.958 Send Failed: 0 Response Failed: 5
Send TPS: 109741 Max RT: 963 Average RT:   1.822 Send Failed: 0 Response Failed: 5
Send TPS: 103788 Max RT: 963 Average RT:   1.927 Send Failed: 0 Response Failed: 5
Send TPS: 110597 Max RT: 963 Average RT:   1.805 Send Failed: 0 Response Failed: 6
Send TPS: 111201 Max RT: 963 Average RT:   1.798 Send Failed: 0 Response Failed: 6
...
```

总结

通过上面的性能压力测试，可以看出最高的 TPS 为 12.6 万。那我们就可以确定集群的理论承载值为 12 万左右，日常流量应控制在 4 万~5 万，当超过该流量时，新申请的主题会被分配到其他集群。

7.3　集群平滑升级与扩缩容

RocketMQ 集群的运维实践涉及线上 Broker 节点重启、集群的扩缩容、操作系统升级、RocketMQ 集群版本升级、集群架构模式切换等，我们希望它们都是平滑的、业务无感知的。正所谓“随风潜入夜，润物细无声”，这些操作都可以使用一套通用的安全运维方式，即先摘流量再运维。本节将以实际发生的案例来串起一系列的平滑操作。

7.3.1　优雅摘除节点

有一天，运维的同事遗失了某个 Master 节点所有账户的密码，该节点在集群中运行正常。然而，如果不能登录该节点，机器终究存在安全隐患，所以他决定摘除该节点（自建机房为“4 主 4 从”、异步刷盘、主从异步复制）。

如何平滑地摘除该节点呢？

如果直接关机，那么未同步到从节点的数据就会丢失。线上安全的指导思路是“先摘除流量”，当没有流量流入流出时，我们对节点的操作才是安全的。

Step 1　摘除写入流量

我们可以通过关闭 Broker 的写入权限，来摘除该节点的写入流量。RocketMQ 的 Broker 节点有三种权限设置，`brokerPermission=2` 表示只写权限，`brokerPermission=4` 表示只读权限，

brokerPermission=6 表示读写权限。因此，可以通过 updateBrokerConfig 命令将 Broker 设置为只读权限，这样，原 Broker 的写入流量会分配到集群中的其他节点上，所以摘除该节点前需要评估集群节点的负载情况。执行结果如下：

```
bin/mqadmin updateBrokerConfig -b x.x.x.x:10911 -n x.x.x.x:9876 -k brokerPermission -v 4
Java HotSpot(TM) 64-Bit Server VM warning: ignoring option PermSize=128m; support was removed in 8.0
Java HotSpot(TM) 64-Bit Server VM warning: ignoring option MaxPermSize=128m; support was removed in 8.0
update broker config success, x.x.x.x:10911
```

将 Broker 设置为只读权限后，观察该节点的流量变化，直到写入流量为 0，表示写入流量已摘除。执行结果如下：

```
bin/mqadmin clusterList -n x.x.x.x:9876
Java HotSpot(TM) 64-Bit Server VM warning: ignoring option PermSize=128m; support was removed in 8.0
Java HotSpot(TM) 64-Bit Server VM warning: ignoring option MaxPermSize=128m; support was removed in 8.0
#Cluster Name #Broker Name #BID #Addr #Version #InTPS(LOAD) #OutTPS(LOAD) #PCWait(ms) #Hour #SPACE
ClusterA broker-a 0 x.x.x.x:10911 V4_7_0_SNAPSHOT 2492.95(0,0ms) 2269.27(1,0ms) 0 137.57 0.1861
ClusterA broker-a 1 x.x.x.x:10911 V4_7_0_SNAPSHOT 2485.45(0,0ms) 0.00(0,0ms) 0 125.26 0.3055
ClusterA broker-b 0 x.x.x.x:10911 V4_7_0_SNAPSHOT 26.47(0,0ms) 26.08(0,0ms) 0 137.24 0.1610
ClusterA broker-b 1 x.x.x.x:10915 V4_7_0_SNAPSHOT 20.47(0,0ms) 0.00(0,0ms) 0 125.22 0.3055
ClusterA broker-c 0 x.x.x.x:10911 V4_7_0_SNAPSHOT 2061.09(0,0ms) 1967.30(0,0ms) 0 125.28 0.2031
ClusterA broker-c 1 x.x.x.x:10911 V4_7_0_SNAPSHOT 2048.20(0,0ms) 0.00(0,0ms) 0 137.51 0.2789
ClusterA broker-d 0 x.x.x.x:10911 V4_7_0_SNAPSHOT 2017.40(0,0ms) 1788.32(0,0ms) 0 125.22 0.1261
ClusterA broker-d 1 x.x.x.x:10915 V4_7_0_SNAPSHOT 2026.50(0,0ms) 0.00(0,0ms) 0 137.61 0.2789
```

Step 2 摘除读出流量

当摘除 Broker 写入流量后，读出流量的消费也会逐步降低。可以通过 clusterList 命令中的 OutTPS 观察读出流量的变化。除此之外，也可以通过 brokerConsumeStats 观察 Broker 的积压情况，当积压为 0 时，表示消费全部完成。执行结果如下：

```
#Topic           #Group               #Broker Name  #QID  #Broker Offset  #Consumer Offset #Diff  #LastTime
test_melon_topic test_melon_consumer  broker-b      0     2171742         2171742          0      2020-08-13 23:38:09
test_melon_topic test_melon_consumer  broker-b      1     2171756         2171756          0      2020-08-13 23:38:50
test_melon_topic test_melon_consumer  broker-b      2     2171740         2171740          0      2020-08-13 23:42:58
test_melon_topic test_melon_consumer  broker-b      3     2171759         2171759          0      2020-08-13 23:40:44
test_melon_topic test_melon_consumer  broker-b      4     2171743         2171743          0      2020-08-13 23:32:48
test_melon_topic test_melon_consumer  broker-b      5     2171740         2171740          0      2020-08-13 23:35:58
```

Step 3 节点下线

通常，在观察到该 Broker 的所有积压都为 0 时，该节点就可以摘除了。考虑到消息可能会回溯到之前某个时间点被重新消费，我们可以过了日志保存日期再下线该节点（比如日志存储时间为 3 天，那我们可以 3 天后再移除该节点）。

7.3.2 平滑扩缩容

需要将线上的集群操作系统从 CentOS 6 全部换成 CentOS 7，具体现象和原因在第 10 章中会介绍。集群部署架构为“4 主 4 从”，见图 7-1，broker-a 为主节点，broker-a-s 是 broker-a 的从节点。

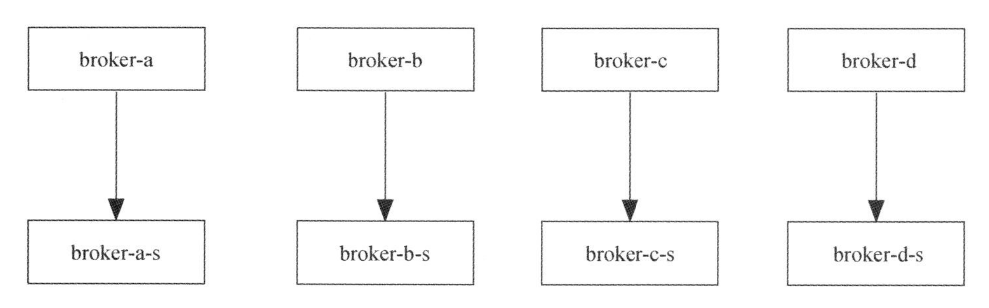

图 7-1　集群部署架构

我们需要思考的是如何做到平滑替换？指导思想为“先扩容再缩容”。

Step 1　集群扩容

申请 8 台相同配置的机器，机器操作系统为 CentOS 7，分别组建主从结构，加入到原来的集群中，此时集群中架构为“8 主 8 从”，如图 7-2 所示。

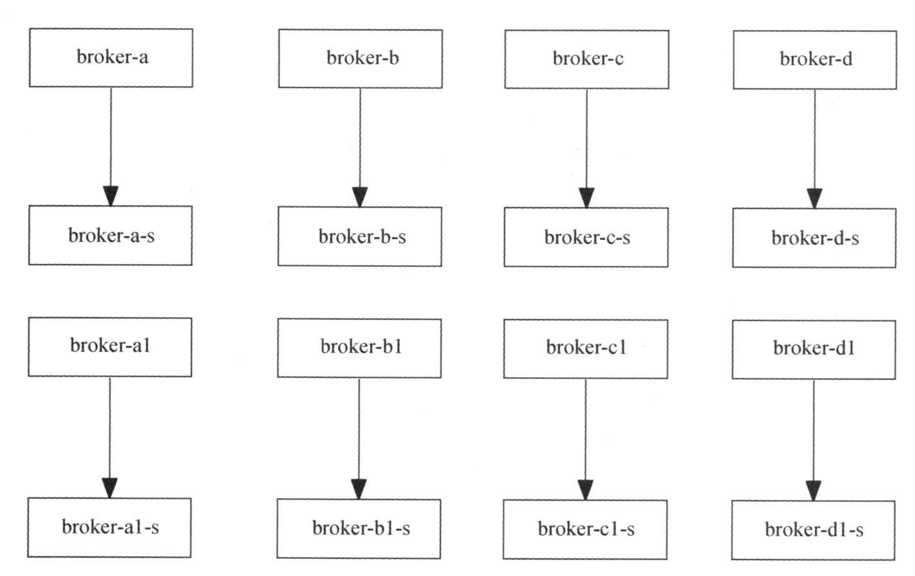

图 7-2　集群扩容后的架构

broker-a、broker-b、broker-c、broker-d 及其从节点的操作系统为 CentOS 6。broker-a1、broker-b1、broker-c1、broker-d1 及其从节点的操作系统为 CentOS 7。“8 主”均有流量流入流出，至此我们完成了集群的平滑扩容操作。

Step 2　集群缩容

按照 7.3.1 节的“优雅摘除节点”操作，分别摘除 broker-a、broker-b、broker-c、broker-d 及其从节点的流量。为了安全，我们可以在过了日志保存时间后再让其下线。集群中只剩下操作系统为 CentOS 7 的“4 主 4 从”的架构，如图 7-3 所示。至此，我们完成了集群的平滑缩容操作。

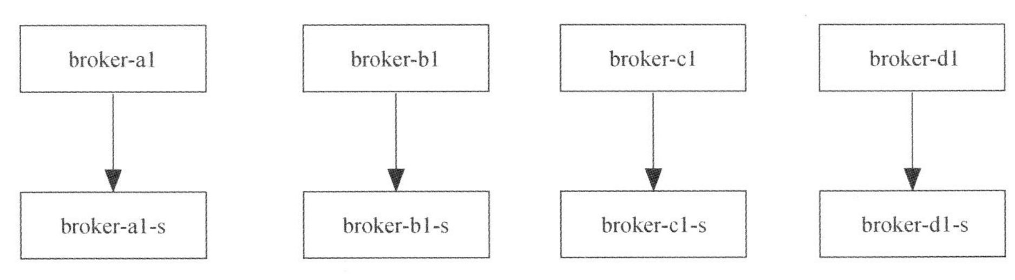

图 7-3　集群缩容后的架构

7.3.3　注意事项

在扩容中，我们将新申请的 4 台 CentOS 7 节点，命名为 broker-a1、broker-b1、broker-c1、broker-d1 这样的形式，而不是 broker-e、broker-f、broker-g、broker-h。下面讨论一下这么命名的原因，客户端消费默认采用平均分配算法，假设有 4 个消费节点。

第一种形式

命名为 broker-e、broker-f、broker-g、broker-h 的消费组订阅分配如图 7-4 所示。

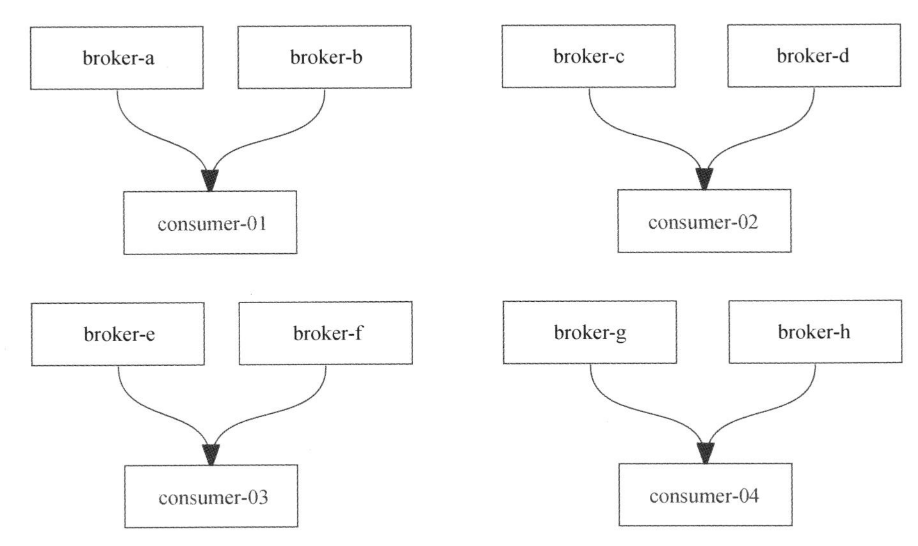

图 7-4　Broker 分配图示

注：当缩容摘除 broker-a、broker-b、broker-c、broker-d 的流量时，会发现 consumer-01、consumer-02 没有分到 Broker 节点，造成流量偏移，因此存在剩余的一半节点无法承载流量压力的隐患。

第二种形式

扩容后的排序如下，即新加入的主节点 broker-a1 紧跟着原来的主节点 broker-a：

```
broker-a,broker-a1,broker-b,broker-b1,broker-c,broker-c1,broker-d,broker-d1
```

消费组订阅分配如图 7-5 所示。

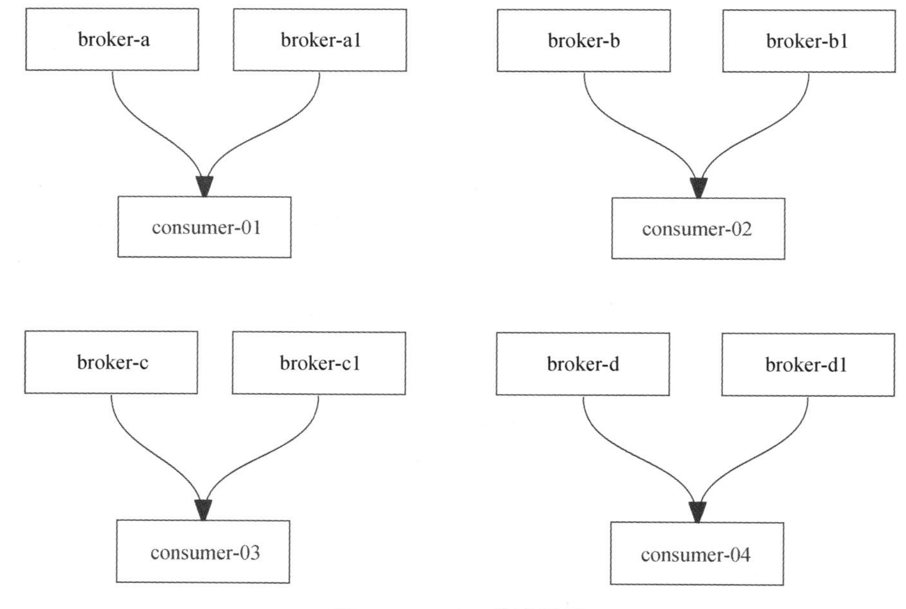

图 7-5　Broker 分配图示

注：当缩容摘除 broker-a、broker-b、broker-c、broker-d 的流量时，各 consumer 均分配到了新加入的 Broker 节点，没有发生流量偏移的情况。

7.4　查询死信队列消息内容

在 RocketMQ 中当重试消息超过最大重试次数（默认 16 次）时，消息会被发送到以“%DLQ%”开头的死信队列。在默认情况下，死信队列为只写权限。所以当我们想看死信队列里的内容时，需要先将死信队列权限变更为读写权限。

Step 1 更改死信队列权限

```
bin/mqadmin updateTopicPerm -c ClusterB -t %DLQ%online-tst -p 6 -n 192.168.1.x:9876
Java HotSpot(TM) 64-Bit Server VM warning: ignoring option PermSize=128m; support was removed in 8.0
Java HotSpot(TM) 64-Bit Server VM warning: ignoring option MaxPermSize=128m; support was removed in 8.0
update topic perm from 2 to 6 in 192.168.1.x:10911 success.
update topic perm from 2 to 6 in 192.168.1.x:10911 success.
update topic perm from 2 to 6 in 192.168.1.x:10911 success.
update topic perm from 2 to 6 in 192.168.1.x:10911 success.
```

注：将死信队列只写权限更改为读写权限。

Step 2 查询死信队列状态

```
bin/mqadmin topicStatus -n 192.168.1.x:9876 -t %DLQ%online-tst
Java HotSpot(TM) 64-Bit Server VM warning: ignoring option PermSize=128m; support was removed in 8.0
Java HotSpot(TM) 64-Bit Server VM warning: ignoring option MaxPermSize=128m; support was removed in 8.0
Broker Name QID Min Offset Max Offset Last Updated
broker-a 0 0 109 2020-12-10 18:03:08,732
broker-a 1 0 109 2020-12-10 18:03:08,740
broker-a 2 0 110 2020-12-10 18:03:08,750
broker-a 3 0 109 2020-12-10 18:03:08,728
```

Step 3 根据 offset 查询消息内容

```
bin/mqadmin queryMsgByOffset -n localhost:9876 -t %DLQ%online-tst -b broker-a -i 0 -o 108
Java HotSpot(TM) 64-Bit Server VM warning: ignoring option PermSize=128m; support was removed in 8.0
Java HotSpot(TM) 64-Bit Server VM warning: ignoring option MaxPermSize=128m; support was removed in 8.0
OffsetID: 0A090F2800002A9F000000D70519DD35
OffsetID: 0A090F2800002A9F000000D70519DD35
Topic: %DLQ%online-tst
Tags: [null]
Keys: [null]
Queue ID: 0
Queue Offset: 108
CommitLog Offset: 923503549749
Reconsume Times: 0
Born Timestamp: 2020-12-10 17:59:24,731
Store Timestamp: 2020-12-10 18:03:08,732
Born Host: 10.10.128.183:51889
Store Host: 10.9.15.40:10911
System Flag: 0
Properties: {MIN_OFFSET=0, MAX_OFFSET=109, UNIQ_KEY=0A0A80B78DE818B4AAC22FA2493B01B2, WAIT=true}
Message Body Path: /tmp/rocketmq/msgbodys/0A0A80B78DE818B4AAC22FA2493B01B2
```

消息内容存储在/tmp/rocketmq/msgbodys/0A0A80B78DE818B4AAC22FA2493B01B2 文件中。

Step 4 查看消息内容

```
cat /tmp/rocketmq/msgbodys/0A0A80B78DE818B4AAC22FA2490F01AE
Hello RocketMQ430
```

7.5　本章小结

本章从常用的运维命令（集群相关命令、主题相关命令、消费组相关命令、Broker 相关命令、消息相关命令）开始，对每个执行命令的参数、执行结果做了详细解读。然后开始讲性能压力测试，毕竟我们非常关注集群“最高水位”到底是多少，它能够为将来设置警告阈值提供指导。接着针对不同的消息大小、不同队列、不同的发送线程数组合，给出详细的示例，帮助大家从多个维度对集群性能“摸高”。

集群的扩容和缩容是日常的运维工作，如何做到平滑、业务无感知是非常重要的，本章详细介绍了集群平滑扩容、缩容的步骤以及在操作过程中如何避免流量倾斜。

最后，本章介绍了如何从死信队列中查询消息。死信队列无非就是一个特殊的主题，里面存储了废弃的消息。本章可以帮助大家消除对死信队列的陌生感。通过对本章的学习，大家能够驾驭 RocketMQ 集群，做到“手中有粮，心中不慌”。

第 8 章

RocketMQ 监控与治理

保障 RocketMQ 集群健康平稳运行是集群运维人员的首要任务，像其他中间件一样，RocketMQ 也有众多的监控指标。哪些是核心指标，哪些是次要指标，这二者是消息治理的重要问题。我们希望找出衡量集群健康、主题消费组资源情况的核心指标，让它们协助我们快速定位问题的根本原因。本章梳理了自建监控告警系统的经验，大家可以根据自己对公司的实战思考予以补充，使其更加完善。学习本章，你将了解以下内容：

- 监控设计理念；
- 集群核心监控项；
- 主题消费组核心监控项；
- 告警设计与实战。

8.1 监控设计理念

中间件类监控设计体系通常的架构设计如图 8-1 所示。

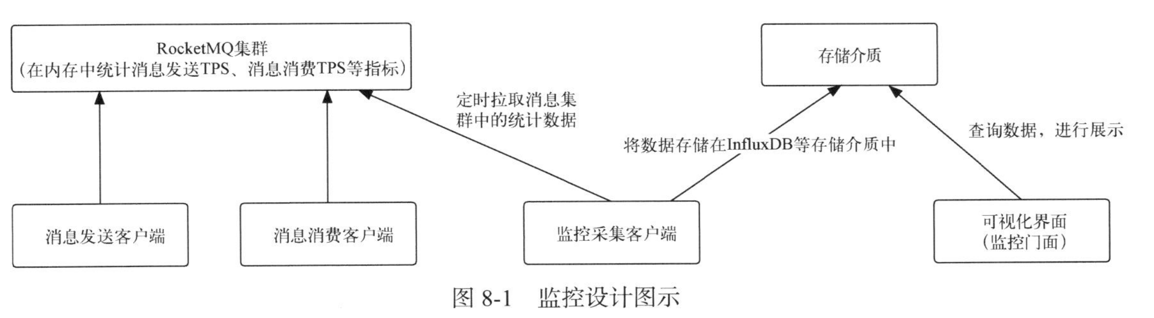

图 8-1　监控设计图示

消息发送者、消息消费者在与 RocketMQ 集群进行交互时会收集相关的统计信息并存储在内存中，一般会采用滑动窗口机制避免统计数据在内存中不断积压造成内存溢出。

监控采集客户端可以定时将 RocketMQ 集群中存储的指标抽取到一个存储介质中，通常会考虑时序数据库，例如 InfluxDB，监控界面从存储介质中查询数据进行可视化展示。

实现监控系统另外一个重要的议题是需要定义监控指标，即服务端需要采集哪些数据，当前版本的 RocketMQ 主要采集如下数据。

- TOPIC_PUT_NUMS：以主题为维度统计消息写入数量。
- TOPIC_PUT_SIZE：以主题为维度统计消息写入总字节数。
- GROUP_GET_NUMS：以消费组为维度统计消息获取条数。
- GROUP_GET_SIZE：以消费组为维度统计消息获取总字节数。
- SNDBCK_PUT_NUMS：以消费组为维度统计重试消息发送数量。
- BROKER_PUT_NUMS：以集群为维度统计消息写入总条数。
- BROKER_GET_NUMS：以集群为维度统计消息获取总条数。
- GROUP_GET_LATENCY：以消费组为维度统计消息拉取总延迟时间。

8.2 集群核心监控项

在 RocketMQ 体系中，有集群、主题、消费组，集群又包括 NameSrv 和 Broker。本节主要介绍在进行 RocketMQ 的集群监控设计时，应该考虑哪些方面，以及如何实现。本节的介绍基于实战中“4 主 4 从”“主从异步复制”的架构模式。

8.2.1 监控项设计

集群监控的目的是衡量集群健康状态，需要在众多的监控项中抓住关键的监控项，图 8-2 是我梳理的监控项，供大家参考。

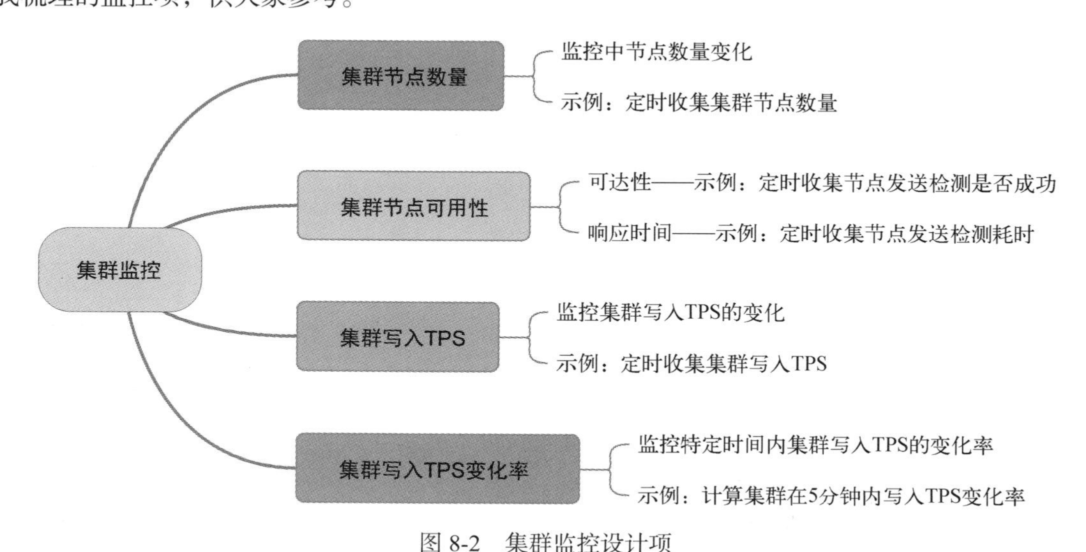

图 8-2　集群监控设计项

1. 节点数量

如果集群中是“4 主 4 从”架构，那么集群中会有 8 个 Broker 节点。通过下面的 clusterList 命令可以看到，的确有 8 个节点。当集群中节点数量小于 8 时，说明集群中有节点掉线。

```
$ bin/mqadmin clusterList -n x.x.x.x:9876
RocketMQLog:WARN No appenders could be found for logger (io.netty.util.internal.PlatformDependent0).
RocketMQLog:WARN Please initialize the logger system properly.
#Cluster Name  #Broker Name        #BID  #Addr                  #Version                  #InTPS(LOAD)
#OutTPS(LOAD) #PCWait(ms) #Hour #SPACE
demo_mq      demo_mq_a        0    x.x.x.x:10911   V4_7_0          380.96(0,0ms)       383.16(0,0ms)
0 557.15 0.2298
demo_mq      demo_mq_a        1    x.x.x.x:10915   V4_7_0          380.76(0,0ms)         0.00(0,0ms)
0 557.15 0.4734
demo_mq      demo_mq_b        0    x.x.x.x:10911   V4_7_0          391.86(0,0ms)       381.66(0,0ms)
0 557.22 0.2437
demo_mq      demo_mq_b        1    x.x.x.x:10925   V4_7_0          391.26(0,0ms)         0.00(0,0ms)
0 557.22 0.4734
demo_mq      demo_mq_c        0    x.x.x.x:10911   V4_7_0          348.37(0,0ms)       342.77(0,0ms)
0 557.22 0.2428
demo_mq      demo_mq_c        1    x.x.x.x:10925   V4_7_0          357.66(0,0ms)         0.00(0,0ms)
0 557.22 0.4852
demo_mq      demo_mq_d        0    x.x.x.x:10911   V4_7_0          421.16(0,0ms)       409.86(0,0ms)
0 557.18 0.2424
demo_mq      demo_mq_d        1    x.x.x.x:10915   V4_7_0          423.30(0,0ms)         0.00(0,0ms)
0 557.18 0.4852
```

2. 节点可用性

检测集群中的节点是否可用也很重要，Broker 节点数量和进程的检测不能保证节点是否可用。这个容易理解，比如 Broker 进程在，但是可能不能提供正常服务或者处于假死状态。我们可以通过定时向集群中各个 Broker 节点发送心跳的方式来检测。另外，记录发送的响应时间也很关键，响应时间过长，例如超过 1 秒，往往会伴随着集群抖动的问题，具体体现为客户端发送超时。

- 可用性心跳检测
  - 发送成功：表示该节点运行正常。
  - 发送失败：表示该节点运行异常。
- 响应时间检测
  - 响应正常：响应时间在几毫秒到几十毫秒，是比较合理的范围。
  - 响应过长：响应时间大于 1 秒，甚至超过 5 秒，是不正常的，需要介入调查。

3. 集群写入 TPS

我们在第 7 章中介绍了 RocketMQ 集群的性能摸高，在 7.2 节中，测试场景的写入 TPS 最高为 12 万多。那我们预计的承载范围为 4 万 ~ 6 万，留有一定的增长空间。持续监测集群的写入

TPS，使其保持在我们预计的承载范围。从 `clusterList` 命令中，可以看到每个节点的写入 TPS，将各个 Master 节点的写入 TPS 求和，即为集群的写入 TPS。

4. 集群写入 TPS 变化率

考虑到过高的瞬时流量会使集群发生流量控制，那么对集群写入 TPS 变化率的监控就比较重要了。我们可以在集群写入 TPS 监控数据的基础上，通过时序数据库函数统计集群 TPS 在某一段时间内的变化率。

8.2.2　监控开发实战

本节中会给出监控设计的架构图示和示例代码，通过采集服务来采集 RocketMQ 监控指标，并将其存储在时序数据库中，例如：InfluxDB。

监控设计的架构图示如图 8-3 所示。

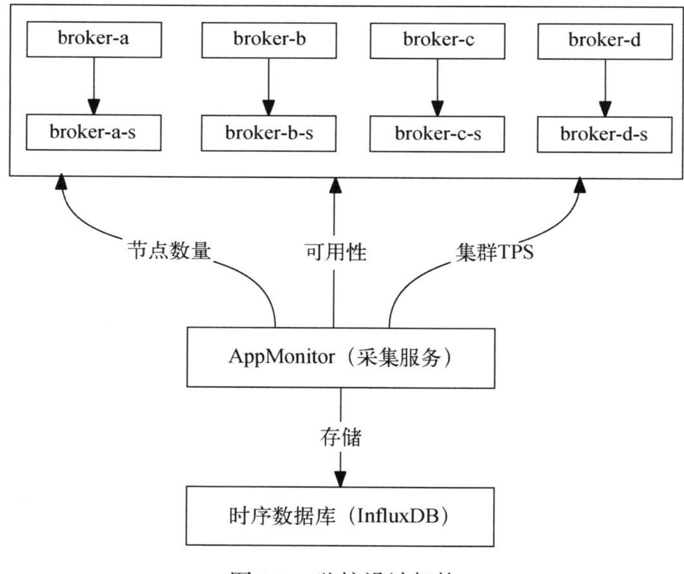

图 8-3　监控设计架构

Step 1　准备工作

定时任务调度，以 10 秒为例，代码如下：

```
ScheduledExecutorService executorService = Executors.newScheduledThreadPool(1, new ThreadFactory() {
    @Override
    public Thread newThread(Runnable r) {
        return new Thread(r,  "rocketMQ metrics collector");
    }
```

```
});
executorService.scheduleAtFixedRate(new Runnable() {
    @Override
    public void run() {
        // 指标收集方法 1
        collectClusterNum()
        // 指标收集方法 2
        collectMetric2()
    }
}, 60, 10, TimeUnit.SECONDS);
```

获取 Broker TPS 时用到了 MQAdmin，下面是初始化代码：

```
public DefaultMQAdminExt getMqAdmin() throws MQClientException {
    DefaultMQAdminExt defaultMQAdminExt = new DefaultMQAdminExt();
    defaultMQAdminExt.setNamesrvAddr("x.x.x.x:9876");
    defaultMQAdminExt.setInstanceName(Long.toString(System.currentTimeMillis()));
    defaultMQAdminExt.setVipChannelEnabled(false);
    defaultMQAdminExt.start();
    return defaultMQAdminExt;
}
```

发送 Producer 启动代码：

```
public DefaultMQProducer getMqProducer(){
    DefaultMQProducer producer = new DefaultMQProducer("rt_collect_producer");
    producer.setNamesrvAddr("");
    producer.setVipChannelEnabled(false);
    producer.setClientIP("mq producer-client-id-1");
    try {
        producer.start();
    } catch (MQClientException e) {
        e.getErrorMessage();
    }
    return producer;
}
```

Step 2　收集集群节点数量

下面代码中统计了集群中的主节点和从节点总数量，定时调用该收集方法，并将其记录在时序数据中：

```
public void collectClusterNum() throws Exception {
    DefaultMQAdminExt mqAdmin = getMqAdmin();
    ClusterInfo clusterInfo = mqAdmin.examineBrokerClusterInfo();
    int brokers = 0;
    Set<Map.Entry<String, BrokerData>> entries = clusterInfo.getBrokerAddrTable().entrySet();
    for (Map.Entry<String, BrokerData> entry : entries) {
        brokers += entry.getValue().getBrokerAddrs().entrySet().size();
    }
    // 将 brokers 存储到时序数据库即可
    System.out.println(brokers);
}
```

Step 3　收集节点可用性

集群中每个 Broker 的可用性，可以通过定时发送信息到该 Broker 特定的主题来实现。例如：集群中有 broker-a、broker-b、broker-c、broker-d。那每个 broker-a 上都有一个名字为“broker-a”的主题，其他节点同理。通过定时向该主题发送心跳来实现可用性。

下面的 ClusterRtTime 和 RtTime 分别为集群和 Broker 的收集数据填充类。

```
public class ClusterRtTime {
    private String cluster;
    private List<RtTime> times;
    private long timestamp = System.currentTimeMillis();
    public long getTimestamp() {
        return timestamp;
    }
    public void setTimestamp(long timestamp) {
        this.timestamp = timestamp;
    }
    public String getCluster() {
        return cluster;
    }
    public void setCluster(String cluster) {
        this.cluster = cluster;
    }
    public List<RtTime> getTimes() {
        return times;
    }
    public void setTimes(List<RtTime> times) {
        this.times = times;
    }
}

public class RtTime {
    private long rt;
    private String brokerName;
    private String status;
    private int result;
    public int getResult() {
        return result;
    }
    public void setResult(int result) {
        this.result = result;
    }
    public String getStatus() {
        return status;
    }
    public void setStatus(String status) {
        this.status = status;
    }
    public long getRt() {
        return rt;
    }
```

```
    public void setRt(long rt) {
        this.rt = rt;
    }
    public String getBrokerName() {
        return brokerName;
    }
    public void setBrokerName(String brokerName) {
        this.brokerName = brokerName;
    }
}
```

以下代码为同步发送心跳检测的实现方法，以 broker-a 为例，`time.setRt` 表示每次发送心跳的耗时，`time.setResult` 表示每次发送心跳的结果：

```
public void collectRtTime() throws Exception {
    DefaultMQAdminExt mqAdmin = getMqAdmin();
    ClusterRtTime clusterRtTime = new ClusterRtTime();
    ClusterInfo clusterInfo = null;
    try {
        clusterInfo = mqAdmin.examineBrokerClusterInfo();
    } catch (Exception e) {
        e.printStackTrace();
    return;
    }
    clusterRtTime.setCluster("demo_mq");
    List<RtTime> times = Lists.newArrayList();
    for (Map.Entry<String, BrokerData> stringBrokerDataEntry : clusterInfo.getBrokerAddrTable().entrySet()) {
        BrokerData brokerData = stringBrokerDataEntry.getValue();
        String brokerName = brokerData.getBrokerName();
        long begin = System.currentTimeMillis();
        SendResult sendResult = null;
        RtTime time = new RtTime();
        time.setBrokerName(brokerName);
        try {
            byte[] TEST_MSG = "helloworld".getBytes();
            sendResult = getMqProducer().send(new Message(brokerName, TEST_MSG));
            long end = System.currentTimeMillis() - begin;
            SendStatus sendStatus = sendResult.getSendStatus();
            // 记录发送耗时情况
            time.setRt(end);
            // 记录发送是否成功的情况
            time.setStatus(sendStatus.name());
            time.setResult(sendStatus.ordinal());
        } catch (Exception e) {
            time.setRt(-1);
            time.setStatus("FAILED");
            time.setResult(5);
        }
        times.add(time);
    }
    clusterRtTime.setTimes(times);
    // 将 clusterRtTime 信息存储到时序数据库即可
}
```

Step 4　收集集群 TPS

结合定时任务，调度下面的收集集群 TPS 方法，将集群 TPS 存储到时序数据库中。如果每 10 秒收集 1 次，那么 1 分钟可以收集 6 次集群 TPS。代码实现如下：

```
public void collectClusterTps() throws Exception {
    DefaultMQAdminExt mqAdmin = getMqAdmin();
    ClusterInfo clusterInfo = mqAdmin.examineBrokerClusterInfo();
    double totalTps = 0d;
    for (Map.Entry<String, BrokerData> stringBrokerDataEntry : clusterInfo.getBrokerAddrTable().entrySet()) {
        BrokerData brokerData = stringBrokerDataEntry.getValue();
        // 选择 Master 节点
        String brokerAddr = brokerData.getBrokerAddrs().get(MixAll.MASTER_ID);
        if (StringUtils.isBlank(brokerAddr)) continue;
        KVTable runtimeStatsTable = mqAdmin.fetchBrokerRuntimeStats(brokerAddr);
        HashMap<String, String> runtimeStatus = runtimeStatsTable.getTable();
        Double putTps = Math.ceil(Double.valueOf(runtimeStatus.get("putTps").split(" ")[0]));
        totalTps = totalTps + putTps;
    }
    // 将 totalTps 存储到时序数据库即可
    System.out.println(totalTps);
}
```

Step 5　计算集群 TPS 的变化率

集群 TPS 的变化情况，我们可以通过时序数据库函数来实现，写入 TPS 变化率=（最大值－最小值）÷中位数。我们把上面采集到的集群 TPS 写入到 InfluxDB 的 cluster_number_info 表中。下面语句表示 5 分钟内集群 TPS 的变化率。在示例中，5 分钟内集群 TPS 变化了 12%，如果变化超过 50%，甚至 200%、300%，就需要我们去关注了，以免瞬时流量过高使集群发生流量控制，对业务造成超时影响。相关示例如下：

```
> select SPREAD(value)/MEDIAN(value) from cluster_number_info where clusterName='demo_mq' and
"name"='totalTps' and "time" > now()-5m ;
name: cluster_number_info
time                spread_median
----                -------------
1572941783075915928 0.12213740458015267
```

8.3　主题消费组核心监控项

主题和消费组通常是使用方比较关心的资源，发送方关注主题，消费方关注消费组，管理员则更关注集群的健康状况。本节介绍主题和消费组的监控实战，包括监控项的设计及每个监控项的代码实现。

8.3.1 监控项设计

我们先把主题监控和消费监控统称为资源监控，图 8-4 列出了它们分别包含的监控项。

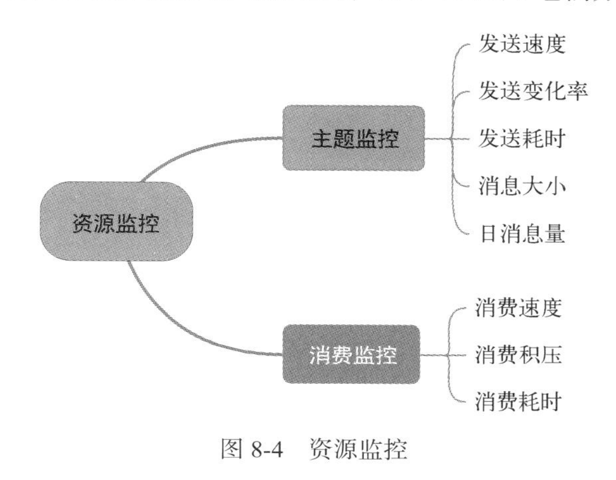

图 8-4 资源监控

1. 主题监控

从发送速度、发送变化率、发送耗时、消息大小、日消息量等方面整理了主题监控项，下面分别介绍这些监控项的重要性。

- 发送速度

通过实时采集主题的发送速度（单位为条/秒），可以掌握主题的流量情况。例如：有些业务场景不允许主题的发送速度掉为 0，会通过实时采集发送速度指标，为将来告警做准备。

- 发送变化率

发送变化率是指，特定时间内主题的发送速度变化了多少。例如：5 分钟内发送速度陡增了 2 倍。通常用于两方面，一个是保护集群，对于某个主题来说，过高的瞬时流量可能对集群安全造成影响。例如一个发送速度为 5000 的主题，在 3 分钟内陡增至原来的 5 倍，到了 25 000 的高度，这种流量对集群来说存在安全隐患。另一个是检测业务是否正常，比如一个发送速度为 8000 的主题，在 3 分钟内掉为 80，类似这种断崖式下跌是否为业务正常逻辑，可以通过对业务健康情况反向检测来判断。

- 发送耗时

通过采集发送消息的耗时分布情况，可以了解客户端的发送情况。耗时分布可以是这样的区间（单位：毫秒）：`[0, 1)`，`[1, 5)`，`[5, 10)`，`[10, 50)`，`[50, 100)`，`[100, 500)`，`[500, 1000)`，`[1000, ∞)`。例如：如果发送的消息耗时分布集中在 500 ~ 1000，那就需要介入分析为何耗时如此长。

- 消息大小

通过采集消息大小的分布情况，可以了解哪些客户端存在大消息。发送速度过高的大消息同样存在对集群的安全隐患。比如哪些主题发送的消息大于 5KB，为日后需要专项治理或者实时告警提供数据支撑。消息大小区间为（单位：KB）：[0, 1)，[1, 5)，[5, 10)，[10, 50)，[50, 100)，[500, 1000)，[1000, ∞)。

- 日消息量

日消息量是指每天采集的发送消息数量，能形成时间曲线。可以分析一周、一月的消息总量变化情况。

2. 消费监控

消费监控的主要关注点是消费速度、消费积压、消费耗时，下面是关于这些指标的说明。

- 消费速度

通过实时采集消费速度指标，可以掌握消费组的健康情况。有些场景对消费速度大小比较关心，通过采集实时消息消费速度情况，为告警提供数据支撑。

- 消费积压

消费积压是指某一时刻还有多少消息没有消费，消费积压=发送消息总量－消费消息总量。消息积压是消费组监控指标中最重要的一项，有一些准实时场景对积压有着严苛的要求，所以对消费积压指标的采集和告警就尤为重要。

- 消费耗时

消费耗时是从客户端采集的指标，通过采集客户端消费耗时分布情况可以检测客户端消费情况，观察到客户端是否有阻塞情况以及协助排查定位问题。

8.3.2　监控开发实战

在上面梳理的主题监控和消费监控的指标中，有些指标需要从 RocketMQ 集群中采集，例如：发送速度、日消息量、消费速度、消费积压。有些指标需要客户端上报，例如：发送耗时、发送消息体大小、消费耗时。监控采集架构如图 8-5 所示。

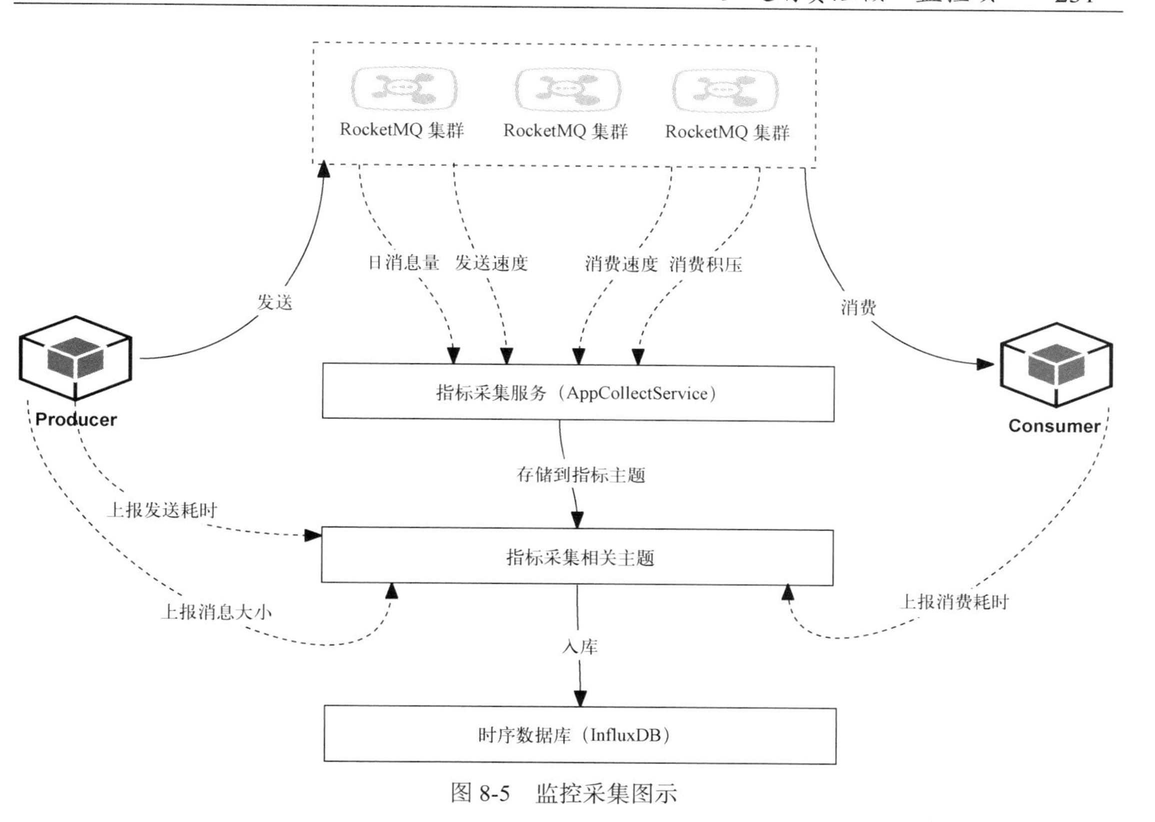

图 8-5 监控采集图示

Step 1 实战部分说明

下面代码中用到了定时任务调度、`getMqAdmin` 等工具类，关于调度采集频率，可以选择 1 秒或者 5 秒一次。对于图 8-5 中的“指标采集相关主题”，考虑到有的公司可能有几千上万的应用数量，可以采用 Kafka 来做。

下面实战中主要关注 RocketMQ 相关指标该如何收集，并没有给出上报到 Kafka 的指标主题以及存储时序数据库代码，这部分逻辑一个是发送，一个是插入数据库，并不复杂，自行完善即可。

实践中建议提供 SDK 来封装发送和消费，同时将监控指标的采集也封装进去，这样对用户来说是无感知的。

Step 2 收集主题发送速度

先获取集群中的主题列表，然后统计每个主题在每个 Master 中的速度。最后将统计的结果上报到统计主题或者直接写入时序数据库。

另外，统计时会将 RocketMQ 内置的一些主题过滤掉。例如重试队列（以`%RETRY%`开头）和死信队列（以%DLQ%开头）。

指标采集的示例代码如下：

```
public void collectTopicTps() throws Exception {
    DefaultMQAdminExt mqAdmin = getMqAdmin();
    Set<String> topicList = mqAdmin.fetchTopicsByCLuster("demo_mq").getTopicList();
    ClusterInfo clusterInfo = mqAdmin.examineBrokerClusterInfo();
    Map<String/*主题名称*/, Double/*TPS*/> topicTps = Maps.newHashMap();
    // 统计主题在每个 Master 上的速度
    for (Map.Entry<String, BrokerData> stringBrokerDataEntry : clusterInfo.getBrokerAddrTable().entrySet()) {
        BrokerData brokerData = stringBrokerDataEntry.getValue();
        // 获取 Master 节点
        String brokerAddr = brokerData.getBrokerAddrs().get(MixAll.MASTER_ID);
        for (String topic : topicList) {
            try {
                // 注意此处将%DLQ%、%RETRY%等 RocketMQ 内置主题过滤掉
                if(topic.contains("%DLQ%")|| topic.contains("%RETRY%")){
                    continue;
                }
                BrokerStatsData topicPutNums = mqAdmin.viewBrokerStatsData(brokerAddr,
                    BrokerStatsManager.TOPIC_PUT_NUMS, topic);
                double topicTpsOnBroker = topicPutNums.getStatsMinute().getTps();
                if(topicTps.containsKey(topic)){
                    topicTps.put(topic, topicTps.get(topic) + topicTpsOnBroker);
                }else{
                    topicTps.put(topic,topicTpsOnBroker);
                }
            } catch (MQClientException ex) {
                ex.printStackTrace();
            }
        }
    }
    // 将采集到的主题速度——topicTps 上报到主题或者直接写入时序数据库即可
}
```

Step 3　收集主题日消息量

日消息量的采集方式与主题发送速度的采集方式类似。由于是日消息量，采集频率可以一天一次。具体代码如下：

```
public void collectTopicMsgNums() throws Exception {
    DefaultMQAdminExt mqAdmin = getMqAdmin();
    Set<String> topicList = mqAdmin.fetchTopicsByCLuster("demo_mq").getTopicList();
    ClusterInfo clusterInfo = mqAdmin.examineBrokerClusterInfo();
    Map<String/*主题名称*/, Long/*日消息量*/> topicMsgNum = Maps.newHashMap();
    // 统计主题在每个 Master 上的日消息量
    for (Map.Entry<String, BrokerData> stringBrokerDataEntry : clusterInfo.getBrokerAddrTable().entrySet()) {
        BrokerData brokerData = stringBrokerDataEntry.getValue();
        // 获取 Master 节点
        String brokerAddr = brokerData.getBrokerAddrs().get(MixAll.MASTER_ID);
        for (String topic : topicList) {
            try {
```

```
                // 注意此处将%DLQ%、%RETRY%等 RocketMQ 内置主题过滤掉
                if(topic.contains("%DLQ%")|| topic.contains("%RETRY%")){
                    continue;
                }
                BrokerStatsData topicPutNums = mqAdmin.viewBrokerStatsData(brokerAddr,
                    BrokerStatsManager.TOPIC_PUT_NUMS, topic);
                long topicMsgNumOnBroker = topicPutNums.getStatsDay().getSum();
                if(topicMsgNum.containsKey(topic)){
                    topicMsgNum.put(topic, topicMsgNum.get(topic) + topicMsgNumOnBroker);
                }else{
                    topicMsgNum.put(topic,topicMsgNumOnBroker);
                }
            } catch (MQClientException ex) {
                // ex.printStackTrace();
            }
        }
    }
    // 将采集到的主题日消息量——topicMsgNum 上报到指标主题或者直接写入时序数据库即可
}
```

Step 4 收集消费速度

下面代码循环集群中的每个 Broker，汇总 Broker 中每个消息队列的消费速度。代码 consumerTps 即包含了消费组与其对应的消费速度：

```
public void collectConsumerTps() throws Exception {
    DefaultMQAdminExt mqAdmin = getMqAdmin();
    ClusterInfo clusterInfo = mqAdmin.examineBrokerClusterInfo();
    Map<String/*消费者名称*/, Double/*消费 TPS*/> consumerTps = Maps.newHashMap();
    // 统计主题在每个 Master 上的消费速度
    for (Map.Entry<String, BrokerData> stringBrokerDataEntry : clusterInfo.getBrokerAddrTable().entrySet()) {
        BrokerData brokerData = stringBrokerDataEntry.getValue();
        // 获取 Master 节点
        String brokerAddr = brokerData.getBrokerAddrs().get(MixAll.MASTER_ID);
        ConsumeStatsList consumeStatsList = mqAdmin.fetchConsumeStatsInBroker(brokerAddr, false, 5000);
        for (Map<String, List<ConsumeStats>> consumerStats : consumeStatsList.getConsumeStatsList()) {
            for (Map.Entry<String, List<ConsumeStats>> stringListEntry : consumerStats.entrySet()) {
                String consumer = stringListEntry.getKey();
                List<ConsumeStats> consumeStats = stringListEntry.getValue();
                Double tps = 0d;
                for (ConsumeStats consumeStat : consumeStats) {
                    tps += consumeStat.getConsumeTps();
                }
                if(consumerTps.containsKey(consumer)){
                    consumerTps.put(consumer, consumerTps.get(consumer) + tps);
                }else{
                    consumerTps.put(consumer,tps);
                }
            }
        }
    }
    // 将采集到的消费速度——consumerTps 上报到指标主题或者直接写入时序数据库即可
}
```

Step 5　收集消费积压

消费组的积压统计，需要计算各个消费队列的积压，并将积压求和汇总。

指标采集的示例代码如下：

```
public void collectConsumerLag() throws Exception {
    DefaultMQAdminExt mqAdmin = getMqAdmin();
    ClusterInfo clusterInfo = mqAdmin.examineBrokerClusterInfo();
    Map<String/*消费者名称*/, Long/*消费积压*/> consumerLags = Maps.newHashMap();
    // 统计主题在每个 Master 上的消费积压
    for (Map.Entry<String, BrokerData> stringBrokerDataEntry : clusterInfo.getBrokerAddrTable().entrySet()) {
        BrokerData brokerData = stringBrokerDataEntry.getValue();
        // 获取 Master 节点
        String brokerAddr = brokerData.getBrokerAddrs().get(MixAll.MASTER_ID);
        ConsumeStatsList consumeStatsList = mqAdmin.fetchConsumeStatsInBroker(brokerAddr, false, 5000);
        for (Map<String, List<ConsumeStats>> consumerStats : consumeStatsList.getConsumeStatsList()) {
            for (Map.Entry<String, List<ConsumeStats>> stringListEntry : consumerStats.entrySet()) {
                String consumer = stringListEntry.getKey();
                List<ConsumeStats> consumeStats = stringListEntry.getValue();
                Long lag = 0L;
                for (ConsumeStats consumeStat : consumeStats) {
                    lag += computeTotalDiff(consumeStat.getOffsetTable());
                }
                if(consumerLags.containsKey(consumer)){
                    consumerLags.put(consumer, consumerLags.get(consumer) + lag);
                }else{
                    consumerLags.put(consumer,lag);
                }
            }
        }
    }
    // 将采集到的消费积压——consumerLags 上报到指标主题或者直接写入时序数据库即可
}

public long computeTotalDiff(HashMap<MessageQueue, OffsetWrapper> offsetTable) {
    long diffTotal = 0L;
    long diff = 0l;
    for(Iterator it = offsetTable.entrySet().iterator(); it.hasNext(); diffTotal += diff) {
        Map.Entry<MessageQueue, OffsetWrapper> next = (Map.Entry)it.next();
        long consumerOffset = next.getValue().getConsumerOffset();
        if(consumerOffset > 0){
            diff = ((OffsetWrapper)next.getValue()).getBrokerOffset() - consumerOffset;
        }
    }
    return diffTotal;
}
```

Step 6　收集发送耗时及消息大小

`DistributionMetric` 提供了两个方法，分别用于统计消息大小和发送耗时。耗时分布区间为：

[0, 1)、[1, 5)、[5, 10)、[10, 50)、[50, 100)、[100, 500)、[500, 1000)、[1000, ∞)，单位毫秒。消息大小分布区间为：[0,1)、[1,5)、[5,10)、[10,50)、[50,100)、[500,1000)、[1000,∞)，单位是 KB。具体见下面代码：

```
public class DistributionMetric {

    private String name;

    private LongAdder lessThan1Ms = new LongAdder();
    private LongAdder lessThan5Ms = new LongAdder();
    private LongAdder lessThan10Ms = new LongAdder();
    private LongAdder lessThan50Ms = new LongAdder();
    private LongAdder lessThan100Ms = new LongAdder();
    private LongAdder lessThan500Ms = new LongAdder();
    private LongAdder lessThan1000Ms = new LongAdder();
    private LongAdder moreThan1000Ms = new LongAdder();

    private LongAdder lessThan1KB = new LongAdder();
    private LongAdder lessThan5KB = new LongAdder();
    private LongAdder lessThan10KB = new LongAdder();
    private LongAdder lessThan50KB = new LongAdder();
    private LongAdder lessThan100KB = new LongAdder();
    private LongAdder lessThan500KB = new LongAdder();
    private LongAdder lessThan1000KB = new LongAdder();
    private LongAdder moreThan1000KB = new LongAdder();


    public static DistributionMetric newDistributionMetric(String name) {
        DistributionMetric distributionMetric = new DistributionMetric();
        distributionMetric.setName(name);
        return distributionMetric;
    }

    public void markTime(long costInMs) {
        if (costInMs < 1) {
            lessThan1Ms.increment();
        } else if (costInMs < 5) {
            lessThan5Ms.increment();
        } else if (costInMs < 10) {
            lessThan10Ms.increment();
        } else if (costInMs < 50) {
            lessThan50Ms.increment();
        } else if (costInMs < 100) {
            lessThan100Ms.increment();
        } else if (costInMs < 500) {
            lessThan500Ms.increment();
        } else if (costInMs < 1000) {
            lessThan1000Ms.increment();
        } else {
            moreThan1000Ms.increment();
        }
    }
```

```
    public void markSize(long costInMs) {
        if (costInMs < 1024) {
            lessThan1KB.increment();
        } else if (costInMs < 5 * 1024) {
            lessThan5KB.increment();
        } else if (costInMs < 10 * 1024) {
            lessThan10KB.increment();
        } else if (costInMs < 50 * 1024) {
            lessThan50KB.increment();
        } else if (costInMs < 100 * 1024) {
            lessThan100KB.increment();
        } else if (costInMs < 500 * 1024) {
            lessThan500KB.increment();
        } else if (costInMs < 1024 * 1024) {
            lessThan1000KB.increment();
        } else {
            moreThan1000KB.increment();
        }
    }

    public String getName() {
        return name;
    }

    public void setName(String name) {
        this.name = name;
    }
}
public class MetricInfo {

    private String name;

    private long lessThan1Ms;
    private long lessThan5Ms;
    private long lessThan10Ms;
    private long lessThan50Ms;
    private long lessThan100Ms;
    private long lessThan500Ms;
    private long lessThan1000Ms;
    private long moreThan1000Ms;

    private long lessThan1KB;
    private long lessThan5KB;
    private long lessThan10KB;
    private long lessThan50KB;
    private long lessThan100KB;
    private long lessThan500KB;
    private long lessThan1000KB;
    private long moreThan1000KB;

    public String getName() {
        return name;
    }
```

```
public void setName(String name) {
    this.name = name;
}

public long getLessThan1Ms() {
    return lessThan1Ms;
}

public void setLessThan1Ms(long lessThan1Ms) {
    this.lessThan1Ms = lessThan1Ms;
}

public long getLessThan5Ms() {
    return lessThan5Ms;
}

public void setLessThan5Ms(long lessThan5Ms) {
    this.lessThan5Ms = lessThan5Ms;
}

public long getLessThan10Ms() {
    return lessThan10Ms;
}

public void setLessThan10Ms(long lessThan10Ms) {
    this.lessThan10Ms = lessThan10Ms;
}

public long getLessThan50Ms() {
    return lessThan50Ms;
}

public void setLessThan50Ms(long lessThan50Ms) {
    this.lessThan50Ms = lessThan50Ms;
}

public long getLessThan100Ms() {
    return lessThan100Ms;
}

public void setLessThan100Ms(long lessThan100Ms) {
    this.lessThan100Ms = lessThan100Ms;
}

public long getLessThan500Ms() {
    return lessThan500Ms;
}

public void setLessThan500Ms(long lessThan500Ms) {
    this.lessThan500Ms = lessThan500Ms;
}

public long getLessThan1000Ms() {
```

```
        return lessThan1000Ms;
    }

    public void setLessThan1000Ms(long lessThan1000Ms) {
        this.lessThan1000Ms = lessThan1000Ms;
    }

    public long getMoreThan1000Ms() {
        return moreThan1000Ms;
    }

    public void setMoreThan1000Ms(long moreThan1000Ms) {
        this.moreThan1000Ms = moreThan1000Ms;
    }

    public long getLessThan1KB() {
        return lessThan1KB;
    }

    public void setLessThan1KB(long lessThan1KB) {
        this.lessThan1KB = lessThan1KB;
    }

    public long getLessThan5KB() {
        return lessThan5KB;
    }

    public void setLessThan5KB(long lessThan5KB) {
        this.lessThan5KB = lessThan5KB;
    }

    public long getLessThan10KB() {
        return lessThan10KB;
    }

    public void setLessThan10KB(long lessThan10KB) {
        this.lessThan10KB = lessThan10KB;
    }

    public long getLessThan50KB() {
        return lessThan50KB;
    }

    public void setLessThan50KB(long lessThan50KB) {
        this.lessThan50KB = lessThan50KB;
    }

    public long getLessThan100KB() {
        return lessThan100KB;
    }

    public void setLessThan100KB(long lessThan100KB) {
        this.lessThan100KB = lessThan100KB;
    }
```

```
    public long getLessThan500KB() {
        return lessThan500KB;
    }

    public void setLessThan500KB(long lessThan500KB) {
        this.lessThan500KB = lessThan500KB;
    }

    public long getLessThan1000KB() {
        return lessThan1000KB;
    }

    public void setLessThan1000KB(long lessThan1000KB) {
        this.lessThan1000KB = lessThan1000KB;
    }

    public long getMoreThan1000KB() {
        return moreThan1000KB;
    }

    public void setMoreThan1000KB(long moreThan1000KB) {
        this.moreThan1000KB = moreThan1000KB;
    }
}
```

ClientMetricCollect 类在模拟发送时，对消息发送的耗时与消息大小进行统计。通过定时任务调度 recordMetricInfo 方法，将采集到的数据上报到特定主题并存入时序数据库，即完成了对发送耗时及消息大小的采集。指标采集的示例代码如下：

```
public class ClientMetricCollect {

    public Map<String, DefaultMQProducer> producerMap = Maps.newHashMap();

    private DistributionMetric distributionMetric;

    public DefaultMQProducer getTopicProducer(String topic) throws MQClientException {

        if (!producerMap.containsKey(topic)){
            DefaultMQProducer producer = new DefaultMQProducer("ProducerGroup".concat("_").concat(topic));
            producer.setNamesrvAddr("dev-mq3.ttbike.com.cn:9876");
            producer.setVipChannelEnabled(false);
            producer.setClientIP("mq producer-client-id-1");
            try {
                producer.start();
                this.distributionMetric = DistributionMetric.newDistributionMetric(topic);
                producerMap.put(topic,producer);
            } catch (MQClientException e) {
                throw e;
            }

        }
        return producerMap.get(topic);
```

```
    }

    public void send( Message message) throws Exception {
        long begin = System.currentTimeMillis();
        SendResult sendResult = null;
        sendResult = getTopicProducer(message.getTopic()).send(message);
        SendStatus sendStatus = sendResult.getSendStatus();
        if (sendStatus.equals(SendStatus.SEND_OK)) {
            long duration = System.currentTimeMillis() - begin;
            distributionMetric.markTime(duration);
            distributionMetric.markSize(message.getBody().length);
        }
    }


    public void recordMetricInfo(){
        MetricInfo metricInfo = new MetricInfo();
        metricInfo.setName(distributionMetric.getName());

        metricInfo.setLessThan1Ms(distributionMetric.getLessThan1Ms().longValue());
        metricInfo.setLessThan5Ms(distributionMetric.getLessThan5Ms().longValue());
        metricInfo.setLessThan10Ms(distributionMetric.getLessThan10Ms().longValue());
        metricInfo.setLessThan50Ms(distributionMetric.getLessThan50Ms().longValue());
        metricInfo.setLessThan100Ms(distributionMetric.getLessThan100Ms().longValue());
        metricInfo.setLessThan500Ms(distributionMetric.getLessThan500Ms().longValue());
        metricInfo.setLessThan1000Ms(distributionMetric.getLessThan1000Ms().longValue());
        metricInfo.setMoreThan1000Ms(distributionMetric.getMoreThan1000Ms().longValue());


        metricInfo.setLessThan1KB(distributionMetric.getLessThan1KB().longValue());
        metricInfo.setLessThan5KB(distributionMetric.getLessThan5KB().longValue());
        metricInfo.setLessThan10KB(distributionMetric.getLessThan10KB().longValue());
        metricInfo.setLessThan50KB(distributionMetric.getLessThan50KB().longValue());
        metricInfo.setLessThan100KB(distributionMetric.getLessThan100KB().longValue());
        metricInfo.setLessThan500KB(distributionMetric.getLessThan500KB().longValue());
        metricInfo.setLessThan1000KB(distributionMetric.getLessThan1000KB().longValue());
        metricInfo.setMoreThan1000KB(distributionMetric.getMoreThan1000KB().longValue());

        // 将采集到的发送耗时与消息大小分布——metricInfo 上报到主题或者直接写入时序数据库即可
        // System.out.println(JSON.toJSONString(metricInfo));
    }


    @Test
    public void test() throws Exception {
        for(int i=0; i<100; i++){
            byte[] TEST_MSG = "helloworld".getBytes();
            Message message = new Message("melon_online_test", TEST_MSG);
            send(message);
        }
    }

}
```

Step 7 上报消费耗时

接着使用上面的公共类 DistributionMetric 的 markTime 方法来记录耗时情况，可以度量业务处理消息的耗时分布。耗时分布区间为[0, 1)，[1, 5)，[5, 10)，[10, 50)，[50, 100)，[100, 500)，[500, 1000)，[1000, ∞)，单位是毫秒。具体代码如下：

```
public class ConsumerMetric {

    private DistributionMetric distributionMetric;

    public static void main(String[] args) throws Exception {
        String consumerName = "demo_consumer";
        ConsumerMetric consumerMetric = new ConsumerMetric();
        consumerMetric.startConsume(consumerName);
    }

    public void startConsume(String consumerName) throws Exception{
        this.distributionMetric = DistributionMetric.newDistributionMetric(consumerName);
        DefaultMQPushConsumer consumer = new DefaultMQPushConsumer(consumerName);
        consumer.setNamesrvAddr("dev-mq3.ttbike.com.cn:9876");
        consumer.subscribe("melon_online_test", "*");
        consumer.setConsumeFromWhere(ConsumeFromWhere.CONSUME_FROM_FIRST_OFFSET);
        // wrong time format 2017_0422_221800
        consumer.setConsumeTimestamp("20181109221800");
        consumer.registerMessageListener(new MessageListenerConcurrently() {

            @Override
            public ConsumeConcurrentlyStatus consumeMessage(List<MessageExt> msgs,
                ConsumeConcurrentlyContext context) {

                long begin = System.currentTimeMillis();

                // 处理业务逻辑
                System.out.printf("%s Receive New Messages: %s %n", Thread.currentThread().getName(), msgs);

                // 统计业务逻辑的消费耗时情况
                distributionMetric.markTime(System.currentTimeMillis() - begin);

                return ConsumeConcurrentlyStatus.CONSUME_SUCCESS;
            }
        });
        consumer.start();
        System.out.printf("Consumer Started.%n");
    }

    public void recordMetricInfo(){
        MetricInfo metricInfo = new MetricInfo();
        metricInfo.setName(distributionMetric.getName());
```

```
        metricInfo.setLessThan1Ms(distributionMetric.getLessThan1Ms().longValue());
        metricInfo.setLessThan5Ms(distributionMetric.getLessThan5Ms().longValue());
        metricInfo.setLessThan10Ms(distributionMetric.getLessThan10Ms().longValue());
        metricInfo.setLessThan50Ms(distributionMetric.getLessThan50Ms().longValue());
        metricInfo.setLessThan100Ms(distributionMetric.getLessThan100Ms().longValue());
        metricInfo.setLessThan500Ms(distributionMetric.getLessThan500Ms().longValue());
        metricInfo.setLessThan1000Ms(distributionMetric.getLessThan1000Ms().longValue());
        metricInfo.setMoreThan1000Ms(distributionMetric.getMoreThan1000Ms().longValue());

        // 将采集到的发送耗时与消息大小分布——metricInfo 上报到主题或者直接写入时序数据库即可
        // System.out.println(JSON.toJSONString(metricInfo));
    }
}
```

Step 8　发送 TPS 变化率计算

发送 TPS 变化率的计算依托时序数据库的函数，发送 TPS 变化率=（最大值－最小值）÷中位数。在下面的代码示例中，5 分钟的 TPS 变化率为 3%。可以定时调度计算该指标，若超过阈值（例如：100%）就可以发送告警信息：

```
> select SPREAD(value)/MEDIAN(value) from mq_topic_info where clusterName='demo_mq' and
topicName='max_bonus_send_topic' and "name"='tps' and "time" > now()-5m ;
name: mq_topic_info
time                spread_median
----                -------------
1598796048448226482 0.03338460146566541
```

8.4　告警设计与实战

对集群健康状况、使用主题、消费组资源进行巡检，发现达到阈值则发送告警信息给管理员或者资源申请者。监控是告警的基础，告警的巡检基于监控采集到的数据。

告警的重要性不必赘述，RocketMQ 集群往往承载着公司核心业务的流转。如果集群不可用，往往会影响到全公司的业务，事故责任在公司是最高级别的。

本节从告警项的设计、告警流程、告警实战给出指导建议，在实践中以此为思路扩展完善，实现自己公司的定制化告警。

8.4.1　告警项设计

图 8-6 分别从主题、消费组、集群维度罗列了比较重要的告警项以及触发条件。

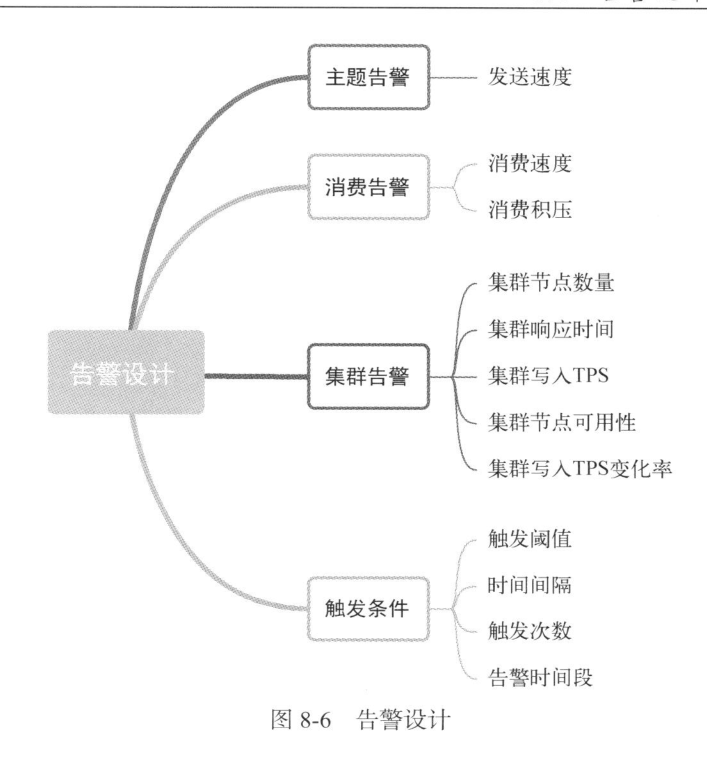

图 8-6　告警设计

1. 主题告警

- **发送速度**：当发送速度满足触发条件设定的阈值时，发送告警信息。例如 5 分钟内当发送速度小于阈值 10，触发 1 次，在 00:00 ~ 23:59 触发告警信息。

2. 消费告警

- **消费速度**：当消费速度满足触发条件设定的阈值时，发送告警信息。例如 5 分钟内当消费速度小于阈值 5000，触发 1 次，在 00:00 ~ 23:59 触发告警信息。
- **消费积压**：当消费积压值满足触发条件设定的阈值时，发送告警信息。例如 5 分钟内当消费积压大于阈值 100 000，触发 1 次，在 00:00 ~ 23:59 触发告警信息。

3. 集群告警

- **集群节点数量**：当集群节点数量满足触发条件设定的阈值时，触发告警。例如 5 分钟内当集群节点数量小于阈值 4，触发 1 次，在 00:00 ~ 23:59 触发告警信息。
- **集群响应时间**：当集群节点发送的 RT 满足触发条件的阈值时，触发告警。例如 5 分钟内当节点发送的响应时间大于 1 秒，触发 1 次，在 00:00 ~ 23:59 触发告警信息。
- **集群写入 TPS**：当集群写入 TPS 满足触发条件设定的阈值时，触发告警。例如 5 分钟内当集群写入 TPS 大于 40 000，触发 1 次，在 00:00 ~ 23:59 触发告警信息。

- **集群节点可用性**：当集群节点心跳检测结果满足触发条件设定的阈值时，触发告警。例如 5 分钟内当节点心跳检测结果大于 0（表示失败），触发 1 次，在 00:00 ~ 23:59 触发告警信息。
- **集群写入 TPS 变化率**：当集群写入 TPS 变化率满足触发条件设定的阈值时，触发告警。例如 5 分钟内当集群写入 TPS 变化率大于 100%，触发 1 次，在 00:00 ~ 23:59 触发告警信息。

4. 触发条件

- **触发阈值**：超过某个特定的数值，例如消费积压超过 10 万。
- **时间间隔**：间隔多久检测，例如 5 分钟内消费积压超过 10 万。
- **触发次数**：在时间间隔内满足阈值的次数，例如 5 分钟内消费积压超过 10 万，触发了 3 次。
- **告警时间段**：收到告警通知的时间范围，例如在 9:00 ~ 22:00 收到告警信息。

8.4.2　告警开发实战

1. 告警流程

告警的流程如图 8-7 所示。

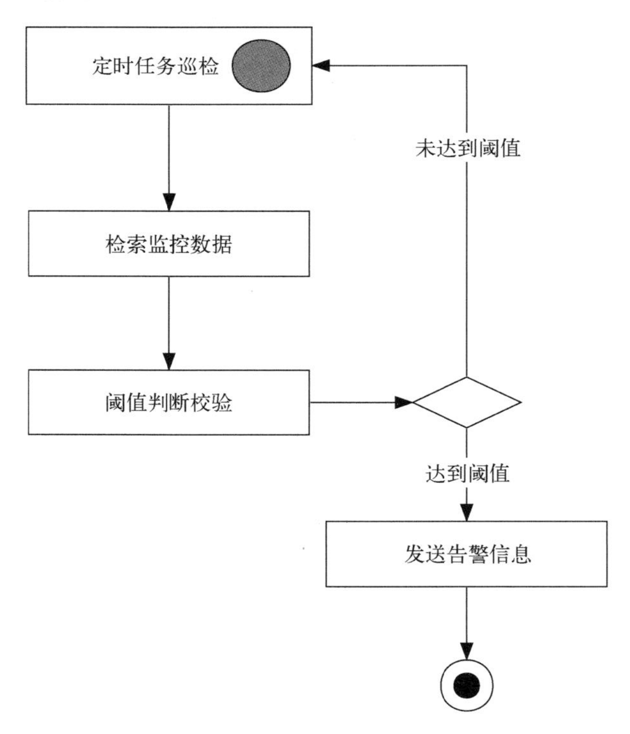

图 8-7　告警流程图

- **定时任务巡检**：可以使用公司的调度平台或者自己写调度线程 ScheduledExecutorService，调度的频率可以根据不同的指标分成不同等级的调度任务，例如集群告警可以采取秒级探测，对于主题和消费组的告警可以采用分钟级探测。
- **检索监控数据**：数据来自于 8.2 节和 8.3 节中存储的监控数据，例如在时序数据库 InfluxDB 中检索。
- **发送告警信息**：可以将告警信息发送到公司的统一告警系统，也可以发送到钉钉、邮箱、短信等。

2. 主题/消费动态 SQL

我们可以通过在界面上配置不同的告警规则生成不同的检索语句，在定时调度时使用，如图 8-8 所示。

图 8-8 监控界面设计

通过类似图 8-8 中对主题和消费组的选择，动态生成 SQL 语句。当选择以下动态规则参数，集群名称 demo_cluster、消费组名称 demo_consumer、类型 consumer、指标积压、大于符号、阈值 1 000 000、间隔 5 分钟、触发次数 1 次、告警开始时间 00：00、告警结束时间 23：59 时，生成以下语句：

```
select Count(value)  FROM "consumer_monitor_info" WHERE "clusterName" = 'demo_cluster' AND
"consumerGroup" = 'demo_consumer' AND "name" = 'latency' and "value" > 1000000 and "time" > now()-5m ;
```

consumer_monitor_info 即消费数据存储在 InfluxDB 的表名，其他均为字段名称。

该语句查询出来的结果 Count(value)为监控记录数量，将它与设置的触发次数（n）进行比较。例如：上面选择触发次数为 1 次，如果 $n > 1$ 则发送告警信息。至于发送的告警时间段，在发送告警时加入判断即可。

3. 集群动态 SQL

集群的告警配置与主题和消费组的思路一样，通过在界面上选择不同的指标组合，生成动态 SQL 语句。

当选择以下组合配置项，集群名称 demo_mq、集群响应时间、大于符号、阈值 1000（1 秒）、间隔 5 分钟、触发次数 1 次、告警开始时间 00：00、告警结束时间 23：59，生成动态语句如下：

```
select Count(value) from "cluster_rt_time" where "clusterName" = 'demo_mq' AND "name" = 'rt' and
"value" > 1000 and  "time" > now()-5m ;
```

cluster_rt_time 即集群节点响应时间（心跳）监控数据表，rt 为指标名称。

该语句查询的结果 Count(value)表示监控记录数量，将它与设置的触发次数（n）比较。例如：上面选择触发次数为 1 次，如果 $n>1$ 则发送告警信息。至于发送的告警时间段，在发送告警时加入判断即可。

4. 动态 SQL 代码示例

- 发送速度

```
select Count(value) from "topic_monitor_info" where "clusterName" = 'demo_mq' AND "name" = 'tps' AND
"topicName" = 'demo_topic' and "value" > 5000 and  "time" > now()-5m ;
```

说明：查询 5 分钟内集群为 demo_mq、主题为 demo_topic、TPS 大于 5000 的监控记录数量，若数量大于触发次数则发送告警信息。

- 消费积压

```
select Count(value) FROM "consumer_monitor_info" WHERE "clusterName" = 'demo_mq' AND "consumerGroup"
= 'demo_consumer' AND "name" = 'latency' and "value" > 100000 and "time" > now()-5m ;
```

说明：查询 5 分钟内集群为 demo_mq、主题为 demo_consumer、积压（latency）大于 100 000 的监控记录数量，若数量大于触发次数则发送告警信息。

- 消费速度

```
select Count(value) FROM "consumer_monitor_info" WHERE "clusterName" = 'demo_mq' AND "consumerGroup"
= 'demo_consumer' AND "name" = 'tps' and "value" > 5000 and "time" > now()-5m ;
```

说明：查询 5 分钟内集群为 demo_mq、消费组为 demo_consumer、TPS 大于 5000 的监控记录数量，若数量大于触发次数则发送告警信息。

❑ 集群节点数量

```
select Count(value) from "cluster_monitor_info" where "clusterName" = 'demo_mq' AND "name" =
'clusterNums' and "value" < 8 and "time" > now()-5m ;
```

说明：查询 5 分钟内集群为 demo_mq、节点数量小于 8 的监控记录数量，若数量大于触发次数则发送告警信息。

❑ 集群响应时间

```
select Count(value) from "cluster_rt_time" where "clusterName" = 'demo_mq' AND "name" = 'rt' and
"value" > 1000 and "time" > now()-5m ;
```

说明：查询 5 分钟内集群为 demo_mq、响应时间 RT 大于 1 秒的监控记录数量，若数量大于触发次数则发送告警信息。

❑ 集群写入 TPS

```
select Count(value) from "cluster_monitor_info" where "clusterName" = 'demo_mq' AND "name" = 'totalTps'
and "value" > 40000 and "time" > now()-5m ;
```

说明：查询 5 分钟内集群为 demo_mq、集群写入 TPS 大于 40 000 的监控记录数量，若数量大于触发次数则发送告警信息。

❑ 集群节点可用性

```
select Count(value) from "cluster_rt_time" where "clusterName" = 'demo_mq' AND "name" = 'result' and
"value" > 0 and "time" > now()-5m ;
```

说明：查询 5 分钟内集群为 demo_mq、集群节点可用性大于 0（等于 0 即表示成功）的监控记录数量，若数量大于触发次数则发送告警信息，可用性通常设置触发次数为 1。

❑ 集群写入 TPS 变化率

```
select SPREAD(value)/MEDIAN(value) as count from "cluster_monitor_info" where "clusterName" = 'demo_mq'
AND "name" = 'totalTps' and "time" > now()-5m ;
```

说明：查询 5 分钟内集群为 demo_mq 的写入 TPS 变化率，当查询结果大于设置的阈值时，发送告警信息。SPREAD 与 MEDIAN 为 InfluxDB 的内置函数，表示 5 分钟的集群 TPS 变化率 =（5 分钟内的集群 TPS 最大值 − 5 分钟内的集群 TPS 最小值）÷（5 分钟内集群 TPS 的中位数值），例如变化率大于 1（即超过了 100%）发送告警信息。

8.5 本章小结

人的精力总是有限的，在众多的监控指标中，我们希望为集群、主题、消费组分别找出 3~5 项作为核心指标。通过这些核心指标衡量集群是否健康，主题监控和消费监控是否影响业务。

本章从监控设计理念入手，介绍 RocketMQ 监控的基本原理，然后从集群核心监控项说起，介绍节点数量、节点可用性、集群写入 TPS、集群写入 TPS 变化率这些核心指标的含义及其重要性，并从实战出发给出每个核心指标采集的示例代码。

同理，本章还介绍了主题监控中的发送速度、发送变化率、发送耗时、消息大小、日消息量，消费监控中的消费积压、消费耗时这些常用的核心指标，并且给出了每个核心指标示例代码。有了核心指标，我们自然会想到告警，当有核心指标超过预期阈值时，就会自动发送告警信息。对告警设计项的含义、界面设计参考、包括生成动态 SQL 等，本章都给出了详细的示例。

监控和告警是集群是否平稳健康运行的晴雨表，通过本章的学习读者可以实时掌握集群以及主题消费组的运行健康状况，做到心中有数。

第 9 章

RocketMQ 高并发编程技巧

RocketMQ 作为一款非常优秀的消息中间件，承载着阿里巴巴“双十一”的巨大流量，其优异的并发性能让我们叹为观止。本章我们挑选出了一些高并发的编程技巧，与大家共同领略 RocketMQ 的“高性能编程之美”。

9.1 读写锁使用场景

在 RocketMQ 中，主题的路由信息主要指的是一个主题在各个 Broker 上的队列数据。Broker 的元数据包含所属集群名称、Broker IP 地址。路由信息的写入操作主要是 Broker 每隔 30 秒向 Name Server 上报路由信息，路由信息的读取是由消息客户端（消息发送者、消息消费者）定时向 Name Server 查询主题的路由消息来实现的，而客户端对路由信息的查询是以主题为维度的查询，并且一个消费端集群的应用有成百上千个。综上所述，RocketMQ 的特点是：**查询请求远超过写入请求**。RocketMQ 的路由存储相关数据结构如图 9-1 所示。

```
HashMap < String/* topic */, List < QueueData>> topicQueue Table
主题队列数据

HashMap < String/* brokerName */, BrokerData> brokerAddrTable
Broker 元数据

HashMap< String/* clusterName */, Set <String/* brokerName */> > clusterAddrTable
集群元数据
```

图 9-1　RocketMQ 路由存储数据结构

在 RocketMQ Name Server 中，用来存储路由信息的元数据使用的是图 9-1 中的三个 `HashMap`。众所周知，`HashMap` 在多线程环境中并不安全，容易造成 CPU 占用率达 100% 的情况，故在 Broker 向 Name Server 汇报路由信息时，需要对这三个 `HashMap` 进行数据更新，而且需要引入锁，结合读多写少的特性，可以采用 JDK 的 `ReentrantReadWriteLock`（读写锁）方法来对数据的读写进行保护。

添加数据时加写锁的示例代码如图 9-2 所示。

```
public RegisterBrokerResult registerBroker(
    final String clusterName,
    final String brokerAddr,
    final String brokerName,
    final long brokerId,
    final String haServerAddr,
    final TopicConfigSerializeWrapper topicConfigWrapper,
    final List<String> filterServerList,
    final Channel channel) {
    RegisterBrokerResult result = new RegisterBrokerResult();
    try {
        try {
            this.lock.writeLock().lockInterruptibly();

            Set<String> brokerNames = this.clusterAddrTable.get(clusterName);
            if (null == brokerNames) {
                brokerNames = new HashSet<String>();
                this.clusterAddrTable.put(clusterName, brokerNames);
            }
            brokerNames.add(brokerName);

            // 省略部分代码
        } finally {
            this.lock.writeLock().unlock();
        }
    } catch (Exception e) {
        log.error("registerBroker Exception", e);
    }

    return result;
}
```

图 9-2　ReentrantReadWriteLock 示例代码

读取数据时加读锁的示例代码如图 9-3 所示。

```
public byte[] getAllTopicList() {
    TopicList topicList = new TopicList();
    try {
        try {
            this.lock.readLock().lockInterruptibly();
            topicList.getTopicList().addAll(this.topicQueueTable.keySet());
        } finally {
            this.lock.readLock().unlock();
        }
    } catch (Exception e) {
        log.error("getAllTopicList Exception", e);
    }

    return topicList.encode();
}
```

图 9-3　查询所有主题路由信息

读写锁的主要特点是：申请了写锁后，所有的读锁申请将全部被阻塞；如果读锁申请成功，那么写锁就会被阻塞，但读锁仍然能成功申请，这样能保证读请求的并发度。由于写请求少，因此锁导致的等待将会非常少。结合路由注册场景，Broker 向 Name Server 发送心跳包，如果当时有 100 个客户端正在向 Name Server 查询路由信息，那么写请求会暂时被阻塞，只有等这 100 个读请求结束后，才会执行路由的更新操作。可能有读者会问，如果在写请求阻塞期间，又有 10 个新的客户端发起路由查询，那这 10 个请求是立即能执行还是需要被阻塞？答案是默认会阻塞等待，因为已经有写锁在申请，后续的读请求都会被阻塞。

思考题：为什么 Name Server 的容器不使用 `ConcurrentHashMap` 等并发容器呢？

这与其“业务”有关，因为 RocketMQ 中的路由信息比较多，所以其数据结构采用了多个 `HashMap`，如图 9-4 所示。

```
HashMap<String/* topic */, List<QueueData>> topicQueueTable;
HashMap<String/* brokerName */, BrokerData> brokerAddrTable;
HashMap<String/* clusterName */, Set<String/* brokerName */>> clusterAddrTable;
```

图 9-4 主题存储数据结构

每次写操作都可能需要同时变更图 9-4 中的数据结构，因此为了保证其一致性，需要加锁。`ConcurrentHashMap` 并发容器在多线程环境下的线程安全也只是针对自身，从这个维度来看，选用读写锁是必然的选择。

当然，读者朋友们可能会继续问，如果“读写锁 + `HashMap`”与 `ConcurrentHashMap` 相比较，又该如何选择呢？根据 JDK 版本号的不同，这个选择也会有所不同。

在 JDK 1.8 之前，`ConcurrentHashMap` 的数据结构为 `Segment`（`ReentrantLock`）+ `HashMap`（分段锁机制），其锁的粒度为 `Segment`，同一个 `Segment` 的读写均需要加锁，即落在同一个 `Segment` 中的读、写操作是串行的，其读操作的并发性低于“读写锁 + `HashMap`”的，故在 JDK 1.8 之前，`ConcurrentHashMap` 是落后于“读写锁 + `HashMap`”结构的。

但 JDK 1.8 及其后续版本对 `ConcurrentHashMap` 进行了优化，其存储结构与 `HashMap` 的存储结构类似，只是引入了 CAS（Compare and Swap，比较并交换）来解决并发更新，这样一来，`ConcurrentHashMap` 就具有了一定的优势，因为不需要再维护锁结构了。

9.2 信号量使用技巧

JDK 信号量（semaphore）有一个非常经典的使用场景：限流。在 RocketMQ 中采用异步发送机制时，为了避免异步发送产生过多“挂起”，可以通过信号量来控制并发度，即如果超过指定的并发度，就会进行限流，阻止新任务的提交。信号量通常的使用情况如下所示：

```
public static void main(String[] args) {
    Semaphore semaphore = new Semaphore(10);
    for(int i = 0; i < 100; i++) {
        Thread t = new Thread(new Runnable() {
            @Override
            public void run() {
                doSomething(semaphore);
            }
        });
        t.start();
    }
}
private static  void doSomething(Semaphore semaphore) {
    boolean acquired = false;
    try {
        acquired = semaphore.tryAcquire(3000, TimeUnit.MILLISECONDS);
        if(acquired) {
            System.out.println("执行业务逻辑");
        } else {
            System.out.println("信号量未获取执行的逻辑");
        }
    } catch (Throwable e) {
        e.printStackTrace();
    } finally {
        if(acquired) {
            semaphore.release();
        }
    }
}
```

示例代码非常简单，就是通过信号量来控制 doSomething 方法的并发度，其中有两个重要的方法。

- tryAcquire：该方法尝试获取一个信号，如果当前没有剩余许可，在指定等待时间后会返回 false，故其 release 方法必须在该方法返回 true 时调用，否则会发生“许可超发”。
- release：归还许可。

上面的场景较为简单，如果 doSomething 是一个异步方法，那么上述代码的效果会大打折扣。如果 doSomething 的分支众多，还有可能会再次异步，那么信号量的归还就会变得非常复杂。信号量的使用中最关键的是，申请一个许可就必须只调用一次 release 方法，如果多次调用 release，则会造成应用程序实际的并发数量超过设置的许可值，即并发控制失效，请看图 9-5 中的测试代码。

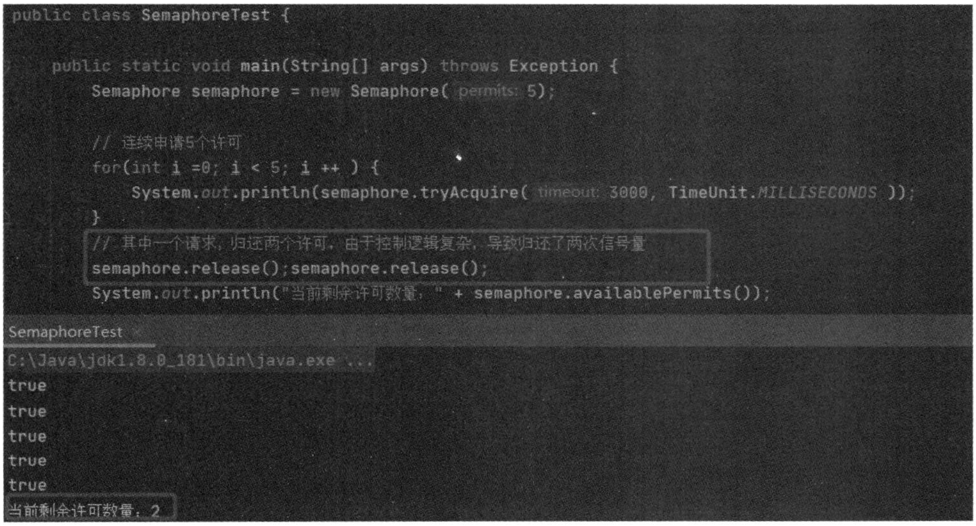

```
public class SemaphoreTest {

    public static void main(String[] args) throws Exception {
        Semaphore semaphore = new Semaphore( permits: 5);

        // 连续申请5个许可
        for(int i =0; i < 5; i ++ ) {
            System.out.println(semaphore.tryAcquire( timeout: 3000, TimeUnit.MILLISECONDS ));
        }
        // 其中一个请求，归还两个许可，由于控制逻辑复杂，导致归还了两次信号量
        semaphore.release();semaphore.release();
        System.out.println("当前剩余许可数量：" + semaphore.availablePermits());
SemaphoreTest ×
C:\Java\jdk1.8.0_181\bin\java.exe ...
true
true
true
true
true
当前剩余许可数量：2
```

图 9-5　多次调用 release 造成的并发控制失效

由于一个线程控制的逻辑有误，原本只允许一个线程获取许可，此时可以允许两个线程去获取许可，导致当前的并发量为 6，超过预设的 5。这造成无限次调用 release 方法，并不会报错，也不会无限地增加许可，许可数量不会超过构造时传入的个数。

故在实践中，如何通过信号量避免重复调用 release 方法显得非常关键，RocketMQ 给出了如下解决方案：

```java
public class SemaphoreReleaseOnlyOnce {
    private final AtomicBoolean released = new AtomicBoolean(false);
    private final Semaphore semaphore;

    public SemaphoreReleaseOnlyOnce(Semaphore semaphore) {
        this.semaphore = semaphore;
    }
    public void release() {
        if (this.semaphore != null) {
            if (this.released.compareAndSet(false, true)) {
                this.semaphore.release();
            }
        }
    }
    public Semaphore getSemaphore() {
        return semaphore;
    }
}
```

即对信号量进行一次包装，然后传入到业务方法中。例如示例代码中的 doSomething 方法，不管 doSomething 是否还会创建线程，在需要归还的时候调用 SemaphoreReleaseOnlyOnce 的 release 方法，然后在该方法中进行重复判断、调用，因为一个业务线程只会持有唯一的一个 SemaphoreReleaseOnlyOnce 实例，所以这样就能确保一个业务线程只会归还一次。

SemaphoreReleaseOnlyOnce 的 release 方法实现也非常简单，引入了 CAS 机制，如果该方法被调用，就使用 CAS 将 released 设置为 true，下次试图归还时，判断该状态已经是 true，则不会再次调用信号量的 release 方法，完美解决该问题。

9.3　同步转异步编程技巧

在并发编程模型中，有一个经典的并发设计模式——Future（凭证），即主线程向一个线程提交任务时返回一个 Future，此时主线程不会阻塞，还可以做其他的事情，等需要异步执行结果时调用 Future 的 get 方法。如果异步结果已经执行完成就立即获取结果，如果未执行完，则主线程阻塞等待执行结果。

JDK 的 Future 模型通常需要一个线程池对象、一个任务请求 Task。而在 RocketMQ 的同步刷盘中，同样能实现异步效果。同步刷盘没有使用 Future 设计模式，而是巧妙的使用了 CountDownLatch。

正如图 9-6 所示的代码，主线程调用 GroupCommitService 的 putRequest 方法，向异步线程 GroupCommitService 提交一个任务，然后调用 Request 的 waitForFlush 方法等待结果。这里与 Future 模式对比，其实是将 Future 的职能嵌入到了请求对象中。

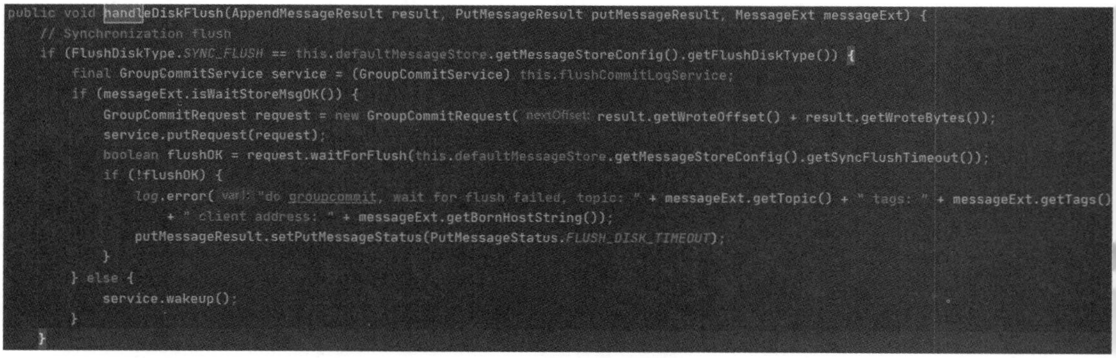

```
public void handleDiskFlush(AppendMessageResult result, PutMessageResult putMessageResult, MessageExt messageExt) {
    // Synchronization flush
    if (FlushDiskType.SYNC_FLUSH == this.defaultMessageStore.getMessageStoreConfig().getFlushDiskType()) {
        final GroupCommitService service = (GroupCommitService) this.flushCommitLogService;
        if (messageExt.isWaitStoreMsgOK()) {
            GroupCommitRequest request = new GroupCommitRequest( nextOffset: result.getWroteOffset() + result.getWroteBytes());
            service.putRequest(request);
            boolean flushOK = request.waitForFlush(this.defaultMessageStore.getMessageStoreConfig().getSyncFlushTimeout());
            if (!flushOK) {
                log.error( var1: "do groupcommit, wait for flush failed, topic: " + messageExt.getTopic() + " tags: " + messageExt.getTags()
                    + " client address: " + messageExt.getBornHostString());
                putMessageResult.setPutMessageStatus(PutMessageStatus.FLUSH_DISK_TIMEOUT);
            }
        } else {
            service.wakeup();
        }
    }
```

图 9-6　CountDownLatch 实现同步转异步示意图

我们再来看一下 waitForFlush 方法的实现，体会一下同步转异步的关键实现要点。

如图 9-7 所示，waitForFlush 方法巧妙地使用了 CountDownLatch 的 await 方法进行阻塞等待，那什么时候主线程会被唤醒呢？当然是刷盘操作结束时，由刷盘线程 GroupCommitService 来调用 CountDownLatch 的 countDown 方法，从而使 await 方法结束阻塞，其实现代码如图 9-8 所示。

```java
public static class GroupCommitRequest {
    private final long nextOffset;
    private final CountDownLatch countDownLatch = new CountDownLatch(1);
    private volatile boolean flushOK = false;

    public GroupCommitRequest(long nextOffset) { this.nextOffset = nextOffset; }

    public long getNextOffset() { return nextOffset; }

    public void wakeupCustomer(final boolean flushOK) {
        this.flushOK = flushOK;
        this.countDownLatch.countDown();
    }

    public boolean waitForFlush(long timeout) {
        try {
            this.countDownLatch.await(timeout, TimeUnit.MILLISECONDS);
            return this.flushOK;
        } catch (InterruptedException e) {
            log.error("Interrupted", e);
            return false;
        }
    }
}
```

图 9-7 waitForFlush 方法的实现

```java
class GroupCommitService extends FlushCommitLogService {

    private void doCommit() {
        synchronized (this.) {
            if (!this.requestsRead.isEmpty()) {
                for (GroupCommitRequest req : this.requestsRead) {
                    // There may be a message in the next file, so a maximum of
                    // two times the flush
                    boolean flushOK = false;
                    for (int i = 0; i < 2 && !flushOK; i++) {
                        flushOK = CommitLog.this.mappedFileQueue.getFlushedWhere() >= req.getNextOffset();

                        if (!flushOK) {
                            CommitLog.this.mappedFileQueue.flush( flushLeastPages: 0);
                        }
                    }

                    req.wakeupCustomer(flushOK);
                }
```

```java
public void wakeupCustomer(final boolean flushOK) {
    this.flushOK = flushOK;
    this.countDownLatch.countDown();
}
```

图 9-8 CountDownLatch 唤醒实现代码

这种设计非常优雅，相比 Future 模式显得更加轻量。

9.4 CompletableFuture 使用技巧

从 JDK 8 开始，引入了 CompletableFuture，让实现真正的异步编程成为了可能。所谓“真正的异步”是指，主线程发起一个异步请求后，尽管主线程需要最终得到异步请求的返回结果，但并不需要在代码中显示地调用 Future.get 方法，做到了不阻塞主线程，我们称之为“真正的异步”。

下面以 RocketMQ 的一个真实使用场景 Master-Slave 主从架构为例进行阐述。在 RocketMQ 4.7.0 之前，同步复制的模型如图 9-9 所示。

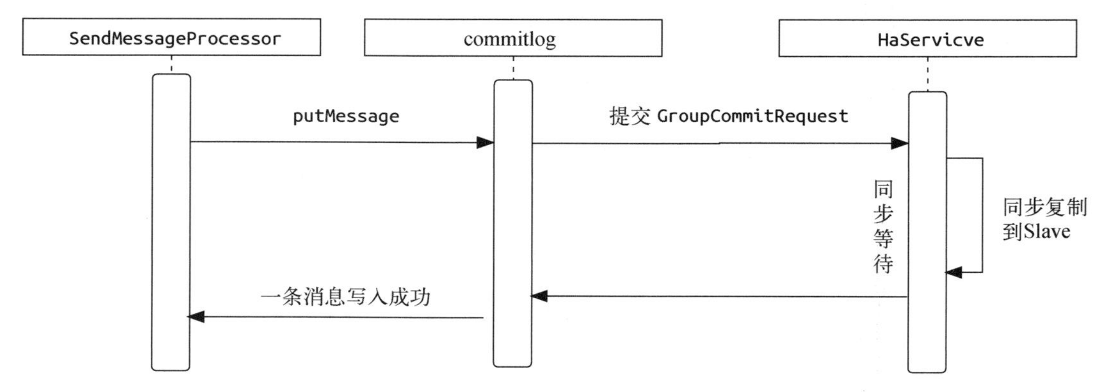

图 9-9　RocketMQ 4.7.0 之前的同步复制模型

RocketMQ 处理消息写入的线程通过调用 SendMessageProcessor 的 putMessage 方法进行消息写入，在这里我们将它称为主线程。消息写入主节点后，需要将数据复制到从节点，主线程 SendMessageProcessor 一直在阻塞这个过程，需要同步等待从节点的复制结束，然后再通过网络将结果发送到消息发送客户端。即在这种编程模型中，消息发送主线程并不符合异步编程的模式，所以并不高效。

优化的思路：将“消息发送的处理逻辑”与“返回响应结果到客户端”这两个步骤再次进行解耦，再使用一个线程池来处理同步复制的结果，然后在另外一个线程中将响应结果通过网络写入，这样 SendMessageProcessor 就无须等待复制结果，减少了阻塞，提高了主线程的消息处理速度。

在 JDK 8 中，由于引入了 CompletableFuture，上述的改造思路就变得更加容易。在 RocketMQ 4.7.0 中借助 CompletableFuture 实现了 SendMessageProcessor 的真正异步化处理，并且还不违背同步复制的语义，其流程图如图 9-10 所示。

从图 9-10 中我们可以看到，在触发同步复制的地方，将 GroupCommitRequest 提交给 HaService（同步复制服务）时返回了一个 CompletableFuture，异步线程在数据复制成功后，通过 CompletableFuture 通知 SendMessageProcessor，得到处理结果后再向客户端返回结果。其示例代码如图 9-11 所示。

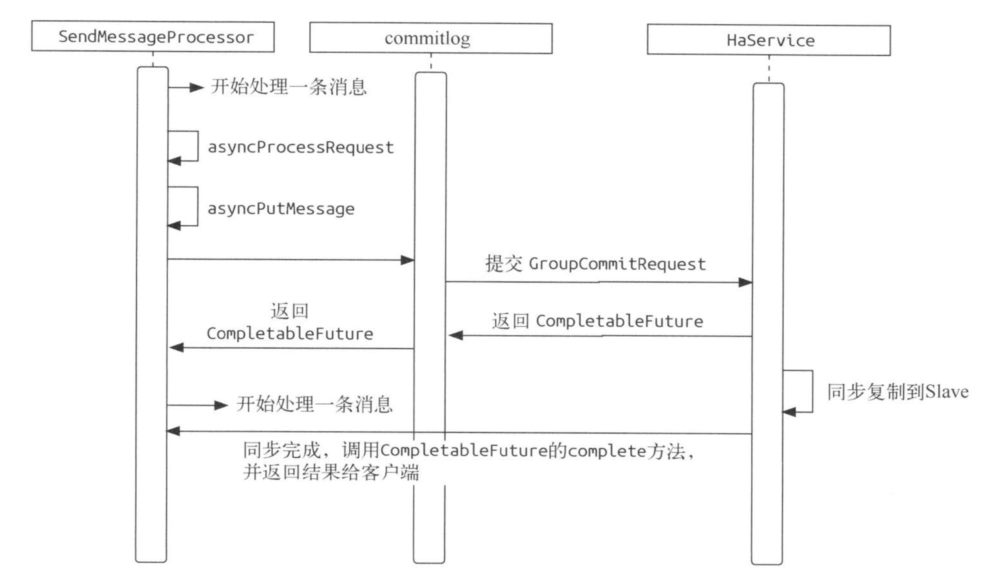

图 9-10 CompletableFuture 实现异步化

```
CommitLog.java  NettyRemotingAbstract.java  SemaphoreReleaseOnlyOnce.java  SemaphoreTest.java  Semaphore.java  AbstractQueuedSy
661        storeStatsService.getSinglePutMessageTopicSizeTotal(topic).addAndGet(result.getWroteBytes());
662
663        CompletableFuture<PutMessageStatus> flushResultFuture = submitFlushRequest(result, putMessageResult, msg);
664        CompletableFuture<PutMessageStatus> replicaResultFuture = submitReplicaRequest(result, putMessageResult, msg);
665        return flushResultFuture.thenCombine(replicaResultFuture, (flushStatus, replicaStatus) -> {
666            if (flushStatus != PutMessageStatus.PUT_OK) {
667                putMessageResult.setPutMessageStatus(PutMessageStatus.FLUSH_DISK_TIMEOUT);
668            }
669            if (replicaStatus != PutMessageStatus.PUT_OK) {
670                putMessageResult.setPutMessageStatus(replicaStatus);
671            }
672            return putMessageResult;
673        });
674    }
```

图 9-11 示例代码

SendMessageProcessor 处理 CompletableFuture 的关键代码如图 9-12 所示。

```
private CompletableFuture<RemotingCommand> handlePutMessageResultFuture(CompletableFuture<PutMessageResult> putMessageResult,
                                                                        RemotingCommand response,
                                                                        RemotingCommand request,
                                                                        MessageExt msgInner,
                                                                        SendMessageResponseHeader responseHeader,
                                                                        SendMessageContext sendMessageContext,
                                                                        ChannelHandlerContext ctx,
                                                                        int queueIdInt) {
    return putMessageResult.thenApply((r) ->
        handlePutMessageResult(r, response, request, msgInner, responseHeader, sendMessageContext, ctx, queueIdInt)
    );
}
```

图 9-12 关键代码

如图 9-12 中的代码调用了 `thenApply` 方法，为 `CompletableFuture` 注册了一个异步回调，即在异步回调的时候，将结果通过网络传到客户端，实现了“消息发送”与“结果返回”的解耦。

思考：`CompletableFuture` 的 `thenApply` 方法在哪个线程中执行呢？

其实，在 `CompletableFuture` 中会内置一个线程池 ForkJoin，用来执行异步回调。

9.5 Netty 网络编程

RocketMQ 关于网络方面的核心类图如图 9-13 所示。

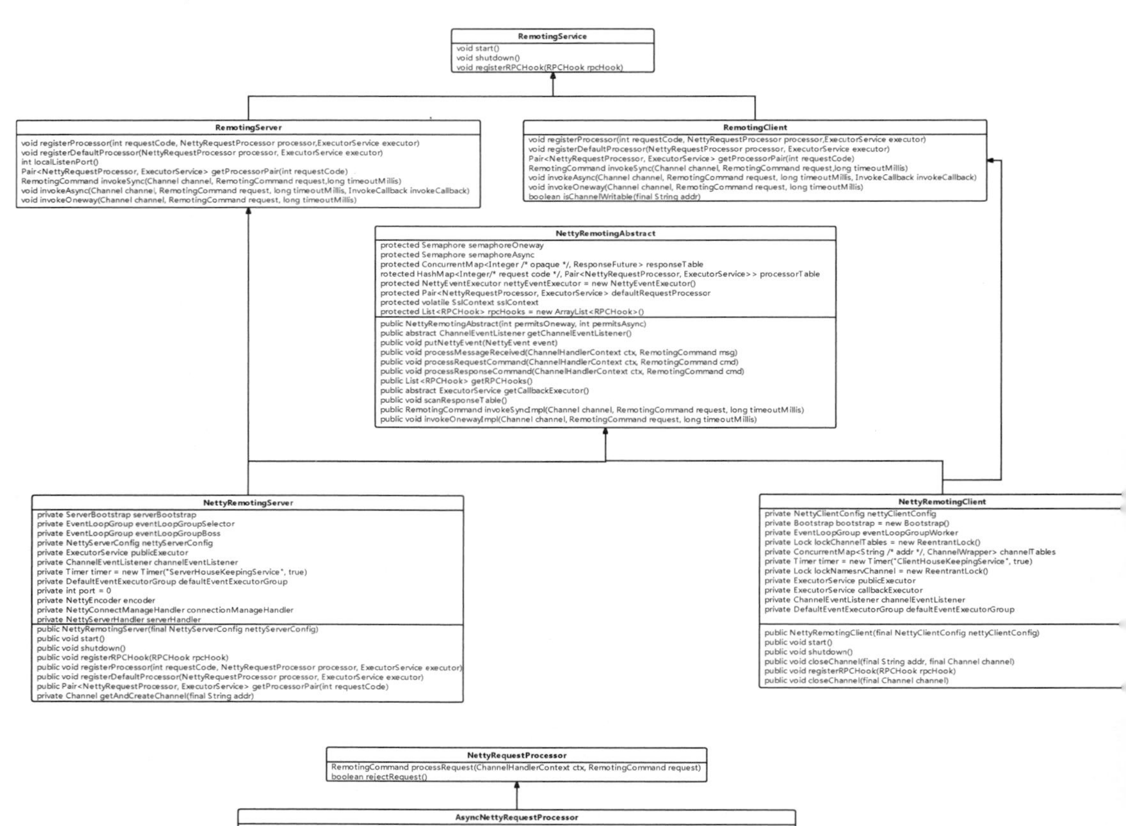

图 9-13　RocketMQ 关于网络方面的核心类图

下面一一介绍各个类的主要职责。

- RemotingService：RPC（Remote Procedure Call）远程服务基础类，主要定义所有的远程服务类的基础方法。
  - void start：启动远程服务。
  - void shutdown：关闭远程服务。
  - void registerRPCHook(RPCHook rpcHook)：注册 RPC 钩子函数，有利于在执行网络操作的前后执行定制化逻辑。
- RemotingServer/RemotingClient：远程服务器/客户端基础接口。两者中的方法基本类似，这里重点介绍一下 RemotingServer，定位 RPC 远程操作的相关“业务方法”。
  - void registerProcessor(int requestCode, NettyRequestProcessor processor,ExecutorService executor)：注册命令处理器。这里是 RocketMQ Netty 网络设计的核心亮点，RocketMQ 会按照业务逻辑进行拆分，例如消息发送、消息拉取等每一个网络操作都会定义一个请求编码，然后每一个类型对应一个业务处理器 NettyRequestProcessor，并可以按照不同的请求编码定义不同的线程池，实现不同请求的线程池隔离。它的参数说明如下。
    - int requestCode：命令编码，RocketMQ 中所有的请求命令都在 requestCode 中定义。
    - NettyRequestProcessor processor：RocketMQ 请求业务处理器，例如消息发送的处理器为 SendMessageProcessor，PullMessageProcessor 为消息拉取的业务处理器。
    - ExecutorService executor：线程池，NettyRequestProcessor 的具体业务逻辑在该线程池中执行。
  - Pair<NettyRequestProcessor, ExecutorService> getProcessorPair(int requestCode)：根据请求编码获取对应的请求业务处理器与线程池。
  - RemotingCommand invokeSync(Channel channel, RemotingCommand request,long timeoutMillis)：同步请求调用，参数如下。
    - Channel channel：Netty 网络通道。
    - RemotingCommand request：RPC 请求消息体，即每一个请求都会封装成该对象。
    - long timeoutMillis：超时时间。
  - void invokeAsync(Channel channel, RemotingCommand request, long timeoutMillis, InvokeCallback invokeCallback)：异步请求调用。
  - void invokeOneway(Channel channel, RemotingCommand request, long timeoutMillis)：One-way 请求调用。

- NettyRemotingAbstract：远程服务抽象实现类，定义网络远程调用、请求、响应等处理逻辑，其核心属性如下。
  - Semaphore semaphoreOneway：控制 One-way 发送方式并发度的信号量，默认为 65 535 个许可。
  - Semaphore semaphoreAsync：控制异步发送方式并发度的信号量，默认为 65 535 个许可。
  - ConcurrentMap<Integer /* opaque */, ResponseFuture> responseTable：当前正在等待对端返回的请求映射表，其中 opaque 表示请求的编号，全局唯一，通常采用原子递增。一般客户端向对端发送网络请求时，会采取单一长连接，故发送请求后会向调用端立即返回 ResponseFuture，同时会将请求放入到该映射表中，收到客户端响应时（客户端响应会包含请求编码），从该映射表中获取对应的 ResponseFuture，再通知调用端返回结果。这是 **Future 模式在网络编程中的经典运用**。
  - HashMap<Integer/* request code */, Pair<NettyRequestProcessor, ExecutorService>> processorTable：注册的请求处理命令。RocketMQ 采用了"不同请求命令支持不同的线程池"的设计，即实现业务线程池的隔离。
  - Pair<NettyRequestProcessor, ExecutorService> defaultRequestProcessor：默认命令处理线程池。
  - List<RPCHook> rpcHooks：注册的 RPC 钩子函数列表。
- NettyRemotingServer：基于 Netty 的网络编程服务端，其核心属性如下所示。
  - ServerBootstrap serverBootstrap：Netty Server 端启动帮助类。
  - EventLoopGroup eventLoopGroupSelector：Netty Server 的 Work 线程组，即主从多 Reactor 中的从 Reactor，主要负责**读写事件**的处理。
  - EventLoopGroup eventLoopGroupBoss：Netty Boss 线程组，即主从多 Reactor 线程模型中的主 Reactor，主要负责 OP_ACCEPT 事件（创建连接）。
  - NettyServerConfig nettyServerConfig：Netty 服务端配置。
  - Timer timer = new Timer("ServerHouseKeepingService", true)：定时扫描器，对 NettyRemotingAbstract 中的 responseTable 进行扫描，将超时的请求移除。
  - DefaultEventExecutorGroup defaultEventExecutorGroup：Netty ChannelHandler 线程执行组。
  - int port：服务端绑定端口。
  - NettyEncoder encoder：RocketMQ 通信协议（编码器）。
  - NettyDecoder decoder：RocketMQ 通信协议（解码器）。
  - NettyConnectManageHandler connectionManageHandler：Netty 连接管路器 Handler，主要实现对连接的状态跟踪。

■ NettyServerHandler serverHandler：Netty Server 端核心业务处理器。

❑ NettyRemotingClient：基于 Netty 的网络编程客户端，实现 RemotingClient 接口并继承 NettyRemotingAbstract。其核心属性说明如下。

■ NettyClientConfig nettyClientConfig：与网络相关的配置项。

■ Bootstrap bootstrap：Netty 客户端的启动帮助类。

■ EventLoopGroup eventLoopGroupWorker：Netty 客户端的 Work 线程组，俗称 IO 线程。

■ ConcurrentMap<String /* addr */, ChannelWrapper> channelTables：当前客户端已创建的连接，每个地址一条长连接。

■ ExecutorService publicExecutor：默认任务线程池。

■ ExecutorService callbackExecutor：回调类请求执行线程池。

■ DefaultEventExecutorGroup defaultEventExecutorGroup：Netty ChannelHandler 线程执行组，即 Netty ChannelHandler 在这些线程中执行。

❑ NettyRequestProcessor：基于 Netty 实现的请求命令处理器，即处理服务端的各个业务逻辑，例如处理消息发送的 SendMessageProcessor。

通过类图的方式了解 RocketMQ 网络设计的精髓还不太直观，这里再给出一张流程图（如图 9-14 所示），进一步阐释 RocketMQ 网络设计的精髓。

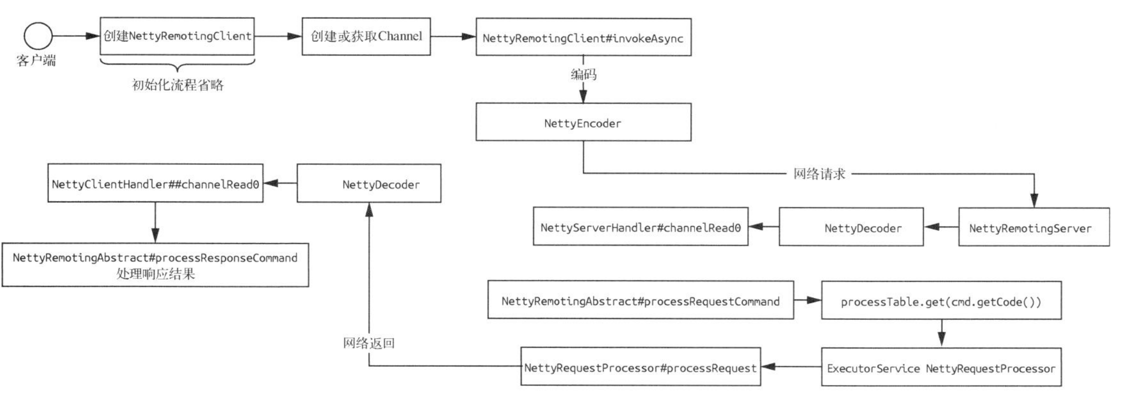

图 9-14 RocketMQ 网络交换核心流程图

图 9-14 省略了 NettyRemotingClient、NettyRemotingServer 的初始化流程，下面详细阐述一下。

(1) NettyRemotingClient 会在需要连接到指定地址时，先通过 Netty 的相关 API 创建 Channel 并进行缓存，下一次请求如果还是发送到该地址，就可重复利用。

(2) 调用 NettyRemotingClient 的 invokeAsync 等方法进行网络发送，发送时在 Netty 中会进行一个**非常重要的步骤：对请求编码**，主要是将需要发送的请求（例如 RemotingCommand）

按照**特定的格式（协议）**转换成二进制流。

(3) `NettyRemotingServer` 端接收到二进制流后，网络读请求就绪，进行读请求事件处理流程。首先需要从**二进制流中识别一个完整的请求包**，这就是所谓的**解码**，即将二进制流转换为请求对象，解码成 `RemotingCommand`，然后读请求事件会传播到 `NettyServerHandler`，最终执行 `NettyRemotingAbstract` 的 `processRequestCommand`，主要是根据 `requestCode` 获取指定的命令执行线程池与 `NettyRequestProcessor`，并执行对应的逻辑，通过网络将执行结果返回给客户端。

(4) 客户端收到服务端的响应后，读事件触发，执行解码（`NettyDecoder`），然后读事件会传播到 `NettyClientHandler`，并处理响应结果。

9.5.1　Netty 网络编程要点

掌握了网络编程的基本流程后，接下来我们要通过学习 `NettyRemotingServer`、`NettyRemotingClient` 的具体实现代码，来掌握 Netty 服务端、客户端的编写技巧。

基于网络编程模型，通常需要解决的问题如下：

- 网络连接的建立；
- 通信协议的设计；
- 线程模型。

基于网络的编程，其实就是面向二进制流。下面我们以大家最熟悉的 Dubbo RPC 访问请求为例，进行更直观的讲解，Dubbo 的通信过程如图 9-15 所示。

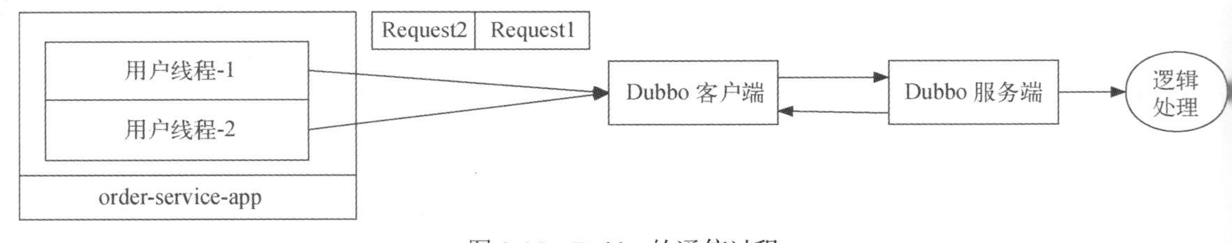

图 9-15　Dubbo 的通信过程

对于一个订单服务 order-serevice-app 来说，用户会发起多个下单服务，在 order-service-app 中就会对应多个线程，而且订单服务需要调用优惠券相关的微服务，多个线程通过 Dubbo Client 向优惠券发起 RPC 请求，这个过程至少需要做哪些操作呢？

(1) 创建 TCP 连接。默认情况下 Dubbo 客户端和 Dubbo 服务端会保持一条长连接，用于发送该客户端到服务端的所有网络请求。

(2) 将请求转换为二进制流。试想一下，多个请求依次通过一条连接发送消息，那服务端该如何从二进制流中解析出一个完整的请求呢？Dubbo 请求的请求体中至少要封装需要调用的远程服务名、请求参数等。这里其实就涉及所谓的**自定义协议**，即需要制定一套**通信协议**。

(3) 客户端根据通信协议将请求转换为二进制流的过程称为**编码**，服务端根据通信协议从二进制流中识别出一个个请求的过程称为**解码**。

(4) 服务端发出解码请求后，需要按照请求执行对应的业务处理逻辑。在网络通信中，通常涉及两类线程：IO 线程和业务线程池。IO 线程负责请求解析，而业务线程池执行业务逻辑，这是为了最大可能地解耦 IO 读写与业务的处理逻辑。

接下来我们将通过了解 RocketMQ 中 Netty 是如何使用的，来进一步探究 Netty。

1. Netty 客户端编程实践

Netty 是当下最流行的网络编程框架之一，其底层实现逻辑也许很复杂，但基于 Netty 的编程有其固有的范式，因此实现起来并没有那么困难。本节将介绍 Netty 客户端编程使用的基本套路。

- 客户端创建示例与要点

Netty 编程创建客户端的代码截图如图 9-16 所示，用到了 RocketMQ 中客户端的实现类 `NettyRemotingClient`，其核心代码被封装在 `start` 方法中。

```
public void start() {
    this.defaultEventExecutorGroup = new DefaultEventExecutorGroup(
        nettyClientConfig.getClientWorkerThreads(),
        new ThreadFactory() {
            private AtomicInteger threadIndex = new AtomicInteger( initialValue: 0);        关键点(1)
            @Override
            public Thread newThread(Runnable r) {
                return new Thread(r,  name: "NettyClientWorkerThread_" + this.threadIndex.incrementAndGet());
            }
        });
    Bootstrap handler = this.bootstrap.group(this.eventLoopGroupWorker).channel(NioSocketChannel.class)    关键点(2)
        .option(ChannelOption.TCP_NODELAY,  value: true)
        .option(ChannelOption.SO_KEEPALIVE,  value: false)
        .option(ChannelOption.CONNECT_TIMEOUT_MILLIS, nettyClientConfig.getConnectTimeoutMillis())    关键点(3)
        .option(ChannelOption.SO_SNDBUF, nettyClientConfig.getClientSocketSndBufSize())
        .option(ChannelOption.SO_RCVBUF, nettyClientConfig.getClientSocketRcvBufSize())
        .handler((ChannelInitializer) (ch) -> {                                             关键点(4)
            ChannelPipeline pipeline = ch.pipeline();
            if (nettyClientConfig.isUseTLS()) {
                if (null != sslContext) {
                    pipeline.addFirst(defaultEventExecutorGroup,  name: "sslHandler", sslContext.newHandler(ch.alloc()));
                    log.info( var1: "Prepend SSL handler");
                } else {
                    log.warn( var1: "Connections are insecure as SSLContext is null!");
                }
            }
            pipeline.addLast(                                                               关键点(5)
                defaultEventExecutorGroup, new NettyEncoder(), new NettyDecoder(),
                new IdleStateHandler( readerIdleTimeSeconds: 0,  writerIdleTimeSeconds: 0, nettyClientConfig.getClientChannelMaxIdleTimeSeconds()),
                new NettyConnectManageHandler(), new NettyClientHandler());
        });
```

图 9-16　Netty 客户端编程示例

图 9-16 是使用 Netty 编程创建客户端的标准模板，关键点说明如下。

(1) 创建 DefaultEventExecutorGroup，默认事件执行线程组，后续事件处理器（ChannelPipeline 的 addLast 中的事件处理器）在该线程组中执行，故其本质就是一个线程池。

(2) 通过 Netty 提供的工具类 Bootstrap 来创建 Netty 客户端，其 group 方法指定了一个事件循环组（EventLoopGroup），即 Work 线程组默认情况下，读写事件在该线程组中执行，俗称 IO 线程，但可以改变默认行为，主要是封装事件选择器（java.nio.Selector），同时通过 channel 方法指定通道的类型,这是基于 NIO 客户端的,通常使用 NioSocketChannel。

(3) 通过 Bootstrap 的 option 设置与网络通信相关的参数，通常情况下会指定如下参数。

- TCP_NODELAY：是否禁用 Nagle，如果设置为 true 表示立即发送；如果设置为 false，若一个数据包比较小，会尝试等待更多的包，然后一起发送。
- SO_KEEPALIVE：保持连接，检测对方主机是否崩溃，一般设置该值为 false。
- CONNECT_TIMEOUT_MILLIS：连接超时时间，客户端在建立连接时如果在该时间内无法建立连接，则抛出超时异常，建立连接失败。
- SO_SNDBUF、SO_RCVBUF：套接字发送缓存区与套接字接收缓存区大小，在 RocketMQ 中，将该值设置为 65 535，即默认为 64KB。

(4) 通过 Bootstrap 的 handle 方法构建事件处理链条，通常会使用 new ChannelInitializer <SocketChannel>。

(5) 通过 ChannelPipeline 的 addLast 方法构建事件处理链条，这是基于 Netty 的核心扩展点，应用程序的业务逻辑就是通过该事件处理器进行切入的。RocketMQ 中事件处理链条的说明如下。

- NettyEncoder：RocketMQ 请求编码器，即协议编码器。
- NettyDecoder：RocketMQ 请求解码器，即协议解码器。
- IdleStateHandler：空闲状态处理器。
- NettyConnectManageHandler：连接管理器。
- NettyClientHandler：Netty 客户端业务处理器，即处理“业务逻辑”。

ChannelPipeline 的 addLast 方法重点介绍如图 9-17 所示。

```
ChannelPipeline addLast(ChannelHandler... handlers);


/**
 * Inserts {@link ChannelHandler}s at the last position of this pipeline.
 *
 * @param group     the {@link EventExecutorGroup} which will be used to execute the {@link ChannelHandler}s
 *                  methods.
 * @param handlers  the handlers to insert last
 *
 */
ChannelPipeline addLast(EventExecutorGroup group, ChannelHandler... handlers);
```

图 9-17　ChannelPipeline 的 addLast 方法

如果调用在添加事件处理器时没有传入 EventExecutorGroup，那事件就默认在 Work 线程组中执行；如果指定了线程池，事件的执行将在传入的线程池中执行。

- 创建连接及要点

上面的初始化并没有创建连接，在 RocketMQ 中只有使用时才会创建连接，当然连接创建后就可以复用、缓存，即我们常说的长连接。基于 Netty 创建连接的示例代码如图 9-18 所示。

```
    ChannelFuture channelFuture = this.bootstrap.connect(RemotingHelper.string2SocketAddress(addr));  要点(1)
    log.info("createChannel: begin to connect remote host[{}] asynchronously", addr);
    cw = new ChannelWrapper(channelFuture);
    this.channelTables.put(addr, cw);
if (cw != null) {
    ChannelFuture channelFuture = cw.getChannelFuture();
    if (channelFuture.awaitUninterruptibly(this.nettyClientConfig.getConnectTimeoutMillis())) {  要点(2)
        if (cw.isOK()) {
            log.info("createChannel: connect remote host[{}] success, {}", addr, channelFuture.toString());
            return cw.getChannel();
        } else {
            log.warn("createChannel: connect remote host[" + addr + "] failed, " + channelFuture.toString(), channelFuture.cause());
        }
    } else {
        log.warn( var1: "createChannel: connect remote host[{}] timeout {}ms, {}", addr, this.nettyClientConfig.getConnectTimeoutMillis(),
            channelFuture.toString());
    }
}
```

图 9-18 基于 Netty 创建连接的示例代码

图 9-18 是基于 Netty 的客户端创建连接的模板，其实现要点如下。

(1) 使用 Bootstrap 的 connect 方法创建一个连接，该方法会立即返回并不会阻塞，然后将该连接加入到 channelTables 中进行缓存。

(2) 由于 Bootstrap 的 connect 方法创建连接时只是返回一个 Future，而在使用时，通常需要同步等待连接成功建立，所以一般需要调用 ChannelFuture 的 awaitUniteruptibly（连接建立允许的超时时间），等待连接成功建立，该方法返回后通过如下代码判断连接是否真的成功建立：

```
public boolean isOK() {
    return this.channelFuture.channel() != null && this.channelFuture.channel().isActive();
}
```

- 请求发送示例

以同步消息发送为例，我们来看一下消息发送的使用示例，其示例代码如图 9-19 所示。

```
public RemotingCommand invokeSyncImpl(final Channel channel, final RemotingCommand request, final long timeoutMillis)
    throws InterruptedException, RemotingSendRequestException, RemotingTimeoutException {
    final int opaque = request.getOpaque();
    try {
        final ResponseFuture responseFuture = new ResponseFuture(channel, opaque, timeoutMillis, invokeCallback: null, once: null);
        this.responseTable.put(opaque, responseFuture);
        final SocketAddress addr = channel.remoteAddress();
        channel.writeAndFlush(request).addListener(new ChannelFutureListener() {
            public void operationComplete(ChannelFuture f) throws Exception {
                if (f.isSuccess()) {
                    responseFuture.setSendRequestOK(true);
                    return;
                } else {
                    responseFuture.setSendRequestOK(false);
                }
                responseTable.remove(opaque);
                responseFuture.setCause(f.cause());
                responseFuture.putResponse( responseCommand: null);
            }
        });
        RemotingCommand responseCommand = responseFuture.waitResponse(timeoutMillis);
        if (null == responseCommand) {
            if (responseFuture.isSendRequestOK()) {
                throw new RemotingTimeoutException(RemotingHelper.parseSocketAddressAddr(addr), timeoutMillis, responseFuture.getCause());
            } else {
                throw new RemotingSendRequestException(RemotingHelper.parseSocketAddressAddr(addr), responseFuture.getCause());
            }
        }
        return responseCommand;
    } finally {
        this.responseTable.remove(opaque);
    }
```

图 9-19　消息发送的示例代码

使用关键点如下。

(1) 为每一个请求进行编号，即所谓的 requestId，在这里使用 opaque 来表示，在单机内唯一即可。

(2) 基于 Future 模式，创建 ResponseFuture，并将其放入到 ConcurrentMap<Integer /* opaque */ ResponseFuture> responseTable，当客户端收到服务端的响应后，需要根据 opaque 查找到对应的 ResponseFuture，从而唤醒客户端。

(3) 使用 Channel 的 writeAndFlush 方法，将请求 Request 通过网络发送到服务端，内部会使用编码器 NettyEncoder 将 RemotingCommand request 编码成二进制流，并使用 addListener 添加回调函数，在回调函数中进行处理，唤醒处理结果。

(4) 同步调用的实现方式，通过调用 Future 的 waitResponse 方法，收到响应结果时该方法被唤醒。

(5) 请求处理完成后，将其从响应表中移除，避免内存耗尽。

2. Netty 服务端编程实践

本节将介绍 Netty 服务端的常见编程范式。

- Netty 服务端创建示例

Step 1：创建 Boss、Work 事件线程组。Netty 的服务端线程模型采用的是主从多 Reactor 模型，会创建两个线程组，分别为 Boss 与 Work，Boss 线程组的创建示例如图 9-20 所示。

```
this.eventLoopGroupBoss = new NioEventLoopGroup( nThreads: 1, new ThreadFactory() {
    private AtomicInteger threadIndex = new AtomicInteger( initialValue: 0);

    @Override
    public Thread newThread(Runnable r) {
        return new Thread(r, String.format("NettyNIOBoss_%d", this.threadIndex.incrementAndGet()));
    }
});

this.eventLoopGroupSelector = new NioEventLoopGroup(nettyServerConfig.getServerSelectorThreads(), new ThreadFactory() {
    private AtomicInteger threadIndex = new AtomicInteger( initialValue: 0);
    private int threadTotal = nettyServerConfig.getServerSelectorThreads();

    @Override
    public Thread newThread(Runnable r) {
        return new Thread(r, String.format("NettyServerNIOSelector_%d_%d", threadTotal, this.threadIndex.incrementAndGet()));
    }
});
```

图 9-20　创建 Boss 线程组

通常，Boss 线程组默认使用一个线程，而 Work 线程组的线程数通常为 CPU 的核数。Work 线程组通常为 IO 线程池，处理读写事件。

Step 2：创建默认事件执行线程组，对应代码如图 9-21 所示。

```
this.defaultEventExecutorGroup = new DefaultEventExecutorGroup(
    nettyServerConfig.getServerWorkerThreads(),
    new ThreadFactory() {

        private AtomicInteger threadIndex = new AtomicInteger( initialValue: 0);

        @Override
        public Thread newThread(Runnable r) {
            return new Thread(r,  name: "NettyServerCodecThread_" + this.threadIndex.incrementAndGet());
        }
    });
```

图 9-21　创建默认事件执行线程组

该线程池的作用与客户端类似，故不重复介绍。

Step 3：使用 Netty ServerBootstrap 服务端启动类构建服务端，具体代码示例如图 9-22 所示。

```
ServerBootstrap childHandler =
    this.serverBootstrap.group(this.eventLoopGroupBoss, this.eventLoopGroupSelector)
        .channel(useEpoll() ? EpollServerSocketChannel.class : NioServerSocketChannel.class)
        .option(ChannelOption.SO_BACKLOG, value: 1024)
        .option(ChannelOption.SO_REUSEADDR, value: true)
        .option(ChannelOption.SO_KEEPALIVE, value: false)
        .childOption(ChannelOption.TCP_NODELAY, value: true)
        .childOption(ChannelOption.SO_SNDBUF, nettyServerConfig.getServerSocketSndBufSize())
        .childOption(ChannelOption.SO_RCVBUF, nettyServerConfig.getServerSocketRcvBufSize())
        .localAddress(new InetSocketAddress(this.nettyServerConfig.getListenPort()))
        .childHandler((ChannelInitializer) (ch) → {
                ch.pipeline()
                    .addLast(defaultEventExecutorGroup, HANDSHAKE_HANDLER_NAME, handshakeHandler)
                    .addLast(defaultEventExecutorGroup,
                        encoder,
                        new NettyDecoder(),
                        new IdleStateHandler( readerIdleTimeSeconds: 0, writerIdleTimeSeconds: 0, nettyServerConfig.getServerChannelMaxIdleTimeSeconds()),
                        connectionManageHandler,
                        serverHandler
                    );
        });

if (nettyServerConfig.isServerPooledByteBufAllocatorEnable()) {
    childHandler.childOption(ChannelOption.ALLOCATOR, PooledByteBufAllocator.DEFAULT);
}
```

图 9-22 ServerBootstrap 服务端启动类初始化代码示例

通过 ServerBootstrap 构建的关键点如下。

- 通过 ServerBootstrap 的 group 方法指定 Boss、Work 两个线程组。
- 通过 ServerBootstrap 的 channel 方法指定通道的类型，通常有 NioServerSocketChannel、EpollServerSocketChannel 两种类型。
- 通过 option 方法设置 EpollServerSocketChannel 的相关网络参数，即监听客户端请求的网络通道相关的参数。
- 通过 childOption 方法设置 NioSocketChannel 的相关网络参数，即读写 Socket 相关的网络参数。
- 通过 localAddress 创建监听端口。
- 通过 childHandler 方法设置实际处理监听器，是应用程序通过 Netty 编程主要的业务切入点，与客户端类似，其中 ServerHandler 为服务端的业务处理 Handler，编码解码与客户端无异。

Step 4：调用 ServerBootstrap 的 bind 方法在指定端口上监听，代码如图 9-23 所示。

```
try {
    ChannelFuture sync = this.serverBootstrap.bind().sync();
    InetSocketAddress addr = (InetSocketAddress) sync.channel().localAddress();
    this.port = addr.getPort();
} catch (InterruptedException e1) {
    throw new RuntimeException("this.serverBootstrap.bind().sync() InterruptedException", e1);
}
```

图 9-23 在指定端口上监听

ServerBootstrap 的 bind 方法是一个非阻塞方法，若调用 sync 方法就会变成阻塞方法，即等待服务端启动完成。

- Netty ServerHandler 编写示例

服务端在网络通信方面无非就是接受请求并处理，然后将响应发送到客户端，处理请求的入口通常通过 ChannelHandler 定义，我们来看一下 RocketMQ 中编写的 Handler，如图 9-24 所示。

```
@ChannelHandler.Sharable
class NettyServerHandler extends SimpleChannelInboundHandler<RemotingCommand> {
    @Override
    protected void channelRead0(ChannelHandlerContext ctx, RemotingCommand msg) throws Exception {
        processMessageReceived(ctx, msg);
    }
}
public void processMessageReceived(ChannelHandlerContext ctx, RemotingCommand msg) throws Exception {
    final RemotingCommand cmd = msg;
    if (cmd != null) {
        switch (cmd.getType()) {
            case REQUEST_COMMAND:
                processRequestCommand(ctx, cmd);
                break;
            case RESPONSE_COMMAND:
                processResponseCommand(ctx, cmd);
                break;
            default:
                break;
        }
    }
}
```

图 9-24 Handler

服务端的业务处理 Handler 主要是接受客户端的请求，通常关注的是读事件，可以继承 SimpleChannelInboundHandler 并实现 channelRead0。由于已经经过了解码器（NettyDecoder）的处理将请求解码成具体的请求对象了，又在 RocketMQ 中使用了 RemotingCommand 对象，所以只需要面向该对象进行编程。processMessageReceived 方法是 NettyRemotingClient、NettyRemotingServer 的父类，因此对于服务端来说，会调用 processReqeustCommand 方法。

在基于 Netty 4 的编程中，在 ChannelHandler 中加上@ChannelHandler.Sharable 即可实现线程安全。

温馨提示： 在 ChannelHandler 中，通常不会执行具体的业务逻辑，只负责请求的分发，其背后会引入线程池进行异步解耦。在 RocketMQ 的实现中，RocketMQ 提供了基于"业务"的线程池隔离，例如会为消息发送、消息拉取分别创建不同的线程池。这部分内容将在 9.5.2 节详细介绍。

- 协议编码解码器

基于网络编程，通信协议的制定是最重要的工作，通常关于通信协议的设计模式如图 9-25 所示。

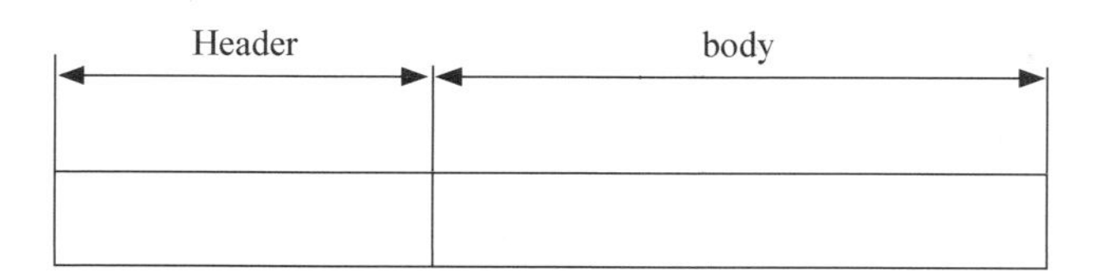

图 9-25 通信协议的设计模式

这里采用的是 Header + Body 结构，通常 Header 部分是固定长度的，并且在 Header 部分会有一个字段来标识整条消息的长度，当然，协议头部还可以存储其他字段。这种结构非常经典，而且实现简单，特别适合接收端从二进制流中解码请求，其关键点如下。

- 接收端首先会尝试从二进制流中读取和 Header 长度相同的字节数，如果当前可读取字节数不足 Header 的长度，先累计，等待更多数据到达。
- 如果能读取到和 Header 长度相同的字节数，按照 Header 的格式读取该消息的总长度，然后尝试读取总长度的消息，如果不足，说明还未收到一条完整的消息，等待更多的数据到达；如果缓存区中能读取到一条完整的消息，就按照消息格式进行解码，按照特定的格式，将二进制流转换为请求对象，例如 RocketMQ 的 RemotingCommand 对象。

由于这种模式非常通用，所以 Netty 提供了该解码的通用实现类：LengthFieldBasedFrameDecoder，它能够从二进制流中读取一个个完整的消息并提交到上层应用程序，应用程序自己将二进制流转换为特定的请求对象即可，NettyDecoder 的示例如图 9-26 所示。

```java
public class NettyDecoder extends LengthFieldBasedFrameDecoder {
    private static final InternalLogger log = InternalLoggerFactory.getLogger(RemotingHelper.ROCKETMQ_REMOTING);
    private static final int FRAME_MAX_LENGTH =
        Integer.parseInt(System.getProperty( key: "com.rocketmq.remoting.frameMaxLength",  def: "16777216"));
    public NettyDecoder() { super(FRAME_MAX_LENGTH,  lengthFieldOffset: 0,  lengthFieldLength: 4,  lengthAdjustment: 0,  initialBytesToStrip: 4); }
    @Override
    public Object decode(ChannelHandlerContext ctx, ByteBuf in) throws Exception {
        ByteBuf frame = null;
        try {
            frame = (ByteBuf) super.decode(ctx, in);
            if (null == frame) {
                return null;
            }
            ByteBuffer byteBuffer = frame.nioBuffer();
            return RemotingCommand.decode(byteBuffer);
        } catch (Exception e) {
            log.error("decode exception, " + RemotingHelper.parseChannelRemoteAddr(ctx.channel()), e);
            RemotingUtil.closeChannel(ctx.channel());
        } finally {
            if (null != frame) {
                frame.release();
            }
        }
        return null;
    }
}
```

图 9-26 NettyDecoder 的示例

而 NettyEncoder 的职责就是将请求对象转换成二进制流，这个对象转换为图 9-25 中的协议格式（Header + Body）即可。

9.5.2 线程隔离机制

通常服务端接收请求后，经过解码器解码将其转换成请求对象，服务端需要根据请求对象进行对应的业务处理，避免业务处理阻塞 IO 读取线程。业务的处理会采用额外的线程池，即**业务线程池**，RocketMQ 在这块采用的方式值得我们借鉴，它提供了“不同业务采用不同线程池”的方式，实现线程隔离机制。

RocketMQ 为每一个请求进行编码，然后每一类请求会对应一个 Process（业务处理逻辑），并且将 Process 注册到指定线程池，实现线程隔离机制。

Step 1：在服务端启动时会先进行静态注册，将请求处理器与执行的线程池进行对应，代码示例如图 9-27 所示。

```
this.remotingServer.registerProcessor(RequestCode.SEND_MESSAGE, sendProcessor, this.sendMessageExecutor);
this.remotingServer.registerProcessor(RequestCode.SEND_MESSAGE_V2, sendProcessor, this.sendMessageExecutor);
this.remotingServer.registerProcessor(RequestCode.SEND_BATCH_MESSAGE, sendProcessor, this.sendMessageExecutor);
this.remotingServer.registerProcessor(RequestCode.CONSUMER_SEND_MSG_BACK, sendProcessor, this.sendMessageExecutor);
this.fastRemotingServer.registerProcessor(RequestCode.SEND_MESSAGE, sendProcessor, this.sendMessageExecutor);
this.fastRemotingServer.registerProcessor(RequestCode.SEND_MESSAGE_V2, sendProcessor, this.sendMessageExecutor);
this.fastRemotingServer.registerProcessor(RequestCode.SEND_BATCH_MESSAGE, sendProcessor, this.sendMessageExecutor);
```

图 9-27 按请求类型注册不同线程池

Step 2：服务端接收到请求对象后，根据请求命令获取对应的 Processor 与线程池，然后将任务提交到线程池中执行，代码示例如图 9-28 所示（NettyRemotingAbstract.processRequestCommand）。

```
final Pair<NettyRequestProcessor, ExecutorService> matched = this.processorTable.get(cmd.getCode());
final Pair<NettyRequestProcessor, ExecutorService> pair = null == matched ? this.defaultRequestProcessor : matched;
final int opaque = cmd.getOpaque();

try {
    final RequestTask requestTask = new RequestTask(run, ctx.channel(), cmd);
    pair.getObject2().submit(requestTask);
} catch (RejectedExecutionException e) {
    if ((System.currentTimeMillis() % 10000) == 0) {
        log.warn( var1: RemotingHelper.parseChannelRemoteAddr(ctx.channel())
            + ", too many requests and system thread pool busy, RejectedExecutionException "
            + pair.getObject2().toString()
            + " request code: " + cmd.getCode());
    }
```

图 9-28 按请求类型转发到特定线程池

本节以“在 RocketMQ 中使用 Netty 编程”为切入点，梳理出基于 Netty 进行网络编程的模式。另外，我将 RocketMQ 网络模块进行了提取，整理成了一个 Netty 开发框架，如果读者朋友们感兴趣，可以在 GitHub 搜索“netty-learning”，可以获取全部源代码。

9.6 本章小结

RocketMQ 无疑是一款非常优秀的消息中间件，具备高并发、低延迟的特性，也是我们学习 Java 高并发编程“最好的老师”。本章主要挖掘了 RocketMQ 在并发编程中的一些非常优秀的编程技巧，展示了高并发编程之美，并且详细地介绍了如何使用读写锁、信号量，以及同步转异步编程技巧、CompletableFuture、Netty 网络编程等技巧，弥补大家在工作中无法接触到高并发的遗憾。希望大家能“身临其境”地学习高并发编程等常见技巧。

第 10 章

消息方案案例

在实际工作中，中间件往往需要配合各种方案的落地，比如全链路压力测式方案中消息中间件的支持、灰度发布中消息中间件的支持、异地多活中消息中间件的支持、投递任意延迟时间如何实现，等等。本章整理的方案案例是我在工作中使用的方案，抛砖引玉地供读者朋友们参考。学习本章，你将了解以下内容：

- 消息流量隔离方案；
- 任意时间消息延迟方案；
- 消息资源容灾迁移方案；
- 跨集群复制方案设计。

10.1 消息流量隔离方案

在实际工作中，经常会有消息流量隔离的需求，例如全链路压力测试场景中需要区分正常流量和压力测试流量，灰度发布、金丝雀发布、蓝绿发布中需要区分不同流量，测试场景中需要区分不同开发者的调试流量。

在 RocketMQ 中，定时消息先将消息存储在 SCHEDULE_TOPIC_XXXX 主题中，通过定时任务将满足时间的消息再还原回原来的主题。事务消息先将消息存储在 RMQ_SYS_TRANS_HALF_TOPIC 主题中，表示消息的中间状态，当收到发送的确认消息后替换为目标主题。以上都是通过替换消息主题来实现消息流量隔离的。

除了通过同一个集群的不同主题隔离流量外，也有使用不同集群进行隔离的案例。下面以全链路压力测试场景为例，看一下如何隔离压力测试流量。

如图 10-1 所示，压力测试流量从网关进入，在 Header 处打标记，例如在 Header 中设置 “dataTag=test”。HTTP 或者 RPC 向微服务发起调用时，在 HTTP Filter 或者 RPC Filter 中解析 dataTag，并将其在链路中传递。

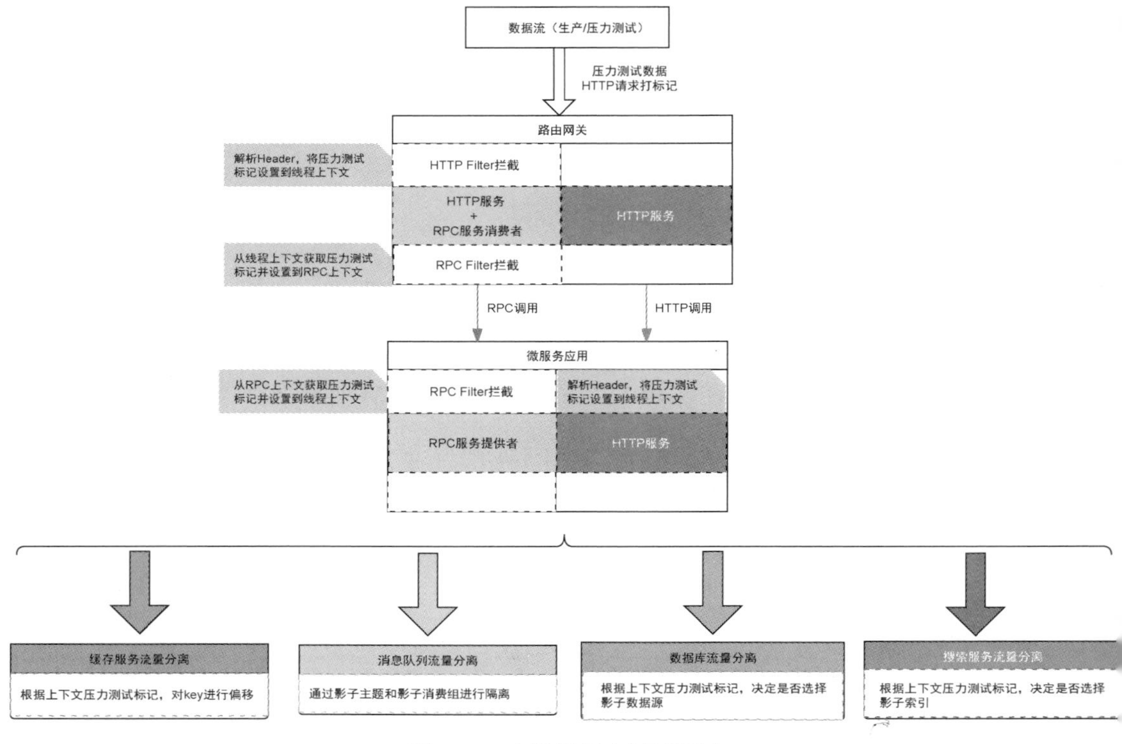

图 10-1　全链路压力测试图示

我们可以在封装的 SDK 或者统一框架中判断链路的压力测试标记 `dataTag`，区分压力测试流量。

- **缓存可以通过偏移 key 实现**：当请求为压力测试流量时，key 可以通过拼接前缀 `shadow-` 来区分正常流量。例如：`shadow-order123`。
- **消息可以通过影子主题实现**：当请求为压力测试流量时，通过发送以 `shadow-` 开头的主题来区分正常流量。例如：`shadow-test-topic`。
- **数据库层面可以通过影子库的影子表实现**：将压力测试流量写入影子库的影子表来区分正常流量。例如：`shadow-order` 数据库。
- **搜索也类似，可以通过影子索引来隔离消息流量**：将压力测试流量写入影子索引来区分正常流量。例如：`shadow-order-index`。

我们再回到全链路压力测试场景中消息中间件的隔离，可以通过将压力测试流量写入影子主题 `shadow-test-topic`，从而与原主题 `test-topic` 进行分离。消费也是类似的，可以通过影子消费组 `shadow-test-consumer` 订阅影子主题 `shadow-test-topic` 来区分消费压力测试流量。

10.2 任意时间消息延迟方案

开源版本的 RocketMQ 只支持固定等级的延迟消息。下面是我在生产环境中对延迟消息的要求：

- 存储时间在 45 天以上；
- 投递消息的时间精确到秒级；
- 延迟消息的 TPS 在 *X* 以上（根据具体情况设置）。

通常实现延迟消息有如下几种方案：

- 定时轮询存储介质（MySQL/RocksDB/Redis 等）；
- 时间轮和本地存储索引；
- 基于开源消息中间件进行二次开发。

下面就我在生产环境中使用的方案做个介绍，供大家参考。

步骤一：搭建专门负责延迟消息的 RocketMQ 集群，暂命名为 msgNotifyMQ。RocketMQ 的延迟等级是可以扩增的，可以通过修改 Broker 属性 `messageDelayLevel` 来实现，注意，修改了以后需要重启 Broker。默认延迟等级有 18 个，最长为 2 小时，现在增加 7 个等级，共 25 个等级，从 1 秒到 35 天。

```
messageDelayLevel = 1s 5s 10s 30s 1m 2m 3m 4m 5m 6m 7m 8m 9m 10m 20m 30m 1h 2h 1d 3d 7d 14d 21d 28d 35d
```

步骤二：在延迟消息集群 msgNotifyMQ 中创建和每个延迟等级相对应的主题和消费组。例如 `msg_notify_level_01_topic` 负责存储一天内的消息，`msg_notify_level_02_topic` 负责存储 1 天以上 3 天以内的消息，以此类推，`msg_notify_level_08_topic` 负责存储超过 5 周的消息。

步骤三：搭建定时消息服务 App，负责消息轮转，传递满足下一等级的消息。图 10-2 为以发送一条延迟 36 天的消息为例的轮转示意图。

(1) 消息先被存储在 `msg_notify_level_08_topic` 主题中。

(2) 定时消息服务 App 中的 `msg_notify_level_08_consumer` 消费组订阅了 `msg_notify_level_08_topic`，收到该消息并判断轮转逻辑。

(3) 如果未达到下一个等级（4 周到 5 周），则返回重试，到期后 RocketMQ 会将消息重新推送给 `msg_notify_level_08_consumer`，再次判断轮转逻辑。

(4) 如果满足下一个等级，则将消息投递给 `msg_notify_level_07_topic` 主题，逻辑同上。

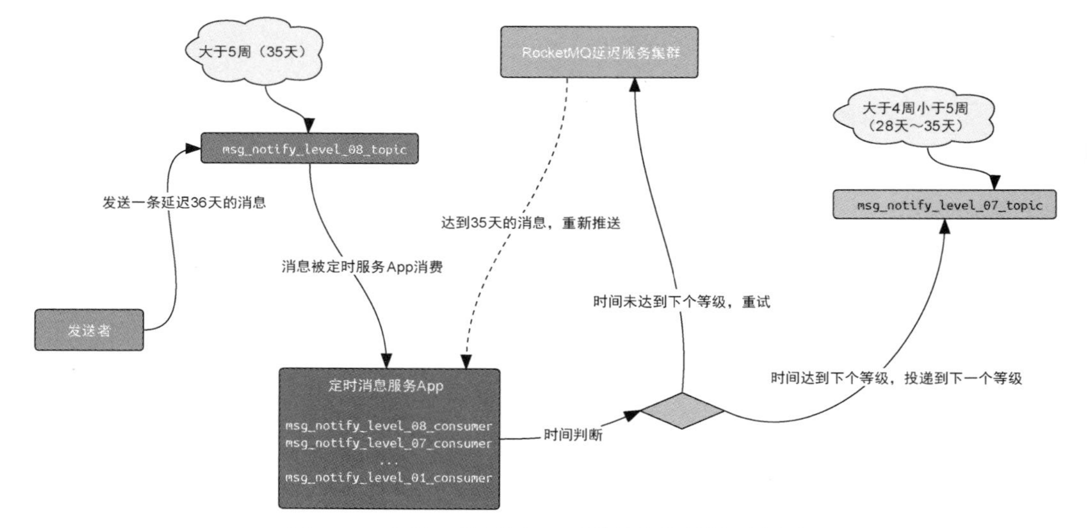

图 10-2　发送一条延迟 36 天的消息的轮转示意图

步骤四：解决一天内投递消息的排序问题。我在生产环境中通过搭建 Pulsar 集群实现了对一天内消息的排序。为什么不单独使用 Pulsar 集群去负责延迟消息呢？因为延迟长达 45 天的消息存储在 Pulsar 中，它的排序性能无法满足需求。使用两款消息中间件会增加一些运维工作量，排序可以替换为其他方案，比如基于数据库、时间轮等。

图 10-3 是延迟消息投递的整体轮转流程示意图。

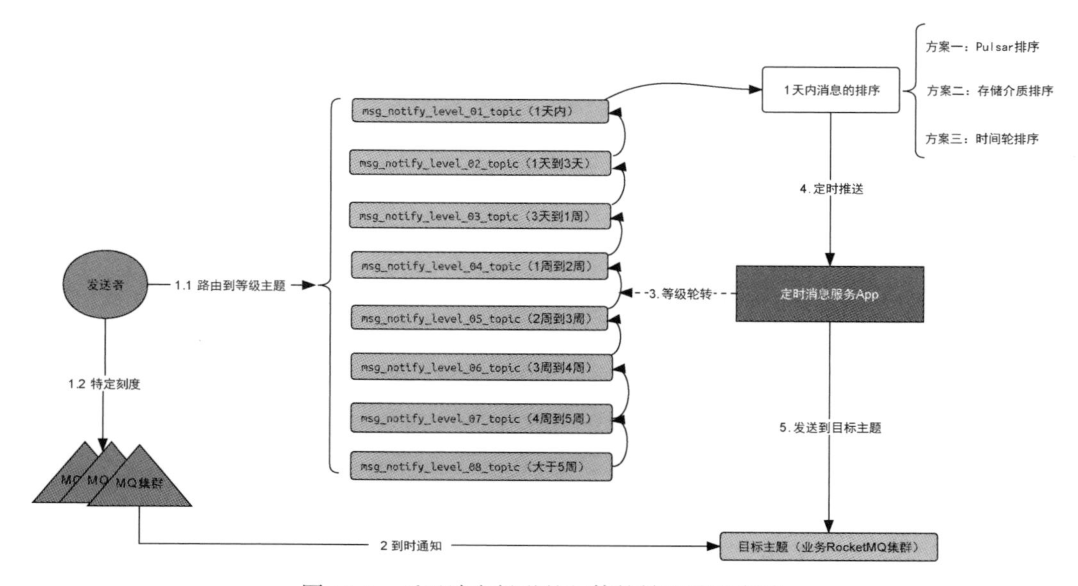

图 10-3　延迟消息投递的整体轮转流程示意图

在上述方案中，RocketMQ 等级数量的扩增、时间维度的划分、消息排序的时间范围、排序方案均可以根据实际情况灵活设计。

10.3 消息资源容灾迁移方案

RocketMQ 主从模式和多副本模式具备集群节点高可用性，然而我们在整体集群容灾上还需要加以思考。下面从集群同城跨可用区部署和资源迁移设计两个方面的实践来阐述。

10.3.1 集群同城跨可用区部署

容灾是搭建集群时很重要的一个思考点，需要保证在一些节点掉线时集群的整体可用性。在搭建集群时，推荐同城的不同可用区交叉部署，主从复制采用异步复制机制，避免对消息写入造成影响，如图 10-4 所示。

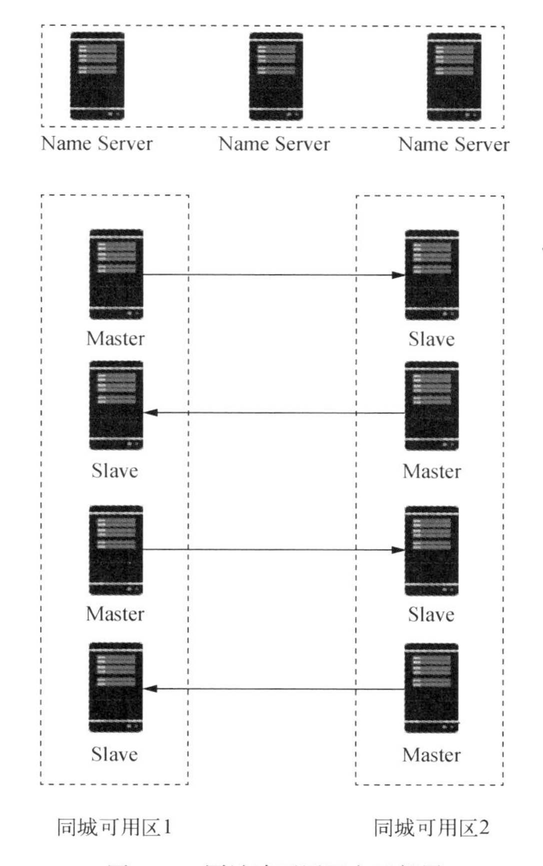

图 10-4 同城跨可用区交叉部署

10.3.2 资源迁移设计

这里所说的资源迁移是指主题迁移、消费组迁移以及集群迁移，当所在的集群发生不可用时，需要按照要求将主题、消费组迁移到其他灾备集群，如图 10-5 所示。

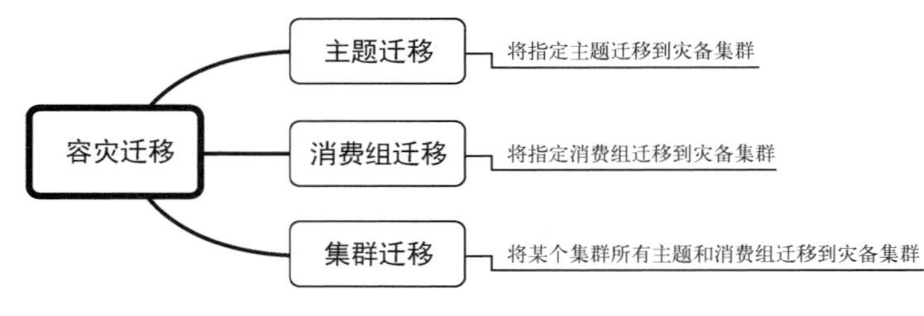

图 10-5　容灾迁移设计

在介绍容灾迁移过程前，先了解一下我曾使用的架构图，如图 10-6 所示。

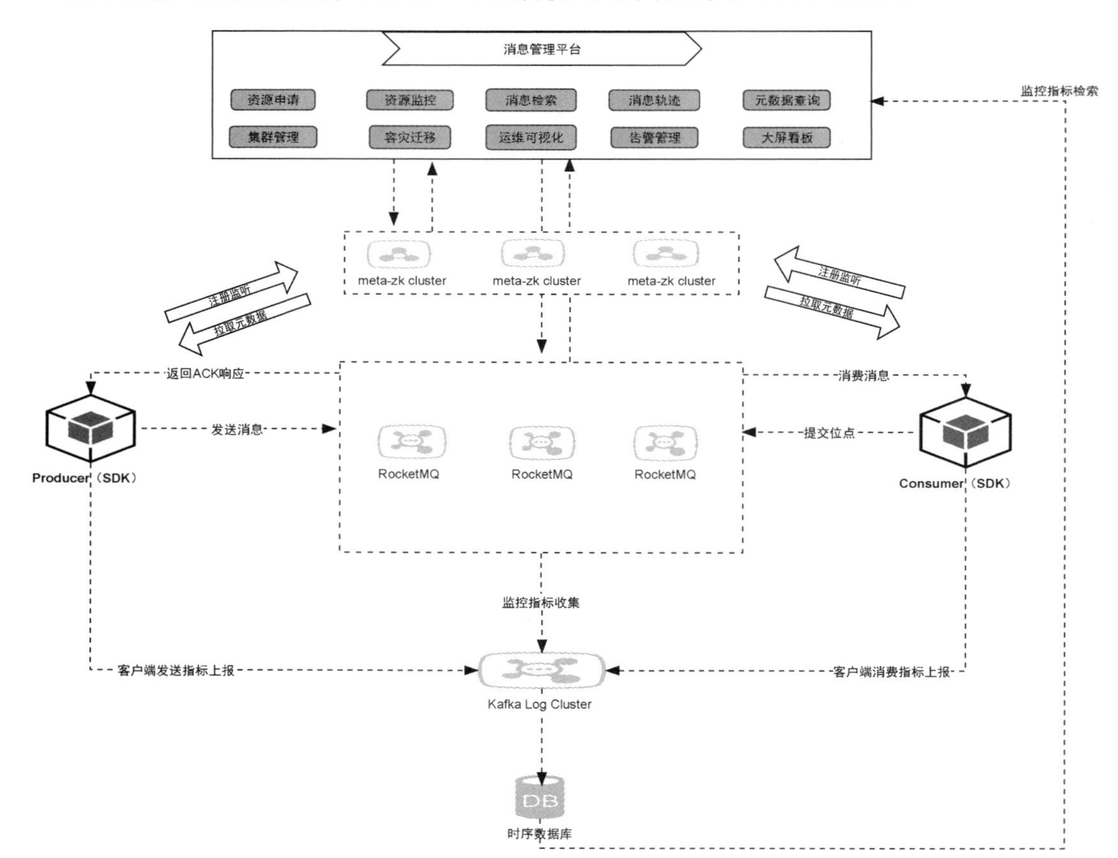

图 10-6　消息平台设计架构图

消息管理平台主要进行主题及消费组的申请、主题及消费组的监控、消息检索、消息轨迹的查看，以及其他的一些可视化操作等。**元数据集群 meta-zk cluster** 存储 RocketMQ 集群地址、主题与集群的映射、消费组与主题的映射关系等。**消息 SDK** 封装了 RocketMQ 发送和消费的 API，并负责与元数据集群交付完成数据装配。**指标采集集群 Kafka Log Cluster** 存储采集的消息 SDK 指标以及 RocketMQ 的集群指标。

容灾迁移过程如下。

(1) 通过消息管理平台，将主题 `demo_topic` 从 cluster1 迁移到 cluster2。

(2) 在 cluster2 创建 `demo_topic` 主题。

(3) 将变更的配置信息写入 meta-zk 元数据集群。

(4) 消息 SDK 感知到元数据集群 meta-zk 配置的变化，重新装配并关闭与 cluster1 的连接，同时建立与 cluster2 的连接。

(5) 新的消息将发送到 cluster2。

消费组的迁移也是类似的过程，需要注意的是在迁移消费组时，我们要先确保原集群 cluster1 已经没有积压的消息，避免消息丢失。

10.4　跨集群复制方案设计

跨集群复制是指将一个集群的消息复制到另外一个集群，常见于异地多活的方案设计，如图 10-7 所示。

(1) Source Cluster 通过 Replicator 同步集群（复制器）将消息复制到 Target Cluster。

(2) 通过消息管理平台对 Replicator 同步集群进行管理和监控。

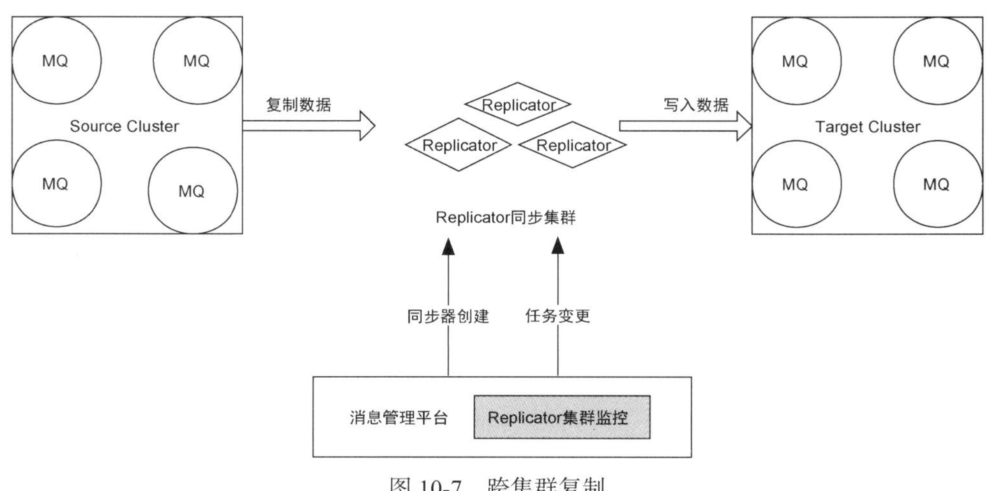

图 10-7　跨集群复制

为了避免复制到相同的主题，造成循环复制，通常可以使用不同的主题名称进行隔离，如图 10-8 所示。

(1) Producer 的消息只发往本机房的集群。

(2) 机房 A 的 `Topic-01` 通过复制器复制到机房 B 的 `replica-Topic-01` 的主题上。

(3) 机房 B 的消费者 Consumer2 通过订阅 `replica-Topic-01` 和 `Topic-01` 实现了消费两个机房的流量。

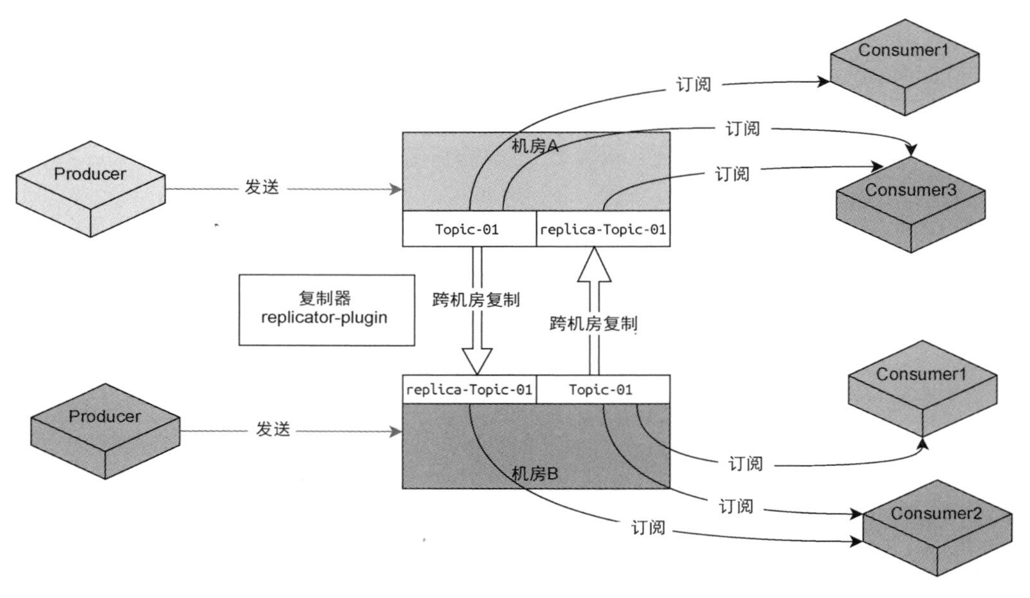

图 10-8　不同主题区分复制流量

10.5　本章小结

在众多公司级方案的落地过程中，往往需要中间件的支持，消息中间件具体要如何做呢？本章系统地回答了这个问题。通过不同的主题实现流量隔离，避免全链路压力测试和灰度发布中的流量互相影响，避免异地多活中不同机房的流量循环复制。

同时，我尝试使用简单方式解决遇到的问题，本章中的任意时间消息延迟方案可实现存储时间、投递性能、投递进度的可伸缩，供大家在设计时参考。

当出现集群、主题、消费组不可用时如何处理？本章从集群跨可用区部署，到通过封装 SDK 结合元数据 meta-zk 集群的方式实现了动态迁移，将相关主题、消费组迁移到灾备集群。

本章的案例我均在实际工作中实践使用过，供大家在设计自己的方案时参考借鉴。

第 11 章 生产环境故障回顾

在 RocketMQ 运维过程中，难免会遇到各种各样的问题，我在本章将我遇到过的典型问题、问题的分析方法以及解决方式进行了整理。大家如果出现了类似问题，可以直接使用我的解决方法，也可以将本章内容作为分析其他故障问题的参考。学习本章，你将了解以下内容：

- 集群节点进程神秘消失；
- 节点 CPU 突刺故障排查；
- 集群频繁抖动与发送超时；
- 客户端消费性能低；
- 消费队列阻塞应急处理。

11.1 集群节点进程神秘消失

在一次工作中，我接到告警和运维反馈，一个 RocketMQ 节点不见了。此类现象在以前从未发生过，节点的消失肯定有其原因。

11.1.1 现象描述

从集群的 broker.log、stats.log、storeerror.log、store.log、watermark.log 到系统的 message 日志，均没发现错误日志。集群流量出入在正常水位，且 CPU 使用率、CPU Load、磁盘 IO、内存、带宽等均无明显变化。

11.1.2 原因分析

最终，我通过 history 查看了历史运维操作，发现运维同事在启动 Broker 时没有在后台启动，而是在当前 session 中直接启动了。上述启动命令如下：

```
sh bin/mqbroker -c conf/broker-a.conf
```

问题就出现在这个命令上，当 session 过期时，Broker 节点也就退出了。

11.1.3　解决方法

标准化运维操作，对运维的每次操作都进行评审，如果能实现自动化运维就更好了。

正确启动 Broker 的方式：

```
nohup sh bin/mqbroker -c conf/broker-a.conf &
```

11.2　节点 CPU 突刺故障排查

有一天，RocketMQ 主节点 CPU 频繁飙高后回落，业务发送超时严重。由于两个从节点部署在同一个机器上，从节点还出现了直接挂掉的情况。线上为“4 主 4 从”架构，使用了 6 台机器，并将两个从节点部署在同一台机器上，所以从节点突刺更为严重甚至出现了挂机情况。

11.2.1　现象描述

先从系统监控、系统日志、GC 日志、Broker 日志入手，看能否发现一些问题。相关的截图如图 11-1、图 11-2 所示。

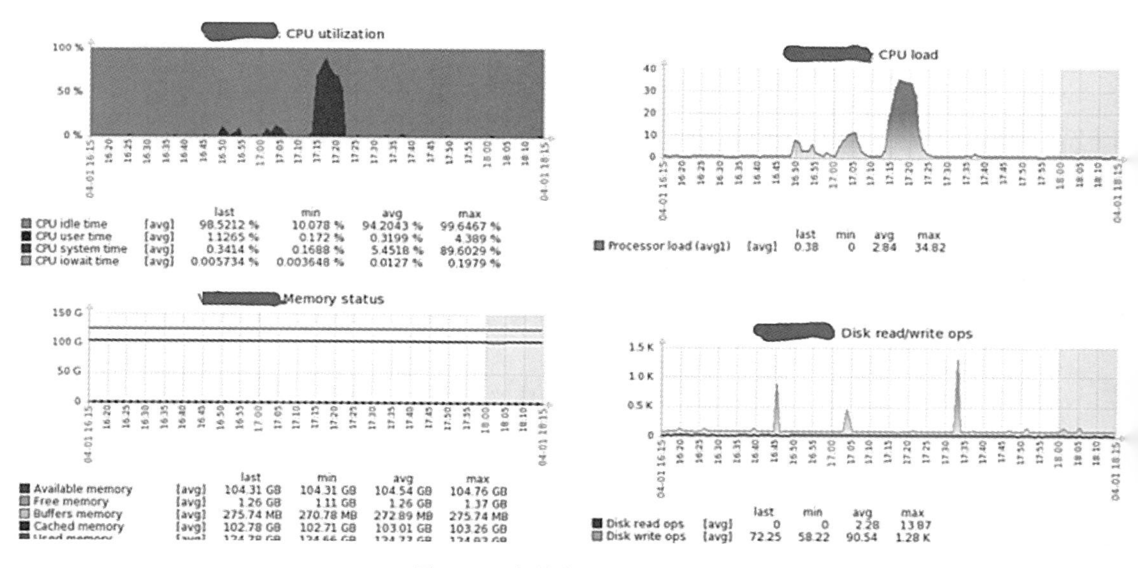

图 11-1　主节点 CPU 突刺截图

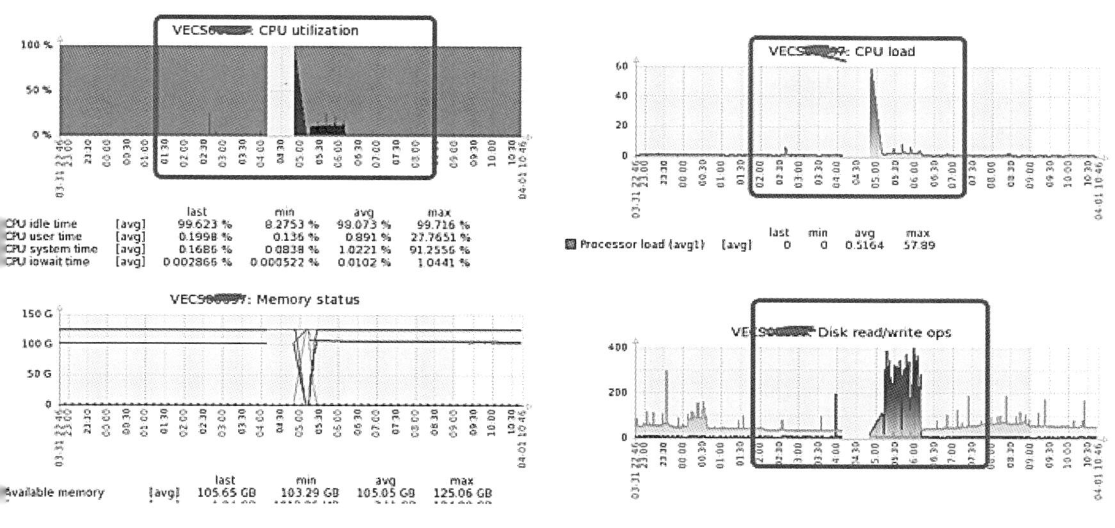

图 11-2　从节点 CPU 突刺截图

1. 系统错误日志一

```
2020-03-16T17:56:07.505715+08:00 VECS0xxxx kernel: <IRQ>  [<ffffffff81143c31>] ?
__alloc_pages_nodemask+0x7e1/0x960
2020-03-16T17:56:07.505717+08:00 VECS0xxxx kernel: java: page allocation failure. order:0, mode:0x20
2020-03-16T17:56:07.505719+08:00 VECS0xxxx kernel: Pid: 12845, comm: java Not tainted
2.6.32-754.17.1.el6.x86_64 #1
2020-03-16T17:56:07.505721+08:00 VECS0xxxx kernel: Call Trace:
2020-03-16T17:56:07.505724+08:00 VECS0xxxx kernel: <IRQ>  [<ffffffff81143c31>] ?
__alloc_pages_nodemask+0x7e1/0x960
2020-03-16T17:56:07.505726+08:00 VECS0xxxx kernel: [<ffffffff8148e700>] ? dev_queue_xmit+0xd0/0x360
2020-03-16T17:56:07.505729+08:00 VECS0xxxx kernel: [<ffffffff814cb3e2>] ?
ip_finish_output+0x192/0x380
```

2. 系统错误日志二

```
 30 2020-03-27T10:35:28.769900+08:00 VECSxxxx kernel: INFO: task AliYunDunUpdate:29054 blocked for more
than 120 seconds.
 31 2020-03-27T10:35:28.769932+08:00 VECSxxxx kernel: Not tainted 2.6.32-754.17.1.el6.x86_64 #1
 32 2020-03-27T10:35:28.771650+08:00 VECS0xxxx kernel: "echo 0 >
/proc/sys/kernel/hung_task_timeout_secs" disables this message.
 33 2020-03-27T10:35:28.774631+08:00 VECS0xxxx kernel: AliYunDunUpda D ffffffff815592fb     0 29054
1 0x10000080
 34 2020-03-27T10:35:28.777500+08:00 VECS0xxxx kernel: ffff8803ef75baa0 0000000000000082
ffff8803ef75ba68 ffff8803ef75ba64
```

说明：系统日志显示错误“page allocation failure”和“blocked for more than 120 second”，日志目录为/var/log/messages。

3. GC 日志

```
2020-03-16T17:49:13.785+0800: 13484510.599: Total time for which application threads were stopped:
0.0072354 seconds, Stopping threads took: 0.0001536 seconds
2020-03-16T18:01:23.149+0800: 13485239.963: [GC pause (G1 Evacuation Pause) (young) 13485239.965:
[G1Ergonomics (CSet Construction) start choosing CSet, _pending_cards: 7738, predicted base time: 5.74
ms, remaining time: 194.26 ms, target pause time: 200.00 ms]
 13485239.965: [G1Ergonomics (CSet Construction) add young regions to CSet, eden: 255 regions,
survivors: 1 regions, predicted young region time: 0.52 ms]
 13485239.965: [G1Ergonomics (CSet Construction) finish choosing CSet, eden: 255 regions, survivors
1 regions, old: 0 regions, predicted pause time: 6.26 ms, target pause time: 200.00 ms]
, 0.0090963 secs]
   [Parallel Time: 2.3 ms, GC Workers: 23]
      [GC Worker Start (ms): Min: 13485239965.1, Avg: 13485239965.4, Max: 13485239965.7, Diff: 0.6
      [Ext Root Scanning (ms): Min: 0.0, Avg: 0.3, Max: 0.6, Diff: 0.6, Sum: 8.0]
      [Update RS (ms): Min: 0.1, Avg: 0.3, Max: 0.6, Diff: 0.5, Sum: 7.8]
         [Processed Buffers: Min: 2, Avg: 5.7, Max: 11, Diff: 9, Sum: 131]
      [Scan RS (ms): Min: 0.0, Avg: 0.0, Max: 0.1, Diff: 0.1, Sum: 0.8]
      [Code Root Scanning (ms): Min: 0.0, Avg: 0.0, Max: 0.0, Diff: 0.0, Sum: 0.3]
      [Object Copy (ms): Min: 0.2, Avg: 0.5, Max: 0.7, Diff: 0.4, Sum: 11.7]
      [Termination (ms): Min: 0.0, Avg: 0.0, Max: 0.0, Diff: 0.0, Sum: 0.3]
         [Termination Attempts: Min: 1, Avg: 1.0, Max: 1, Diff: 0, Sum: 23]
      [GC Worker Other (ms): Min: 0.0, Avg: 0.2, Max: 0.3, Diff: 0.3, Sum: 3.6]
      [GC Worker Total (ms): Min: 1.0, Avg: 1.4, Max: 1.9, Diff: 0.8, Sum: 32.6]
      [GC Worker End (ms): Min: 13485239966.7, Avg: 13485239966.9, Max: 13485239967.0, Diff: 0.3]
   [Code Root Fixup: 0.0 ms]
   [Code Root Purge: 0.0 ms]
   [Clear CT: 0.9 ms]
   [Other: 5.9 ms]
      [Choose CSet: 0.0 ms]
      [Ref Proc: 1.9 ms]
      [Ref Enq: 0.0 ms]
      [Redirty Cards: 1.0 ms]
      [Humongous Register: 0.0 ms]
      [Humongous Reclaim: 0.0 ms]
      [Free CSet: 0.2 ms]
   [Eden: 4080.0M(4080.0M)->0.0B(4080.0M) Survivors: 16.0M->16.0M Heap:
4176.5M(8192.0M)->96.5M(8192.0M)]
 [Times: user=0.05 sys=0.00, real=0.01 secs]
```

说明：GC 日志未发现明显异常。

4. Broker 错误日志

```
2020-03-16 17:55:15 ERROR BrokerControllerScheduledThread1 - SyncTopicConfig Exception, x.x.x.x:10911
org.apache.rocketmq.remoting.exception.RemotingTimeoutException: wait response on the channel
<x.x.x.x:10909> timeout, 3000(ms)
        at
org.apache.rocketmq.remoting.netty.NettyRemotingAbstract.invokeSyncImpl(NettyRemotingAbstract.java
:427) ~[rocketmq-remoting-4.5.2.jar:4.5.2]
        at
org.apache.rocketmq.remoting.netty.NettyRemotingClient.invokeSync(NettyRemotingClient.java:375)
~[rocketmq-remoting-4.5.2.jar:4.5.2]
```

说明：通过查看 RocketMQ 的集群和 GC 日志，只能说明当时网络不可用，造成主从同步异常问题。并未发现 Broker 自身出问题。

11.2.2 原因分析

这里的集群系统使用了 CentOS 6，内核版本号为 2.6。我们之前通过摸排并未发现 Broker 和 GC 本身的问题，却发现了系统的 message 日志有频繁的“page allocation failure”和“blocked for more than 120 seconds”错误。所以我们将目光聚焦在系统层面，尝试设置系统参数，例如 min_free_kbytes 和 zone_reclaim_mode，然而这样做并不能消除 CPU 突刺问题。通过与社区朋友们的“会诊讨论”，内核版本号为 2.6 的操作系统的内存回收存在 bug。因此我们决定更换集群的操作系统。

11.2.3 解决办法

我们将集群的系统从 CentOS 6 升级到 CentOS 7，内核也从 2.6 版本升级到了 3.10 版本，升级后 CPU 突刺问题不再出现了。我升级时采取的方式是先扩容后缩容，先把 CentOS 7 的节点加入集群后，再将 CentOS 6 的节点移除，详见 7.3 节。

升级后的系统版本如下：

```
Linux version 3.10.0-1062.4.1.el7.x86_64 (mockbuild@kbuilder.bsys.centos.org) (gcc version 4.8.5
20150623 (Red Hat 4.8.5-39) (GCC) ) #1 SMP Fri Oct 18 17:15:30 UTC 2019
```

11.3 集群频繁抖动与发送超时

一次，负责监控和业务的同事反馈，频繁出现“发送超时”现象。集群频繁抖动是集群运维管理员最担心的问题，我们需要保障集群的运行平稳。

11.3.1 现象描述

这里我们还是从集群发送 RT 监控、集群日志、系统日志入手，尝试寻找一些蛛丝马迹。

1. 集群发送 RT 监控

图 11-3 为集群的发送 RT 监控截图，即每秒发送到节点耗时的监控，图中显示集群居然出现了耗时 6 秒的情况。

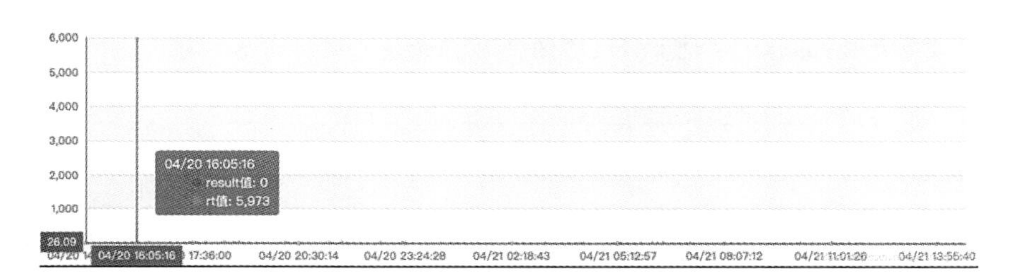

图 11-3　集群的发送 RT 监控截图

2. 集群日志分析

图 11-4 为 Broker 开启预热 `warmMapedFileEnable=true` 时的 store.log 落盘日志，出现了 27 594ms 的落盘耗时。

```
2020-04-20 16:04:59 INFO AllocateMappedFileService - j=27000, costTime=12
2020-04-20 16:04:59 INFO AllocateMappedFileService - j=28000, costTime=16
2020-04-20 16:04:59 INFO AllocateMappedFileService - j=29000, costTime=13
2020-04-20 16:04:59 INFO AllocateMappedFileService - j=30000, costTime=13
2020-04-20 16:05:26 INFO StoreStatsService - [STORETPS] put_tps 1687.6093658861762 get_found_tps 2530.805766186151 get_miss_tps 2344.1379885009583 get_transfered_tps 3134.238813432
2020-04-20 16:05:26 INFO StoreStatsService - [PAGECACHERT] TotalPut 101265, PutMessageDistributeTime [<=0ms]:100231 [0~10ms]:1034 [10~50ms]:0 [50~100ms]:0 [100~200ms]:0 [200~500ms]
10s]:0 [10s~]:0
2020-04-20 16:05:26 INFO StoreScheduledThread1 - munlock 139669831421952 /data/rocketmq-g/store/commitlog/00000000694710960128 1073741824 ret = 0 time consuming = 296
2020-04-20 16:05:27 INFO AllocateMappedFileService - j=31000, costTime=27594
2020-04-20 16:05:27 INFO AllocateMappedFileService - j=32000, costTime=7
2020-04-20 16:05:27 INFO AllocateMappedFileService - j=33000, costTime=8
2020-04-20 16:05:27 INFO AllocateMappedFileService - j=34000, costTime=8
2020-04-20 16:05:27 INFO AllocateMappedFileService - j=35000, costTime=8
2020-04-20 16:05:27 INFO AllocateMappedFileService - j=36000, costTime=8
2020-04-20 16:05:27 INFO AllocateMappedFileService - j=37000, costTime=8
2020-04-20 16:05:27 INFO AllocateMappedFileService - j=38000, costTime=13
2020-04-20 16:05:27 INFO AllocateMappedFileService - j=39000, costTime=8
2020-04-20 16:05:27 INFO AllocateMappedFileService - j=40000, costTime=8
2020-04-20 16:05:27 INFO AllocateMappedFileService - j=41000, costTime=8
2020-04-20 16:05:27 INFO AllocateMappedFileService - j=42000, costTime=7
2020-04-20 16:05:27 INFO AllocateMappedFileService - j=43000, costTime=8
2020-04-20 16:05:27 INFO AllocateMappedFileService - j=44000, costTime=6
2020-04-20 16:05:27 INFO AllocateMappedFileService - j=45000, costTime=7
2020-04-20 16:05:27 INFO AllocateMappedFileService - j=46000, costTime=7
2020-04-20 16:05:27 INFO AllocateMappedFileService - j=47000, costTime=7
```

图 11-4　store.log 落盘日志

图 11-5 为 Broker 日志文件 broker.log，出现了“`transfer many message by page cache failed`”的错误日志。

```
0-04-09 17:21:23 INFO HeartbeatThread_15 - subscription changed, group: lock_down_result_consumer OLD: SubscriptionData [classFilterMode=false, t
t=[], codeSet=[], subVersion=1586349676759, expressionType=TAG] NEW: SubscriptionData [classFilterMode=false, topic=lock_down_result_exchange, su
24083529, expressionType=TAG]
0-04-09 17:21:23 INFO HeartbeatThread_2 - new producer connected, group: bike_nolocktip_topic_AppBdiDataappLongTimeOrderTip channel: ClientChanne
0911 ! R:/ ], clientId=24890- 4@DEFAULT, language=CPP, version=63, lastUpdateTimestamp=1586424083530]
0-04-09 17:21:23 ERROR NettyServerNIOSelector_3_3 - transfer many message by pagecache failed, / 8514
a.nio.channels.ClosedChannelException: null
    at io.netty.channel.AbstractChannel$AbstractUnsafe.write(...)(Unknown Source) ~[netty-all-4.0.42.Final.jar:4.0.42.Final]
0-04-09 17:21:23 ERROR NettyServerNIOSelector_3_3 - transfer many message by pagecache failed, 14
a.nio.channels.ClosedChannelException: null
    at io.netty.channel.AbstractChannel$AbstractUnsafe.write(...)(Unknown Source) ~[netty-all-4.0.42.Final.jar:4.0.42.Final]
0-04-09 17:21:23 INFO HeartbeatThread_4 - new producer connected, group: bike_nolocktip_topic_AppBdiDataappLongTimeOrderTip channel: ClientChanne
11 - R: ], clientId=24914- DEFAULT, language=CPP, version=63, lastUpdateTimestamp=1586424083531]
0-04-09 17:21:23 INFO HeartbeatThread_6 - new producer connected, group: bike_nolocktip_topic_AppBdiDataappLongTimeOrderTip channel: ClientChanne
11 - R: ], clientId=3920 DEFAULT, language=CPP, version=63, lastUpdateTimestamp=1586424083532]
0-04-09 17:21:23 INFO HeartbeatThread_31 - new producer connected, group: bike_nolocktip_topic_AppBdiDataappLongTimeOrderTip channel: ClientChann
911 - R: , clientId=3932 DEFAULT, language=CPP, version=63, lastUpdateTimestamp=1586424083532]
0-04-09 17:21:23 INFO HeartbeatThread_32 - new producer connected, group: bike_nolocktip_topic_AppBdiDataappLongTimeOrderTip channel: ClientChann
10911 ! R:/10. 8], clientId=24900- @DEFAULT, language=CPP, version=63, lastUpdateTimestamp=1586424083533]
0-04-09 17:21:23 INFO HeartbeatThread_7 - new producer connected, group: bike_nolocktip_topic_AppBdiDataappLongTimeOrderTip channel: ClientChanne
11 - R:/ 6], clientId=24908-10 DEFAULT, language=CPP, version=63, lastUpdateTimestamp=1586424083533]
0-04-09 17:21:23 ERROR NettyServerNIOSelector_3_3 - transfer many message by pagecache failed, /10 4
a.nio.channels.ClosedChannelException: null
    at io.netty.channel.AbstractChannel$AbstractUnsafe.write(...)(Unknown Source) ~[netty-all-4.0.42.Final.jar:4.0.42.Final]
0-04-09 17:21:23 INFO HeartbeatThread_19 - new producer connected, group: bike_nolocktip_topic_AppBdiDataappLongTimeOrderTip channel: ClientChann
```

图 11-5　日志文件 broker.log

3. 系统日志分析

图 11-6 为集群问题节点的 CPU 监控截图，从图中我们可以看出 CPU 发生了抖动。

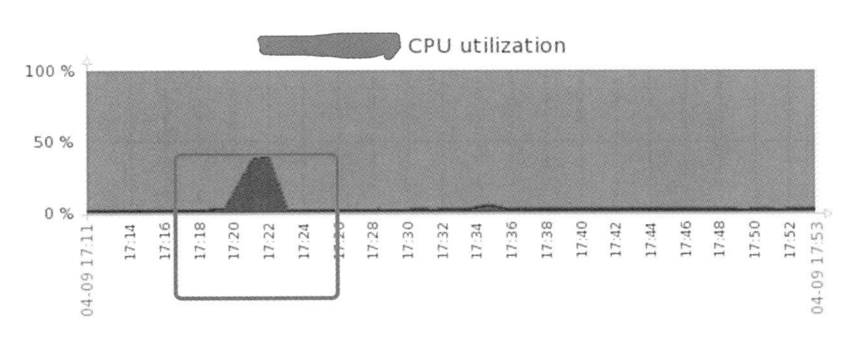

图 11-6　集群问题节点的 CPU 监控截图

图 11-7 为系统日志，在日志中我们发现了“`page allocation failure`”错误。

```
5395 2020-04-09T17:21:04.021750+08:00 VECS012638 kernel: [<ffffffffa3785fa2>] do_async_page_fault+0x22/0x60
5396 2020-04-09T17:21:04.021780+08:00 VECS012638 kernel: [<ffffffffa37827a8>] async_page_fault+0x28/0x30
5397 2020-04-09T17:21:04.021808+08:00 VECS012638 kernel: java: page allocation failure: order:0, mode:0x20
5398 2020-04-09T17:21:04.021835+08:00 VECS012638 kernel: CPU: 15 PID: 23065 Comm: java Not tainted 3.10.0-1062.4.1.el7.x86_64 #1
5399 2020-04-09T17:21:04.021864+08:00 VECS012638 kernel: Hardware name: Alibaba Cloud Alibaba Cloud ECS, BIOS 8a46cfe 04/01/2014
5400 2020-04-09T17:21:04.021894+08:00 VECS012638 kernel: Call Trace:
5401 2020-04-09T17:21:04.021921+08:00 VECS012638 kernel: <IRQ>  [<ffffffffa3778ba4>] dump_stack+0x19/0x1b
5402 2020-04-09T17:21:04.021947+08:00 VECS012638 kernel: [<ffffffffa31c24a0>] warn_alloc_failed+0x110/0x180
5403 2020-04-09T17:21:04.021977+08:00 VECS012638 kernel: [<ffffffffa310e6b0>] ? tick_sched_do_timer+0x50/0x50
5404 2020-04-09T17:21:04.022003+08:00 VECS012638 kernel: [<ffffffffa338a600>] ? timerqueue_add+0x60/0xb0
5405 2020-04-09T17:21:04.022030+08:00 VECS012638 kernel: [<ffffffffa31c70af>] __alloc_pages_nodemask+0x9df/0xbe0
5406 2020-04-09T17:21:04.022061+08:00 VECS012638 kernel: [<ffffffffa310c2d1>] ? clockevents_program_event+0x71/0x100
5407 2020-04-09T17:21:04.022088+08:00 VECS012638 kernel: [<ffffffffa31c74b8>] page_frag_alloc+0x158/0x170
5408 2020-04-09T17:21:04.022116+08:00 VECS012638 kernel: [<ffffffffa363bf26>] __netdev_alloc_skb+0xa6/0x110
5409 2020-04-09T17:21:04.022148+08:00 VECS012638 kernel: [<ffffffffc026324e>] page_to_skb+0x4e/0x1f0 [virtio_net]
5410 2020-04-09T17:21:04.022176+08:00 VECS012638 kernel: [<ffffffffc0265259>] virtnet_poll+0x2c9/0x750 [virtio_net]
5411 2020-04-09T17:21:04.022208+08:00 VECS012638 kernel: [<ffffffffa364e57f>] net_rx_action+0x26f/0x390
5412 2020-04-09T17:21:04.022234+08:00 VECS012638 kernel: [<ffffffffa30a42c5>] __do_softirq+0xf5/0x280
5413 2020-04-09T17:21:04.022262+08:00 VECS012638 kernel: [<ffffffffa378f42c>] call_softirq+0x1c/0x30
5414 2020-04-09T17:21:04.022288+08:00 VECS012638 kernel: [<ffffffffa302f715>] do_softirq+0x65/0xa0
5415 2020-04-09T17:21:04.022317+08:00 VECS012638 kernel: [<ffffffffa30a4645>] irq_exit+0x105/0x110
5416 2020-04-09T17:21:04.022343+08:00 VECS012638 kernel: [<ffffffffa3790886>] do_IRQ+0x56/0xf0
```

图 11-7　系统日志

11.3.2　原因分析

下面展现的两种现象均会导致集群 CPU 抖动、客户端发送超时，并对业务造成影响。

预热设置： 在预热文件时会填充 1GB 的假值 0 作为占位符，提前分配物理内存，防止消息写入时发生缺页异常。然而这往往会伴随着磁盘写入耗时过长、CPU 小幅抖动的问题，业务具体表现为发送耗时过长，超时错误增多。关闭预热配置，从集群 TPS 摸高情况来看并未有明显的差异，但是从稳定性角度来看，关闭预热配置却很有必要。

堆外内存： 将 `transferMsgByHeap` 设置为 `false` 时，通过堆外内存传输数据，相比堆内内存传输减少了数据复制、零字节复制，效率更高。但是这可能造成堆外内存分配不够，触发系统内存回收和落盘操作，因此将其设置为 true 时运行会更加平稳。

11.3.3　解决办法

预热 warmMapedFileEnable 默认为 false，保持默认即可。如果开启了，可以通过热更新关闭。关闭的命令如下：

```
bin/mqadmin updateBrokerConfig -b x.x.x.x:10911 -n x.x.x.x:9876 -k warmMapedFileEnable -v false
```

内存传输参数 transferMsgByHeap 默认为 true（即通过堆内内存传输）保持默认即可。如果关闭了，可以通过热更新开启。开启命令如下：

```
bin/mqadmin updateBrokerConfig -b x.x.x.x:10911 -n x.x.x.x:9876 -k transferMsgByHeap -v true
```

11.4　客户端消费性能低

在使用消息属性 getBornHostNameString 时，会造成消费性能过低的问题。下面就从现象描述、原因分析、解决办法三方面来阐述。

11.4.1　现象描述

节点配置均采用 8 核、16GB，RocketMQ 的消费线程为 20 个，封装的 SDK 通过测试，消费性能在 1.5 万 TPS 左右。TCPDUMP 日志（如图 11-8 所示）显示消费的机器存在频繁的域名解析过程；10.x.x.185 向 DNS 服务器 100.x.x.136.domain 和 10.x.x.138.domain 请求解析。而 10.x.x.185 这台机器又是消息发送者的机器 IP，测试的发送和消费分别部署在两台机器上。问题：消费时为何会有消息发送方的 IP 呢？而且该 IP 还不断地进行域名解析。

图 11-8　TCPDUMP 日志

11.4.2　原因分析

我们继续从 Dump 线程堆栈日志中寻找原因，如图 11-9 所示。

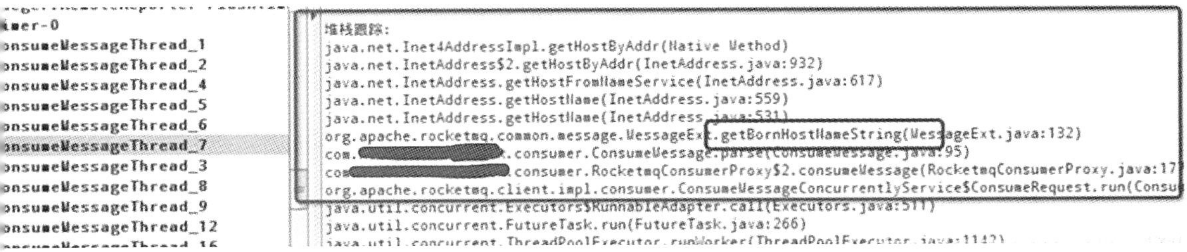

```
堆栈跟踪:
java.net.Inet4AddressImpl.getHostByAddr(Native Method)
java.net.InetAddress$2.getHostByAddr(InetAddress.java:932)
java.net.InetAddress.getHostFromNameService(InetAddress.java:617)
java.net.InetAddress.getHostName(InetAddress.java:559)
java.net.InetAddress.getHostName(InetAddress.java:531)
org.apache.rocketmq.common.message.MessageExt.getBornHostNameString(MessageExt.java:132)
com.        .consumer.ConsumeMessage.parse(ConsumeMessage.java:95)
com         .consumer.RocketmqConsumerProxy$2.consumeMessage(RocketmqConsumerProxy.java:17
org.apache.rocketmq.client.impl.consumer.ConsumeMessageConcurrentlyService$ConsumeRequest.run(Consu
java.util.concurrent.Executors$RunnableAdapter.call(Executors.java:511)
java.util.concurrent.FutureTask.run(FutureTask.java:266)
```

图 11-9 线程堆栈日志

封装的 SDK 在消费时通过 `MessageExt.bornHost.getBornHostNameString` 获取 `HostName`。下面是 `MessageExt` 代码类：

```java
public class MessageExt extends Message {
    private static final long serialVersionUID = 5720810158625748049L;
    private int queueId;
    private int storeSize;
    private long queueOffset;
    private int sysFlag;
    private long bornTimestamp;
    private SocketAddress bornHost;
    private long storeTimestamp;
    private SocketAddress storeHost;
    private String msgId;
    private long commitLogOffset;
    private int bodyCRC;
    private int reconsumeTimes;
    private long preparedTransactionOffset;
}
```

调用 `GetBornHostNameString` 获取 `HostName` 时会根据 IP 反查 DNS 服务器。代码如下：

```java
InetSocketAddress inetSocketAddress = (InetSocketAddress)this.bornHost;
return inetSocketAddress.getAddress().getHostName();
```

11.4.3 解决办法

消费的时候不要使用 `MessageExt.bornHost.getBornHostNameString` 即可，去掉该属性后，配置为 8 核、16GB 的机器消费性能压力测试在 3 万 TPS，提升了 1 倍。

11.5 消费队列阻塞应急处理

业务同事反馈，有一个主题的某个分区卡住，不再消费。

11.5.1 现象描述

如图 11-10 所示，通常这种情况是客户端消费线程阻塞造成的。而这次却不是，该现象还是头一次遇到。

#	Topic	Broker Name	QID	Broker Offset	Consumer Offset	Client IP	Diff
1	delay_[illegible]_topic	[illegible]mq_a2	1	62576914	62565613	consumer-client-id[illegible]_mq-[illegible]	11301
2	%RETRY%[illegible]l_0 4_con	[illegible]q_a2	0	27855557	27855556	consumer-client-id[illegible]_mq-[illegible]	1
3	%RETRY[illegible]_0 4_con	[illegible]_b2	0	27093411	27093410	consumer-client-i[illegible]_mq-[illegible]	1
4	%RETRY[illegible]l_0 4_con	[illegible]q_c2	0	26951561	26951560	consumer-client-id-[illegible]_mq-[illegible]	1
5	%RETRY%[illegible]_0 4_con	[illegible]_mq_d2	0	27101305	27101304	consumer-client-id[illegible]_mq-[illegible]	1
6	[illegible]pic	[illegible]_mq_a2	0	62698267	62698266	consumer-client-id[illegible]_mq-[illegible]	1
7	[illegible]pic	[illegible]mq_a2	2	62247924	62247923	consumer-client-id[illegible]mq-	1

图 11-10　分区队列监控

11.5.2　原因分析

1. 日志分析

在消费客户端发现了如下错误，显示该消息不合法，超过了 RocketMQ 消息大小的限制。

```
org.apache.rocketmq.client.exception.MQBrokerException: CODE: 13  DESC: the message is illegal, mayb
msg body or properties length not matched. msg body length limit 128k, msg properties length limit 32k
For more information, please visit the url, http://rocketmq.apache.org/docs/faq/
        at
org.apache.rocketmq.client.impl.MQClientAPIImpl.processSendResponse(MQClientAPIImpl.java:711)
~[rocketmq-client-4.7.0.jar:4.7.0]
        at
org.apache.rocketmq.client.impl.MQClientAPIImpl.sendMessageSync(MQClientAPIImpl.java:505)
~[rocketmq-client-4.7.0.jar:4.7.0]
        at org.apache.rocketmq.client.impl.MQClientAPIImpl.sendMessage(MQClientAPIImpl.java:487)
~[rocketmq-client-4.7.0.jar:4.7.0]
        at org.apache.rocketmq.client.impl.MQClientAPIImpl.sendMessage(MQClientAPIImpl.java:431)
~[rocketmq-client-4.7.0.jar:4.7.0]
```

2. 源代码跟踪

报错的代码位于 `SendMessageProcessor` 类的 `handlePutMessageResult` 方法中：

```
handlePutMessageResult{

    switch (putMessageResult.getPutMessageStatus()) {

        case PUT_OK:
            sendOK = true;
            response.setCode(ResponseCode.SUCCESS);
            break;
            // ...
```

```
        case MESSAGE_ILLEGAL:
            case PROPERTIES_SIZE_EXCEEDED:
                response.setCode(ResponseCode.MESSAGE_ILLEGAL);
                response.setRemark(
                    "the message is illegal, maybe msg body or properties length not matched. msg body
                        length limit 128k, msg properties length limit 32k.");
                break;
    }
}
```

通过跟踪发现上述问题是由于消息属性过大造成的：

```
private PutMessageStatus checkMessage(MessageExtBrokerInner msg) {
    if (msg.getTopic().length() > Byte.MAX_VALUE) {
        log.warn("putMessage message topic length too long " + msg.getTopic().length());
        return PutMessageStatus.MESSAGE_ILLEGAL;
    }

    if (msg.getPropertiesString() != null && msg.getPropertiesString().length() > Short.MAX_VALUE) {
        log.warn("putMessage message properties length too long " + msg.getPropertiesString().length());
        return PutMessageStatus.MESSAGE_ILLEGAL;
    }
    return PutMessageStatus.PUT_OK;
}
```

3. 消息检索确认

既然消息不合法，那就查看一下该消息。通过下面的检索命令查看：

```
bin/mqadmin  queryMsgByOffset -n x.x.x.x:9876 -t xxxx_04_topic -b latency_mq_a2 -i 1 -o 62565613
```

执行结果如下：

```
RocketMQLog:WARN No appenders could be found for logger (io.netty.util.internal.PlatformDependent0).
RocketMQLog:WARN Please initialize the logger system properly.
OffsetID:                  0A6F1AEE00002A9F0000070BD4CE3505
Topic:                     delay_notify_level_04_topic
Tags:                      [delayStrategy]
Keys:                      [2559003397109317634]
Queue ID:                  1
Queue Offset:              62565613
CommitLog Offset:          7747396318469
Reconsume Times:           0
Born Timestamp:            2021-11-09 00:00:01,721
Store Timestamp:           2021-11-09 00:00:01,725
Born Host:                 x.x.x.x:40046
Store Host:                x.x.x.x:10911
System Flag:               0
Properties:
{uber-trace-id=30863ccffc4785f65fcd844b53882621%3Aba4f3c364e11d4c2%3A75c3cab020852919%3A0,
uberctx-us_app=AppRcpOperatingService, clientAppId=AppRcpOperatingService,
reqId=359a420f5e0644c4a24ce653fc1003b7, MIN_OFFSET=62046858, MAX_OFFSET=62576938,
KEYS=2559003397109317634, uberctx-us=asyncSend%3Arcp_alert_delay_topic,
rpcId=1.1.1.3.1.1.1.1.1.1.1.1.1.1.1.1.1.3.1.1.1.1.1.1.1.1.1.1.1.1.1.1.1.1.1.1.3.1.1.1.1.1.1.1.1.1.1.
```

```
1.1.1.3.1.1.1.1.1.1.1.1.1.1.1.1.1.1.1.1.1.1.1.1.1.1.1.3.1.1.1.1.1.1.1.1.1.1.1.1.1.1.1.1.3.1.1.1.1.1.1.1
1.1.1.1.1.1.1.1.1.1.1.1.1.1.1.1.1.
//.......
11.1.3.1.1.3.7.41.9.5.1.1.11.1.27.1.1.5.3.4.2.2.2.20.9.1.7.1.1.15.3.1.7.1.1.1.1.1.1.5.7.1.1.1.1.1.1
1.3.1.3.1.3.1.1.3.1.1.1.3.1.1.1.1.3.1.1.1.1.3.5, UNIQ_KEY=0A484BC80001764C12B62932E6B9247C,
WAIT=true, TAGS=delayStrategy}
Message Body Path:   /tmp/rocketmq/msgbodys/0A484BC80001764C12B62932E6B9247C
```

说明：消费体内容存储在/tmp/rocketmq/msgbodys/0A484BC80001764C12B62932E6B9247C，内容小于 1KB，发现其 Properties 部分有个 rpcId，通过测算，其长度长达 33KB，问题就出在这里，因为 RocketMQ 的消息体大小最大为 32KB。

11.5.3　解决办法

1. 止血方案

解决思路有两个。

- 消费客户端直接提交消费位点，跳过该消息。
- 通过在 Broker 中手动修改消费组的消费位点 consumerOffset.json，把这条大消息跳过去

第一种需要修改 SDK 代码，测试升级周期较长，为快速解决该问题，这里我们选择了第二种解决方式。

如图 11-11 所示，将 consumerOffset.json 中的 62 565 631 修改为 62 565 632，从而跳过问题消息。需要注意的是修改时需要把消费者下线并关闭 Broker，否则会修改失败，该位点会从消费服务的缓存中上报。

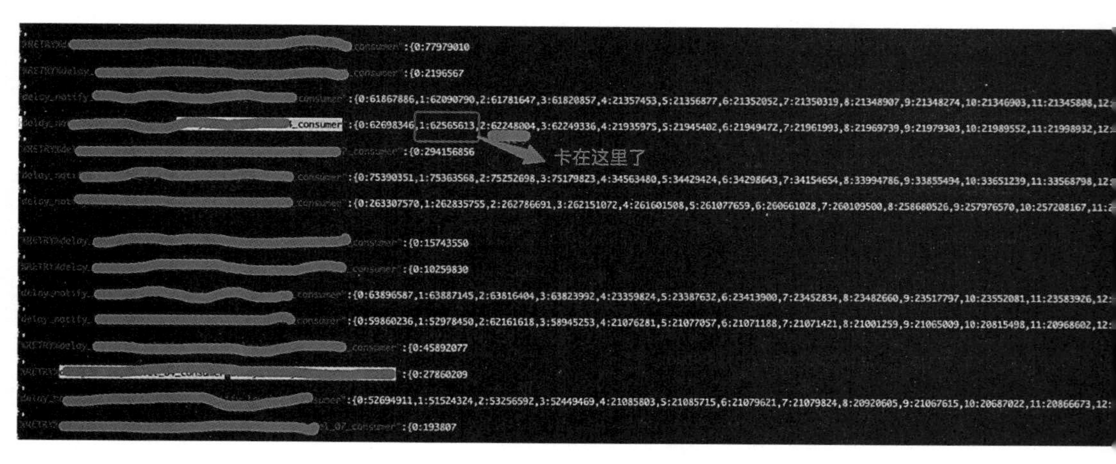

图 11-11　消费位点信息

2. 根除方案

消息属性的增长是由于业务同事长达 3 天不断地轮询重试，调用消息 SDK 发送造成的。每次通过 SDK 发送都会在头部增加调用链路信息。因此我们需要重新设计该方案，不在调用时拼接 rpcId 信息。

11.6 本章小结

本章将我在生产环境实践中遇到的典型故障以及解决方式进行了整理。现在看来每个问题都可以通过简单的方式解决，但在当时处理起来很棘手，比如错以为是操作系统的版本问题，通过不断地摸排才对问题原因加以定位。客户端的消费性能问题也是通过反复测试不断分析线程堆栈才得以解决。对于消费队列的阻塞问题，则需要手动修改偏移量并停止消费者，避免其不断上报位点，等等。

古话说，“吃一堑，长一智”，希望我踩过的“坑”，大家不必再踩。